中国国家标准汇编

586

GB 30000
（2013 年制定）

中国标准出版社　编

中国标准出版社
北　京

图书在版编目(CIP)数据

中国国家标准汇编:2013年制定.586:
GB 30000/中国标准出版社编.—北京:
中国标准出版社,2014.9
ISBN 978-7-5066-7667-0

Ⅰ.①中… Ⅱ.①中… Ⅲ.①国家标准-
汇编-中国-2013 Ⅳ.①T-652.1

中国版本图书馆CIP数据核字(2014)第187855号

中国标准出版社出版发行
北京市朝阳区和平里西街甲2号(100029)
北京市西城区三里河北街16号(100045)

网址 www.spc.net.cn
总编室:(010)64275323 发行中心:(010)51780235
读者服务部:(010)68523946

中国标准出版社秦皇岛印刷厂印刷
各地新华书店经销

*

开本 880×1230 1/16 印张 33.25 字数 1 029 千字
2014年9月第一版 2014年9月第一次印刷

*

定价 220.00 元

出 版 说 明

1.《中国国家标准汇编》是一部大型综合性国家标准全集。自1983年起，按国家标准顺序号以精装本、平装本两种装帧形式陆续分册汇编出版。它在一定程度上反映了我国建国以来标准化事业发展的基本情况和主要成就，是各级标准化管理机构，工矿企事业单位，农林牧副渔系统，科研、设计、教学等部门必不可少的工具书。

2.《中国国家标准汇编》收入我国每年正式发布的全部国家标准，分为"制定"卷和"修订"卷两种编辑版本。

"制定"卷收入上一年度我国发布的、新制定的国家标准，顺延前年度标准编号分成若干分册，封面和书脊上注明"20××年制定"字样及分册号，分册号一直连续。各分册中的标准是按照标准编号顺序连续排列的，如有标准顺序号缺号的，除特殊情况注明外，暂为空号。

"修订"卷收入上一年度我国发布的、被修订的国家标准，视篇幅分设若干分册，但与"制定"卷分册号无关联，仅在封面和书脊上注明"20××年修订-1，-2，-3，……"字样。"修订"卷各分册中的标准，仍按标准编号顺序排列（但不连续）；如有遗漏的，均在当年最后一分册中补齐。需提请读者注意的是，个别非顺延前年度标准编号的新制定的国家标准没有收入在"制定"卷中，而是收入在"修订"卷中。

读者配套购买《中国国家标准汇编》"制定"卷和"修订"卷则可收齐由我社出版的上一年度我国制定和修订的全部国家标准。

3.由于读者需求的变化，自1996年起，《中国国家标准汇编》仅出版精装本。

4.2013年我国制修订国家标准共1 979项。本分册为"2013年制定"卷第586分册，收入国家标准GB 30000的最新版本。

中国标准出版社

2014年8月

目　　录

ICS 13.300
A 80

中华人民共和国国家标准

GB 30000.2—2013
代替 GB 20576—2006

化学品分类和标签规范 第2部分:爆炸物

Rules for classification and labelling of chemicals—
Part 2:Explosives

2013-10-10 发布　　　　2014-11-01 实施

中华人民共和国国家质量监督检验检疫总局
中国国家标准化管理委员会　发布

前　言

本部分第4章和第6章为强制性的，其余为推荐性的。

GB 30000《化学品分类和标签规范》的预期结构和将代替的国家标准为：

——第1部分：通则（代替GB 13690—2009）；
——第2部分：爆炸物（代替GB 20576—2006）；
——第3部分：易燃气体（代替GB 20577—2006）；
——第4部分：气溶胶（代替GB 20578—2006）；
——第5部分：氧化性气体（代替GB 20579—2006）；
——第6部分：加压气体（代替GB 20580—2006）；
——第7部分：易燃液体（代替GB 20581—2006）；
——第8部分：易燃固体（代替GB 20582—2006）；
——第9部分：自反应物质和混合物（代替GB 20583—2006）；
——第10部分：自燃液体（代替GB 20585—2006）；
——第11部分：自燃固体（代替GB 20586—2006）；
——第12部分：自热物质和混合物（代替GB 20584—2006）；
——第13部分：遇水放出易燃气体的物质和混合物（代替GB 20587—2006）；
——第14部分：氧化性液体（代替GB 20589—2006）；
——第15部分：氧化性固体（代替GB 20590—2006）；
——第16部分：有机过氧化物（代替GB 20591—2006）；
——第17部分：金属腐蚀物（代替GB 20588—2006）；
——第18部分：急性毒性（代替GB 20592—2006）；
——第19部分：皮肤腐蚀/刺激（代替GB 20593—2006）；
——第20部分：严重眼损伤/眼刺激（代替GB 20594—2006）；
——第21部分：呼吸道或皮肤致敏（代替GB 20595—2006）；
——第22部分：生殖细胞致突变性（代替GB 20596—2006）；
——第23部分：致癌性（代替GB 20597—2006）；
——第24部分：生殖毒性（代替GB 20598—2006）；
——第25部分：特异性靶器官毒性　一次接触（代替GB 20599—2006）；
——第26部分：特异性靶器官毒性　反复接触（代替GB 20601—2006）；
——第27部分：吸入危害；
——第28部分：对水生环境的危害（代替GB 20602—2006）；
——第29部分：对臭氧层的危害；
——第30部分：化学品作业场所警示性标志。

本部分为GB 30000的第2部分。

本部分按照GB/T 1.1—2009给出的规则起草。

本部分代替GB 20576—2006《化学品分类、警示标签和警示性说明安全规范　爆炸物》。

本部分与联合国《全球化学品统一分类和标签制度》（Globally Harmonized System of Classification and Labelling of Chemicals，GHS）（第四修订版）有关的技术内容一致。

本部分与GB 20576—2006相比，主要技术内容变化如下：

——修改了标准名称，中文名称修改为“化学品分类和标签规范　第2部分：爆炸物”，英文名称为“Rules for classification and labelling of chemicals—Part 2：Explosives”；

——修改了第1章范围内容，将“警示标签”改为“标签”、删除“警示性说明”；

——修改了第2章“规范性引用文件”的引导语，并增加了“联合国《全球化学品统一分类和标签制度》（第四修订版）”为引用文件；

——增加了第3章“术语和定义”的引导语；

——将第5章的图1“判定逻辑图”和“指导”作为资料性附录A；

——删除了原第7章，按联合国《全球化学品统一分类和标签制度》（第四修订版）将原第7章的表3修改后作为规范性附录B；

——按联合国《全球化学品统一分类和标签制度》（第四修订版）将原第6章、第7章、第8章修改整合成第6章；原表2修改后作为规范性附录C；

——删除了原第8章，将相关的“危险说明”和“防范说明”内容作为资料性附录D；

——增加了资料性附录E“标签的例子”。

本部分由全国危险化学品管理标准化技术委员会（SAC/TC 251）提出并归口。

本部分起草单位：北海出入境检验检疫局、上海化工研究院、上海出入境检验检疫局。

本部分主要起草人：肖焕新、刘刚、肖秋平、吴俊逸、商杰、蒋伟。

本部分所代替标准的历次版本发布情况为：

——GB 20576—2006。

化学品分类和标签规范
第2部分:爆炸物

1 范围

GB 30000的本部分规定了爆炸物的术语和定义、分类标准、判定逻辑和指导、标签。

本部分适用于爆炸物按联合国《全球化学品统一分类和标签制度》(以下简称GHS)分类和标签。

2 规范性引用文件

下列文件对于本文件的应用是必不可少的。凡是注日期的引用文件,仅注日期的版本适用于本文件。凡是不注日期的引用文件,其最新版本(包括所有的修改单)适用于本文件。

GB 13690 化学品分类和和危险性公示 通则

联合国《关于危险货物运输的建议书 试验和标准手册》(第五修订版)

联合国《关于危险货物运输的建议书 规章范本》(第十七修订版)

联合国《全球化学品统一分类和标签制度》(第四修订版)

3 术语和定义

GB 13690界定的以及下列术语和定义适用于本文件。

3.1

爆炸物质(或混合物) explosive substances(or mixtures)

能通过化学反应在内部产生一定速度、一定温度与压力的气体,且对周围环境具有破坏作用的一种固体或液体物质(或其混合物)。烟火物质或混合物无论其是否产生气体都属于爆炸物质。

3.2

烟火物质(或混合物) pyrotechnic substances(or mixtures)

能发生非爆轰且自供氧放热化学反应的物质或混合物,并产生热、光、声、气、烟或几种效果的组合。

3.3

爆炸品 explosive articles

包含一种或多种爆炸物质或其混合物的物品。

3.4

烟火制品 pyrotechnic articles

包含一种或多种烟火物质或其混合物的物品。

3.5

爆炸物 explosives

爆炸物包含以下三类:

——爆炸物质和混合物;

——爆炸品,不包括那些含有一定数量的爆炸物或其混合物的装置,在这些装置内的爆炸物当不小心或无意中被点燃或引爆时产生迸射、着火、冒烟、放热或巨响等效果不会在装置外产生任何效应;

——上面两项均未提及的,而实际上又是以产生爆炸或焰火效果而制造的物质、混合物和物品,如烟火制品。

4 分类标准

4.1 根据爆炸物所具有的危险特性分为六项:

a) 1.1 项 具有整体爆炸危险的物质、混合物和制品(整体爆炸是实际上瞬间引燃几乎所有内装物的爆炸);

b) 1.2 项 具有迸射危险但无整体爆炸危险的物质、混合物和物品;

c) 1.3 项 具有燃烧危险和较小的爆轰危险或较小的迸射危险或两者兼有,但没有整体爆炸危险的物质、混合物和物品:

1) 燃烧产生显著辐射热;

2) 一个接一个地燃烧,同时产生较小的爆轰或迸射作用或两者兼有;

d) 1.4 项 不存在显著爆炸危险的物质、混合物和物品,如被点燃或引爆也只存在较小危险,并且可以最大限度地控制在包装件内,抛出碎片的质量和抛射距离不超过有关规定;外部火烧不会引发包装件内装物发生整体爆炸;

e) 1.5 项 具有整体爆炸危险,但本身又很不敏感的物质或混合物,虽然具有整体爆炸危险,但极不敏感,以至于在正常条件下引爆或由燃烧转至爆轰的可能性非常小;

f) 1.6 项 极不敏感且无整体爆炸危险的物品,这些物品只含极不敏感爆轰物质或混合物和那些被证明意外引发的可能性几乎为零的物品。

4.2 根据联合国《关于危险货物运输的建议书 试验和标准手册》(以下简称《试验和标准手册》)第一部分的试验系列 2 至试验系列 8 的相关规定,未被划为不稳定爆炸物的爆炸物按表 1 分类为上述六项之一:

表 1 爆炸物标准

项 别	标 准
不稳定爆炸物[a] 或 1.1 项～1.6 项 的爆炸物	对于 1.1 项～1.6 项的爆炸物,需要进行下列一套核心试验: 爆炸性:根据试验系列 2(《试验和标准手册》第 12 节),预定爆炸物[b]不需进行试验系列 2。 敏感性:根据试验系列 3(《试验和标准手册》第 13 节)。 热稳定性:根据试验系列 3(c)(《试验和标准手册》第 13.6.1 节)。 为正确分类,除核心试验外需进一步试验。

[a] 不稳定爆炸物是对热不稳定和/或对正常搬运和使用过程中太敏感的爆炸物。应特别小心。

[b] 预定爆炸物是以产生实际爆炸或焰火效果为目的的物质、混合物和物品组成。

4.2.1 有外包装的爆炸物或其混合物和物品可分类为 1.1 项～1.6 项,对于不同的目的,可进一步细分成配装组 A～S 组以区别它们不同的技术要求,见联合国《关于危险货物运输的建议书 规章范本》(以下简称《规章范本》)第 2.1 节。

4.2.2 对于某些为了抑制其爆炸性能而用水或者乙醇润湿或用其他物质稀释过的爆炸物和混合物,它们可针对某些目的(例如运输)作不同于爆炸物和其混合物来对待(可作脱敏爆炸物)。

4.2.3 对于固态物质和混合物的分级试验,该试验应按提供的物质或混合物进行。同一化学品,在其供给或运输时,若物理形态不同于试验时的形态,且这种差异可能实质性地改变其分类试验结果时,则应以该物质或混合物的新形态进行试验。

5 判定逻辑和指导

判定逻辑和指导仅供参考。判定逻辑和指导参见附录A。特别建议负责分类的人员在使用判定逻辑前和使用时研究第4章。

6 标签

6.1 概述

6.1.1 对于爆炸物的标签,危险类别都以指定的象形图、信号词和危险说明的顺序列出。《规章范本》涵盖的危险种类或类别应在标签中列出每个类别的指定相应图形标志。爆炸物标签要素的分配见附录B。

6.1.2 有关爆炸物的分类标准和标签要素见附录C。

6.1.3 标签上要求的信息包括危险象形图、信号词、危险说明、防范说明、产品标识符和供应商标识等。

注:对于尚未标准化的其他标签要素,如防范说明也需要包括在标签上。主管部门可能还要求提供额外信息,供应商也可能增加补充信息。

6.2 危险象形图

危险象形图应使用黑色符号加白色背景,红框要足够宽,以便醒目。

《规章范本》规定的危险象形图、图形符号颜色、数字和最小尺寸见附录B。

6.3 信号词

信号词指标签上用来表明危险的相对严重程度和提醒读者注意潜在危险的单词。对于不稳定爆炸物、爆炸物第1.1项、第1.2项、第1.3项、第1.5项,使用信号词“危险”。对于爆炸品第1.4项,使用信号词“警告”。对于爆炸品第1.6项,不使用信号词。

6.4 危险说明

危险说明指分配给一个危险种类和项别的短语,用来描述一种危险产品的危险性质,在情况合适时还包括其危险程度。不同危险种类的爆炸物所分配的危险说明见附录C中的表C.1,并参见附录D。

6.5 防范说明

防范说明是一个词语(和/或象形图),用于描述为尽可能减少或防止由于接触危险产品或者不适当的贮存或搬运危险产品的不良效应建议采取的措施。为达到要求,共有5类防范说明:一般、预防、应急、贮存和处置。具体使用参见附录D。

6.6 产品标识符

6.6.1 标签上应使用产品标识符,且应与安全数据单上使用的产品标识符相一致。如果一种物质或混合物受《规章范本》限制,包装上还应使用正确的联合国运输名称。

6.6.2 标签应包括物质的化学名称。对于混合物或合金,在急性毒性、皮肤或呼吸道致敏或特异性靶器官毒性出现在标签上时,标签上应当包括可能引起这些危险的所有成分或合金元素的化学成分。主管部门可要求在标签上列出可能导致混合物或合金危险性的所有成分或合金元素的化学名称。

6.7 供应商标识

标签上应当提供物质或混合物的生产商或供应商的名称、地址和电话号码。

6.8 标签的示例

1.1项爆炸物标签的例子参见附录E。

附　录　A
（资料性附录）
判定逻辑和指导

A.1　判定逻辑

爆炸物的分类和进一步分项是很复杂的程序，包括三个步骤(《试验和标准手册》的第一部分)：第一步是确认该物质是否有爆炸性，采用试验系列 1；第二步是认可程序，采用试验系列 2 至试验系列 4；第三步是确定危险分类，采用试验系列 5 至试验系列 7。通过试验系列 8 来判定"炸药中间体硝酸铵乳剂、悬浮液或凝胶(ANE)"是否不够敏感，可划为氧化性液体(第 2.13 节)或氧化性固体(第 2.14 节)。分类程序可根据下列判定逻辑进行(见图 A.1～图 A.4)。

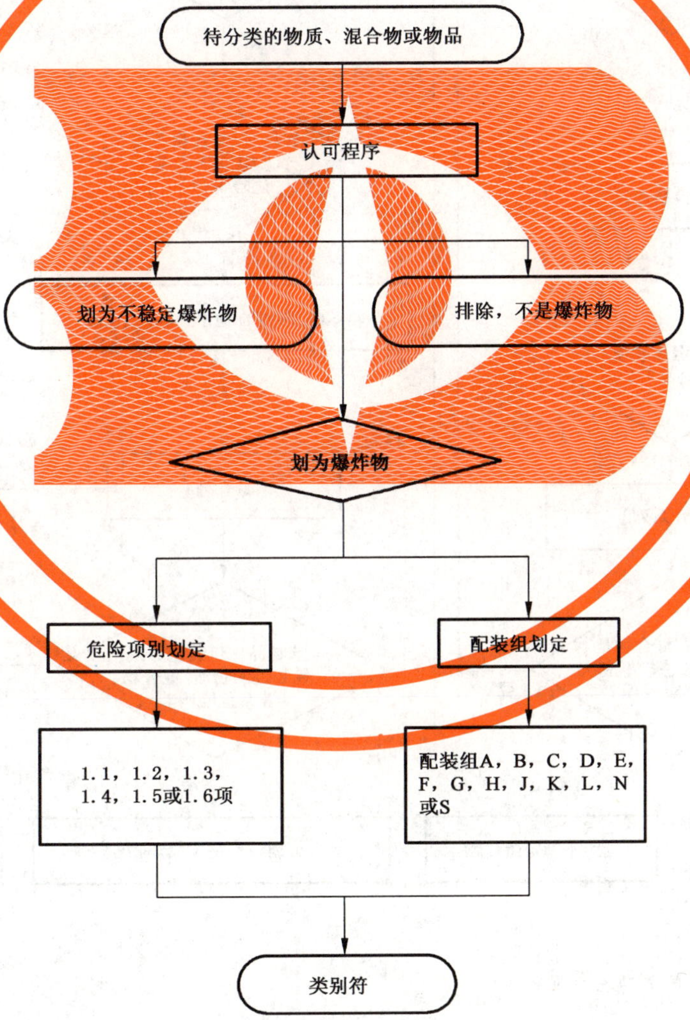

图 A.1　爆炸物类(运输中第 1 类)物质、混合物或物品的分类程序总图

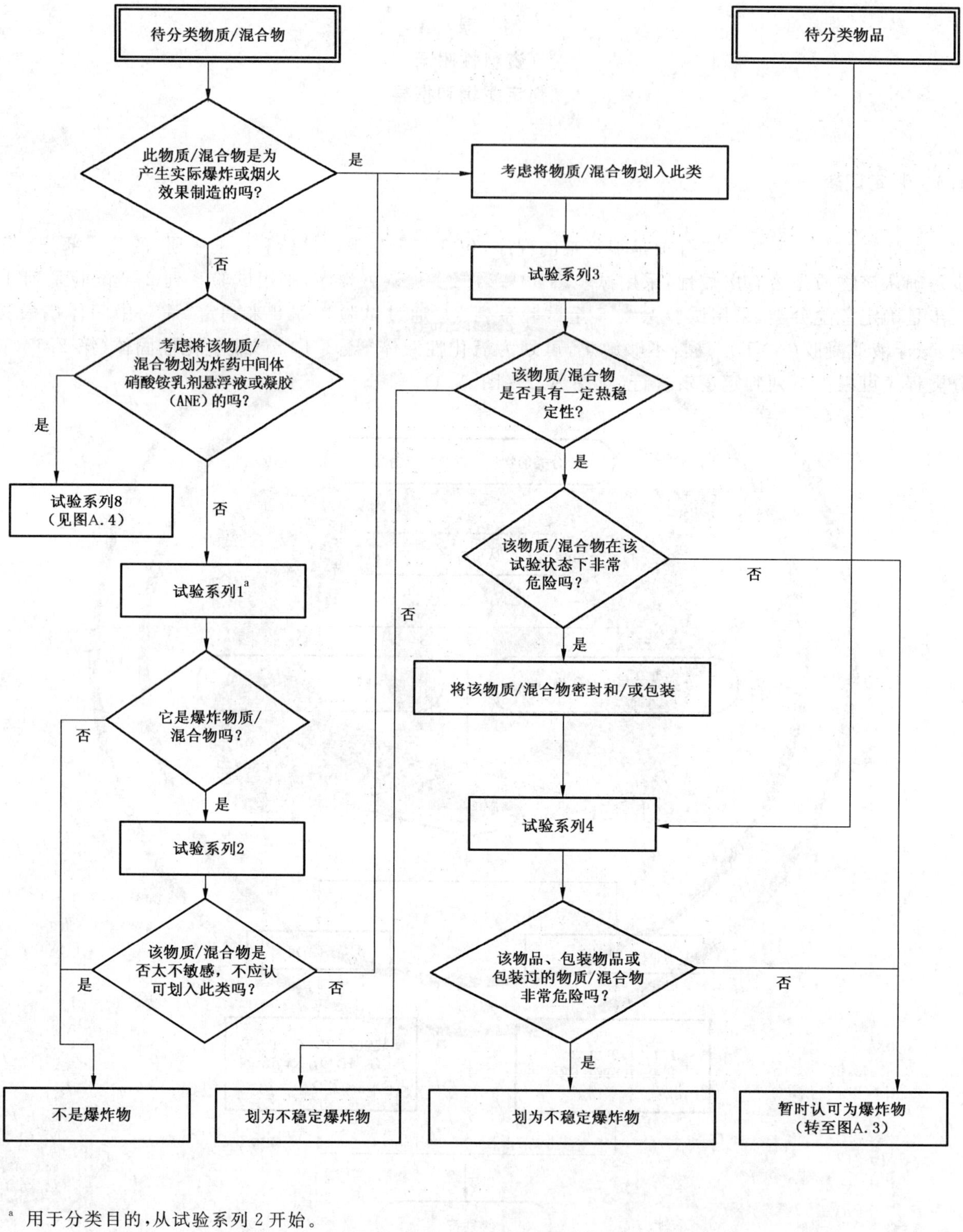

a 用于分类目的,从试验系列2开始。

图 A.2 暂时认可物质、混合物或物品划入爆炸物类(运输中第1类)的程序

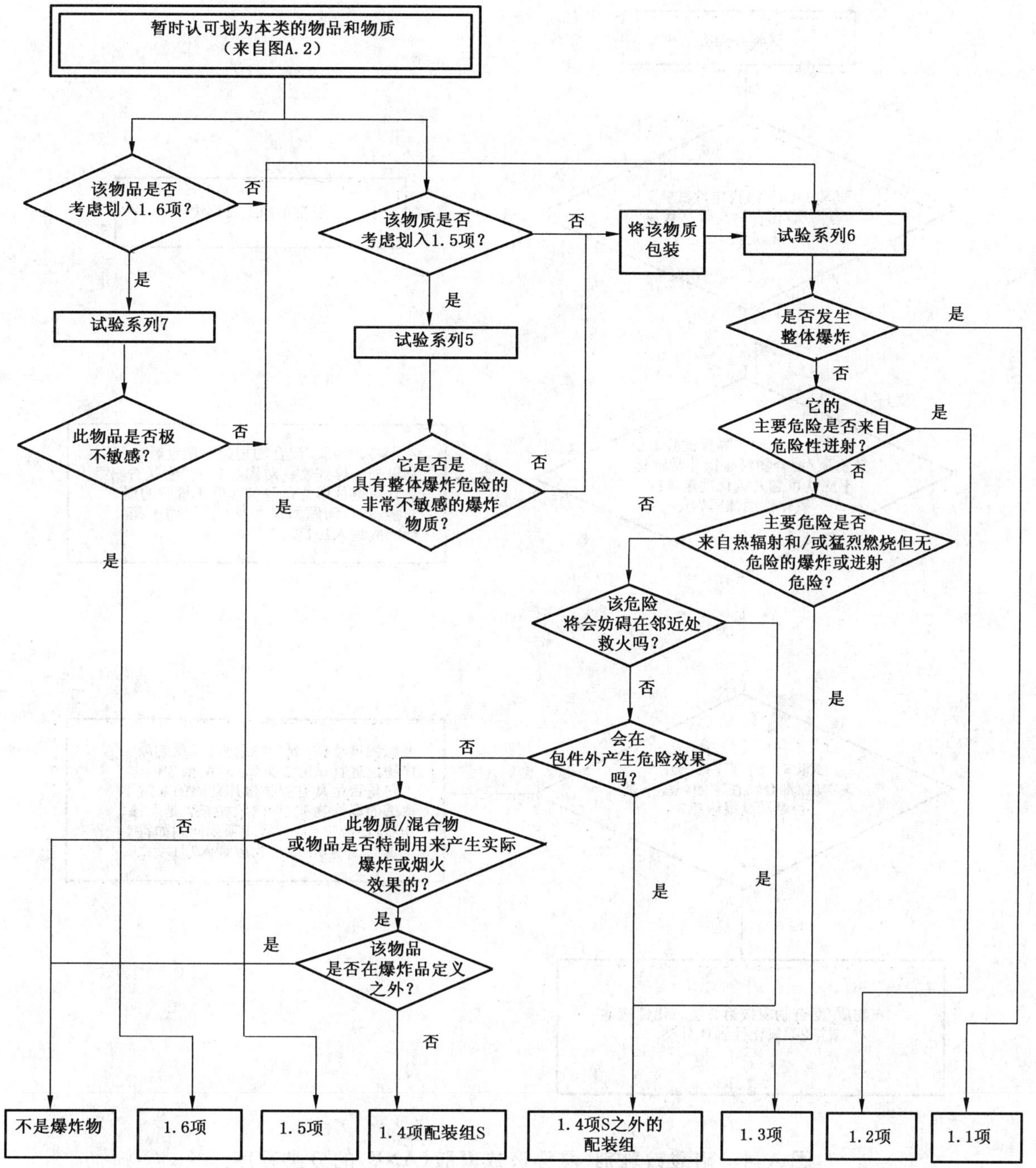

图 A.3　划定爆炸物类（运输中第 1 类）项别的程序

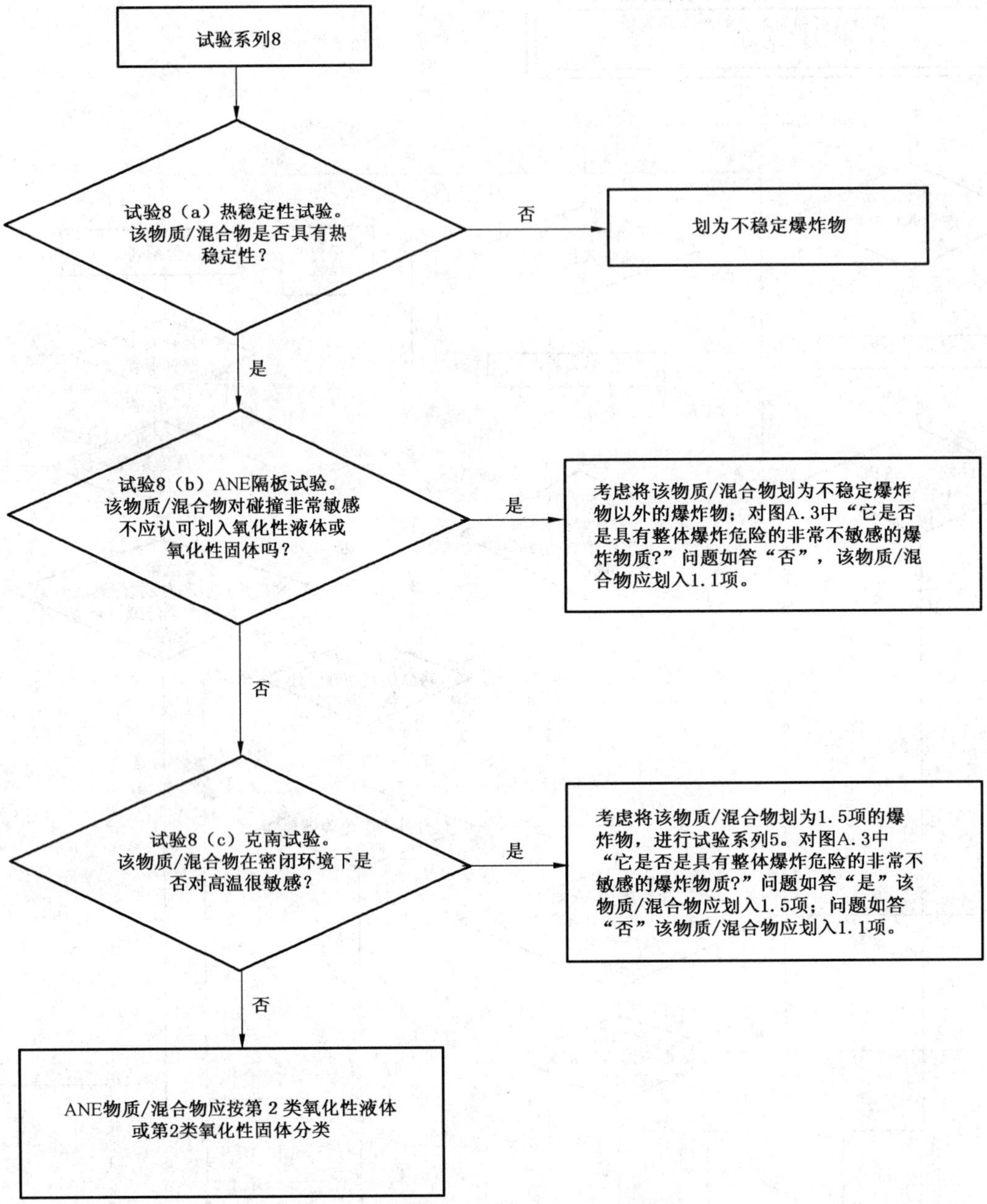

图 A.4　硝酸铵乳剂、悬浮液或凝胶(ANE)的分类程序

A.2　指导

A.2.1　爆炸是由分子中存在某些能通过反应使其温度或压力骤增的化学基团引起。隔板试验的目的就是鉴别此类反应基团和其引起的能量迅速释放所存在的潜在危险。如果隔板试验识别该物质或混合物有潜在的爆炸性,则应进行认可程序,见《试验和标准手册》的第 10.3 节。

注: 如果有机物每克分解释放的能量低于 800 J,那么系列 1(a)型爆轰扩散试验或系列 2(a)型爆轰冲击感度试验都不需进行。如果每克分解释放的能量不低于 800 J 的有机物或其混合物,如果以 8 号雷管(见《试验和标准手册》附录 I)引发的弹道臼炮 Mk. IIId 试验(F.1)或弹道臼炮试验(F.2)或 BAM 特劳泽试验(F.3)的结果为无,那么不需进行试验 1(a)和 2(a),在这种情况下,试验 1(a)和 2(a)结果可视为“—”。

A.2.2 如果存在以下情况，则该物质或混合物不划为爆炸物：

a) 分子中无爆炸性化学基团。《试验和标准手册》附录 6 中的表格 A6.1 中列出了具有爆炸性的化学基团。

b) 含具有爆炸性化学基团的物质，且它含有氧，计算得出的氧平衡是小于－200 的物质。

氧平衡可通过下列化学反应式计算：

$$C_xH_yO_z + (x + \frac{y}{4} - \frac{z}{2})O_2 \rightarrow xCO_2 + (\frac{y}{2})H_2O$$

氧平衡(A)计算见式(A.1)：

$$\text{氧平衡}\ A = -1\,600 \times \frac{(2x + \frac{y}{2} - z)}{M} \qquad \cdots\cdots(\text{A.1})$$

式中：

x ——C 原子的个数；

y ——H 原子的个数；

z ——O 原子的个数；

M——化合物的相对分子质量。

c) 当有机物或有机物的均匀混合物含有爆炸性的化学基团，但其分解时每克释放的能量小于 500 J，并且开始放热分解的温度低于 500 ℃时（该温度限是为了避免此程序误用于那些没有爆炸性但在高于 500 ℃将会缓慢分解，且每克释放大于 500 J 能量的大量有机物）。放热时释放的能量可用适当的量热计测定。

d) 对于无机氧化物与有机氧化物的混合物，无机氧化物的浓度是：

1) 如果该氧化物属于类别 1 或类别 2，少于 15%（质量分数）；

2) 如果该氧化物属于类别 3，少于 30%（质量分数）。

A.2.3 如混合物中含有任何已知爆炸物的情况，应执行认可程序。

附 录 B
（规范性附录）
标签要素的分配

爆炸物标签要素的分配见表 B.1。

表 B.1 爆炸物标签要素的分配

爆炸物						
不稳定爆炸物	1.1 项	1.2 项	1.3 项	1.4 项	1.5 项	1.6 项
 危险 不稳定爆炸物	 危险 爆炸物；整体爆炸危险	 危险 爆炸物；严重迸射危险	 危险 爆炸物；燃烧、爆轰或迸射危险	 警告 燃烧或迸射危险	无象形图 1.5，底色橙色 危险 遇火可能整体爆炸	无象形图 1.6，底色橙色 无信号词 无危险说明
《规章范本》无指定象形图（不允许运输）						

注：关于《规章范本》中象形图要素颜色的说明：
1) 1.1、1.2 和 1.3 项：符号：爆炸的炸弹，黑色；底色：橙色；项号（1.1、1.2 或 1.3，根据情况）和配装组（*）位于下半部，数字“1”位于下角，黑色；
2) 1.4、1.5 和 1.6 项：底色：橙色；数字：黑色；数字“1”在底角处；配装组（*）位于下半部，数字“1”位于下角，黑色；
3) 1.1、1.2 和 1.3 项的象形图，也用于具有爆炸次要危险性的物质，但不标明项号和配装组。

附 录 C
（规范性附录）
爆炸物项别和标签

爆炸物项别和标签见表C.1。

表C.1 爆炸物项别和标签

危险项别	标准	危险公示要素	
不稳定爆炸物	按照联合国《试验和标准手册》的第一部分的试验结果	图形符号	
		信号词	危险
		危险说明	不稳定爆炸物
1.1项	按照联合国《试验和标准手册》的第一部分的试验结果	图形符号	
		信号词	危险
		危险说明	爆炸物；整体爆炸危险
1.2	按照联合国《试验和标准手册》的第一部分的试验结果	图形符号	
		信号词	危险
		危险说明	爆炸物；严重迸射危险
1.3	按照联合国《试验和标准手册》的第一部分的试验结果	图形符号	
		信号词	危险
		危险说明	爆炸物；燃烧、爆炸或迸射危险
1.4	按照联合国《试验和标准手册》的第一部分的试验结果	图形符号	
		信号词	警告
		危险说明	燃烧或迸射危险
1.5项	按照联合国《试验和标准手册》的第一部分的试验结果	图形符号	1.5
		信号词	危险
		危险说明	遇火可能整体爆炸
1.6项	按照联合国《试验和标准手册》的第一部分的试验结果	图形符号	1.6
		信号词	无信号词
		危险说明	无危险说明

附 录 D
（资料性附录）
爆炸物的危险说明和防范说明

D.1 概述

D.1.1 本附录为爆炸物提供如何使用符合GHS的危险说明和防范说明指导，列出爆炸物每一危险种类和危险类别的建议危险说明和防范说明，见GB 13690。

D.1.2 危险说明的编码：

D.1.2.1 危险说明的编码见GHS附件3。

D.1.2.2 每一种危险说明均设定一个专门的字母数字混合代码，由1个字母和3个数字组成，具体如下：

a) 字母"H"（代表"危险说明"）；

b) 第1个数字，代表不同部分编号设定的危险说明所指危险类型，具体如下：

——"2"代表物理危险；

——"3"代表健康危险；

——"4"代表环境危险；

c) 后2个数字，对应于物质或者混合物固有属性引起的危险的序列编号，如：爆炸性（代码200至210）、易燃性（代码220至230），等等。

D.1.2.3 除非另有规定，所有指定的危险说明均应出现在标签上。主管部门可规定危险说明在标签出现的顺序。此外，在组合危险说明提供两种或者以上危险说明时，主管部门可以具体规定，是否将组合危险说明或者相应的单个说明写入标签，或者由制造商/供应商自行决定。

D.1.3 防范说明应连同统一的危险公示要素（象形图、信号词和危险说明）一起标在符合要求的标签上。附加补充信息，例如使用说明，也可由制造商/供应商和/或主管部门斟酌决定予以补充。

D.1.3.1 防范说明的编码见GHS附件3。

D.1.3.2 防范说明的编码：

D.1.3.2.1 每一防范说明均设定一个专门的字母数字混合代码，由1个字母和3个数字组成，具体如下：

a) 字母"P"（代表"防范说明"）；

b) 第1个数字，代表防范说明的类型，具体如下：

——"1"代表一般防范说明；

——"2"代表预防防范说明；

——"3"代表应急防范说明；

——"4"代表贮存防范说明；

——"5"代表处置防范说明；

c) 后2个数字（对应于防范说明的序列编号）。

D.1.3.2.2 防范说明代码用作参考。防范说明代码不是防范说明条文的一部分，不应用其替代防范说明条文。

D.2 一般防范说明

对被划为危害人类健康或环境的所有物质和混合物应采取一般防范措施。以下一般防范说明在给

定的条件下适用于 GHS 标签(见表 D.1)。

表 D.1　一般防范说明

对象	补充信息	编码	一般防范说明
一般公众	标签,补充标签信息	P101	如需就医:请随身携带产品容器或标签。
		P102	放在儿童无法触及之处。
		P103	使用前请阅读标签。
生产工人	标签,补充标签信息、安全技术说明书、工作场所标志		无

D.3　不稳定爆炸物的防范说明

不稳定爆炸物的防范说明见表 D.2。

表 D.2　不稳定爆炸物的防范说明

图形符号
爆炸的炸弹

危险项别	信号词	危险说明
不稳定爆炸物	危险	H200 不稳定爆炸物。

防范说明			
预防	应急	贮存	处置
P201 **使用前获特别指示。** **P202** **在明白所有安全防范措施之前请勿搬动。** **P280** **戴防护面具。** 制造商/供应商或主管当局列明防护设备类型。	**P372** **火灾时可能爆炸。** **P373** **火接近到爆炸物时切勿救火。** **P380** **撤离现场。**	**P401** **贮存……** ……按照地方/区域/国家/国际规章(待规定)。	**P501** **处置内装物/容器……** ……按照地方/区域/国家/国际规章(待规定)。

D.4　1.1 项、1.2 项、1.3 项爆炸物的防范说明

1.1 项、1.2 项、1.3 项爆炸物的防范说明见表 D.3。

表 D.3　1.1 项、1.2 项、1.3 项爆炸物的防范说明

图形符号
爆炸的炸弹

危险项别	信号词	危险说明
1.1 项	危险	H201 爆炸物，整体爆炸危险。
1.2 项	危险	H202 爆炸物，严重迸射危险。
1.3 项	危险	H203 爆炸物，燃烧、爆炸或迸射危险。

防范说明			
预防	应急	贮存	处置
P210 **远离热源/火花/明火/热表面。禁止吸烟。** 制造商/供应商或主管当局列明适用的点火源。 **P230** **用……保持湿润。** 制造商/供应商或主管当局列明适当材料。 ——如果干燥会增加爆炸危险，制造或操作程序要求干燥的除外（如硝化纤维）。 **P240** **容器和接收设备接地/等势联接。** ——如爆炸物对静电敏感。 **P250** **不得研磨/冲击/…/摩擦。** 制造商/供应商或主管当局列明适当处理方式。 **P280** **戴防护面具。** 制造商/供应商或主管当局列明防护设备类型。	**P370＋P380** **火灾时撤离现场。** **P372** **火灾时可能爆炸。** **P373** **火接近到爆炸物时切勿救火。**	**P401** **贮存……** ……按照地方/区域/国家/国际规章（待规定）。	**P501** **处置内装物/容器……** ……按照地方/区域/国家/国际规章（待规定）。

D.5　1.4 项爆炸物的防范说明

1.4 项爆炸物的防范说明见表 D.4。

表 D.4　1.4 项爆炸物的防范说明

图形符号
爆炸的炸弹

危险项别	信号词	危险说明
1.4 项	警告	H204 燃烧或迸射危险。

防范说明			
预防	应急	贮存	处置
P210 **远离热源/火花/明火/热表面。禁止吸烟。** 制造商/供应商或主管当局列明适用的点火源。 P240 **容器和接收设备接地/等势联接。** ——如爆炸物对静电敏感。 P250 **不得研磨/冲击/…/摩擦。** 制造商/供应商或主管当局列明适当处理方式。 P280 **戴防护面具。** 制造商/供应商或主管当局列明防护设备类型。	P370＋P380 **火灾时撤离现场。** P372 **火灾时可能爆炸。** ——如果爆炸物是1.4S 的弹药及其组件除外。 P373 **火接近到爆炸物时切勿救火。** P374 **在适当距离采取正常措施救火。** ——如果爆炸物是1.4S 的弹药及其组件除外。	P401 **贮存……** ……按照地方/区域/国家/国际规章(待规定)。	P501 **处置内装物/容器……** ……按照地方/区域/国家/国际规章(待规定)。

D.6　1.5 项爆炸物的防范说明

1.5 项爆炸物的防范说明见表 D.5。

表 D.5　1.5 项爆炸物的防范说明

图形符号
无图形符号

危险项别	信号词	危险说明
1.5 项	危险	H205 遇火可能整体爆炸。

防范说明			
预防	应急	贮存	处置
P210 **远离热源/火花/明火/热表面。禁止吸烟。** 制造商/供应商或主管当局列明适用的点火源。 **P230** **用……保持湿润。** 制造商/供应商或主管当局列明适当材料。 ——如果干燥会增加爆炸危险，制造或操作程序要求干燥的除外（如硝化纤维）。 **P240** **容器和接收设备接地/等势联接。** ——如爆炸物对静电敏感。 **P250** **不得研磨/冲击/…/摩擦。** 制造商/供应商或主管当局列明适当处理方式。 **P280** **戴防护面具。** 制造商/供应商或主管当局列明防护设备类型。	**P370＋P380** **火灾时撤离现场。** **P372** **火灾时可能爆炸。** **P373** **火接近到爆炸物时切勿救火。**	**P401** **贮存……** ……按照地方/区域/国家/国际规章（待规定）。	**P501** **处置内装物/容器……** ……按照地方/区域/国家/国际规章（待规定）。

附　录　E
（资料性附录）
爆炸物标签样例

编　　码：
产品名称：三硝基萘

危　险
放在儿童无法触及之处。
使用前请读标签。

UN 0217
三硝基萘

公司名称：

街名及号码：

国家、省、城市、邮编：

电话号码：

紧急呼叫电话：

使用说明：

载重量：　　毛重：
有效期：　　批号：
装载日期：

危险说明

爆炸物，整体爆炸危险。

防范说明

远离热源/火花/明火/热表面。禁止吸烟。
用适当材料保持湿润。
容器和接收设备接地/等势联接。
不得研磨/冲击/摩擦。
戴防护面具。
火灾时，撤离现场。
火灾时可能爆炸。
火接近到爆炸物时切勿救火。
按照当地有关法律法规储存。
将内装物/ 容器处理到得到批准的废物处理厂。

ICS 13.300
A 80

中华人民共和国国家标准

GB 30000.3—2013
代替 GB 20577—2006

化学品分类和标签规范 第3部分：易燃气体

Rules for classification and labelling of chemicals—Part 3：Flammable gases

2013-10-10 发布　　2014-11-01 实施

中华人民共和国国家质量监督检验检疫总局
中国国家标准化管理委员会　发布

前　言

本部分第 4 章和第 6 章为强制性的，其余为推荐性的。

GB 30000《化学品分类和标签规范》的预期结构和将代替的国家标准为：

——第 1 部分：通则(代替 GB 13690—2009)；
——第 2 部分：爆炸物(代替 GB 20576—2006)；
——第 3 部分：易燃气体(代替 GB 20577—2006)；
——第 4 部分：气溶胶(代替 GB 20578—2006)；
——第 5 部分：氧化性气体(代替 GB 20579—2006)；
——第 6 部分：加压气体(代替 GB 20580—2006)；
——第 7 部分：易燃液体(代替 GB 20581—2006)；
——第 8 部分：易燃固体(代替 GB 20582—2006)；
——第 9 部分：自反应物质和混合物(代替 GB 20583—2006)；
——第 10 部分：自燃液体(代替 GB 20585—2006)；
——第 11 部分：自燃固体(代替 GB 20586—2006)；
——第 12 部分：自热物质和混合物(代替 GB 20584—2006)；
——第 13 部分：遇水放出易燃气体的物质和混合物(代替 GB 20587—2006)；
——第 14 部分：氧化性液体(代替 GB 20589—2006)；
——第 15 部分：氧化性固体(代替 GB 20590—2006)；
——第 16 部分：有机过氧化物(代替 GB 20591—2006)；
——第 17 部分：金属腐蚀物(代替 GB 20588—2006)；
——第 18 部分：急性毒性(代替 GB 20592—2006)；
——第 19 部分：皮肤腐蚀/刺激(代替 GB 20593—2006)；
——第 20 部分：严重眼损伤/眼刺激(代替 GB 20594—2006)；
——第 21 部分：呼吸道或皮肤致敏(代替 GB 20595—2006)；
——第 22 部分：生殖细胞致突变性(代替 GB 20596—2006)；
——第 23 部分：致癌性(代替 GB 20597—2006)；
——第 24 部分：生殖毒性(代替 GB 20598—2006)；
——第 25 部分：特异性靶器官毒性　一次接触(代替 GB 20599—2006)；
——第 26 部分：特异性靶器官毒性　反复接触(代替 GB 20601—2006)；
——第 27 部分：吸入危害；
——第 28 部分：对水生环境的危害(代替 GB 20602—2006)；
——第 29 部分：对臭氧层的危害；
——第 30 部分：化学品作业场所警示性标志。

本部分为 GB 30000 的第 3 部分。

本部分按照 GB/T 1.1—2009 给出的规则起草。

本部分代替 GB 20577—2006《化学品分类、警示标签和警示性说明安全规范　易燃气体》。

本部分与联合国《全球化学品统一分类和标签制度》(Globally Harmonized System of Classification and Labelling of Chemicals，GHS)(第四修订版)有关的技术内容一致。

本部分与 GB 20577—2006 相比，主要技术内容变化如下：

——修改了标准名称，中文名称修改为“化学品分类和标签规范　第3部分：易燃气体”，英文名称为“Rules for classification and labelling of chemicals—Part 3：Flammable gases”；
——修改了第1章范围内容，将“警示标签”改为“标签”、删除“警示性说明”；
——修改了第2章“规范性引用文件”的引导语，并增加了“联合国《全球化学品统一分类和标签制度》(第四修订版)”为引用文件；
——增加了第3章“术语和定义”的引导语；
——将第5章的图1“判定逻辑图”和“指导”作为资料性附录A；
——删除了原第7章，按联合国《全球化学品统一分类和标签制度》(第四修订版)将原第7章的表3修改后作为规范性附录B；
——按联合国《全球化学品统一分类和标签制度》(第四修订版)将原第6章、第7章、第8章修改整合成第6章；原表2修改后作为规范性附录C；
——删除了原第8章，将相关的“危险说明”和“防范说明”内容作为资料性附录D；
——增加了资料性附录E“标签的例子”。

本部分由全国危险化学品管理标准化技术委员会(SAC/TC 251)提出并归口。

本部分起草单位：中国化工经济技术发展中心、上海化工研究院、中国化工信息中心、浙江省化工研究院有限公司、华峰集团有限公司。

本部分主要起草人：张君玺、冯卓、葛晓军、方路、董学胜、曹梦然、温涛、张其斌、程丽鸿、杨挺、李铁。

本部分所代替标准的历次版本发布情况为：

——GB 20577—2006。

化学品分类和标签规范
第3部分：易燃气体

1 范围

GB 30000的本部分规定了易燃气体的术语和定义、分类标准、判定逻辑和指导、标签。

本部分适用于易燃气体按联合国《全球化学品统一分类和标签制度》(以下简称GHS)分类和标签。

2 规范性引用文件

下列文件对于本文件的应用是必不可少的。凡是注日期的引用文件，仅注日期的版本适用于本文件。凡是不注日期的引用文件，其最新版本(包括所有的修改单)适用于本文件。

GB 6944—2012 危险货物分类和品名编号

GB 13690 化学品分类和危险性公示 通则

GB 30000.4 化学品分类和标签规范 第4部分：气溶胶

GB/T 27862 化学品危险性分类试验方法 气体和气体混合物燃烧潜力和氧化能力

联合国《全球化学品统一分类和标签制度》(第四修订版)

联合国《关于危险货物运输的建议书 试验和标准手册》(第五修订版)

联合国《关于危险货物运输的建议书 规章范本》(第十七修订版)

3 术语和定义

GB 13690界定的以及下列术语和定义适用于本文件。

3.1

易燃气体 flammable gases

一种在20 ℃和标准压力101.3 kPa时与空气混合有一定易燃范围的气体。

3.2

化学不稳定气体 chemically unstable gases

一种甚至在无空气和/或无氧气时也能极为迅速反应的易燃气体。

4 分类标准

4.1 易燃气体分类和标签的一般原则见GB 13690。

4.2 易燃气体分为两类，见表1。

4.3 根据联合国《关于危险货物运输的建议书 试验和标准手册》(第五修订版)(以下简称《试验和标准手册》)第三部分描述的方法，具有化学不稳定性的易燃气体分为两个类别，见表2。

表 1 易燃气体[a] 的分类

类别	标准
1	在 20 ℃和标准大气压 101.3 kPa 时的气体： a) 在与空气的混合物中体积分数为 13%或更少时可点燃的气体；或 b) 不论易燃下限如何，与空气混合，可燃范围至少为 12 个百分点的气体
2	在 20 ℃和标准大气压 101.3 kPa 时，除类别 1 中的气体之外，与空气混合时有易燃范围的气体
注：在有法规规定时，氨和甲基溴化物可以视为特例。	
[a] 气溶胶不应分类为易燃气体，见 GB 30000.4。	

表 2 化学不稳定性气体的分类

类别	标准
A	在 20 ℃和标准大气压 101.3 kPa 时化学不稳定性的易燃气体
B	在温度超过 20 ℃和/或气压高于 101.3 kPa 时化学不稳定性的易燃气体

5 判定逻辑和指导

判定逻辑和指导仅供参考。判定逻辑和指导参见附录 A。特别建议负责分类的人员在使用判定逻辑前和使用时研究第 4 章。

6 标签

6.1 概述

6.1.1 对于易燃气体的标签，危险类别都以指定的象形图、信号词和危险说明的顺序列出。联合国《关于危险货物运输的建议书 规章范本》(第十七修订版)(以下简称《规章范本》)涵盖的危险种类或类别应在标签中列出每个类别的指定相应图形标志。易燃气体标签要素的分配见附录 B。

6.1.2 有关易燃气体分类标准和标签要素见附录 C。

6.1.3 标签上要求的信息包括危险象形图、信号词、危险说明、防范说明、产品标识符和供应商标识等。

注：对于尚未标准化的其他标签要素，如防范说明也需要包括在标签上。主管部门可能还要求提供额外信息，供应商也可能增加补充信息。

6.2 危险象形图

危险象形图应使用黑色符号加白色背景，红框要足够宽，以便醒目。

《规章范本》规定的危险象形图、图形符号颜色、数字和最小尺寸见附录 B。

6.3 信号词

信号词指标签上用来表明危险的相对严重程度和提醒读者注意潜在危险的词语。对于极易燃气体使用信号词“危险”。对于易燃气体使用信号词“警告”。

6.4 危险说明

危险说明指分配给一个危险种类和类别的短语，用来描述一种危险产品的危险性质，在情况合适时还包括其危险程度。易燃气体危险说明参见附录D。

6.5 防范说明

防范说明是一个词语（和/或象形图），用于描述为尽可能减少或防止由于接触危险产品或者不适当的贮存或搬运危险产品的不良效应建议采取的措施。为达到要求，共有5类防范说明：一般、预防、应急、贮存和处置。易燃气体防范说明参见附录D。

6.6 产品标识符

6.6.1 标签上应使用产品标识符，且应与化学品安全技术说明书上使用的产品标识符相一致。如果一种物质或混合物列入《规章范本》，包装上还应使用正确的联合国运输名称。

6.6.2 标签应包括物质的化学名称。对于混合物或合金，在急性毒性、皮肤或呼吸道敏感或特异性靶器官毒性出现在标签上时，标签上应当包括可能引起这些危险的所有成分或合金元素的化学成分。主管部门可要求在标签上列出可能导致混合物或合金危险性的所有成分或合金元素的化学名称。

6.7 供应商标识

标签上应当提供物质或混合物的生产商或供应商的名称、地址和电话号码。

6.8 标签的示例

易燃气体标签的例子参见附录E。

附 录 A
（资料性附录）
判定逻辑和指导

A.1 判定逻辑

A.1.1 对易燃气体进行分类需要气体易燃性数据。分类应根据图 A.1 判定逻辑进行。

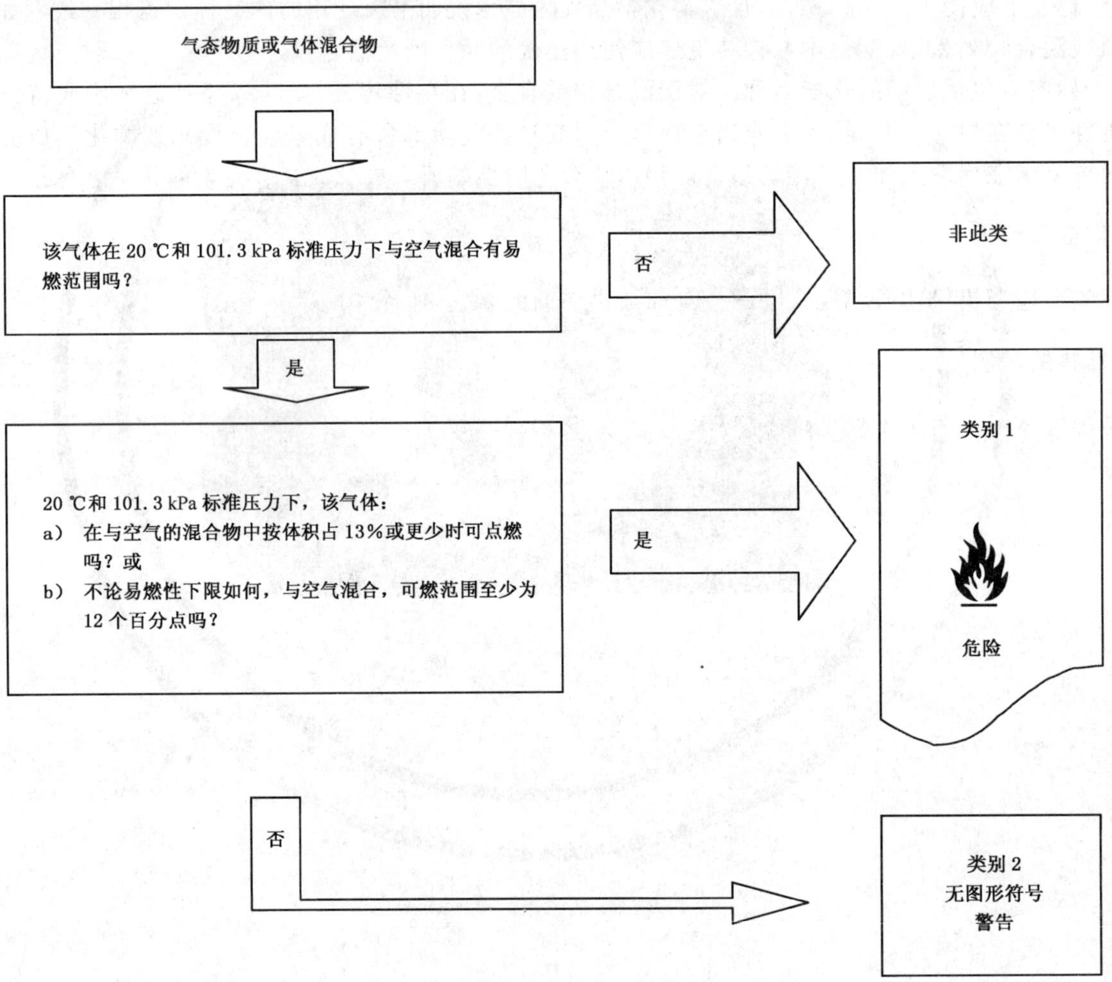

图 A.1 易燃气体的判定逻辑

A.1.2 对气体分类为化学不稳定性气体需要化学不稳定性数据。分类应根据图 A.2 判定逻辑进行。

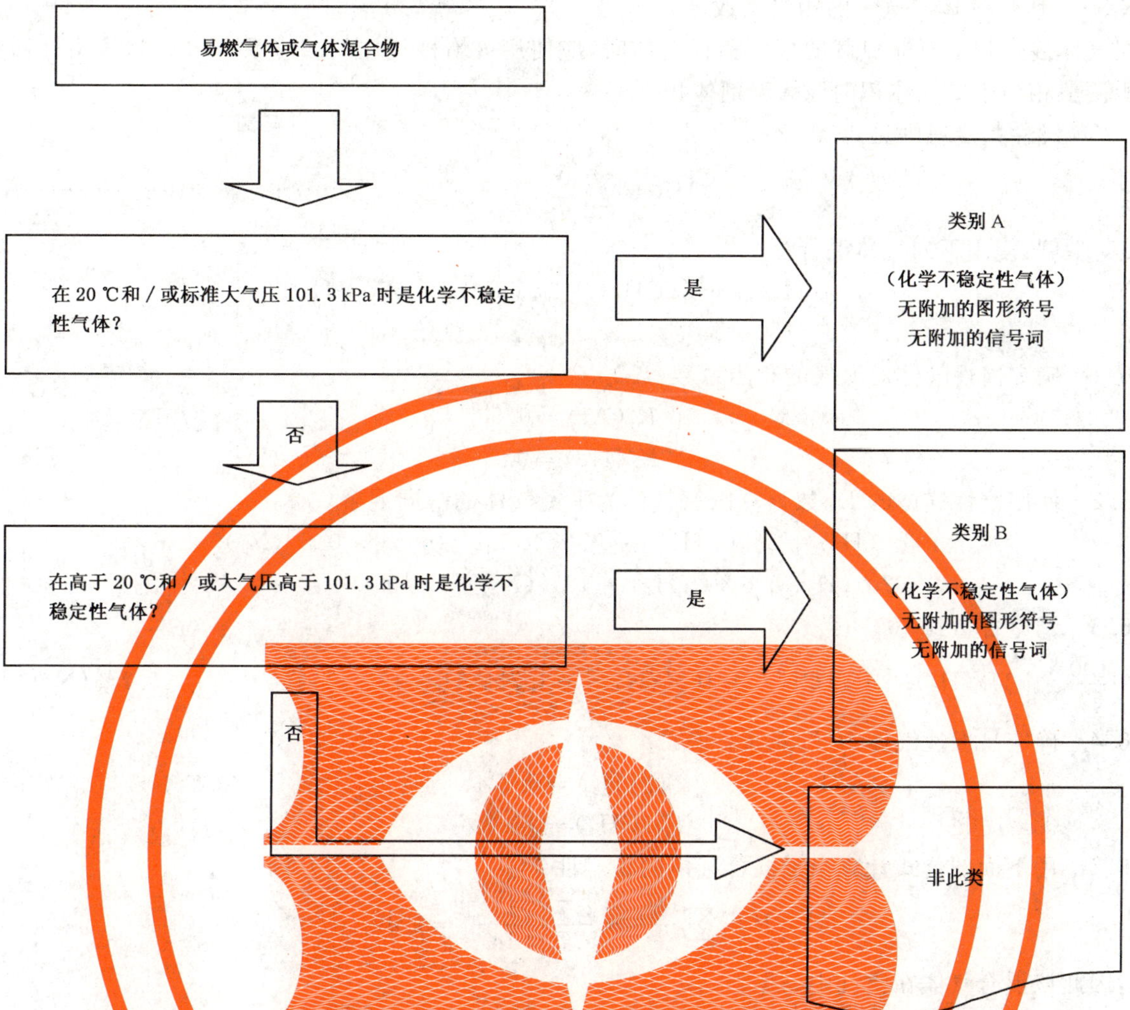

图 A.2　化学不稳定性气体的判定逻辑

A.2　指导

A.2.1　易燃性应按 GB/T 27862 通过试验或计算来确定。当使用这些方法所需数据不够时，可使用以主管部门认可的类似方法进行试验。

A.2.2　化学不稳定性应按《试验和标准手册》第三部分通过试验或计算来确定。如果按 GB/T 27862 计算结果显示该气体混合物不是易燃的，为分类目的测定化学不稳定性的试验则不必进行。

A.2.3　依据 GB/T 27862 的计算结果对易燃气体混合物进行分类的实例。

A.2.4　易燃气体混合物易燃性(R)计算公式见式(A.1)：

$$R=\sum_{i}^{n}\frac{V_i}{T_{ci}} \quad \cdots\cdots\cdots (A.1)$$

式中：

V_i ——易燃气体体积分数，以%表示；

T_{ci}——易燃气体在氮气中的混合气体与空气混合，不可燃的最大浓度；

i ——混合气体中的第一种气体；

n ——混合气体中的第 n 种气体；

K_i——惰性气体对氮气的相当系数。

在气体混合物含有非氮气的惰性稀释气体时，应使用该惰性气体的相应系数(K_i)将该惰性稀释气体体积调整相当于氮气体积的该稀释剂体积。

A.2.5 易燃性判定原则见式(A.2)：

$$R=\sum_i^n \frac{V_i}{T_{ci}}>1 \qquad \cdots\cdots\cdots\cdots\cdots\cdots (\text{A}.2)$$

A.2.6 举例：使用下列气体混合物

$$2\%(H_2)+6\%(CH_4)+27\%(Ar)+65\%(He)$$

计 算

A.2.6.1 确定惰性气体对氮气的相当系数(K_i)：

$$K_i(Ar)=0.5$$

$$K_i(He)=0.5$$

A.2.6.2 使用惰性气体的 K_i 数计算以氮气作为平衡气体的等同混合气体：

$$2\%(H_2)+6\%(CH_4)+[27\%\times 0.5+65\%\times 0.5](N_2)$$

$$=2\%(H_2)+6\%(CH_4)+46\%(N_2)=54\%$$

A.2.6.3 调整含量到100%：

$$\frac{100}{54}\times[2\%(H_2)+6\%(CH_4)+46\%(N_2)]=3.7\%(H_2)+11.1\%(CH_4)+85.2\%(N_2)$$

A.2.6.4 确定易燃性气体的 T_{ci} 系数：

$$T_{ci}(H_2)=5.7\%$$

$$T_{ci}(CH_4)=14.3\%$$

A.2.6.5 用下面的公式计算当量混合气体的易燃性：

$$R=\sum_i^n \frac{V_i}{T_{ci}}=\frac{3.7}{5.7}+\frac{11.1}{14.3}=1.42$$

$R>1$，因此该混合气体在空气中易燃。

附 录 B
（规范性附录）
标签要素的分配

易燃气体标签要素的分配见表 B.1。

表 B.1 易燃气体标签要素的分配

<table>
<tr><td colspan="5">易燃气体(包括化学不稳定性气体)</td></tr>
<tr><td colspan="2">易燃气体</td><td colspan="2">化学不稳定性气体</td><td rowspan="2">备注</td></tr>
<tr><td>类别 1</td><td>类别 2</td><td>类别 A</td><td>类别 B</td></tr>
<tr><td>
危险
极易燃气体</td><td>无象形图
警告
易燃气体</td><td>无象形图
无附加信号词
无空气也可能迅速反应</td><td>无象形图
无附加信号词
在升高的大气压和/或温度无空气也可能迅速反应</td><td rowspan="2">在《规章范本》中：
1) 图形符号的颜色
● 图形符号、数字和边线可采用黑色而不一定白色。
● 背景色两种情况都保持红色。
2) 图中数字 2 为 GB 6944—2012 中的第 2 类。
3) 货物运输图形标志的最小尺寸为 100 mm×100 mm</td></tr>
<tr><td></td><td colspan="3">《规章范本》中未作要求</td></tr>
</table>

附 录 C
（规范性附录）
易燃气体分类标准和标签要素

易燃气体分类标准和标签要素见表 C.1。

表 C.1 易燃气体分类标准和标签要素

危险类别	标 准	标签要素	
1	在 20 ℃和标准大气压 101.3 kPa 时的气体和气体混合物： a) 当其在空气中占 13%或更少时可点燃；或 b) 不论易燃下限如何，与空气混合，可燃范围至少为 12 个百分点。	图形符号	
		信号词	危险
		危险说明	极易燃气体
2	在 20 ℃和标准大气压 101.3 kPa 时与空气混合时具有一定易燃范围而不是类别 1 的气体或气体混合物	图形符号	无图形符号
		信号词	警告
		危险说明	易燃气体
A （化学不稳定性气体）	在 20 ℃和标准大气压 101.3 kPa 时具有化学不稳定性的易燃气体	图形符号	无附加图形符号
		信号词	无附加信号词
		危险说明	无空气也可能迅速反应
B （化学不稳定性气体）	在超过 20 ℃和/或高于标准大气压 101.3 kPa 时具有化学不稳定性的易燃气体	图形符号	无附加图形符号
		信号词	无附加信号词
		危险说明	在升高的大气压和/或温度无空气也可能迅速反应

附　录　D
（资料性附录）
易燃气体的危险说明和防范说明

D.1　概述

D.1.1　本附录为易燃气体提供如何使用符合 GHS 的危险说明和防范说明指导，列出易燃气体每一危险种类和危险类别的危险说明和防范说明，见 GB 13690。

D.1.2　危险说明的编码：

D.1.2.1　危险说明的编码见 GHS 附件 3。

D.1.2.2　每一种危险说明均设定一个专门的字母数字混合代码，由 1 个字母和 3 个数字组成，具体如下：

a)　字母“H”（代表“危险说明”）；

b)　第 1 个数字，代表不同部分编号设定的危险说明所指危险类型，具体如下：

——“2”代表物理危险；

——“3”代表健康危险；

——“4”代表环境危险；

c)　后 2 个数字，对应于物质或者混合物固有属性引起的危险的序列编号，如：爆炸性（代码 200 至 210）、易燃性（代码 220 至 230），等等。

D.1.2.3　除非另有规定，所有指定的危险说明均应出现在标签上。主管部门可规定危险说明在标签出现的顺序。此外，在组合危险说明提供两种或者以上危险说明时，主管部门可以具体规定，是否将组合危险说明或者相应的单个说明写入标签，或者由制造商/供应商自行决定。

D.1.3　防范说明应连同统一的危险公示要素（象形图、信号词和危险说明）一起标在符合要求的标签上。附加补充信息，例如使用说明，也可由制造商/供应商和/或主管部门斟酌决定予以补充。

D.1.3.1　防范说明的编码见 GHS 附件 3。

D.1.3.2　防范说明的编码：

D.1.3.2.1　每一防范说明均设定一个专门的字母数字混合代码，由 1 个字母和 3 个数字组成，具体如下：

a)　字母“P”（代表“防范说明”）；

b)　第 1 个数字，代表防范说明的类型，具体如下：

——“1”代表一般防范说明；

——“2”代表预防防范说明；

——“3”代表应急防范说明；

——“4”代表贮存防范说明；

——“5”代表处置防范说明；

c)　后 2 个数字（对应于防范说明的序列编号）。

D.1.3.2.2　防范说明代码用作参考。防范说明代码不是防范说明条文的一部分，不应用其替代防范说明条文。

D.2　一般防范说明

对被划为危害人类健康或环境的所有物质和混合物应采取一般防范措施。以下一般防范说明在给定的条件下适用于 GHS 标签（见表 D.1）。

表 D.1 一般防范说明

对象	补充信息	编码	一般防范说明
一般公众	标签,补充标签信息	P101	**如需就医:请随身携带产品容器或标签。**
		P102	**放在儿童无法触及之处。**
		P103	**使用前请阅读标签。**
生产工人	标签,补充标签信息、安全技术说明书、工作场所标志		无

D.3 易燃气体防范说明

D.3.1 极易燃气体的防范说明见表 D.2。

表 D.2 极易燃气体的防范说明

图形符号
火焰

危险类别	信号词	危险说明
1	危险	H220 极易燃气体

防范说明			
预防	应急	贮存	处置
P210 **远离热源/火花/明火/热表面。禁止吸烟。** 生产商/供应商或主管部门规定适用的点火源。	**P377** **漏气着火:切勿灭火,除非漏气能够安全地制止。** **P381** **除去一切点火源,如果这么做没有危险。**	**P403** **存放在通风良好的地方。**	

D.3.2 易燃气体的防范说明见表 D.3。

表 D.3 易燃气体的防范说明

图形符号
无图形符号

危险类别	信号词	危险说明
2	警告	H221 易燃气体

防范说明			
预防	应急	贮存	处置
P210 **远离热源/火花/明火/热表面。禁止吸烟。** 生产商/供应商或主管部门规定适用的点火源。	**P377** **漏气着火:切勿灭火,除非漏气能够安全地制止。** **P381** **除去一切点火源,如果这么做没有危险。**	**P403** **存放在通风良好的地方。**	

D.3.3 易燃气体(化学不稳定性气体)的防范说明见表 D.4。

表 D.4 化学不稳定性气体的防范说明

图形符号
无图形符号

危险类别	信号词	危险说明
A	无	H230 无空气也可能迅速反应
B	无	H231 在升高的大气压和/或温度无空气也可能迅速反应

防范说明			
预防	应急	贮存	处置
P202 **在阅读和明了所有安全措施前切勿搬动。**			

附　录　E
（资料性附录）
易燃气体标签的例子

易燃气体标签的例子见图 E.1～图 E.3。

编　码
产品名称

公司名称

危 险
放在儿童无法触及之处
使用前请读标签

极易燃气体

运输象形图

联合国编号
正式运输名称

远离热源/火花/明火/热表面。禁止吸烟。
生产商/供应商或主管部门规定适用的点火源。

漏气着火：切勿灭火，除非漏气能够安全地制止。

除去一切点火源，如果这么做没有危险。

存放在通风良好的地方。

街名及号码
国家、省、城市、邮编
电话号码
紧急呼叫电话

使用说明：

装载质量：　　　　批号：
毛　　重：　　　　装载日期：
有效期：

图 E.1　易燃气体类别 1 标签的例子

编　码

产品名称

无象形图

运输象形图
无运输象形图

公司名称

街名及号码
国家、省、城市、邮编
电话号码
紧急呼叫电话

使用说明：

装载质量：　　批号：
毛　　重：　　装载日期：
有效期：

警　告

放在儿童无法触及之处

使用前请读标签

易燃气体

远离热源/火花/明火/热表面。禁止吸烟。
生产商/供应商或主管部门规定适用的点火源。

漏气着火：切勿灭火，除非漏气能够安全地制止。

除去一切点火源，如果这么做没有危险。

存放在通风良好的地方。

图 E.2　易燃气体类别 2 标签的例子

编　码

产品名称

无象形图

运输象形图
无运输象形图

警 告
放在儿童无法触及之处
使用前请读标签
易燃气体(化学不稳定性气体)

公司名称

街名及号码
国家、省、城市、邮编
电话号码
紧急呼叫电话

A 型:无空气也可能迅速反应
B 型:在升高的大气压和/或温度无空气也可能迅速反应

使用说明:

装载质量:　　　批号:
毛　　重:　　　装载日期:
有效期:

图 E.3　化学不稳定性气体 A 型和 B 型标签的例子

ICS 13.300
A 80

中华人民共和国国家标准

GB 30000.4—2013
代替 GB 20578—2006

化学品分类和标签规范 第4部分：气溶胶

Rules for classification and labelling of chemicals— Part 4: Aerosols

2013-10-10 发布　　2014-11-01 实施

中华人民共和国国家质量监督检验检疫总局
中国国家标准化管理委员会　发布

前　言

本部分第 4 章和第 6 章为强制性的，其余为推荐性的。

GB 30000《化学品分类和标签规范》的预期结构和将代替的国家标准为：

——第 1 部分：通则(代替 GB 13690—2009)；
——第 2 部分：爆炸物(代替 GB 20576—2006)；
——第 3 部分：易燃气体(代替 GB 20577—2006)；
——第 4 部分：气溶胶(代替 GB 20578—2006)；
——第 5 部分：氧化性气体(代替 GB 20579—2006)；
——第 6 部分：加压气体(代替 GB 20580—2006)；
——第 7 部分：易燃液体(代替 GB 20581—2006)；
——第 8 部分：易燃固体(代替 GB 20582—2006)；
——第 9 部分：自反应物质和混合物(代替 GB 20583—2006)；
——第 10 部分：自燃液体(代替 GB 20585—2006)；
——第 11 部分：自燃固体(代替 GB 20586—2006)；
——第 12 部分：自热物质和混合物(代替 GB 20584—2006)；
——第 13 部分：遇水放出易燃气体的物质和混合物(代替 GB 20587—2006)；
——第 14 部分：氧化性液体(代替 GB 20589—2006)；
——第 15 部分：氧化性固体(代替 GB 20590—2006)；
——第 16 部分：有机过氧化物(代替 GB 20591—2006)；
——第 17 部分：金属腐蚀物(代替 GB 20588—2006)；
——第 18 部分：急性毒性(代替 GB 20592—2006)；
——第 19 部分：皮肤腐蚀/刺激(代替 GB 20593—2006)；
——第 20 部分：严重眼损伤/眼刺激(代替 GB 20594—2006)；
——第 21 部分：呼吸道或皮肤致敏(代替 GB 20595—2006)；
——第 22 部分：生殖细胞致突变性(代替 GB 20596—2006)；
——第 23 部分：致癌性(代替 GB 20597—2006)；
——第 24 部分：生殖毒性(代替 GB 20598—2006)；
——第 25 部分：特异性靶器官毒性　一次接触(代替 GB 20599—2006)；
——第 26 部分：特异性靶器官毒性　反复接触(代替 GB 20601—2006)；
——第 27 部分：吸入危害；
——第 28 部分：对水生环境的危害(代替 GB 20602—2006)；
——第 29 部分：对臭氧层的危害；
——第 30 部分：化学品作业场所警示性标志。

本部分为 GB 30000 的第 4 部分。

本部分按照 GB/T 1.1—2009 给出的规则起草。

本部分代替 GB 20578—2006《化学品分类、警示标签和警示性说明安全规范　易燃气溶胶》。

本部分与联合国《全球化学品统一分类和标签制度》(Globally Harmonized System of Classification and Labelling of Chemicals，GHS)(第四修订版)有关的技术内容一致。

本部分与 GB 20578—2006 相比，主要技术内容变化如下：

——修改了标准名称，中文名称修改为“化学品分类和标签规范　第4部分：气溶胶”，英文名称为“Rules for classification and labelling of chemicals—Part 4：Aerosols”；

——修改了第1章范围内容，将“警示标签”改为“标签”、删除“警示性说明”；

——修改了第2章“规范性引用文件”的引导语，并增加了“联合国《全球化学品统一分类和标签制度》（第四修订版）”为引用文件；

——增加了第3章“术语和定义”的引导语；

——将第5章的图1“判定逻辑图”和“指导”作为资料性附录A；

——删除了原第7章，按联合国《全球化学品统一分类和标签制度》（第四修订版）将原第7章的表2修改后作为规范性附录B；

——按联合国《全球化学品统一分类和标签制度》（第四修订版）将原第6章、第7章、第8章修改整合成第6章；原表1修改后作为规范性附录C；

——删除了原第8章，将相关的“危险说明”和“防范说明”内容作为资料性附录D；

——增加了资料性附录E“标签的例子”。

本部分由全国危险化学品管理标准化技术委员会（SAC/TC 251）提出并归口。

本部分起草单位：中国化工经济技术发展中心、杭州仰仪科技有限公司、中国化工信息中心、浙江省化工研究院有限公司、华峰集团有限公司。

本部分主要起草人：杨挺、叶树亮、邱建、方路、梁缙、王晓兵、曹梦然、江林、温文宪、关世太、高阳、温涛。

本部分所代替标准的历次版本发布情况为：

——GB 20578—2006。

化学品分类和标签规范 第4部分:气溶胶

1 范围

GB 30000 的本部分规定了气溶胶的术语和定义、分类标准、判定逻辑和指导、标签。

本部分适用于气溶胶按联合国《全球化学品统一分类和标签制度》(以下简称 GHS)分类和标签。

2 规范性引用文件

下列文件对于本文件的应用是必不可少的。凡是注日期的引用文件,仅注日期的版本适用于本文件。凡是不注日期的引用文件,其最新版本(包括所有的修改单)适用于本文件。

GB 6944—2012 危险货物分类和品名编号

GB 13690 化学品分类和危险性公示 通则

GB 30000.3 化学品分类和标签规范 第3部分:易燃气体

GB 30000.7 化学品分类和标签规范 第7部分:易燃液体

GB 30000.8 化学品分类和标签规范 第8部分:易燃固体

联合国《全球化学品统一分类和标签制度》(第四修订版)

联合国《关于危险货物运输的建议书 规章范本》(第十七修订版)

联合国《关于危险货物运输的建议书 试验和标准手册》(第五修订版)

3 术语和定义

GB 13690 界定的以及下列术语和定义适用于本文件。

3.1

气溶胶 aerosols

喷雾器(系任何不可重新灌装的容器,该容器用金属、玻璃或塑料制成)内装压缩、液化或加压溶解的气体(包含或不包含液体、膏剂或粉末),并配有释放装置以使内装物喷射出来,在气体中形成悬浮的固态或液态微粒或形成泡沫、膏剂或粉末或者以液态或气态形式出现。

4 分类标准

4.1 气溶胶分类和标签的一般原则见 GB 13690。

4.2 如果气溶胶含有任何根据 GHS 分类为易燃物成分时,该气溶胶应分类为易燃物,即:

1) 易燃液体见 GB 30000.7;

2) 易燃气体见 GB 30000.3;

3) 易燃固体见 GB 30000.8。

注1:易燃成分不包括自燃物质、自热物质或遇水反应物质和混合物,因为这些成分从来不用作为喷雾器内装物。

注2:易燃气溶胶不再另属易燃气体、加压气体、易燃液体和易燃固体的范围。

4.3 气溶胶根据其成分、化学燃烧热,以及视具体情况根据泡沫试验(用于泡沫气溶胶)、点火距离试验和封闭空间试验(用于喷雾气溶胶)的结果分为三类中的一类。见第5章中的判定逻辑。未列入类别1或者类别2的(极易燃或易燃气溶胶)应列入类别3(不易燃气溶胶)。

注：气溶胶包含超过1%易燃成分或者至少20 kJ/g燃烧热，不服从本标准易燃分类步骤应分类为气溶胶第一类。

5 判定逻辑和指导

判定逻辑和指导仅供参考。判定逻辑和指导参见附录A。特别建议负责分类的人员在使用判定逻辑前和使用时研究第4章。

6 标签

6.1 概述

6.1.1 对于气溶胶的标签，危险类别都以指定的象形图、信号词和危险说明的顺序列出。联合国《关于危险货物运输的建议书　规章范本》(第十七修订版)(以下简称《规章范本》)涵盖的危险种类或类别应在标签中列出每个类别的指定相应图形标志。气溶胶标签要素的分配见附录B。

6.1.2 有关气溶胶分类标准和标签要素见附录C。

6.1.3 标签上要求的信息包括危险象形图、信号词、危险说明、防范说明、产品标识符和供应商标识等。

注：对于尚未标准化的其他标签要素，如防范说明也需要包括在标签上。主管部门可能还要求提供额外信息，供应商也可能增加补充信息。

6.2 危险象形图

危险象形图应使用黑色符号加白色背景，红框要足够宽，以便醒目。

《规章范本》规定的危险象形图、图形符号颜色、数字和最小尺寸见附录B。

6.3 信号词

信号词指标签上用来表明危险的相对严重程度和提醒读者注意潜在危险的词语。对于极易燃气溶胶使用信号词"危险"。对于易燃气溶胶使用信号词"警告"。

6.4 危险说明

危险说明指分配给一个危险种类和类别的短语，用来描述一种危险产品的危险性质，在情况合适时还包括其危险程度。气溶胶危险说明参见附录D。

6.5 防范说明

防范说明是一个词语(和/或象形图)，用于描述为尽可能减少或防止由于接触危险产品或者不适当的贮存或搬运危险产品的不良效应建议采取的措施。为达到要求，共有5类防范说明：一般、预防、应急、贮存和处置。气溶胶防范说明参见附录D。

6.6 产品标识符

6.6.1 标签上应使用产品标识符，且应与化学品安全技术说明书上使用的产品标识符相一致。如果一种物质或混合物列入《规章范本》，包装上还应使用正确的联合国运输名称。

6.6.2 标签应包括物质的化学名称。对于混合物或合金，在急性毒性、皮肤或呼吸道敏感或特异性靶器官毒性出现在标签上时，标签上应当包括可能引起这些危险的所有成分或合金元素的化学成分。主管部门可要求在标签上列出可能导致混合物或合金危险性的所有成分或合金元素的化学名称。

6.7 供应商标识

标签上应当提供物质或混合物的生产商或供应商的名称、地址和电话号码。

6.8 标签的示例

气溶胶标签的例子参见附录E。

附 录 A
（资料性附录）
判定逻辑和指导

A.1 判定逻辑

对气溶胶进行分类，需要获得有关其易燃成分、其化学燃烧热以及酌情有关泡沫试验（用于泡沫气溶胶）、点火距离试验和封闭空间试验（用于喷雾气溶胶）的结果的数据。分类应根据判定逻辑 A.1.1、A.1.2 和 A.1.3 进行。

A.1.1 气溶胶的判定逻辑见图 A.1。

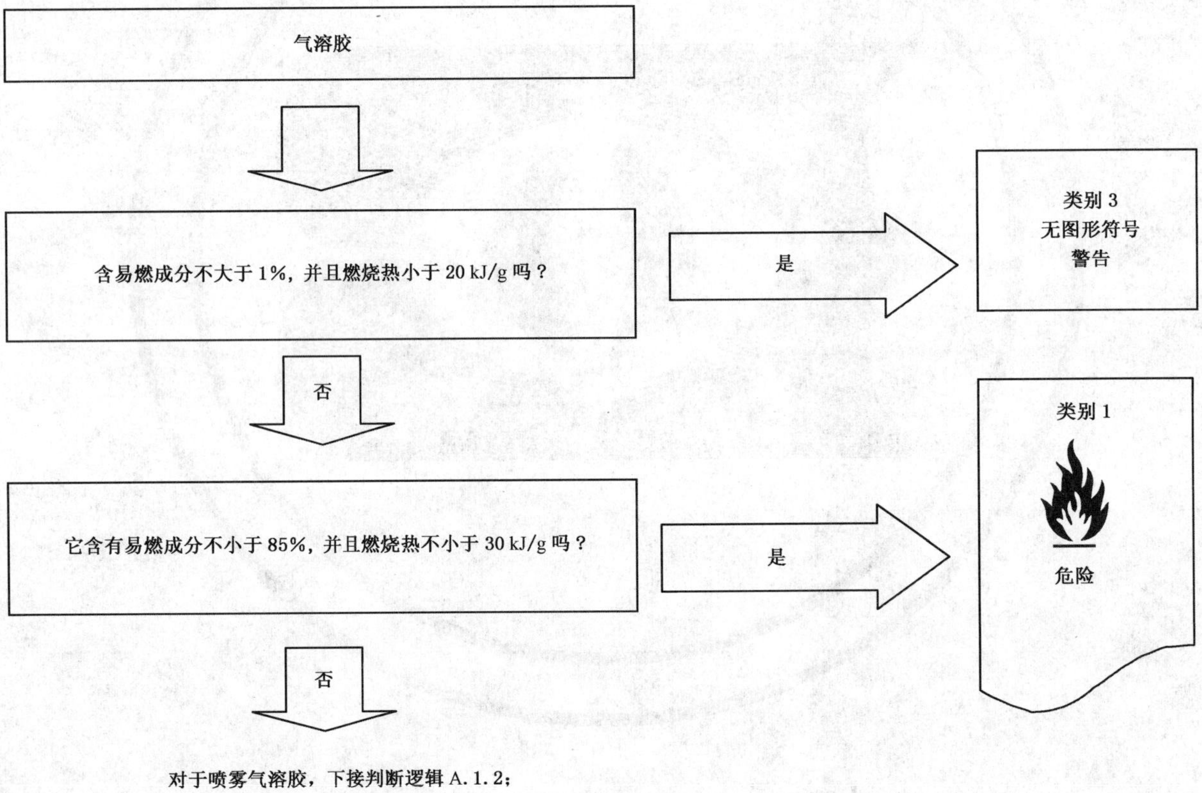

图 A.1 气溶胶的判定逻辑

A.1.2 喷雾气溶胶判定逻辑见图 A.2。

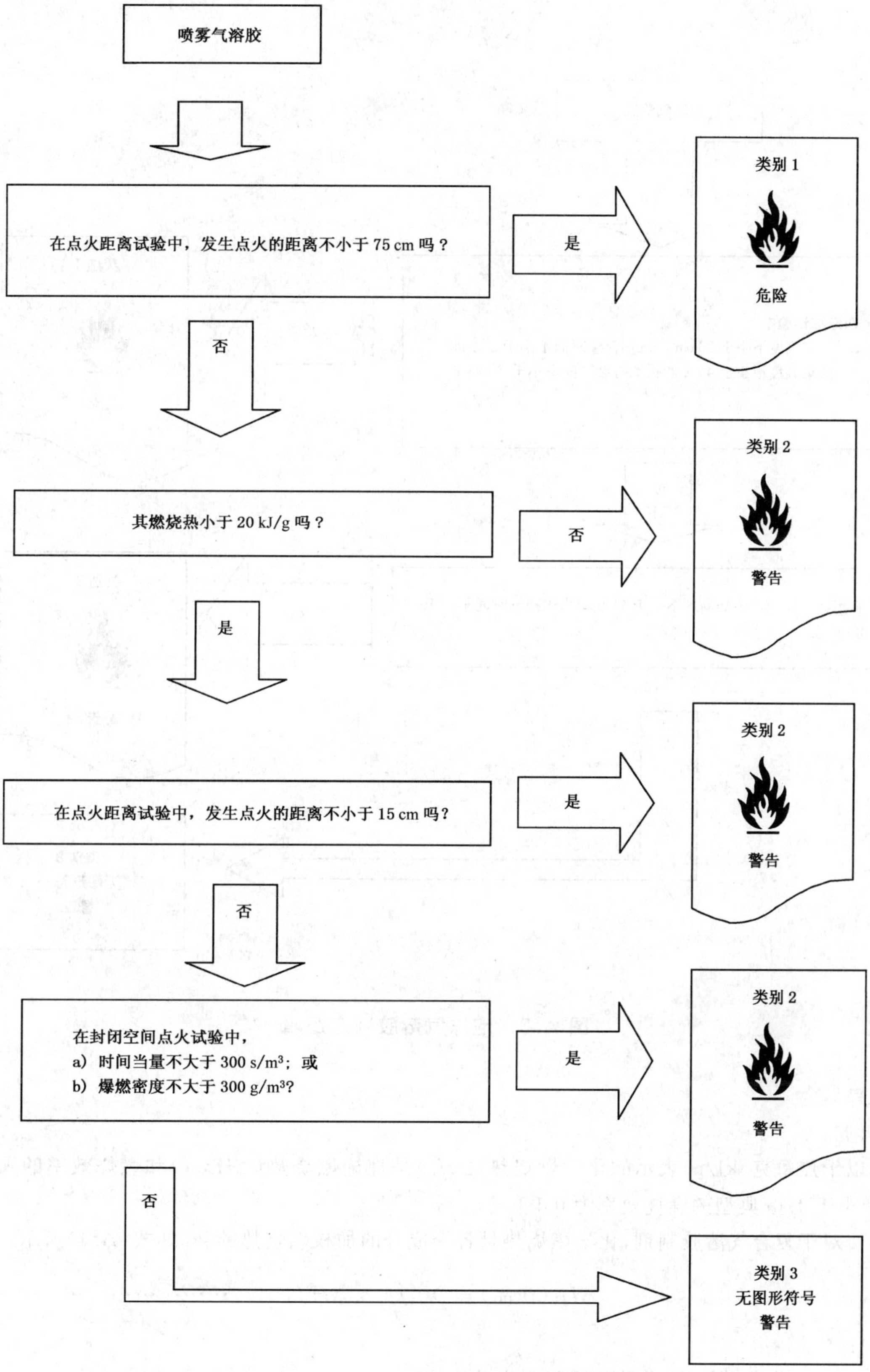

图 A.2 喷雾气溶胶判定逻辑

A.1.3 泡沫气溶胶判定逻辑见图 A.3。

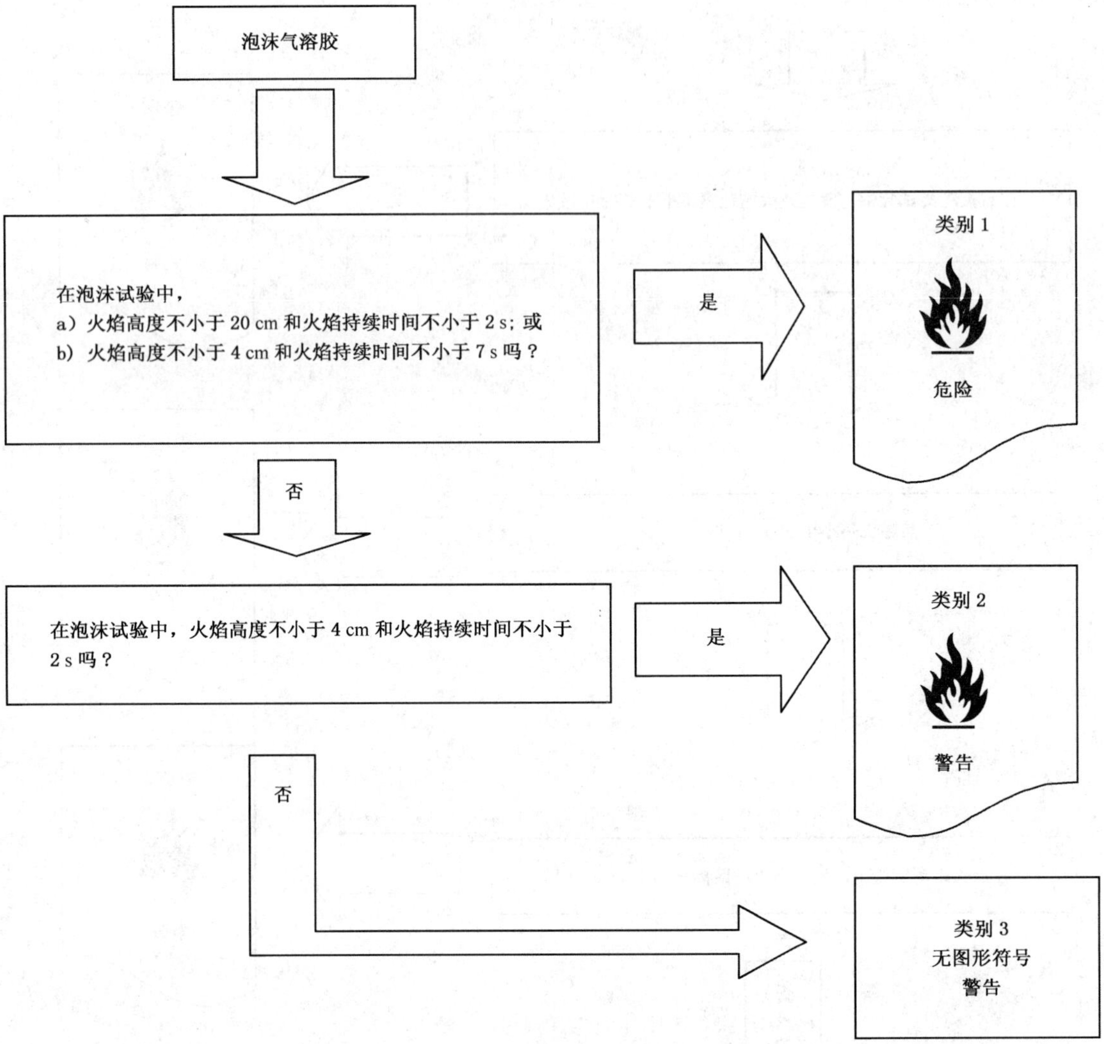

图 A.3 泡沫气溶胶判定逻辑

A.2 指导

A.2.1 以千焦每克(kJ/g)表示的化学燃烧热(ΔH_c)是理论燃烧热(ΔH_{comb})和燃烧效率的乘积，燃烧效率通常小于 1.0(典型的燃烧效率为 0.95 或 95%)。

A.2.1.1 对于复合气溶胶制剂，化学燃烧热是各个成分的加权燃烧热的和，如式(A.1)所示：

$$\Delta H_c(\text{产品}) = \sum_i^n [w_i \times \Delta H_{c(i)}] \qquad \cdots\cdots (A.1)$$

式中：

ΔH_c ——化学燃烧热，单位为千焦每克(kJ/g)；

w_i ——产品中 i 成分的质量分数，以%表示；

$\Delta H_{c(i)}$ ——产品中 i 成分的燃烧比热，单位为千焦每克(kJ/g)。

A.2.1.2 化学燃烧热可以在文献中找到，计算得出或根据试验[可见 GB/T 21631、GB/T 21614、ASTM D 240、ISO/FDIS 13943：1999 (E/F) 86.1～86.3 和 NFPA 30B]确定。

A.2.2 关于点火距离试验、封闭空间点火试验和气溶胶泡沫易燃性试验，见《联合国关于危险货物运输的建议书 试验和标准手册》(第五修订版)第 31.4 节、第 31.5 节和第 31.6 节。

附　录　B
（规范性附录）
标签要素的分配

气溶胶标签要素的分配见表 B.1。

表 B.1　气溶胶标签要素的分配

<table>
<tr><th colspan="4">气　溶　胶</th></tr>
<tr><th>类别 1</th><th>类别 2</th><th>类别 3</th><th>备　注</th></tr>
<tr><td>
危险

极易燃气溶胶
带压力容器：如受热可能爆裂</td><td>
警告

易燃气溶胶
带压力容器：如受热可能爆裂</td><td>无象形图

警告

带压力容器：如受热可能爆裂</td><td rowspan="2">在《规章范本》中：
1)　图形符号的颜色
● 图形符号、数字和边线可采用黑色而不一定白色；
● 背景色两种情况都保持红色。
2)　图中数字 2 为 GB 6944—2012 中的第 2 类。
3)　运输象形图的最小尺寸为 100 mm×100 mm</td></tr>
<tr><td></td><td></td><td></td></tr>
</table>

附 录 C
（规范性附录）
气溶胶分类标准和标签要素

气溶胶分类标准和标签要素见表 C.1。

表 C.1 气溶胶分类标准和标签要素

<table>
<tr><th>危险类别</th><th>标 准</th><th colspan="2">标签要素</th></tr>
<tr><td rowspan="3">1</td><td rowspan="3">根据其成分、化学燃烧热以及酌情根据泡沫试验（用于泡沫气溶胶）、点火距离试验和封闭空间试验（用于喷雾气溶胶）的结果（见 A.1.1、A.1.2 和 A.1.3）</td><td>图形符号</td><td></td></tr>
<tr><td>信号词</td><td>危险</td></tr>
<tr><td>危险说明</td><td>极易燃气溶胶
带压力容器：如受热可能爆裂</td></tr>
<tr><td rowspan="3">2</td><td rowspan="3">根据其成分、化学燃烧热以及酌情根据泡沫试验（用于泡沫气溶胶）、点火距离试验和封闭空间试验（用于喷雾气溶胶）的结果（见 A.1.1、A.1.2 和 A.1.3）</td><td>图形符号</td><td></td></tr>
<tr><td>信号词</td><td>警告</td></tr>
<tr><td>危险说明</td><td>易燃气溶胶
带压力容器：如受热可能爆裂</td></tr>
<tr><td rowspan="3">3</td><td rowspan="3">根据其成分、化学燃烧热以及酌情根据泡沫试验（用于泡沫气溶胶）、点火距离试验和封闭空间试验（用于喷雾气溶胶）的结果（见 A.1.1、A.1.2 和 A.1.3）</td><td>图形符号</td><td>无图形符号</td></tr>
<tr><td>信号词</td><td>警告</td></tr>
<tr><td>危险说明</td><td>带压力容器：如受热可能爆裂</td></tr>
</table>

附 录 D
(资料性附录)
气溶胶的危险说明和防范说明

D.1 概述

D.1.1 本附录为气溶胶提供如何使用符合GHS的危险说明和防范说明指导，列出气溶胶每一危险种类和危险类别的危险说明和防范说明，见GB 13690。

D.1.2 危险说明的编码：

D.1.2.1 危险说明的编码见GHS附件3。

D.1.2.2 每一种危险说明均设定一个专门的字母数字混合代码，由1个字母和3个数字组成，具体如下：

a) 字母"H"(代表"危险说明")；

b) 第1个数字，代表不同部分编号设定的危险说明所指危险类型，具体如下：

——"2"代表物理危险；

——"3"代表健康危险；

——"4"代表环境危险；

c) 后2个数字，对应于物质或者混合物固有属性引起的危险的序列编号，如：爆炸性(代码200至210)、易燃性(代码220至230)，等等。

D.1.2.3 除非另有规定，所有指定的危险说明均应出现在标签上。主管部门可规定危险说明在标签出现的顺序。此外，在组合危险说明提供两种或者以上危险说明时，主管部门可以具体规定，是否将组合危险说明或者相应的单个说明写入标签，或者由制造商/供应商自行决定。

D.1.3 防范说明应连同统一的危险公示要素(象形图、信号词和危险说明)一起标在符合要求的标签上。附加补充信息，例如使用说明，也可由制造商/供应商和/或主管部门斟酌决定予以补充。

D.1.3.1 防范说明的编码见GHS附件3。

D.1.3.2 防范说明的编码：

D.1.3.2.1 每一防范说明均设定一个专门的字母数字混合代码，由1个字母和3个数字组成，具体如下：

a) 字母"P"(代表"防范说明")；

b) 第1个数字，代表防范说明的类型，具体如下：

——"1"代表一般防范说明；

——"2"代表预防防范说明；

——"3"代表应急防范说明；

——"4"代表贮存防范说明；

——"5"代表处置防范说明；

c) 后2个数字(对应于防范说明的序列编号)。

D.1.3.2.2 防范说明代码用作参考。防范说明代码不是防范说明条文的一部分，不应用其替代防范说明条文。

D.2 一般防范说明

对被划为危害人类健康或环境的所有物质和混合物应采取一般防范措施。以下一般防范说明在给定的条件下适用于GHS标签(见表D.1)。

表D.1 一般防范说明

对象	补充信息	编码	一般防范说明
一般公众	标签,补充标签信息	P101	如需就医:请随身携带产品容器或标签。
		P102	放在儿童无法触及之处。
		P103	使用前请阅读标签。
生产工人	标签,补充标签信息、安全技术说明书、工作场所标志		无

D.3 气溶胶防范说明

气溶胶的防范说明见表D.2和表D.3。

表D.2 气溶胶类别1和类别2的防范说明

危险类别	信号词	危险说明	图形符号 火焰
1	危险	H222 极易燃气溶胶 H229 压力容器:遇热可爆	
2	警告	H223 易燃气溶胶 H229 压力容器:遇热可爆	

防范说明			
预防	应急	贮存	处置
P210 远离热源/火花/明火/热表面。禁止吸烟。 制造商/供应商或主管部门规定适用的点火源。 P211 切勿喷洒在明火或其他点火源上。 P251 切勿穿孔或焚烧,即使不再使用。		P410+P412 防日晒。不可暴露在超过50 ℃/122 ℉的温度下。	

表 D.3　气溶胶类别 3 的防范说明

图形符号
无图形符号

危险类别	信号词	危险说明
3	警告	H229 压力容器：遇热可爆

防范说明			
预防	应急	贮存	处置
P210 **远离热源/火花/明火/热表面。禁止吸烟。** 制造商/供应商或主管部门规定适用的点火源。 **P251** **切勿穿孔或焚烧，即使不再使用。**		**P410＋P412** **防日晒。不可暴露在超过50 ℃/122 ℉的温度下。**	

附　录　E
（资料性附录）
气溶胶标签的例子

气溶胶标签的例子见图 E.1 和图 E.2。

编　码

产品名称

公司名称

街名及号码
国家、省、城市、邮编
电话号码
紧急呼叫电话

使用说明：

装载质量：　　　　批号：
毛　　重：　　　　装载日期：
有效期：

危险 或 警告
放在儿童无法触及之处
使用前请读标签

运输象形图

联合国编号
正式运输名称

极燃气溶胶

远离热源/火花/明火/热表面。禁止吸烟。
制造商/供应商或主管部门规定适用的点火源。
切勿喷洒在明火或其他点火源上。
切勿穿孔或焚烧，即使不再使用。

防日晒。不可暴露在超过 50 ℃/122 ℉的温度下。

图 E.1　气溶胶类别 1 和 2 标签的例子

编　码

产品名称

公司名称

街名及号码
国家、省、城市、邮编
电话号码
紧急呼叫电话
使用说明：

装载质量：　　批号：
毛　　重：　　装载日期：
有效期：

无象形图

警 告
放在儿童无法触及之处
使用前请读标签

远离热源/火花/明火/热表面。禁止吸烟。
制造商/供应商或主管部门规定适用的点火源。
切勿穿孔或焚烧，即使不再使用。

防日晒。不可暴露在超过 50 ℃/122 ℉的温度下。

运输象形图
无象形图

图 E.2　气溶胶类别 3 标签的例子

ICS 13.300
A 80

中华人民共和国国家标准

GB 30000.5—2013
代替 GB 20579—2006

化学品分类和标签规范 第5部分：氧化性气体

Rules for classification and labelling of chemicals—
Part 5: Oxidizing gases

2013-10-10 发布　　2014-11-01 实施

中华人民共和国国家质量监督检验检疫总局
中国国家标准化管理委员会　发布

前　言

本部分第4章和第6章为强制性的,其余为推荐性的。

GB 30000《化学品分类和标签规范》的预期结构和将代替的国家标准为:

——第1部分:通则(代替GB 13690—2009);
——第2部分:爆炸物(代替GB 20576—2006);
——第3部分:易燃气体(代替GB 20577—2006);
——第4部分:气溶胶(代替GB 20578—2006);
——第5部分:氧化性气体(代替GB 20579—2006);
——第6部分:加压气体(代替GB 20580—2006);
——第7部分:易燃液体(代替GB 20581—2006);
——第8部分:易燃固体(代替GB 20582—2006);
——第9部分:自反应物质和混合物(代替GB 20583—2006);
——第10部分:自燃液体(代替GB 20585—2006);
——第11部分:自燃固体(代替GB 20586—2006);
——第12部分:自热物质和混合物(代替GB 20584—2006);
——第13部分:遇水放出易燃气体的物质和混合物(代替GB 20587—2006);
——第14部分:氧化性液体(代替GB 20589—2006);
——第15部分:氧化性固体(代替GB 20590—2006);
——第16部分:有机过氧化物(代替GB 20591—2006);
——第17部分:金属腐蚀物(代替GB 20588—2006);
——第18部分:急性毒性(代替GB 20592—2006);
——第19部分:皮肤腐蚀/刺激(代替GB 20593—2006);
——第20部分:严重眼损伤/眼刺激(代替GB 20594—2006);
——第21部分:呼吸道或皮肤致敏(代替GB 20595—2006);
——第22部分:生殖细胞致突变性(代替GB 20596—2006);
——第23部分:致癌性(代替GB 20597—2006);
——第24部分:生殖毒性(代替GB 20598—2006);
——第25部分:特异性靶器官毒性　一次接触(代替GB 20599—2006);
——第26部分:特异性靶器官毒性　反复接触(代替GB 20601—2006);
——第27部分:吸入危害;
——第28部分:对水生环境的危害(代替GB 20602—2006);
——第29部分:对臭氧层的危害;
——第30部分:化学品作业场所警示性标志。

本部分为GB 30000的第5部分。

本部分按照GB/T 1.1—2009给出的规则起草。

本部分代替GB 20579—2006《化学品分类、警示标签和警示性说明安全规范　氧化性气体》。

本部分与联合国《全球化学品统一分类和标签制度》(Globally Harmonized System of Classification and Labelling of Chemicals,GHS)(第四修订版)有关的技术内容一致。

与GB 20579—2006相比,主要技术内容变化如下:

——修改了标准名称，中文名称修改为“化学品分类和标签规范　第5部分：氧化性气体”，英文名称为“Rules for classification and labelling of chemicals—Part 5：Oxidizing gases”；

——修改了第1章范围内容，将“警示标签”改为“标签”、删除“警示性说明”；

——修改了第2章“规范性引用文件”的引导语，并增加了“联合国《全球化学品统一分类和标签制度》（第四修订版）”为引用文件；

——增加了第3章“术语和定义”的引导语；

——将第5章的图1“判定逻辑图”和“指导”作为资料性附录A；

——删除了原第7章，按联合国《全球化学品统一分类和标签制度》（第四修订版）将原第7章的表3修改后作为规范性附录B；

——按联合国《全球化学品统一分类和标签制度》（第四修订版）将原第6章、第7章、第8章修改整合成第6章；原表2修改后作为规范性附录C；

——删除了原第8章，将相关的“危险说明”和“防范说明”内容作为资料性附录D；

——增加了资料性附录E“标签的例子”。

本部分由全国危险化学品管理标准化技术委员会（SAC/TC 251）提出并归口。

本部分起草单位：中国化工经济技术发展中心、中国化工信息中心、上海化工研究院、浙江省化工研究院有限公司、华峰集团有限公司。

本部分主要起草人：张君玺、梁缙、冯卓、方路、肖秋平、曹梦然、温涛、薛敬钦、程丽鸿、李铁、杨挺、安超。

本部分所代替标准的历次版本发布情况为：

——GB 20579—2006。

化学品分类和标签规范 第5部分：氧化性气体

1 范围

GB 30000的本部分规定了氧化性气体的术语和定义、分类标准、判定逻辑和指导、标签。

本部分适用于氧化性气体按联合国《全球化学品统一分类和标签制度》(以下简称GHS)分类和标签。

2 规范性引用文件

下列文件对于本文件的应用是必不可少的。凡是注日期的引用文件，仅注日期的版本适用于本文件。凡是不注日期的引用文件，其最新版本(包括所有的修改单)适用于本文件。

GB 6944—2012 危险货物分类和品名编号

GB 13690 化学品分类和危险性公示 通则

GB/T 27862 化学品危险性分类试验方法 气体和气体混合物燃烧潜力和氧化能力

联合国《全球化学品统一分类和标签制度》(第四修订版)

联合国《关于危险货物运输的建议书 规章范本》(第十七修订版)

3 术语和定义

GB 13690界定的以及下列术语和定义适用于本文件。

3.1

氧化性气体 oxidizing gases

一般通过提供氧气，比空气更能导致或促使其他物质燃烧的任何气体[1]。

4 分类标准

4.1 氧化性气体分类和标签的一般原则见GB 13690。

4.2 氧化性气体分类见表1。

表1 氧化性气体的分类

类别	标准
1	一般通过提供氧气，比空气更能导致或促使其他物质燃烧的任何气体。

5 判定逻辑和指导

判定逻辑和指导仅供参考。判定逻辑和指导参见附录A。特别建议负责分类的人员在使用判定逻

1) “比空气更能导致或促使其他物质燃烧的任何气体”，系指采用GB/T 27862规定的方法，确定的氧化能力大于23.5%的纯净气体或气体混合物。

辑前和使用时研究第4章。

6 标签

6.1 概述

6.1.1 对于氧化性气体的标签,危险类别都以指定的象形图、信号词和危险说明的顺序列出。联合国《关于危险货物运输的建议书 规章范本》(第十七修订版)(以下简称《规章范本》)涵盖的危险种类或类别应在标签中列出每个类别的指定相应图形标志。氧化性气体标签要素的分配见附录B。

6.1.2 有关氧化性气体分类标准和标签要素见附录C。

6.1.3 标签上要求的信息包括危险象形图、信号词、危险说明、防范说明、产品标识符和供应商标识等。

注:对于尚未标准化的其他标签要素,如防范说明也需要包括在标签上。主管部门可能还要求提供额外信息,供应商也可能增加补充信息。

6.2 危险象形图

危险象形图应使用黑色符号加白色背景,红框要足够宽,以便醒目。

《规章范本》规定的危险象形图、图形符号颜色、数字和最小尺寸见附录B。

6.3 信号词

信号词指标签上用来表明危险的相对严重程度和提醒读者注意潜在危险的词语。对于氧化性气体使用信号词"危险"。

6.4 危险说明

危险说明指分配给一个危险种类和类别的短语,用来描述一种危险产品的危险性质,在情况合适时还包括其危险程度。氧化性气体危险说明参见附录D。

6.5 防范说明

防范说明是一个词语(和/或象形图),用于描述为尽可能减少或防止由于接触危险产品或者不适当的贮存或搬运危险产品的不良效应建议采取的措施。为达到要求,共有5类防范说明:一般、预防、应急、贮存和处置。氧化性气体防范说明参见附录D。

6.6 产品标识符

6.6.1 标签上应使用产品标识符,且应与化学品安全技术说明书上使用的产品标识符相一致。如果一种物质或混合物列入《规章范本》,包装上还应使用正确的联合国运输名称。

6.6.2 标签应包括物质的化学名称。对于混合物或合金,在急性毒性、皮肤或呼吸道敏感或特异性靶器官毒性出现在标签上时,标签上应当包括可能引起这些危险的所有成分或合金元素的化学成分。主管部门可要求在标签上列出可能导致混合物或合金危险性的所有成分或合金元素的化学名称。

6.7 供应商标识

标签上应当提供物质或混合物的生产商或供应商的名称、地址和电话号码。

6.8 标签的示例

氧化性气体标签的例子参见附录E。

附　录　A
（资料性附录）
判定逻辑和指导

A.1　判定逻辑

对氧化性气体进行分类，应使用 GB/T 27862 中描述的试验或计算方法。分类应根据图 A.1 判定逻辑进行。

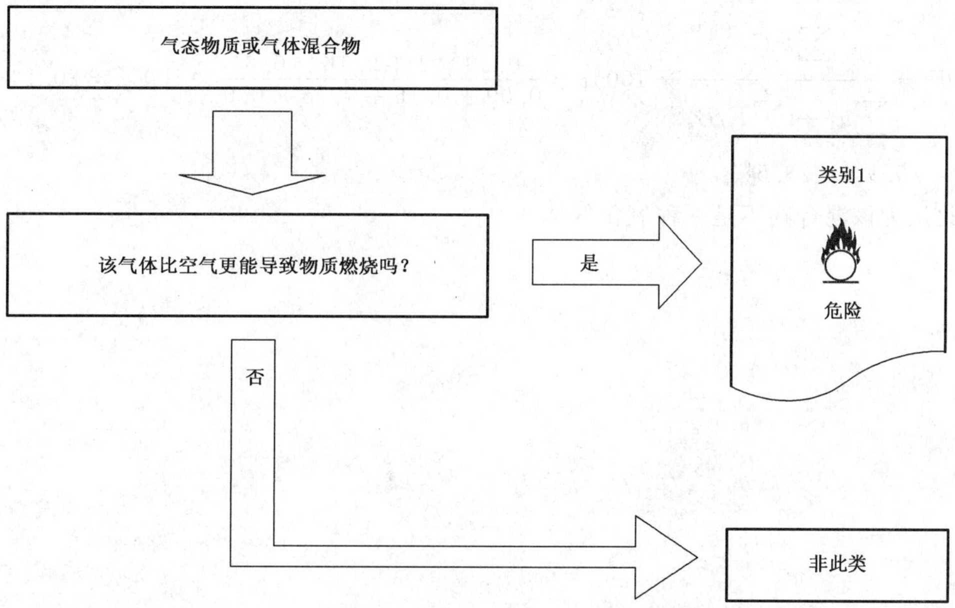

图 A.1　氧化性气体判定逻辑

A.2　指导

根据 GB/T 27862，通过计算对氧化性气体混合物进行分类的实例。

GB/T 27862 中所述的分类方法，采用的标准是：若气体混合物其氧化能力大于 23.5%即认为该气体混合物的氧化能力大于空气。

氧化能力(OP)由式(A.1)计算：

$$OP=\frac{\sum_{i=1}^{n}x_iC_i}{\sum_{i=1}^{n}x_i+\sum_{k=1}^{p}K_kB_k}\times 100\% \qquad \text{(A.1)}$$

式中：

x_i ——混合物中第 i 氧化性气体的摩尔浓度；

C_i ——混合物中第 i 氧化性气体的氧气当量系数；

K_k ——惰性气体 k 与氮气相比的当量系数；

B_k ——混合物中第 k 惰性气体的摩尔浓度；

n ——混合物中氧化性气体总数；

p ——混合物中惰性气体总数。

混合物的例子：

$$9\%(O_2)+16\%(N_2O)+75\%(He)$$

计算步骤：

a) 步骤一：对不易燃气体和无氧化性气体，确定混合物中氧化性气体的氧气当量系数(C_i)和混合物中惰性气体与氮气相比的当量系数(K_k)。

$C_i(N_2O)=0.6$(一氧化二氮)

$C_i(O_2)=1$(氧气)

$K_k(He)=0.9$(氦气)

b) 步骤二：计算气体混合物的氧化能力。

$$OP=\frac{\sum_{i=1}^{n}x_iC_i}{\sum_{i=1}^{n}x_i+\sum_{k=1}^{p}K_kB_k}\times 100\%=\frac{0.09\times 1+0.16\times 0.6}{0.09+0.16+0.75\times 0.9}\times 100\%=20.1\%$$

$OP=20.1\%<23.5\%$

因此认为该混合物不是一种氧化气体。

附 录 B
（规范性附录）
标签要素的分配

标签要素的分配见表 B.1。

表 B.1　氧化性气体标签要素的分配

氧化性气体				
类别 1	—	—	—	备注
 危 险 可引起燃烧或加剧燃烧；氧化剂				在《规章范本》中： 1） 图形符号的颜色 ● 图形符号和数字黑色； ● 背景：黄色。 2） 图中数字 5.1 为 GB 6944—2012 中第 5 类第 1 项。 3） 货物运输图形标志的最小尺寸为 100 mm×100 mm

附 录 C
（规范性附录）
氧化性气体分类标准和标签要素

氧化性气体分类标准和标签要素见表 C.1。

表 C.1 氧化性气体分类标准和标签要素

危险类别	标 准	标签要素	
1	一般通过提供氧气，比空气更能导致或促使其他物质燃烧的任何气体。	图形符号	
		信号词	危险
		危险说明	可引起燃烧或加剧燃烧；氧化剂

附 录 D
（资料性附录）
氧化性气体的危险说明和防范说明

D.1 概述

D.1.1 本附录为氧化性气体提供如何使用符合GHS的危险说明和防范说明指导，列出氧化性气体每一危险种类和危险类别的危险说明和防范说明，见GB 13690。

D.1.2 危险说明的编码：

D.1.2.1 危险说明的编码见GHS附件3。

D.1.2.2 每一种危险说明均设定一个专门的字母数字混合代码，由1个字母和3个数字组成，具体如下：

a) 字母“H”(代表“危险说明”)；

b) 第1个数字，代表不同部分编号设定的危险说明所指危险类型，具体如下：

——“2”代表物理危险；

——“3”代表健康危险；

——“4”代表环境危险；

c) 后2个数字，对应于物质或者混合物固有属性引起的危险的序列编号，如：爆炸性(代码200至210)、易燃性(代码220至230)，等等。

D.1.2.3 除非另有规定，所有指定的危险说明均应出现在标签上。主管部门可规定危险说明在标签出现的顺序。此外，在组合危险说明提供两种或者以上危险说明时，主管部门可以具体规定，是否将组合危险说明或者相应的单个说明写入标签，或者由制造商/供应商自行决定。

D.1.3 防范说明应连同统一危险公示要素(象形图、信号词和危险说明)一起标在符合要求的标签上。附加补充信息，例如使用说明，也可由制造商/供应商和/或主管部门斟酌决定予以补充。

D.1.3.1 防范说明的编码见GHS附件3。

D.1.3.2 防范说明的编码：

D.1.3.2.1 每一防范说明均设定一个专门的字母数字混合代码，由1个字母和3个数字组成，具体如下：

a) 字母“P”(代表“防范说明”)；

b) 第1个数字，代表防范说明的类型，具体如下：

——“1”代表一般防范说明；

——“2”代表预防防范说明；

——“3”代表应急防范说明；

——“4”代表贮存防范说明；

——“5”代表处置防范说明；

c) 后2个数字(对应于防范说明的序列编号)。

D.1.3.2.2 防范说明代码用作参考。防范说明代码不是防范说明条文的一部分，不应用其替代防范说明条文。

D.2 一般防范说明

对被划为危害人类健康或环境的所有物质和混合物应采取一般防范措施。以下一般防范说明在给定的条件下适用于GHS标签(见表D.1)。

表D.1 一般防范说明

对象	补充信息	编码	一般防范说明
一般公众	标签,补充标签信息	P101	如需就医:请随身携带产品容器或标签。
		P102	放在儿童无法触及之处。
		P103	使用前请阅读标签。
生产工人	标签,补充标签信息、安全技术说明书、工作场所指令	无	

D.3 氧化性气体防范说明

氧化性气体的防范说明见表D.2。

表D.2 氧化性气体的防范说明

图形符号

火焰

危险类别	信号词	危险说明
1	危险	H270 可能导致或加剧燃烧;氧化剂

防范说明			
预防	应急	贮存	处置
P220 避开/贮存处远离服装/……/可燃材料。 ……生产商/供应商或主管部门列明其他不相容材料。 **P244** 阀门或紧固装置不得带有油脂或油剂。	**P370+P376** 火灾时:如能保证安全,设法堵塞泄漏。	**P403** 存放在通风良好的地方。	

附　录　E
（资料性附录）
氧化性气体标签的例子

氧化性气体标签的例子参见图 E.1。

编　码
产品名称

公司名称

街名及号码
国家、省、城市、邮编
电话号码
紧急呼叫电话

使用说明：

危 险
放在儿童无法触及之处
使用前请读标签
可引起燃烧或加剧燃烧；氧化剂

避开/贮存处远离服装/……/可燃材料。
……生产商/供应商或主管部门列明其他不相容材料。
阀门或紧固装置不得带有油脂或油剂。

火灾时：如能保证安全，设法堵塞泄漏。

存放在通风良好的地方。

运输象形图

联合国编号
正式运输名称

装载质量：　　　批号：
毛　　重：　　　装载日期：
有效期：

图 E.1　氧化性气体标签的例子

ICS 13.300
A 80

中华人民共和国国家标准

GB 30000.6—2013
代替 GB 20580—2006

化学品分类和标签规范 第6部分：加压气体

Rules for classification and labelling of chemicals—Part 6: Gases under pressure

2013-10-10 发布　　2014-11-01 实施

中华人民共和国国家质量监督检验检疫总局
中国国家标准化管理委员会　发布

前 言

本部分第4章和第6章为强制性的,其余为推荐性的。

GB 30000《化学品分类和标签规范》的预期结构和将代替的国家标准为:

——第1部分:通则(代替GB 13690—2009);
——第2部分:爆炸物(代替GB 20576—2006);
——第3部分:易燃气体(代替GB 20577—2006);
——第4部分:气溶胶(代替GB 20578—2006);
——第5部分:氧化性气体(代替GB 20579—2006);
——第6部分:加压气体(代替GB 20580—2006);
——第7部分:易燃液体(代替GB 20581—2006);
——第8部分:易燃固体(代替GB 20582—2006);
——第9部分:自反应物质和混合物(代替GB 20583—2006);
——第10部分:自燃液体(代替GB 20585—2006);
——第11部分:自燃固体(代替GB 20586—2006);
——第12部分:自热物质和混合物(代替GB 20584—2006);
——第13部分:遇水放出易燃气体的物质和混合物(代替GB 20587—2006);
——第14部分:氧化性液体(代替GB 20589—2006);
——第15部分:氧化性固体(代替GB 20590—2006);
——第16部分:有机过氧化物(代替GB 20591—2006);
——第17部分:金属腐蚀物(代替GB 20588—2006);
——第18部分:急性毒性(代替GB 20592—2006);
——第19部分:皮肤腐蚀/刺激(代替GB 20593—2006);
——第20部分:严重眼损伤/眼刺激(代替GB 20594—2006);
——第21部分:呼吸道或皮肤致敏(代替GB 20595—2006);
——第22部分:生殖细胞致突变性(代替GB 20596—2006);
——第23部分:致癌性(代替GB 20597—2006);
——第24部分:生殖毒性(代替GB 20598—2006);
——第25部分:特异性靶器官毒性 一次接触(代替GB 20599—2006);
——第26部分:特异性靶器官毒性 反复接触(代替GB 20601—2006);
——第27部分:吸入危害;
——第28部分:对水生环境的危害(代替GB 20602—2006);
——第29部分:对臭氧层的危害;
——第30部分:化学品作业场所警示性标志。

本部分为GB 30000的第6部分。

本部分按照GB/T 1.1—2009给出的规则起草。

本部分代替GB 20580—2006《化学品分类、警示标签和警示性说明安全规范 压力下气体》。

本部分与联合国《全球化学品统一分类和标签制度》(Globally Harmonized System of Classification and Labelling of Chemicals,GHS)(第四修订版)有关的技术内容一致。

本部分与GB 20580—2006相比,主要技术内容变化如下:

——修改了标准名称，中文名称修改为“化学品分类和标签规范　第6部分：加压气体”，英文名称为“Rules for classification and labelling of chemicals—Part 6：Gases under pressuse”；

——修改了第1章范围内容，将“警示标签”改为“标签”、删除“警示性说明”；

——修改了第2章“规范性引用文件”的引导语，并增加了“联合国《全球化学品统一分类和标签制度》(第四修订版)”为引用文件；

——增加了第3章“术语和定义”的引导语；

——将第5章的图1“判定逻辑图”和“指导”作为资料性附录A；

——删除了原第7章，按联合国《全球化学品统一分类和标签制度》(第四修订版)将原第7章的表3修改后作为规范性附录B；

——按联合国《全球化学品统一分类和标签制度》(第四修订版)将原第6章、第7章、第8章修改整合成第6章；原表2修改后作为规范性附录C；

——删除了原第8章，将相关的“危险说明”和“防范说明”内容作为资料性附录D；

——增加了资料性附录E“标签的例子”。

本部分由全国危险化学品管理标准化技术委员会(SAC/TC 251)提出并归口。

本部分起草单位：中国化工经济技术发展中心、上海化工研究院、中国化工信息中心、华峰集团有限公司。

本部分主要起草人：王晓兵、冯卓、葛晓军、肖秋平、曹梦然、温涛、江林、赵晓阳、杨挺、田升江。

本部分所代替标准的历次版本发布情况为：

——GB 20580—2006。

化学品分类和标签规范 第6部分:加压气体

1 范围

GB 30000的本部分规定了加压气体的术语和定义、分类标准、判定逻辑和指导、标签。

本部分适用于加压气体按联合国《全球化学品统一分类和标签制度》(以下简称GHS)分类和标签。

2 规范性引用文件

下列文件对于本文件的应用是必不可少的。凡是注日期的引用文件,仅注日期的版本适用于本文件。凡是不注日期的引用文件,其最新版本(包括所有的修改单)适用于本文件。

GB 6944—2012 危险货物分类和品名编号

GB 13690 化学品分类和危险性公示 通则

GB 30000.4 化学品分类和标签安全规范 第4部分:气溶胶

联合国《全球化学品统一分类和标签制度》(第四修订版)

联合国《关于危险货物运输的建议书 规章范本》(第十七修订版)

3 术语和定义

GB 13690界定的以及下列术语和定义适用于本文件。

3.1

加压气体 gases under pressure

20 ℃下,压力等于或大于200 kPa(表压)下装入贮器的气体,或是液化气体或冷冻液化气体。

加压气体包括压缩气体、液化气体、溶解气体、冷冻液化气体。

4 分类标准

4.1 加压气体分类和标签的一般要求见GB 13690。

4.2 加压气体分类见表1。

注:气溶胶不应分类在加压气体中,见GB 30000.4。

表1 加压气体的分类

类别	标准
压缩气体	在−50 ℃加压封装时完全是气态的气体;包括所有临界温度不大于−50 ℃的气体。
液化气体	在高于−50 ℃的温度下加压封装时部分是液体的气体。它又分为: a) 高压液化气体:临界温度在−50 ℃和65 ℃之间的气体; b) 低压液化气体:临界温度高于65 ℃的气体。
冷冻液化气体	封装时由于其温度低而部分是液体的气体。
溶解气体	加压封装时溶解于液相溶剂中的气体。
注:临界温度是指高于此温度无论压缩程度如何纯气体都不能被液化的温度。	

5 判定逻辑和指导

判定逻辑和指导仅供参考。判定逻辑和指导参见附录A。特别建议负责分类的人员在使用判定逻辑前和使用时研究第4章。

6 标签

6.1 概述

6.1.1 对于加压气体的标签,危险类别都以指定的象形图、信号词和危险说明的顺序列出。联合国《关于危险货物运输的建议书 规章范本》(第十七修订版)(以下简称《规章范本》)涵盖的危险种类或类别应在标签中列出每个类别的指定相应图形标志。加压气体标签要素的分配见附录B。

6.1.2 有关加压气体分类标准和标签要素见附录C。

6.1.3 标签上要求的信息包括危险象形图、信号词、危险说明、防范说明、产品标识符和供应商标识等。

注:对于尚未标准化的其他标签要素,如防范说明也需要包括在标签上。主管部门可能还要求提供额外信息,供应商也可能增加补充信息。

6.2 危险象形图

危险象形图应使用黑色符号加白色背景,红框要足够宽,以便醒目。

《规章范本》规定的危险象形图、图形符号颜色、数字和最小尺寸见附录B。

6.3 信号词

信号词指标签上用来表明危险的相对严重程度和提醒读者注意潜在危险的词语。对于加压气体使用信号词"警告"。

6.4 危险说明

危险说明指分配给一个危险种类和类别的短语,用来描述一种化学品的危险性质,在情况合适时还包括其危险程度。加压气体危险说明参见附录D。

6.5 防范说明

防范说明是一个词语(和/或象形图),用于描述为尽可能减少或防止由于接触化学品或者不适当的贮存或搬运化学品的不良效应建议采取的措施。为达到要求,共有5类防范说明:一般、预防、应急、贮存和处置。加压气体防范说明参见附录D。

6.6 产品标识符

6.6.1 标签上应使用产品标识符,且应与化学品安全技术说明书上使用的产品标识符相一致。如果一种物质或混合物列入《规章范本》,包装上还应使用正确的联合国运输名称。

6.6.2 标签应包括物质的化学名称。对于混合物或合金,在急性毒性、皮肤或呼吸道敏感或特异性靶器官毒性出现在标签上时,标签上应当包括可能引起这些危险的所有成分或合金元素的化学成分。主管部门可要求在标签上列出可能导致混合物或合金危险性的所有成分或合金元素的化学名称。

6.7 供应商标识

标签上应当提供物质或混合物的生产商或供应商的名称、地址和电话号码。

6.8 标签的示例

加压气体标签的例子参见附录E。

附 录 A
（资料性附录）
判定逻辑和指导

A.1 判定逻辑

分类应根据图 A.1 判定逻辑进行。

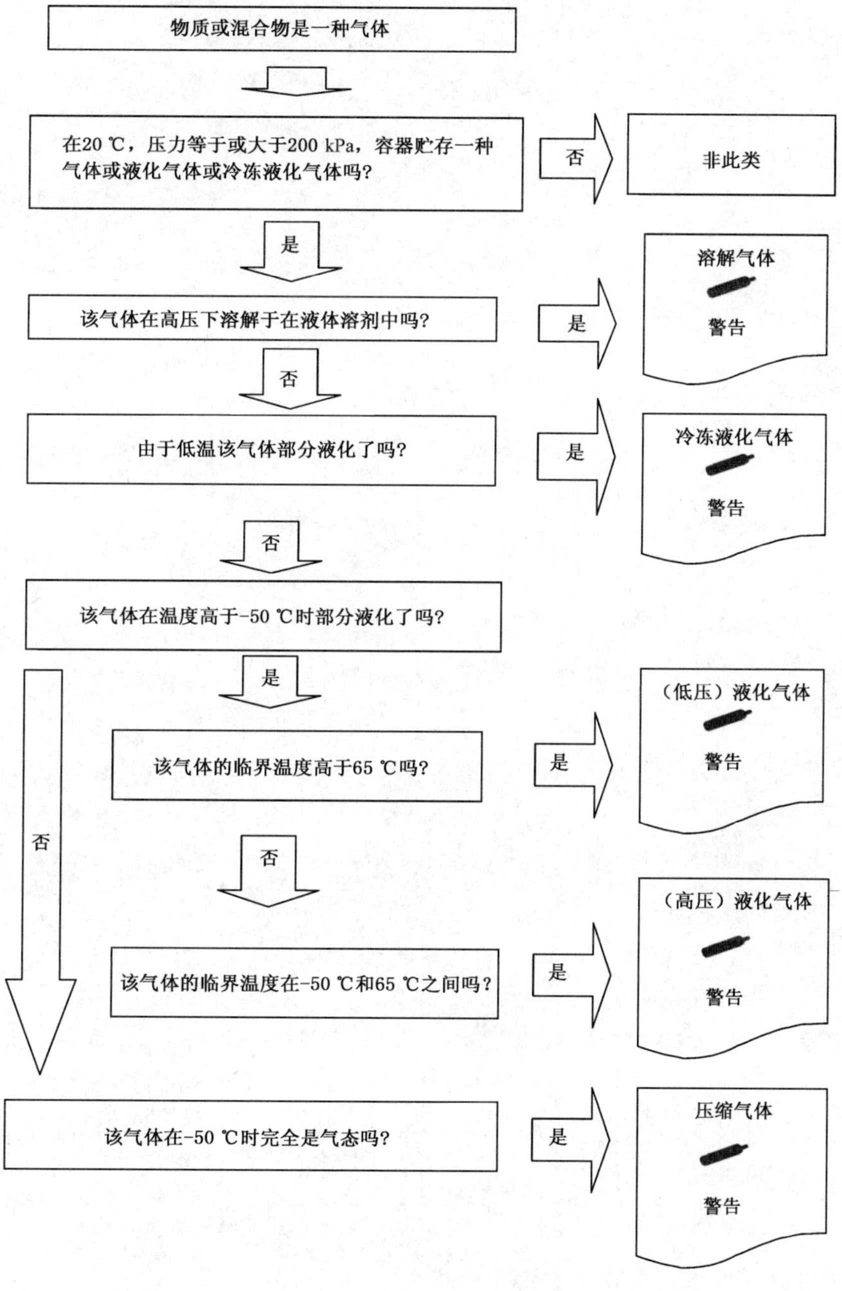

图 A.1 加压气体判定逻辑

A.2 指导

A.2.1 对于本类别气体，需要了解下列信息：

a) 50 ℃时的蒸气压；

b) 在 20 ℃和标准环境压力下的物理状态；

c) 临界温度。

A.2.2 为对一种气体进行分类，需要上述数据。这些数据可以在文献中找到，计算得出或通过试验确定。《规章范本》已经对大部分纯气体进行分类。对于大部分一次性混合物，需要进行附加计算，这些计算可能非常复杂。

附 录 B
（规范性附录）
标签要素的分配

标签要素的分配见表 B.1。

表 B.1 加压气体标签要素的分配

加压气体				
压缩气体	液化气体	冷冻 液化气体	溶解气体	备注
 警告 内装加压气体； 遇热可能爆炸	 警告 内装加压气体； 遇热可能爆炸	 警告 内装冷冻气体； 可能造成低温 灼伤或损伤	 警告 内装加压气体； 遇热可能爆炸	在《规章范本》中： 1） 不要求用于有毒气体或易燃气体。 2） 图形符号的颜色 ● 图形符号、数字和边线可采用白色而不一定黑色。 ● 背景色两种情况都保持绿色。 3） 图中数字 2 为 GB 6944—2012 中的第 2 类。 4） 货物运输图形标志的最小尺寸为 100 mm×100 mm。 5） 尺寸也可以缩小，见《规章范本》。

附 录 C
（规范性附录）
加压气体分类标准和标签要素

加压气体分类标准和标签要素见表 C.1。

表 C.1 加压气体分类标准和标签要素

危险类别	标 准	标签要素	
压缩气体	在压力下包装时于－50 ℃是完全气态的气体，包括具有临界温度≤－50 ℃的所有气体。	图形符号	
		信号词	警告
		危险说明	内装加压气体；遇热可能爆炸。
液化气体	在高于－50 ℃的温度下封装加压时部分液体的气体，它又分为： a) 高压液化气体：临界温度为－50 ℃和 65 ℃间的气体； b) 低压液化气体：临界温度高于 65 ℃的气体。	图形符号	
		信号词	警告
		危险说明	内装加压气体；遇热可能爆炸。
冷冻液化气体	封装时由于其低温而部分成为液体的气体。	图形符号	
		信号词	警告
		危险说明	内装冷冻液化气体；可能造成低温灼伤或损伤。
溶解气体	加压封装时溶解在液相溶剂中的气体。	图形符号	
		信号词	警告
		危险说明	内装加压气体；遇热可能爆炸。

附　录　D
（资料性附录）
加压气体的危险说明和防范说明

D.1　概述

D.1.1　本附录为加压气体提供如何使用符合 GHS 的危险说明和防范说明指导，列出加压气体每一危险种类和危险类别的危险说明和防范说明，见 GB 13690。

D.1.2　危险说明的编码：

D.1.2.1　危险说明的编码见 GHS 附件 3。

D.1.2.2　每一种危险说明均设定一个专门的字母数字混合代码，由 1 个字母和 3 个数字组成，具体如下：

a)　字母“H”(代表“危险说明”)；

b)　第 1 个数字，代表不同部分编号设定的危险说明所指危险类型，具体如下：
——“2”代表物理危险；
——“3”代表健康危险；
——“4”代表环境危险；

c)　后 2 个数字，对应于物质或者混合物固有属性引起的危险的序列编号，如：爆炸性(代码 200 至 210)、易燃性(代码 220 至 230)，等等。

D.1.2.3　除非另有规定，所有指定的危险说明均应出现在标签上。主管部门可规定危险说明在标签出现的顺序。此外，在组合危险说明提供两种或者以上危险说明时，主管部门可以具体规定，是否将组合危险说明或者相应的单个说明写入标签，或者由制造商/供应商自行决定。

D.1.3　防范说明应连同统一的危险公示要素(象形图、信号词和危险说明)一起标在符合要求的标签上。附加补充信息，例如使用说明，也可由制造商/供应商和/或主管部门斟酌决定予以补充。

D.1.3.1　防范说明的编码见 GHS 附件 3。

D.1.3.2　防范说明的编码：

D.1.3.2.1　每一防范说明均设定一个专门的字母数字混合代码，由 1 个字母和 3 个数字组成，具体如下：

a)　字母“P”(代表“防范说明”)；

b)　第 1 个数字，代表防范说明的类型，具体如下：
——“1”代表一般防范说明；
——“2”代表预防防范说明；
——“3”代表应急防范说明；
——“4”代表贮存防范说明；
——“5”代表处置防范说明；

c)　后 2 个数字(对应于防范说明的序列编号)。

D.1.3.2.2　防范说明代码用作参考。防范说明代码不是防范说明条文的一部分，不应用其替代防范说明条文。

D.2 一般防范说明

对被划为危害人类健康或环境的所有物质和混合物应采取一般防范措施。以下一般防范说明在给定的条件下适用于 GHS 标签(见表 D.1)。

表 D.1 一般防范说明

对象	补充信息	编码	一般防范说明
一般公众	标签,补充标签信息	**P101**	**如需就医:请随身携带产品容器或标签。**
		P102	**放在儿童无法触及之处。**
		P103	**使用前请阅读标签。**
生产工人	标签,补充标签信息、安全技术说明书、工作场所标志		无

D.3 加压气体防范说明

D.3.1 加压气体:压缩气体、液化气体和溶解气体的防范说明见表 D.2。

表 D.2 加压气体的防范说明

图形符号
气瓶

危险类别	信号词	危险说明
压缩气体	警告	H280 内装高压气体;遇热可能爆炸
液化气体	警告	H280 内装高压气体;遇热可能爆炸
溶解气体	警告	H280 内装高压气体;遇热可能爆炸

防范说明			
预　　防	应急	贮存	处置
		P410+P403 **防日晒。存放在通风良好处。**	

D.3.2 冷冻液化气体的防范说明见表 D.3。

表 D.3 冷冻液化气体的防范说明

图形符号
气瓶

危险类别	信号词	危险说明
冷冻液化气体	警告	H281 内装冷冻气体;可能造成低温灼伤或损伤

防范说明			
预防	应急	贮存	处置
P282 戴防寒手套/防护面具/防护眼罩。	P336 用微温水化解冻伤部位,不要搓擦患处。 P315 立即求医/就诊。	P403 存放在通风良好的地方。	

附 录 E
（资料性附录）
加压气体标签的例子

加压气体标签的例子参见图 E.1 和图 E.2。

编　码
产品名称

公司名称

街名及号码
国家、省、城市、邮编
电话号码
紧急呼叫电话

使用说明：

警 告
放在儿童无法触及之处
使用前请读标签

内装高压气体；遇热可能爆炸

防日晒。存放在通风良好的地方。

运输象形图

联合国编号
正式运输名称

装载质量：　　　　批号：
毛　　重：　　　　装载日期：
有效期：

图 E.1　压缩气体、液化气体和溶解气体标签的例子

编　码
产品名称

警　告
放在儿童无法触及之处
使用前请读标签

运输象形图

联合国编号
正式运输名称

公司名称：

街名及号码：
国家、省、城市、邮编：
电话号码：
紧急呼叫电话：

使用说明：

装载质量：　　批号：
毛　　重：　　装载日期：
有效期：

内装冷冻气体；可能造成低温灼伤或损伤。

戴防寒手套/防护面具/防护眼罩。

用微温水化解冻伤部位，不要搓擦患处。
立即求医/就诊。

存放在通风良好的地方。

图 E.2　冷冻液化气体气体标签的例子

ICS 13.300
A 80

中华人民共和国国家标准

GB 30000.7—2013
代替 GB 20581—2006

化学品分类和标签规范　第7部分：易燃液体

Rules for classification and labelling of chemicals—Part 7：Flammable liquids

2013-10-10 发布　　2014-11-01 实施

中华人民共和国国家质量监督检验检疫总局
中国国家标准化管理委员会　发布

前　言

本部分第4章和第6章为强制性的，其余为推荐性的。

GB 30000《化学品分类和标签规范》的预期结构和将代替的国家标准为：

——第1部分：通则(代替GB 13690—2009)；

——第2部分：爆炸物(代替GB 20576—2006)；

——第3部分：易燃气体(代替GB 20577—2006)；

——第4部分：气溶胶(代替GB 20578—2006)；

——第5部分：氧化性气体(代替GB 20579—2006)；

——第6部分：加压气体(代替GB 20580—2006)；

——第7部分：易燃液体(代替GB 20581—2006)；

——第8部分：易燃固体(代替GB 20582—2006)；

——第9部分：自反应物质和混合物(代替GB 20583—2006)；

——第10部分：自燃液体(代替GB 20585—2006)；

——第11部分：自燃固体(代替GB 20586—2006)；

——第12部分：自热物质和混合物(代替GB 20584—2006)；

——第13部分：遇水放出易燃气体的物质和混合物(代替GB 20587—2006)；

——第14部分：氧化性液体(代替GB 20589—2006)；

——第15部分：氧化性固体(代替GB 20590—2006)；

——第16部分：有机过氧化物(代替GB 20591—2006)；

——第17部分：金属腐蚀物(代替GB 20588—2006)；

——第18部分：急性毒性(代替GB 20592—2006)；

——第19部分：皮肤腐蚀/刺激(代替GB 20593—2006)；

——第20部分：严重眼损伤/眼刺激(代替GB 20594—2006)；

——第21部分：呼吸道或皮肤致敏(代替GB 20595—2006)；

——第22部分：生殖细胞致突变性(代替GB 20596—2006)；

——第23部分：致癌性(代替GB 20597—2006)；

——第24部分：生殖毒性(代替GB 20598—2006)；

——第25部分：特异性靶器官毒性　一次接触(代替GB 20599—2006)；

——第26部分：特异性靶器官毒性　反复接触(代替GB 20601—2006)；

——第27部分：吸入毒性；

——第28部分：对水生环境的危害(代替GB 20602—2006)；

——第29部分：对臭氧层的危害；

——第30部分：化学品作业场所警示性标志。

本部分为GB 30000的第7部分。

本部分按照GB/T 1.1—2009给出的规则起草。

本部分代替GB 20581—2006《化学品分类、警示标签和警示性说明安全规范　易燃液体》。

本部分与联合国《全球化学品统一分类和标签制度》(Globally Harmonized System of Classification and Labelling of Chemicals，GHS)(第四修订版)有关技术的内容一致。

本部分与GB 20581—2006相比，主要技术内容变化如下：

——修改了标准名称，中文名称修改为“化学品分类和标签规范　第7部分：易燃液体”，英文名称修改为“Rules for classification and labelling of chemicals— Part seventh：Flammable liquids”；

——修改了第1章范围内容，将“警示标签”改为“标签”、删除“警示性说明”；

——修改了第2章“规范性引用文件”的引导语，并增加了“联合国《全球化学品统一分类和标签制度》(第四修订版)”为引用文件；删除引用文件 ISO1516、ISO1523 和 ISO3680。

——增加了第3章“术语和定义”的引导语；

——将第5章的图1“判定逻辑图”和“指导”作为资料性附录A；

——删除了原第7章，按联合国《全球化学品统一分类和标签制度》(第四修订版)将原第7章的表3修改后作为规范性附录B；

——按联合国《全球化学品统一分类和标签制度》(第四修订版)将原第6章、第7章、第8章修改整合成第6章；原表2修改后作为规范性附录C；

——删除了原第8章，将相关的“危险说明”和“防范说明”内容作为资料性附录D；

——增加了资料性附录E“标签的例子”。

本部分由全国危险化学品管理标准化技术委员会(SAC/TC 251)提出并归口。

本部分起草单位：江苏出入境检验检疫局、中国化工信息中心、四川省危险化学品质量监督检验所、华峰集团有限公司。

本部分主要起草人：王红松、汪蓉、商贵芹、张敏、张君玺、梁缙、李肖锋、姬洪涛。

本部分所替代标准的历次版本发布情况：

——GB 20581—2006。

化学品分类和标签规范　第7部分：易燃液体

1　范围

GB 30000 的本部分规定了易燃液体的术语和定义、分类标准、判定逻辑和指导、标签。

本部分适用于易燃液体按联合国《全球化学品统一分类和标签制度》(以下简称 GHS)分类和标签。

2　规范性引用文件

下列文件对于本文件的应用是必不可少的。凡是注日期的引用文件，仅注日期的版本适用于本文件。凡是不注日期的引用文件，其最新版本(包括所有的修改单)适用于本文件。

GB 6944—2012　危险货物分类和品名编号

GB 13690　化学品分类和危险性公示　通则

联合国《全球化学品统一分类和标签制度》(GHS)(第四修订版)

联合国《关于危险货物运输的建议书　试验和标准手册》(第五修订版)

联合国《关于危险货物运输的建议书　规章范本》(第十七修订版)

3　术语和定义

GB 13690 界定的以及下列术语和定义适用于本文件。

3.1

易燃液体　flammable liquids

闪点不大于 93 ℃的液体。

4　分类标准

4.1　易燃液体分类和标签的一般原则见 GB 13690。

4.2　易燃液体分为四类，见表 1。

表 1　易燃液体的分类

类别	标准
1	闪点小于 23 ℃且初沸点不大于 35 ℃
2	闪点小于 23 ℃且初沸点大于 35 ℃
3	闪点不小于 23 ℃且不大于 60 ℃
4	闪点大于 60 ℃且不大于 93 ℃

注 1：为了某些管理目的，可将闪点范围在 55 ℃～75 ℃的燃料油、柴油和民用燃料油视为一特定组。

注 2：闪点高于 35 ℃，但不超过 60 ℃的液体如果在联合国《关于危险货物运输的建议书　试验和标准手册》(以下简称《试验和标准手册》)的第 32 节第 III 部分中 L.2 持续燃烧性试验中得到否定结果，则可以为了某些管理目的(例如，运输)，将其视为非易燃液体。

注 3：为了某些管理目的(如，运输)，某些黏性易燃液体，如色漆、磁漆、喷漆、清漆、粘合剂和抛光剂可视为一特定组。将这些液体归类为非易燃液体或考虑将这些液体归类为非易燃液体的决定可以根据相关规定或由主管部门作出。

注 4：气溶胶不属于易燃液体。

5 判定逻辑和指导

判定逻辑和指导仅供参考。判定逻辑和指导参见附录A。特别建议负责分类的人员在使用判定逻辑前和使用时研究第4章。

6 标签

6.1 概述

6.1.1 对于易燃液体的标签，危险类别都以指定的象形图、信号词和危险说明的顺序列出。联合国《关于危险货物运输的建议书 规章范本》（以下简称《规章范本》）涵盖的危险种类或类别应在标签中列出每个类别指定的相应图形标志。易燃液体标签要素的分配见附录B。

6.1.2 有关易燃液体分类标准和标签要素见附录C。

6.1.3 标签上要求的信息包括危险象形图、信号词、危险说明、防范说明、产品标识符和供应商标识等。

注：对于尚未标准化的其他标签要素，如防范说明也需要包括在标签上。主管部门可能还要求提供额外信息，供应商也可能增加补充信息。

6.2 危险象形图

危险象形图应使用黑色符号加白色背景，红框要足够宽，以便醒目。

危险象形图、图形符号颜色、数字和最小尺寸见附录B。

6.3 信号词

信号词指标签上用来表明危险相对严重程度和提醒读者注意潜在危险的词语。对于危险类别1和危险类别2易燃液体使用信号词“危险”。对于危险类别3和危险类别4易燃液体使用信号词“警告”。

6.4 危险说明

危险说明指分配给一个危险种类和类别的短语，用来描述一种危险产品的危险性质，在情况合适时还包括其危险程度。易燃液体的危险说明参见附录D。

6.5 防范说明

防范说明是一个短语（和/或象形图），用于描述为尽可能减少或防止由于接触危险产品或者不适当的贮存或搬运危险产品的不良效应建议采取的措施。为达到要求，共有5类防范说明：一般、预防、应急、贮存和处置。易燃液体防范说明参见附录D。

6.6 产品标识符

6.6.1 标签上应使用产品标识符，且应与化学品安全技术说明书上使用的产品标识符相一致。如果一种物质或混合物列入《规章范本》，包装上还应使用正确的联合国运输名称。

6.6.2 标签应包括物质的化学名称。对于混合物或合金，在急性毒性、皮肤或呼吸道致敏或特异性靶器官毒性出现在标签上时，标签上应当包括可能引起这些危险的所有成分或合金元素的化学成分。主管部门可要求在标签上列出可能导致混合物或合金危险性的所有成分或合金元素的化学名称。

6.7 供应商标识

标签上应当提供物质或混合物的生产商或供应商的名称、地址和电话号码。

6.8 易燃液体标签的例子

易燃液体标签的例子参见附录E。

附　录　A
（资料性附录）
判定逻辑和指导

A.1　易燃液体判定逻辑

对易燃液体进行分类需要液体的闪点和初沸点数据。分类应根据图 A.1 判定逻辑进行。

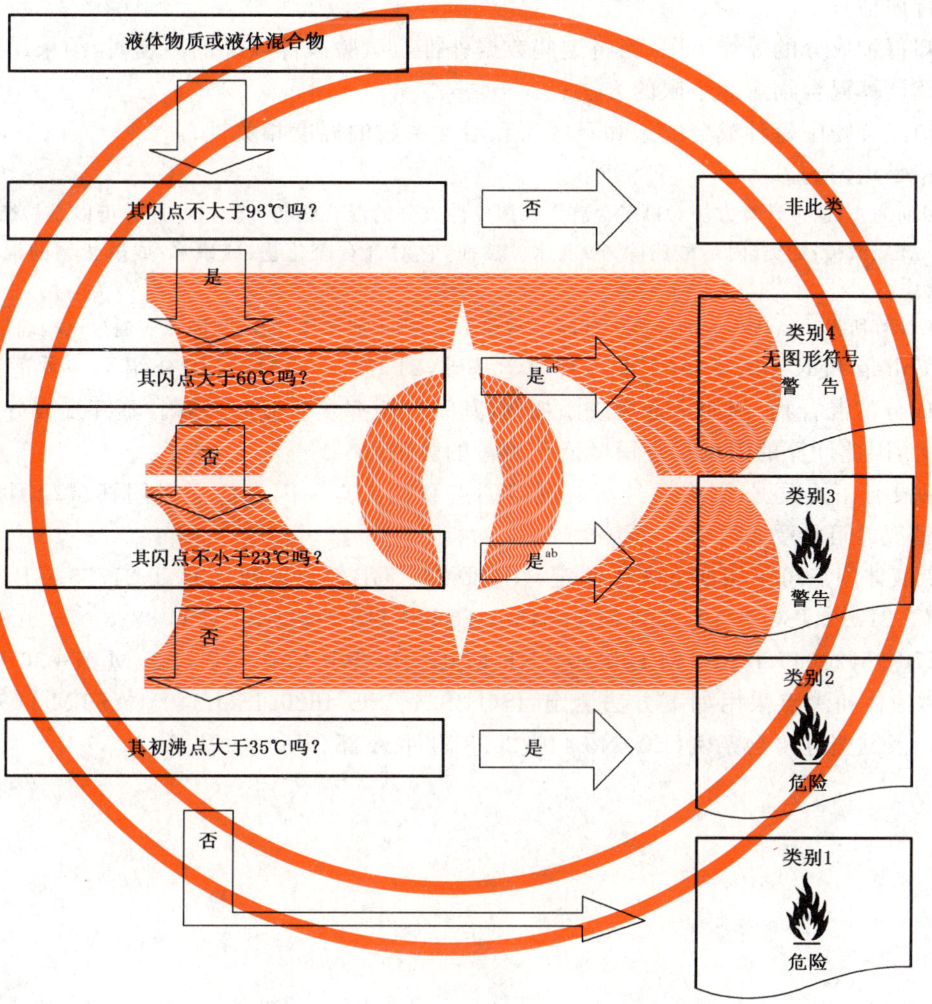

[a] 为了某些管理目的，可将闪点范围在 55 ℃～75 ℃的燃料油、柴油和轻质加热油视为一特定组，因为这些碳氢化合物的混合物在该温度范围有不同的闪点，因此，可根据有关规定或由主管部门将这些产品划为类别 3 或类别 4。

[b] 闪点高于 35 ℃，但不超过 60 ℃的液体如果在联合国《试验和标准手册》第 32 节第 III 部分中 L.2 持续燃烧性试验中得到否定结果，则可以为了某些管理目的（例如，运输），将其视为非易燃液体。

图 A.1　易燃液体的判定逻辑

A.2 指导

A.2.1 为了对易燃液体进行分类，需要掌握该易燃液体闪点和初沸点数据，这些数据可通过试验测定，也可在文献中找到或计算得到。

A.2.2 如果混合物中含有已知确定浓度的易燃液体，尽管它们可能含有不挥发的成分，例如聚合物、添加剂，则闪点无需通过试验确定，前提是通过 A.2.4 中列出方法计算所得的混合物闪点比相应的分类标准(分别为 23 ℃和 60 ℃)至少高 5 ℃，并且满足下列条件：

a) 已知混合物的确切成分(如果该物质具有规定的组成范围，则应选择计算所得闪点最低的成分进行评估)；

b) 已知每种成分的爆炸下限(当将这些数据外推至试验条件以外的温度时，须采用适当的校正)，以及计算混合物爆炸下限的方法；

c) 已知混合物中每种成分的饱和蒸气压和活性系数的温度相关性；

d) 液相是均匀的。

注 1：到目前为止，这一计算方法对最多含有六种挥发性成分的混合物有效。这些成分可以是易燃液体，如液态烃类、乙醚、酒精、酯类(丙烯酸脂除外)和水。然而，它对含有卤化物、硫磺和/或磷化物的混合物，尚未确认有效。

注 2：如果计算所得闪点比相应的分类标准高出不到 5 ℃，则不能使用计算法，闪点应通过试验确定。

A.2.3 Gmehling 和 Rasmussen(工业工程化学基础，21，186，(1982))中介绍了一种适当方法。对于含有不挥发成分的混合物，例如聚合物或添加剂，其闪点用挥发性成分计算。不挥发成分只能稍微降低溶剂的分压力，因此计算的闪点只是稍微低于测量的数值。

A.2.4 如果没有相关数据，则应通过试验测定闪点和初沸点。闪点应通过闭杯试验测定。开杯试验只有在特殊情况才可接受。

A.2.5 易燃液体闪点可采用如下方法测定：GB/T 261、GB/T 21792、GB/T 21775、GB/T 21789、GB/T 5208、GB/T 21790、ISO 2719、ASTM D 6450、ASTM D 7094、ASTM D 3828-07a、ASTM D 56-05、ASTM D 3278-96(2004)el、ASTM D 93-08、NF M 07-019、NF M 07-011、NF M 07-036 和 DIN 51755。

A.2.6 易燃液体初沸点采用如下方法测定：ISO 3924、ISO 4626、ISO 3405、ASTM D 86-07a、ASTM D 1078-05，以及欧盟理事会条例(EC)No 440/2008 附件 A 部分所述方法 A.2。

附 录 B
（规范性附录）
标签要素的分配

标签要素的分配见表 B.1。

表 B.1 易燃液体标签要素的分配

类别 1	类别 2	类别 3	类别 4	备注
 危险 极易燃液体和蒸气	 危险 高度易燃液体和蒸气	 警告 易燃液体和蒸气	无象形图 警告 可燃液体	在《规章范本》中， 1) 图形标志的颜色： ● 符号、数字和边线可以黑色代替白色显示 ● 背景色两种情况都保持红色 2) 图中数字 3 为 GB 6944—2012 中第 3 类 3) 货物运输图形标志的最小尺寸为 100 mm×100 mm。
			《规章范本》中未作要求	

附　录　C
（规范性附录）
易燃液体分类标准和标签要素

易燃液体分类标准和标签要素见表C.1。

表C.1　易燃液体分类标准和标签要素

危险类别	标 准	标签要素	
1	闪点小于23 ℃且初沸点不大于35 ℃	图形符号	
		信号词	危险
		危险说明	极易燃液体和蒸气
2	闪点小于23 ℃且初沸点大于35 ℃	图形符号	
		信号词	危险
		危险说明	高度易燃液体和蒸气
3	闪点不小于23 ℃且不大于60 ℃	图形符号	
		信号词	警告
		危险说明	易燃液体和蒸气
4	闪点大于60 ℃且不大于93 ℃	图形符号	无图形符号
		信号词	警告
		危险说明	可燃液体

附 录 D
（资料性附录）
易燃液体的危险说明和防范说明

D.1 概述

D.1.1 本附录为易燃液体提供如何使用符合 GHS 的危险说明和防范说明指导，列出易燃液体每一危险种类和危险类别的建议危险说明和防范说明，见 GB 13690。

D.1.2 危险说明的编码

D.1.2.1 危险说明的编码见 GHS 附件 3。

D.1.2.2 每一种危险说明均设定一个专门的字母数字混合代码，由 1 个字母和 3 个数字组成，具体如下：

a) 字母“H”(代表“危险说明”)；
b) 第 1 个数字，代表不同部分编号设定的危险说明所指危险类型，具体如下：
——“2”代表物理危险；
——“3”代表健康危险；
——“4”代表环境危险；
c) 后 2 个数字，对应于物质或者混合物固有属性引起的危险的序列编号，如：爆炸性(代码 200 至 210)、易燃性(代码 220 至 230)，等等。

D.1.2.3 除非另有规定，所有指定的危险说明均应出现在标签上。主管部门可规定危险说明在标签出现的顺序。此外，在组合危险说明提供两种或者以上危险说明时，主管部门可以具体规定，是否将组合危险说明或者相应的单个说明写入标签，或者由制造商/供应商自行决定。

D.1.3 防范说明应连同统一危险公示要素(象形图、信号词和危险说明)一起标在符合要求的标签上。附加补充信息，例如使用说明，也可由制造商/供应商和/或主管部门斟酌决定予以补充。

D.1.3.1 防范说明编码见 GHS 附件 3。

D.1.3.2 防范说明的编码

D.1.3.2.1 每一防范说明均设定一个专门的字母数字混合代码，由 1 个字母和 3 个数字组成，具体如下：

a) 字母“P”(代表“防范说明”)；
b) 第 1 个数字，代表防范说明的类型，具体如下：
——“1”代表一般防范说明；
——“2”代表预防防范说明；
——“3”代表应急防范说明；
——“4”代表贮存防范说明；
——“5”代表处置防范说明；
c) 后 2 个数字(对应于防范说明的序列编号)。

D.1.3.2.2 防范说明代码用作参考。防范说明代码不是防范说明条文的一部分，不应用其替代防范说明条文。

D.2 一般防范说明

对被划为危害人类健康或环境的所有物质和混合物应采取一般防范措施。以下一般防范说明在给定的条件下适用于 GHS 标签(见表 D.1)。

表 D.1 一般防范说明

对象	补充信息	编码	一般防范说明
一般公众	标签,补充标签信息	P101	如需就医:请随身携带产品容器或标签
		P102	放在儿童无法触及之处
		P103	使用前请阅读标签
生产工人	标签,补充标签信息、安全技术说明书、工作场所标志		无

D.3 易燃液体防范说明

D.3.1 易燃液体类别 1、2 和 3 的防范说明见表 D.2。

表 D.2 易燃液体类别 1、2 和 3 的防范说明

图形符号
火焰

危险类别	信号词	危险说明
1	危险	H224 极易燃液体和蒸气
2	危险	H225 高度易燃液体和蒸气
3	警告	H226 易燃液体和蒸气

防范说明			
预防	应急	贮存	处置
P210 **远离热源/火花/明火/热表面——禁止吸烟。** 制造商/供应商或主管部门列明适用的点火源。 **P233** **保持容器密闭。** **P240** **容器和接收设备接地/等势联接。** ——如果静电敏感材料准备用于再填装。 ——如果产品极易挥发,可造成周围空气危险。 **P241** **使用防爆的电气/通风照明/...../设备。** ……制造商/供应商或主管部门列明其他设备。 **P242** **只能使用不产生火花的工具。** **P243** **采取防止静电放电的措施。** **P280** **戴防护手套/穿防护服/戴防护眼罩/戴防护面具。** 制造商/供应商或主管部门列明设备类型	**P303+P361+P353** **如皮肤(或头发)沾染:立即脱掉所有沾染的衣服。用水清洗皮肤/淋浴。** **P370+P378** **火灾时:使用灭火** ……制造商/供应商或主管部门列明适当的媒介。 ——遇水可能增加危险	**P403+P235** **存放在通风良好的地方。保持低温**	**P501** **处置内装物/容器……** ……按照地方/区域/国家/国际规章(待规定)

D.3.2 易燃液体类别 4 的防范说明见表 D.3。

表 D.3 易燃液体类别 4 的防范说明

图形符号
无图型符号

危险类别	信号词	危险说明
4	警告	H227 可燃液体

防范说明			
预防	应急	贮存	处置
P210 **远离明火和热表面。——禁止吸烟。** P280 **戴防护手套/戴防护眼罩/戴防护面具。** 制造商/供应商或主管部门列明设备类型	P370+P378 **火灾时:使用……灭火** ……制造商/供应商或主管部门列明适当的媒介。 ——遇水可能增加危险	P403+P235 存放在通风良好的地方。保持低温	P501 **处置内装物/容器……** ……按照地方/区域/国家/国际规章(待规定)

附　录　E
（资料性附录）
易燃液体的标签示例

易燃液体的标签示例见图 E.1～图 E.4。

编　码

产品名称

危 险
放在儿童无法触及之处
使用前请读标签

运输象形图

联合国编号
正式运输名称

极易燃液体和蒸气
远离热源/火花/明火/热表面。——禁止吸烟。
保持容器密闭。
容器和接收设备接地/等势联接
使用防爆的电气/通用照明/……/设备。
只能使用不产生火花的工具。
采取防止静电放电的措施。
戴防护手套/穿防护服/戴防护眼罩/戴防护面具。
如皮肤(或头发)沾染:立即脱掉所有沾染的衣服。
用水清洗皮肤/淋浴
火灾时:使用……灭火。
存放在通风良好的地方。保持低温
处置内装物/容器
……按照地方/区域/国家/国际
规章(待规定)

公司名称

通讯地址
国家、省、城市、邮编
电话号码
紧急呼叫电话

使用说明：

装载质量：　　批号：
毛　　重：　　装载日期：
有效期：

图 E.1　易燃液体类别 1 标签的示例图

编　码

产品名称

公司名称

通讯地址
国家、省、城市、邮编
电话号码
紧急呼叫电话

使用说明：

装载质量：　　批号：
毛　　重：　　装载日期：
有效期：

危 险
放在儿童无法触及之处
使用前请读标签

高度易燃液体和蒸气
远离热源/火花/明火/热表面。——禁止吸烟。
保持容器密闭。
容器和接收设备接地/等势联接
使用防爆的电气/通用照明/……/设备。
只能使用不产生火花的工具。
采取防止静电放电的措施。
戴防护手套/穿防护服/戴防护眼罩/戴防护面具。
如皮肤(或头发)沾染：立即脱掉所有沾染的衣服。
用水清洗皮肤/淋浴
火灾时：使用……灭火。
存放在通风良好的地方。保持低温
处置内装物/容器
……按照地方/区域/国家/国际
规章(待规定)

运输象形图

联合国编号
正式运输名称

图 E.2　易燃液体类别 2 标签的示例图

编　码

产品名称

公司名称

通讯地址
国家、省、城市、邮编
电话号码
紧急呼叫电话

使用说明：

装载质量：　　批号：
毛　　重：　　装载日期：
有效期：

警 告
放在儿童无法触及之处
使用前请读标签

易燃液体和蒸气
远离热源/火花/明火/热表面。——禁止吸烟。
保持容器密闭。
容器和接收设备接地/等势联接
使用防爆的电气/通用照明/……/设备。
只能使用不产生火花的工具。
采取防止静电放电的措施。
戴防护手套/穿防护服/戴防护眼罩/戴防护面具。
如皮肤(或头发)沾染：立即脱掉所有沾染的衣服。
用水清洗皮肤/淋浴
火灾时：使用……灭火。
存放在通风良好的地方。保持低温
处置内装物/容器
……按照地方/区域/国家/国际
规章(待规定)

运输象形图

联合国编号
正式运输名称

图 E.3　易燃液体类别 3 标签的示例图

编　码

产品名称

公司名称

通讯地址
国家、省、城市、邮编
电话号码
紧急呼叫电话

使用说明：

装载质量：　　批号：
毛　　重：　　装载日期：
有效期：

无象形图

警 告
放在儿童无法触及之处
使用前请读标签

可燃液体
远离明火和热表面。—禁止吸烟。
戴防护手套/戴防护眼罩/戴防护面具。
火灾时：使用……灭火。

运输象形图
无运输象形图

图 E.4　易燃液体类别 4 标签的示例图

ICS 13.300
A 80

中华人民共和国国家标准

GB 30000.8—2013
代替 GB 20582—2006

化学品分类和标签规范　第8部分：易燃固体

Rules for classification and labelling of chemicals—Part 8: Flammable solids

2013-10-10 发布　　2014-11-01 实施

中华人民共和国国家质量监督检验检疫总局
中国国家标准化管理委员会　发布

前　言

本部分第4章和第6章为强制性的，其余为推荐性的。

GB 30000《化学品分类和标签规范》的预期结构和将代替的国家标准为：

——第1部分：通则(代替GB 13690—2009)；
——第2部分：爆炸物(代替GB 20576—2006)；
——第3部分：易燃气体(代替GB 20577—2006)；
——第4部分：气溶胶(代替GB 20578—2006)；
——第5部分：氧化性气体(代替GB 20579—2006)；
——第6部分：加压气体(代替GB 20580—2006)；
——第7部分：易燃液体(代替GB 20581—2006)；
——第8部分：易燃固体(代替GB 20582—2006)；
——第9部分：自反应物质和混合物(代替GB 20583—2006)；
——第10部分：自燃液体(代替GB 20585—2006)；
——第11部分：自燃固体(代替GB 20586—2006)；
——第12部分：自热物质和混合物(代替GB 20584—2006)；
——第13部分：遇水放出易燃气体的物质和混合物(代替GB 20587—2006)；
——第14部分：氧化性液体(代替GB 20589—2006)；
——第15部分：氧化性固体(代替GB 20590—2006)；
——第16部分：有机过氧化物(代替GB 20591—2006)；
——第17部分：金属腐蚀物(代替GB 20588—2006)；
——第18部分：急性毒性(代替GB 20592—2006)；
——第19部分：皮肤腐蚀/刺激(代替GB 20593—2006)；
——第20部分：严重眼损伤/眼刺激(代替GB 20594—2006)；
——第21部分：呼吸道或皮肤致敏(代替GB 20595—2006)；
——第22部分：生殖细胞致突变性(代替GB 20596—2006)；
——第23部分：致癌性(代替GB 20597—2006)；
——第24部分：生殖毒性(代替GB 20598—2006)；
——第25部分：特异性靶器官毒性　一次接触(代替GB 20599—2006)；
——第26部分：特异性靶器官毒性　反复接触(代替GB 20601—2006)；
——第27部分：吸入危害；
——第28部分：对水生环境的危害(代替GB 20602—2006)；
——第29部分：对臭氧层的危害；
——第30部分：化学品作业场所警示性标志。

本部分为GB 30000的第8部分。

本部分按照GB/T 1.1—2009给出的规则起草。

本部分代替GB 20582—2006《化学品分类、警示标签和警示性说明安全规范 易燃固体》。

本部分与联合国《全球化学品统一分类和标签制度》(Globally Harmonized System of Classification and Labelling of Chemicals，GHS)(第四修订版)有关的技术内容一致。

本部分与GB 20582—2006相比，主要技术内容变化如下：

——修改了标准名称，中文名称修改为“化学品分类和标签规范 第8部分 易燃固体”，英文名称为“Rules for classification and labelling of chemicals—Part eighth：Flammable solids”；

——修改了第1章范围内容，将“警示标签”改为“标签”、删除“警示性说明”；

——修改了第2章“规范性引用文件”的引导语，并增加了“联合国《全球化学品统一分类和标签制度》(第四修订版)”为引用文件；

——增加了第3章“术语和定义”的引导语；

——将第5章的图1“判定逻辑图”和“指导”作为资料性附录A；

——删除了原第7章，按联合国《全球化学品统一分类和标签制度》(第四修订版)将原第7章的表3修改后作为规范性附录B；

——按联合国《全球化学品统一分类和标签制度》(第四修订版)将原第6章、第7章、第8章修改整合成第6章；原表2修改后作为规范性附录C；

——删除了原第8章，将相关的“危险说明”和“防范说明”内容作为资料性附录D；

——增加了资料性附录E“标签的例子”。

本部分由全国危险化学品管理标准化技术委员会(SAC/TC 251)提出并归口。

本部分起草单位：中国化工经济技术发展中心、上海化工研究院、中国化工信息中心、浙江省化工研究院有限公司、谱尼测试科技股份有限公司、华峰集团有限公司。

本部分主要起草人：王晓兵、葛晓军、范宾、方路、宋薇、朱涛、关世太、朱彦、曹梦然、高阳、杨挺、温涛。

本部分所代替标准的历次版本发布情况为：

——GB 20582—2006。

化学品分类和标签规范　第8部分：易燃固体

1　范围

GB 30000 的本部分规定了易燃固体的术语和定义、分类标准、判定逻辑和指导、标签。

本部分适用于易燃固体按联合国《全球化学品统一分类和标签制度》(以下简称GHS)分类和标签。

2　规范性引用文件

下列文件对于本文件的应用是必不可少的。凡是注日期的引用文件，仅注日期的版本适用于本文件。凡是不注日期的引用文件，其最新版本(包括所有的修改单)适用于本文件。

GB 6944—2012　危险货物分类和品名编号

GB 13690　化学品分类和危险性公示　通则

GB 30000.4　化学品分类和标签规范　第4部分：气溶胶

联合国《全球化学品统一分类和标签制度》(第四修订版)

联合国《关于危险货物运输的建议书　试验和标准手册》(第五修订版)

联合国《关于危险货物运输的建议书　规章范本》(第十七修订版)

3　术语和定义

GB 13690 界定的以及下列术语和定义适用于本文件。

3.1

易燃固体　flammable solids

容易燃烧的固体，通过摩擦引燃或助燃的固体。

他们与点火源(如着火的火柴)短暂接触能容易点燃且火焰迅速蔓延的粉状、颗粒状或糊状物质的固体。

4　分类标准

4.1　易燃固体分类和标签的一般原则见 GB 13690。

4.2　粉状、颗粒状或糊状物质或混合物如果根据《联合国关于危险货物运输的建议书 试验和标准手册》(第五修订版)(以下简称《试验和标准手册》)第三部分 33.2.1 节规定的试验方法进行一次或多次试验，燃烧时间是少于 45 s 或燃烧速率大于 2.2 mm/s，就应被分类为易燃固体。

4.3　当金属或金属合金粉末能被点燃并在 10 min 或更短时间内蔓延到样品的整个长度时，该物质应被分类为易燃固体。

4.4　直至明确的原则制定之前，通过类比现有条目(如火柴)，经摩擦可以着火的固体应被分类为易燃固体。

4.5　易燃固体根据联合国《关于危险货物运输的建议书：试验和标准手册》(第五修订版)(以下简称《试验和标准手册》)第三部分的 33.2.1 中 N.1 试验分为 2 类，见表 1。

表 1 易燃固体[a] 的分类

类别	标准[b]
1	燃烧速率试验： 除金属粉末之外的物质或混合物： a) 潮湿部分不能阻燃，而且 b) 燃烧时间小于 45 s 或燃烧速率大于 2.2 mm/s； 金属粉末： 燃烧时间不大于 5 min
2	燃烧速率试验： 除金属粉末之外的物质或混合物： a) 潮湿部分可以阻燃至少 4 min，而且 b) 燃烧时间小于 45 s 或燃烧速率大于 2.2 mm/s； 金属粉末： 燃烧时间大于 5 min 且不大于 10 min

[a] 对于固态物质或混合物的分类试验，试验应按所提供的物质或混合物进行。例如，对于供应或运输目的，如果同种化学品其提交的形状不同于试验时的形状，而且被认为可能实际上不同于分类试验时的性能时，则该物质还应以新的形状进行试验。

[b] 气溶胶不能分类在易燃固体，见 GB 30000.4。

5 判定逻辑和指导

判定逻辑和指导仅供参考。判定逻辑和指导参见附录 A。特别建议负责分类的人员在使用判定逻辑前和使用时研究第 4 章。

6 标签

6.1 概述

6.1.1 对于易燃固体的标签，危险类别都以指定的象形图、信号词和危险说明的顺序列出。联合国《关于危险货物运输的建议书 规章范本》（第十七修订版）（以下简称《规章范本》）涵盖的危险种类或类别应在标签中列出每个类别的指定相应图形标志。易燃固体标签要素的分配见附录 B。

6.1.2 有关易燃固体分类标准和标签要素见附录 C。

6.1.3 标签上要求的信息包括危险象形图、信号词、危险说明、防范说明、产品标识符和供应商标识等。

注：对于尚未标准化的其他标签要素，如防范说明也需要包括在标签上。主管部门可能还要求提供额外信息，供应商也可能增加补充信息。

6.2 危险象形图

危险象形图应使用黑色符号加白色背景，红框要足够宽，以便醒目。

《规章范本》规定的危险象形图、图形符号颜色、数字和最小尺寸见附录 B。

6.3 信号词

信号词指标签上用来表明危险的相对严重程度和提醒读者注意潜在危险的词语。对于易燃固体使用的信号词是“危险”和“警告”。

6.4 危险说明

危险说明指分配给一个危险种类和类别的短语，用来描述一种危险产品的危险性质，在情况合适时还包括其危险程度。易燃固体危险说明参见附录 D。

6.5 防范说明

防范说明是一个词语(和/或象形图)，用于描述为尽可能减少或防止由于接触危险产品或者不适当的贮存或搬运危险产品的不良效应建议采取的措施。为达到要求，共有 5 类防范说明：一般、预防、应急、贮存和处置。易燃固体防范说明参见附录 D。

6.6 产品标识符

6.6.1 标签上应使用产品标识符，且应与化学品安全技术说明书上使用的产品标识符相一致。如果一种物质或混合物列入《规章范本》，包装上还应使用正确的联合国运输名称。

6.6.2 标签应包括物质的化学名称。对于混合物或合金，在急性毒性、皮肤或呼吸道敏感或特定目标器官毒性出现在标签上时，标签上应当包括可能引起这些危险的所有成分或合金元素的化学成分。主管部门可要求在标签上列出可能导致混合物或合金危险性的所有成分或合金元素的化学名称。

6.7 供应商标识

标签上应当提供物质或混合物的生产商或供应商的名称、地址和电话号码。

6.8 易燃固体标签的例子

易燃固体标签的例子参见附录 E。

附 录 A
（资料性附录）
判定逻辑和指导

对易燃固体进行分类，应使用《联合国关于危险货物运输的建议书：试验和标准手册》第三部分第33.2.1小节所述的试验方法N.1。该程序由两个试验组成：初步筛选试验和燃烧速率试验。分类依照判定逻辑图A.1进行。

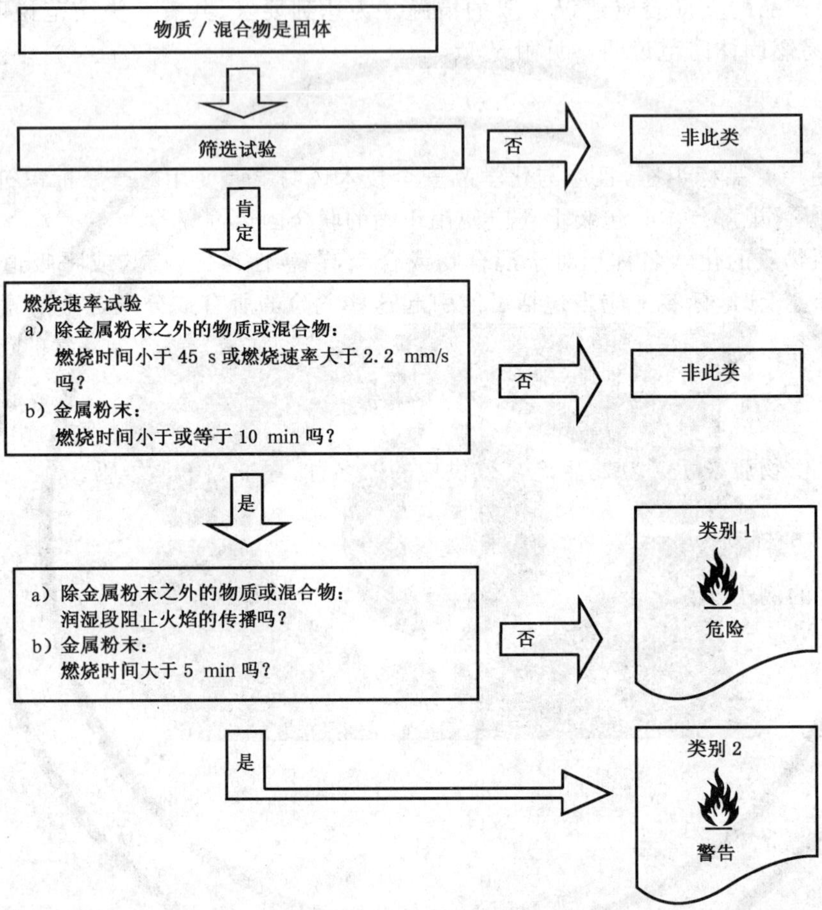

图A.1 易燃固体的判定逻辑

附 录 B
（规范性附录）
标签要素的分配

标签要素的分配见表 B.1。

表 B.1 易燃固体标签要素的分配

易燃固体				
类别 1	类别 2	—	—	备注
 危险 易燃固体	 警告 易燃固体			在《规章范本》中： 1） 图形符号的颜色 ● 符号(火焰)：黑色； ● 背景：白色，带七条垂直的红色条纹； ● 数字“4”位于下角：黑色。 2） 图中数字 4 为 GB 6944—2012 中的第 4 类。 3） 货物运输图形标志的最小尺寸为 100 mm×100 mm。

附 录 C
（规范性附录）
易燃固体分类标准和标签要素

易燃固体分类标准和标签要素见表 C.1。

表 C.1 易燃固体分类标准和标签要素

危险类别	标 准	标签要素	
1	燃烧速率试验： 除金属粉末之外的物质或混合物： a) 潮湿部分不能阻燃，而且 b) 燃烧时间小于 45 s 或燃烧速率大于 2.2 mm/s； 金属粉末： 燃烧时间不大于 5 min	图形符号	
		信号词	危险
		危险说明	易燃固体
2	燃烧速率试验： 除金属粉末之外的物质或混合物： a) 潮湿部分可以阻燃至少 4 min，而且 b) 燃烧时间小于 45 s 或燃烧速率大于 2.2 mm/s； 金属粉末： 燃烧时间大于 5 min 而且小于或等于 10 min	图形符号	
		信号词	警告
		危险说明	易燃固体

附　录　D
（资料性附录）
易燃固体的危险说明和防范说明

D.1　概述

D.1.1　本附录为易燃固体提供如何使用符合 GHS 的危险说明和防范说明指导，列出易燃固体每一危险种类和危险类别的危险说明和防范说明，见 GB 13690。

D.1.2　危险说明的编码

D.1.2.1　危险说明的编码见 GHS 附件 3。

D.1.2.2　每一种危险说明均设定一个专门的字母数字混合代码，由 1 个字母和 3 个数字组成，具体如下：

a)　字母“H”(代表“危险说明”)；

b)　第 1 个数字，代表不同部分编号设定的危险说明所指危险类型，具体如下：
——“2”代表物理危险；
——“3”代表健康危险；
——“4”代表环境危险；

c)　后 2 个数字，对应于物质或者混合物固有属性引起的危险的序列编号，如：爆炸性(代码 200 至 210)、易燃性(代码 220 至 230)，等等。

D.1.2.3　除非另有规定，所有指定的危险说明均应出现在标签上。主管部门可规定危险说明在标签出现的顺序。此外，在组合危险说明提供两种或者以上危险说明时，主管部门可以具体规定，是否将组合危险说明或者相应的单个说明写入标签，或者由制造商/供应商自行决定。

D.1.3　防范说明应连同统一的危险公示要素(象形图、信号词和危险说明)一起标在符合要求的标签上。附加补充信息，例如使用说明，也可由制造商/供应商和/或主管部门斟酌决定予以补充。

D.1.3.1　防范说明编码见 GHS 附件 3。

D.1.3.2　防范说明的编码

D.1.3.2.1　每一防范说明均设定一个专门的字母数字混合代码，由 1 个字母和 3 个数字组成，具体如下：

a)　字母“P”(代表“防范说明”)；

b)　第 1 个数字，代表防范说明的类型，具体如下：
——“1”代表一般防范说明；
——“2”代表预防防范说明；
——“3”代表应急防范说明；
——“4”代表贮存防范说明；
——“5”代表处置防范说明；

c)　后 2 个数字(对应于防范说明的序列编号)。

D.1.3.2.2　防范说明代码用作参考。防范说明代码不是防范说明条文的一部分，不应用其替代防范说明条文。

D.2　一般防范说明

对被划为危害人类健康或环境的所有物质和混合物应采取一般防范措施。以下一般防范说明在给定的条件下适用于 GHS 标签(见表 D.1)。

表 D.1 一般防范说明

对象	补充信息	编码	一般防范说明
一般公众	标签,补充标签信息	P101	**如需就医:请随身携带产品容器或标签。**
		P102	**放在儿童无法触及之处。**
		P103	**使用前请阅读标签。**
生产工人	标签,补充标签信息、安全技术说明书、工作场所标志		无

D.3 易燃固体防范说明

D.3.1 易燃固体类别 1 和类别 2 的防范说明见表 D.2。

表 D.2 易燃固体的防范说明

图形符号
火焰

危险类别	信号词	危险说明
1	危险	H228 易燃固体
2	警告	H228 易燃固体

防范说明			
预防	应急	贮存	处置
P210 **远离热源/火花/明火/热表面。禁止吸烟。** 生产商/供应商或政府主管部门规定适用的点火源。 **P240** **容器和装载设备接地/等势联接。** —如果爆炸物对静电敏感。 **P241** **使用防爆的电气/通风/照明/……/设备。** ……生产商/供应商或政府主管部门列明其他设备。 —如果会产生粉尘。 **P280** **戴防护手套/戴防护眼罩/戴防护面具。** 生产商/供应商或政府主管部门列明设备类型。	**P370+P378** **火灾时:使用……灭火。** ……生产商/供应商或政府主管部门列明适当的媒介。 —遇水可能增加危险。		

附 录 E
（资料性附录）
易燃固体标签的例子

易燃固体标签的例子见图 E.1。

编　码

产品名称

公司名称

街名及号码
国家、省、城市、邮编
电话号码
紧急呼叫电话

使用说明：

装载质量：　　批号：
毛　　重：　　装载日期：
有效期：

危险或警告
放在儿童无法触及之处
使用前请读标签

极易燃固体、易燃固体
远离热源/火花/明火/热表面。禁止吸烟。
生产商/供应商或政府主管部门规定适用的点火源。
容器和装载设备接地/等势联接。
—如果爆炸物对静电敏感。
使用防爆的电气/通风/照明/……/设备。
戴防护手套/戴防护眼罩/戴防护面具。
生产商/供应商或政府主管部门列明设备类型。

火灾时：使用……灭火。
生产商/供应商或政府主管部门列明适当的媒介。

运输象形图

联合国编号
正式运输名称

图 E.1　易燃固体标签的例子

ICS 13.300
A 80

中华人民共和国国家标准

GB 30000.9—2013
代替 GB 20583—2006

化学品分类和标签规范 第9部分:自反应物质和混合物

Rules for classification and labelling of chemicals—Part 9:Self-reactive substances and mixtures

2013-10-10 发布　　2014-11-01 实施

中华人民共和国国家质量监督检验检疫总局
中国国家标准化管理委员会　发布

前　言

本部分第4章和第6章为强制性的，其余为推荐性的。

GB 30000.9《化学品分类和标签规范》的预期结构和将代替的国家标准为：

——第1部分：通则（代替GB 13690—2009）；
——第2部分：爆炸物（代替GB 20576—2006）；
——第3部分：易燃气体（代替GB 20577—2006）；
——第4部分：气溶胶（代替GB 20578—2006）；
——第5部分：氧化性气体（代替GB 20579—2006）；
——第6部分：加压气体（代替GB 20580—2006）；
——第7部分：易燃液体（代替GB 20581—2006）；
——第8部分：易燃固体（代替GB 20582—2006）；
——第9部分：自反应物质和混合物（代替GB 20583—2006）；
——第10部分：自燃液体（代替GB 20585—2006）；
——第11部分：自燃固体（代替GB 20586—2006）；
——第12部分：自热物质和混合物（代替GB 20584—2006）；
——第13部分：遇水放出易燃气体的物质和混合物（代替GB 20587—2006）；
——第14部分：氧化性液体（代替GB 20589—2006）；
——第15部分：氧化性固体（代替GB 20590—2006）；
——第16部分：有机过氧化物（代替GB 20591—2006）；
——第17部分：金属腐蚀物（代替GB 20588—2006）；
——第18部分：急性毒性（代替GB 20592—2006）；
——第19部分：皮肤腐蚀/刺激（代替GB 20593—2006）；
——第20部分：严重眼损伤/眼刺激（代替GB 20594—2006）；
——第21部分：呼吸道或皮肤致敏（代替GB 20595—2006）；
——第22部分：生殖细胞致突变性（代替GB 20596—2006）；
——第23部分：致癌性（代替GB 20597—2006）；
——第24部分：生殖毒性（代替GB 20598—2006）；
——第25部分：特异性靶器官毒性　一次接触（代替GB 20599—2006）；
——第26部分：特异性靶器官毒性　反复接触（代替GB 20601—2006）；
——第27部分：吸入危害；
——第28部分：对水生环境的危害（代替GB 20602—2006）；
——第29部分：对臭氧层的危害；
——第30部分：化学品作业场所警示性标志。

本部分为GB 30000的第9部分。

本部分按照GB/T 1.1—2009给出的规则起草。

本部分代替GB 20583—2006《化学品分类、警示标签和警示性说明安全规范　自反应物质》。

本部分与联合国《全球化学品统一分类和标签制度》(Globally Harmonized System of Classification and Labelling of Chemicals, GHS)（第四修订版）有关的技术内容一致。

本部分与GB 20583—2006相比，主要技术内容变化如下：

——修改了标准名称，中文名称修改为“化学品分类和标签规范　第9部分　自反应物质和混合物”，英文名称为“Rules for classification and labelling of chemicals—Part 9：—Self-reactive substances and mixtures”；

——修改了第1章范围内容，将“警示标签”改为“标签”、删除“警示性说明”；

——修改了第2章“规范性引用文件”的引导语，并增加了“联合国《全球化学品统一分类和标签制度》(第四修订版)”为引用文件；

——增加了第3章“术语和定义”的引导语；

——将第5章的图1“判定逻辑图”和“指导”作为资料性附录A；

——删除了原第7章，按联合国《全球化学品统一分类和标签制度》(第四修订版)将原第7章的表3修改后作为规范性附录B；

——按联合国《全球化学品统一分类和标签制度》(第四修订版)将原第6章、第7章、第8章修改整合成第6章；原表2修改后作为规范性附录C；

——删除了原第8章，将相关的“危险说明”和“防范说明”内容作为资料性附录D；

——增加了资料性附录E“标签的例子”。

本部分由全国危险化学品管理标准化技术委员会(SAC/TC 251)提出并归口。

本部分起草单位：中国化工经济技术发展中心、上海化工研究院、中国化工信息中心、谱尼测试科技股份有限公司、华峰集团有限公司。

本部分标准主要起草人：王晓兵、范宾、梁缙、朱涛、宋薇、杨挺、关世太、项超力、曹梦然、高淑霞、温涛。

本部分所代替标准的历次版本发布情况为：

——GB 20583—2006。

化学品分类和标签规范
第9部分:自反应物质和混合物

1 范围

GB 30000 的本部分规定了自反应物质和混合物的术语和定义、分类标准、判定逻辑和指导、标签。

本部分适用于自反应物质和混合物按联合国《全球化学品统一分类和标签制度》(以下简称 GHS)分类和标签。

2 规范性引用文件

下列文件对于本文件的应用是必不可少的。凡是注日期的引用文件,仅注日期的版本适用于本文件。凡是不注日期的引用文件,其最新版本(包括所有的修改单)适用于本文件。

GB 13690 化学品分类和危险性公示 通则

GB 30000.2 化学品分类和标签规范 第2部分:爆炸物

GB 30000.14 化学品分类和标签规范 第14部分:氧化性液体

GB 30000.15 化学品分类和标签规范 第15部分:氧化性固体

GB 30000.16 化学品分类和标签规范 第16部分:有机过氧化物

GB/T 21613 危险品 自加速分解温度试验方法

联合国《全球化学品统一分类和标签制度》(GHS)(第四修订版)

联合国《关于危险货物运输的建议书 规章范本》(第十七修订版)

联合国《关于危险货物运输的建议书 试验和标准手册》(第五修订版)

3 术语和定义

GB 13690 界定的以及下列术语和定义适用于本文件。

3.1

自反应物质或混合物 self-reactive substances or mixtures

即使没有氧(空气)也容易发生激烈放热分解的热不稳定液态或固态物质或者混合物。本定义不包括根据 GHS 分类为爆炸物、有机过氧化物或氧化性物质和混合物。

自反应物质或混合物如果在实验室试验中其组分容易起爆、迅速爆燃或在封闭条件下加热时显示剧烈效应,应视为具有爆炸性质。

4 分类标准

4.1 自反应物质和混合物分类和标签的一般原则见 GB 13690。

4.2 分类标准

4.2.1 应将任何自反应物质或混合物划入本类,除非:

a) 根据 GB 30000.2 分类为爆炸物;

b) 根据 GB 30000.14 或 GB 30000.15 分类为氧化性液体或氧化性固体，但氧化性物质中的混合物如含有 5%或更多的可燃有机物质应按照 4.2.2 中界定的程序划为自反应物质；

c) 根据 GB 30000.16 分类为有机过氧化物；

d) 分解热小于 300 J/g；或

e) 50 kg 包装件的自加速分解温度(SADT)大于 75 ℃。

注 1：符合划为氧化性物质标准的氧化性物质混合物如含有 5%或更多的可燃有机物质并且不符合上文 a)、c)、d) 或 e)所述的情况，应进行自反应物质分类程序；这种混合物如显示 B 型至 F 型自反应物质特性(见 4.2.2)应划为自反应物质。

4.2.2 根据下列原则，自反应物质和混合物划入本类中的七个类别“A 型～G 型”之一：

a) 任何自反应物质或混合物，如在包装件中可能起爆或迅速爆燃，将定为 A 型自反应物质；

b) 具有爆炸性质的任何自反应物质或混合物，如在包装件中不会起爆或迅速爆燃，但在该包装件中可能发生热爆炸，将定为 B 型自反应物质；

c) 具有爆炸性质的任何自反应物质或混合物，如在包装件中不可能起爆或迅速爆燃或发生热爆炸，将定为 C 型自反应物质；

d) 任何自反应物质或混合物，在实验室试验中：

  1) 部分地起爆，不迅速爆燃，在封闭条件下加热时不呈现任何剧烈效应；

  2) 根本不起爆，缓慢爆燃，在封闭条件下加热时不呈现任何剧烈效应；或

  3) 根本不起爆和爆燃，在封闭条件下加热时呈现中等效应；

  将定为 D 型自反应物质；

e) 任何自反应物质或混合物，在实验室试验中，根本不起爆也根本不爆燃，在封闭条件下加热时呈现微弱效应或无效应，将定为 E 型自反应物质；

f) 任何自反应物质或混合物，在实验室试验中，根本不在空化状态下起爆也根本不爆燃，在封闭条件下加热时只呈现微弱效应或无效应，而且爆炸力弱或无爆炸力，将定为 F 型自反应物质；

g) 任何自反应物质或混合物，在实验室试验中，既绝不在空化状态下起爆也绝不爆燃，在封闭条件下加热时显示无效应，而且无任何爆炸力，将定为 G 型自反应物质，但该物质或混合物应是热稳定的(50 kg 包装件的自加速分解温度为 60 ℃～75 ℃)，对于液体混合物，所用脱敏稀释剂的沸点大于或等于 150 ℃。如果混合物不是热稳定的，或者所用脱敏稀释剂的沸点低于 150 ℃，则该混合物应定为 F 型自反应物质。

注 2：G 型无对应的危险公示要素，但应考虑属于其他危险类别的性质。

注 3：A 型到 G 型不一定适用于所有系统。

4.2.3 温度控制标准

自反应物质需要进行温度控制，如果其自加速分解温度小于或等于 55 ℃。确定自加速分解温度的试验方法以及控制温度和危急温度的推算见 GB/T 21613。所选择的试验的进行方式应能体现对包装件的尺寸和材料的代表性。

5 判定逻辑和指导

判定逻辑和指导仅供参考。判定逻辑和指导参见附录 A。特别建议负责分类的人员在使用判定逻辑前和使用时研究第 4 章。

6 标签

6.1 概述

6.1.1 对于自反应物质和混合物的标签，危险类别都以指定的象形图、信号词和危险说明的顺序列出。

联合国《关于危险货物运输的建议书　规章范本》(第十七修订版)(以下简称《规章范本》)涵盖的危险种类或类别应在标签中列出每个项别的指定相应图形标志。自反应物质和混合物标签要素的分配见附录B。

6.1.2　有关自反应物质和混合物分类标准和标签要素见附录C。

6.1.3　标签上要求的信息包括危险象形图、信号词、危险说明、防范说明、产品标识符和供应商标识等。

注：对于尚未标准化的其他标签要素，如防范说明也需要包括在标签上。主管部门可能还要求提供额外信息，供应商也可能增加补充信息。

6.2　危险象形图

危险象形图应使用黑色符号加白色背景，红框要足够宽，以便醒目。

《规章范本》规定的危险象形图、图形符号颜色、数字和最小尺寸见附录B。

6.3　信号词

信号词指标签上用来表明危险的相对严重程度和提醒读者注意潜在危险的词语。对于A型、B型、C型和D型自反应物质和混合物使用信号词“危险”；对于E型和F型自反应物质和混合物使用信号词“警告”；对于G型自反应物质和混合物不使用信号词。

6.4　危险说明

危险说明指分配给一个危险种类和类别的短语，用来描述一种危险产品的危险性质，在情况合适时还包括其危险程度。自反应物质和混合物危险说明参见附录D。

6.5　防范说明

防范说明是一个词语(和/或象形图)，用于描述为尽可能减少或防止由于接触危险产品或者不适当的贮存或搬运危险产品的不良效应建议采取的措施。为达到要求，共有5类防范说明：一般、预防、应急、贮存和处置。自反应物质和混合物防范说明参见附录D。

6.6　产品标识符

6.6.1　标签上应使用产品标识符，且应与化学品安全技术说明书上使用的产品标识符相一致。如果一种物质或混合物列入《规章范本》，包装上还应使用正确的联合国运输名称。

6.6.2　标签应包括物质的化学名称。对于混合物或合金，在急性毒性、皮肤或呼吸道敏感或特定目标器官毒性出现在标签上时，标签上应当包括可能引起这些危险的所有成分或合金元素的化学成分。主管部门可要求在标签上列出可能导致混合物或合金危险性的所有成分或合金元素的化学名称。

6.7　供应商标识

标签上应当提供物质或混合物的生产商或供应商的名称、地址和电话号码。

6.8　自反应物质和混合物标签的例子

自反应物质和混合物标签的例子参见附录E。

附 录 A
（资料性附录）
判定逻辑和指导

A.1 判定逻辑

A.1.1 对自反应物质或混合物进行分类，应使用《试验和标准手册》第二部分的试验系列 A 到试验系列 H。分类依照判定逻辑图 A.1 进行。

A.1.2 应用试验确定对自反应物质或混合物的分类有决定性作用的性质。《试验和标准手册》第二部分（试验系列 A 到试验系列 H）给出了具有相关评估标准的试验方法。

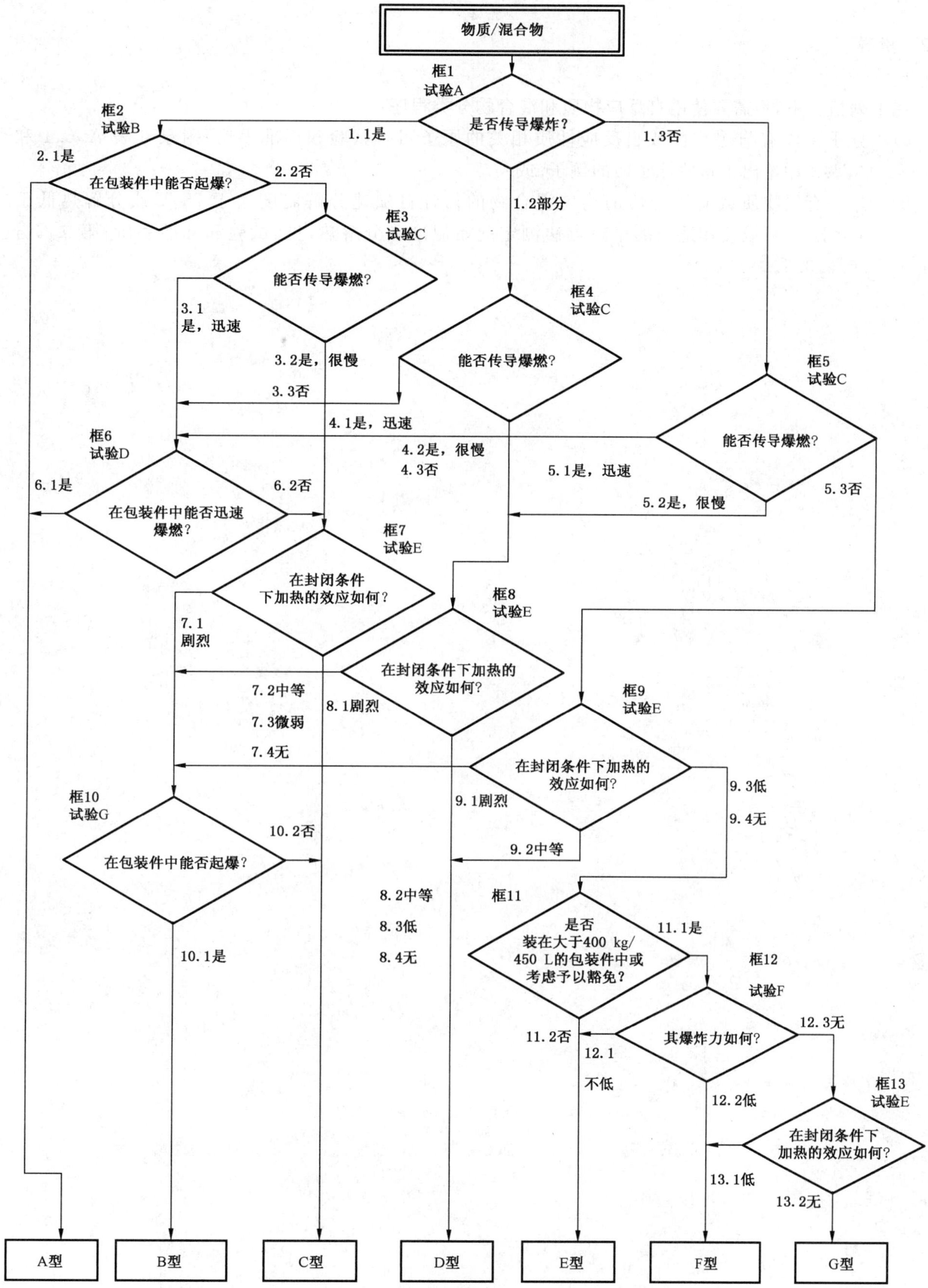

图 A.1　自反应物质和混合物判定逻辑

A.2 指导

在下列情况下，不需要使用自反应物质和混合物分类程序：

a) 分子中没有与爆炸性或自反应性质相关的原子团；《试验和标准手册》附录6表A.6.1和A.6.2中给出了这些原子团的例子；或

b) 单一有机物质或有机物质的均匀混合物的估计自加速分解温度大于75 ℃或分解热低于300 J/g。可以使用适当的量热方法测定起始温度和分解热，见《试验和标准手册》第二部分20.3.3.3。

附　录　B
（规范性附录）
标签要素的分配

标签要素的分配见表B.1。

表B.1　自反应物质和混合物标签要素的分配

自反应物质和混合物				
A型	B型	C型和D型	E型和F型	G型
 危险 加热可能爆炸	  危险 加热可能起火或爆炸	 危险 加热可能起火	 警告 加热可能起火	本危险类别没有分配标签要素
同爆炸物（采用相同的图形符号选择过程）	 			在《规章范本》中：未作要求

注1：对于B型根据《规章范本》，特殊规定181可能适用（经主管部门批准，可免贴爆炸物标签。详见《规章范本》第3.3章）。

注2：《规章范本》的形图符号颜色：

——自反应物质象形图：图形符号（火焰）：黑色；底色：白色带七条垂直红色条纹；数字“4”位于下角：黑色。

——爆炸品图形符号：图形符号（爆炸的炸弹）：黑色；底色：橙色；数字“1”位于下角，黑色。

附 录 C
（规范性附录）
自反应物质和混合物分类标准和标签

自反应物质和混合物分类标准和标签见表C.1。

表C.1 自反应物质和混合物分类标准和标签要素

危险类别	标 准	标签要素	
A型	根据《规章范本》第二部分的试验结果并应用附录A的判定逻辑。	图形符号	
		信号词	危险
		危险说明	加热可能爆炸
B型	根据《规章范本》第二部分的试验结果并应用附录A的判定逻辑。	图形符号	 
		信号词	危险
		危险说明	加热可能爆炸或起火
C型和D型	根据《规章范本》第二部分的试验结果并应用附录A的判定逻辑。	图形符号	
		信号词	危险
		危险说明	加热可能起火
E型和F型	根据《规章范本》第二部分的试验结果并应用附录A的判定逻辑。	图形符号	
		信号词	警告
		危险说明	加热可能起火
G型	根据《规章范本》第二部分的试验结果并应用附录A的判定逻辑。	图形符号	本危险类别没有分配标签要素
		信号词	
		危险说明	

附 录 D
（资料性附录）
自反应物质和混合物的危险说明和防范说明

D.1 概述

D.1.1 本附录为自反应物质和混合物提供如何使用符合 GHS 的危险说明和防范说明指导，列出自反应物质和混合物每一危险种类和危险类别的危险说明和防范说明，见 GB 13690。

D.1.2 危险说明的编码

D.1.2.1 危险说明的编码见 GHS 附件 3。

D.1.2.2 每一种危险说明均设定一个专门的字母数字混合代码，由 1 个字母和 3 个数字组成，具体如下：

a) 字母“H”(代表“危险说明”)；

b) 第 1 个数字，代表不同部分编号设定的危险说明所指危险类型，具体如下：

——“2”代表物理危险；

——“3”代表健康危险；

——“4”代表环境危险；

c) 后 2 个数字，对应于物质或者混合物固有属性引起的危险的序列编号，如：爆炸性（代码 200～210）、易燃性（代码 220～230），等等。

D.1.2.3 除非另有规定，所有指定的危险说明均应出现在标签上。主管部门可规定危险说明在标签出现的顺序。此外，在组合危险说明提供两种或者以上危险说明时，主管部门可以具体规定，是否将组合危险说明或者相应的单个说明写入标签，或者由制造商/供应商自行决定。

D.1.3 防范说明应连同统一的危险公示要素（象形图、信号词和危险说明）一起标在符合要求的标签上。附加补充信息，例如使用说明，也可由制造商/供应商和/或主管部门斟酌决定予以补充。

D.1.3.1 防范说明编码见 GHS 附件 3。

D.1.3.2 防范说明的编码

D.1.3.2.1 每一防范说明均设定一个专门的字母数字混合代码，由 1 个字母和 3 个数字组成，具体如下：

a) 字母“P”(代表“防范说明”)；

b) 第 1 个数字，代表防范说明的类型，具体如下：

——“1”代表一般防范说明；

——“2”代表预防防范说明；

——“3”代表应急防范说明；

——“4”代表贮存防范说明；

——“5”代表处置防范说明；

c) 后 2 个数字（对应于防范说明的序列编号）。

D.1.3.2.2 防范说明代码用作参考。防范说明代码不是防范说明条文的一部分，不应用其替代防范说明条文。

D.2 一般防范说明

对被划为危害人类健康或环境的所有物质和混合物应采取一般防范措施。以下一般防范说明在给定的条件下适用于 GHS 标签（见表 D.1 ）。

表 D.1　一般防范说明

对象	补充信息	编码	一般防范说明
一般公众	标签，补充标签信息	P101	如需就医：请随身携带产品容器或标签。
		P102	放在儿童无法触及之处。
		P103	使用前请阅读标签。
生产工人	标签，补充标签信息、安全技术说明书、工作场所标志		无

D.3　自反应物质和混合物防范说明

D.3.1　自反应物质和混合物A型的防范说明见表D.2。

表 D.2　自反应物质和混合物A型的防范说明

图形符号
爆炸的炸弹

危险类别	信号词	危险说明
A型	危险	H240 加热可能爆炸

防范说明			
预防	应急	贮存	处置
P210 **远离热源/火花/明火/热表面。禁止吸烟。** 生产商/供应商或主管部门规定适用的点火源。 **P220** **避开/贮存处远离服装/……/可燃材料。** ……生产商/供应商或主管部门列明其他不相容材料。 **P234** **只能在原容器中存放。** **P280** **戴防护手套/穿防护服/戴防护眼罩/戴防护面具。** 生产商/供应商或主管部门列明设备类型	**P370＋P378** **火灾时：使用……灭火。** ……生产商/供应商或主管部门列明适当的媒介。 ——遇水可能增加危险。 **P370＋P380＋P375** **火灾时：撤离现场。因有爆炸危险，须远距离灭火。**	**P403＋P235** **存放在通风良好的地方。保持低温。** **P411** **贮存温度不超过……℃/……℉。** ……生产商/供应商或主管部门列明温度。 **P420** **远离其他材料存放。**	**P501** **处置内装物/容器……** ……按照地方/区域/国家/国际规章（待规定）

D.3.2 自反应物质和混合物B型的防范说明见表D.3。

表D.3 自反应物质和混合物B型的防范说明

图形符号
爆炸的炸弹和火焰

危险类别	信号词	危险说明
B型	危险	H241 加热可能起火或爆炸

防范说明			
预防	应急	贮存	处置
P210 **远离热源/火花/明火/热表面。禁止吸烟。** 生产商/供应商或主管部门规定适用的点火源。 P220 **避开/贮存处远离服装/……/可燃材料。** ……生产商/供应商或主管部门列明其他不相容材料。 P234 **只能在原容器中存放。** P280 **戴防护手套/穿防护服/戴防护眼罩/戴防护面具。** 生产商/供应商或主管部门列明设备类型	P370+P378 **火灾时:使用……灭火。** ……生产商/供应商或主管部门列明适当的媒介。 ——遇水可能增加危险。 P370+P380+P375 **火灾时:撤离现场。因有爆炸危险,须远距离灭火。**	P403+P235 **存放在通风良好的地方。保持低温。** P411 **贮存温度不超过……℃/……℉。** ……生产商/供应商或主管部门列明的温度。 P420 **远离其他材料存放。**	P501 **处置内装物/容器……** ……按照地方/区域/国家/国际规章(待规定)

D.3.3 自反应物质和混合物C型、D型、E型和F型的防范说明见表D.4。

表 D.4 自反应物质和混合物的防范说明

图形符号
火焰

危险类别	信号词	危险说明
C型	危险	H242 加热可能起火
D型	危险	H242 加热可能起火
E型	警告	H242 加热可能起火
F型	警告	H242 加热可能起火

防范说明			
预防	应急	贮存	处置
P210 **远离热源/火花/明火/热表面。禁止吸烟。** 生产商/供应商或主管部门规定适用的点火源。 **P220** **避开/贮存处远离服装/……/可燃材料。** ……生产商/供应商或主管部门列明其他不相容材料。 **P234** **只能在原容器中存放。** **P280** **戴防护手套/穿防护服/戴防护眼罩/戴防护面具。** 生产商/供应商或主管部门列明设备类型	**P370+P378** **火灾时:使用……灭火。** ……生产商/供应商或主管部门列明适当的媒介。 ——遇水可能增加危险。	**P403+P235** **存放在通风良好的地方。保持低温。** **P411** **贮存温度不超过……℃/……℉。** ……生产商/供应商或主管部门列明的温度。 **P420** **远离其他材料存放。**	**P501** **处置内装物/容器……** ……按照地方/区域/国家/国际规章(待规定)

附　录　E
（资料性附录）
自反应物质和混合物标签的例子

自反应物质和混合物标签的例子见图 E.1～图 E.3。

编　码

产品名称

公司名称

街名及号码
国家、省、城市、邮编
电话号码
紧急呼叫电话

使用说明：

装载质量：　　　　批号：
毛　　重：　　　　装载日期：
有效期：

危险
放在儿童无法触及之处
使用前请读标签

运输象形图
同爆炸物
（采用相同的图形符号选择过程）

加热可能爆炸
远离热源/火花/明火/热表面。禁止吸烟。
生产商/供应商或主管部门规定适用的点火源。
避开/贮存处远离服装/……/可燃材料。
……生产商/供应商或主管部门列明其他不相容材料。
只能在原容器中存放。
戴防护手套/戴防护眼罩/戴防护面具。
生产商/供应商或主管部门列明设备类型。
火灾时：使用……灭火。
……生产商/供应商或主管部门列明适当的媒介。
——遇水可能增加危险。
火灾时：撤离现场。因有爆炸危险，须远距离灭火。
存放在通风良好的地方。保持低温。贮存温度不超过……℃/……℉。
……制造商/供应商或主管部门列明的温度。
远离其他材料存放。
处置内装物/容器……
……按照地方/区域/国家/国际规章（待规定）

图 E.1　自反应物质和混合物 A 型标签的例子

编　码

产品名称

危险

放在儿童无法触及之处

使用前请读标签

运输象形图

联合国编号

正式运输名称

公司名称

街名及号码
国家、省、城市、邮编
电话号码
紧急呼叫电话

使用说明：

装载质量：　　批号：
毛　重：　　装载日期：
有效期：

加热可能起火或爆炸
远离热源/火花/明火/热表面。禁止吸烟。
生产商/供应商或主管部门规定适用的点火源。
避开/贮存处远离服装/……/可燃材料。
……生产商/供应商或主管部门列明其他不相容材料。
只能在原容器中存放。
戴防护手套/戴防护眼罩/戴防护面具。
生产商/供应商或主管部门列明设备类型。
火灾时：使用……灭火。
……生产商/供应商或主管部门列明适当的媒介。
——遇水可能增加危险。
火灾时：撤离现场。因有爆炸危险，须远距离灭火。
存放在通风良好的地方。保持低温。贮存温度不超过……℃/……℉。
……制造商/供应商或主管部门列明的温度。
远离其他材料存放。
处置内装物/容器……
……按照地方/区域/国家/国际规章(待规定)

图 E.2　自反应物质和混合物 B 型标签的例子

编　码

产品名称

危险或者警告
放在儿童无法触及之处
使用前请读标签

运输象形图

联合国编号
正式运输名称

公司名称

街名及号码
国家、省、城市、邮编
电话号码
紧急呼叫电话

使用说明：

装载质量：　　　　批号：
毛　　重：　　　　装载日期：
有效期：

加热可能起火
远离热源/火花/明火/热表面。禁止吸烟。
生产商/供应商或主管部门规定适用的点火源。
避开/贮存处远离服装/……/可燃材料。
……生产商/供应商或主管部门列明其他不相容材料。
只能在原容器中存放。
戴防护手套/戴防护眼罩/戴防护面具。
生产商/供应商或主管部门列明设备类型。
火灾时：使用……灭火。
……生产商/供应商或主管部门列明适当的媒介。
——遇水可能增加危险。
存放在通风良好的地方。保持低温。贮存温度不超过……℃/……℉。
……制造商/供应商或主管部门列明的温度。
远离其他材料存放。
处置内装物/容器……
……按照地方/区域/国家/国际规章(待规定)

图 E.3　自反应物质和混合物 C 型、D 型、E 型和 F 型标签的例子

ICS 13.300
A 80

中华人民共和国国家标准

GB 30000.10—2013
代替 GB 20585—2006

化学品分类和标签规范 第10部分：自燃液体

Rules for classification and labelling of chemicals—Part 10：Pyrophoric liquids

2013-10-10 发布

2014-11-01 实施

中华人民共和国国家质量监督检验检疫总局
中国国家标准化管理委员会 发布

前　言

本部分第4章和第6章为强制性的,其余为推荐性的。

GB 30000《化学品分类和标签规范》的预期结构和将代替的国家标准为:

——第1部分:通则(代替 GB 13690—2009);
——第2部分:爆炸物(代替 GB 20576—2006);
——第3部分:易燃气体(代替 GB 20577—2006);
——第4部分:气溶胶(代替 GB 20578—2006);
——第5部分:氧化性气体(代替 GB 20579—2006);
——第6部分:加压气体(代替 GB 20580—2006);
——第7部分:易燃液体(代替 GB 20581—2006);
——第8部分:易燃固体(代替 GB 20582—2006);
——第9部分:自反应物质和混合物(代替 GB 20583—2006);
——第10部分:自燃液体(代替 GB 20585—2006);
——第11部分:自燃固体(代替 GB 20586—2006);
——第12部分:自热物质和混合物(代替 GB 20584—2006);
——第13部分:遇水放出易燃气体的物质和混合物(代替 GB 20587—2006);
——第14部分:氧化性液体(代替 GB 20589—2006);
——第15部分:氧化性固体(代替 GB 20590—2006);
——第16部分:有机过氧化物(代替 GB 20591—2006);
——第17部分:金属腐蚀物(代替 GB 20588—2006);
——第18部分:急性毒性(代替 GB 20592—2006);
——第19部分:皮肤腐蚀/刺激(代替 GB 20593—2006);
——第20部分:严重眼损伤/眼刺激(代替 GB 20594—2006);
——第21部分:呼吸道或皮肤致敏(代替 GB 20595—2006);
——第22部分:生殖细胞致突变性(代替 GB 20596—2006);
——第23部分:致癌性(代替 GB 20597—2006);
——第24部分:生殖毒性(代替 GB 20598—2006);
——第25部分:特异性靶器官毒性　一次接触(代替 GB 20599—2006);
——第26部分:特异性靶器官毒性　反复接触(代替 GB 20601—2006);
——第27部分:吸入危害;
——第28部分:对水生环境的危害(代替 GB 20602—2006);
——第29部分:对臭氧层的危害;
——第30部分:化学品作业场所警示性标志。

本部分为 GB 30000—2013 的第10部分。

本部分按照 GB/T 1.1—2009 给出的规则起草。

本部分代替 GB 20585—2006《化学品分类、警示标签和警示性说明安全规范　自燃液体》。

本部分与联合国《全球化学品统一分类和标签制度》(Globally Harmonized System of Classification and Labelling of Chemicals,GHS)(第四修订版)有关的技术内容一致。

本部分与 GB 20585—2006 相比,主要技术内容变化如下:

——修改了标准名称,中文名称修改为"化学品分类和标签规范　第10部分:自燃液体",英文名称为"Rules for classification and labelling of chemicals—Part 10:pyrophoric liquids";

——修改了第1章范围内容,将"警示标签"改为"标签"、删除"警示性说明";

——修改了第2章"规范性引用文件"的引导语,并增加了"联合国《全球化学品统一分类和标签制度》(第四修订版)"为引用文件;

——增加了第3章"术语和定义"的引导语;

——将第5章的图1"判定逻辑图"和"指导"作为资料性附录A;

——删除了原第7章,按联合国《全球化学品统一分类和标签制度》(第四修订版)将原第7章的表3修改后作为规范性附录B;

——按联合国《全球化学品统一分类和标签制度》(第四修订版)将原第6章、第7章、第8章修改整合成第6章;原表2修改后作为规范性附录C;

——删除了原第8章,将相关的"危险说明"和"防范说明"内容作为资料性附录D;

——增加了资料性附录E"标签的例子"。

本部分由全国危险化学品管理标准化技术委员会(SAC/TC 251)提出并归口。

本部分起草单位:中国化工经济技术发展中心、上海化工研究院、北京出入境检验检疫局、浙江省化工研究院有限公司、谱尼测试科技股份有限公司、华峰集团有限公司。

本部分主要起草人:杨挺、董学胜、唐树田、王高生、张春辉、王晓兵、马宁、张春利、戴胜、曹梦然、温涛。

本部分所代替标准的历次版本发布情况为:

——GB 20585—2006。

化学品分类和标签规范
第10部分:自燃液体

1 范围

GB 30000 的本部分规定了自燃液体的术语和定义、分类标准、判定逻辑和指导、标签。

本部分适用于自燃液体按联合国《全球化学品统一分类和标签制度》(以下简称 GHS)分类和标签。

2 规范性引用文件

下列文件对于本文件的应用是必不可少的。凡是注日期的引用文件,仅注日期的版本适用于本文件。凡是不注日期的引用文件,其最新版本(包括所有的修改单)适用于本文件。

GB 6944—2012 危险货物分类和品名编号

GB 13690 化学品分类和危险性公示 通则

联合国《全球化学品统一分类和标签制度》(GHS)(第四修订版)

联合国《关于危险货物运输的建议书 试验和标准手册》(第五修订版)

联合国《关于危险货物运输的建议书 规章范本》(第十七修订版)

3 术语和定义

GB 13690 界定的以及下列术语和定义适用于本文件。

3.1

自燃液体 pyrophoric liquids

即使数量小也能在与空气接触后 5 min 内着火的液体。

4 分类标准

4.1 自燃液体分类和标签的一般原则见 GB 13690。

4.2 分类标准

4.2.1 自燃液体根据联合国《关于危险货物运输的建议书:试验和标准手册》(第五修订版)(以下简称《试验和标准手册》)第三部分的 33.3.1.5 中的 N.3 试验进行分类,见表 1。

表 1 自燃液体的分类

类 别	标 准
1	液体加至惰性载体上并暴露在空气中 5 min 内燃烧,或与空气接触 5 min 内燃着或碳化滤纸

5 判定逻辑和指导

判定逻辑和指导仅供参考。判定逻辑和指导参见附录A。特别建议负责分类的人员在使用判定逻辑前和使用时研究第4章。

6 标签

6.1 概述

6.1.1 对于自燃液体的标签,危险类别都以指定的象形图、信号词和危险说明的顺序列出。联合国《关于危险货物运输的建议书 规章范本》(第十七修订版)(以下简称《规章范本》)涵盖的危险种类或类别应在标签中列出每个类别的指定相应图形标志。自燃液体标签要素的分配见附录B。

6.1.2 有关自燃液体分类标准和标签要素见附录C。

6.1.3 标签上要求的信息包括危险象形图、信号词、危险说明、防范说明、产品标识符和供应商标识等。

注:对于尚未标准化的其他标签要素,如防范说明也需要包括在标签上。主管部门可能还要求提供额外信息,供应商也可能增加补充信息。

6.2 危险象形图

危险象形图应使用黑色符号加白色背景,红框要足够宽,以便醒目。

《规章范本》规定的危险象形图、图形符号颜色、数字和最小尺寸见附录B。

6.3 信号词

信号词指标签上用来表明危险的相对严重程度和提醒读者注意潜在危险的词语。对于自燃液体使用信号词"危险"。

6.4 危险说明

危险说明指分配给一个危险种类和类别的短语,用来描述一种危险产品的危险性质,在情况合适时还包括其危险程度。自燃液体危险说明参见附录D。

6.5 防范说明

防范说明是一个词语(和/或象形图),用于描述为尽可能减少或防止由于接触危险产品或者不适当的贮存或搬运危险产品的不良效应建议采取的措施。为达到要求,共有5类防范说明:一般、预防、应急、贮存和处置。自燃液体防范说明参见附录D。

6.6 产品标识符

6.6.1 标签上应使用产品标识符,且应与化学品安全技术说明书上使用的产品标识符相一致。如果一种物质或混合物列入《规章范本》,包装上还应使用正确的联合国运输名称。

6.6.2 标签应包括物质的化学名称。对于混合物或合金,在急性毒性、皮肤或呼吸道致敏或特异性靶器官毒性出现在标签上时,标签上应当包括可能引起这些危险的所有成分或合金元素的化学成分。主管部门也可要求在标签上列出可能导致混合物或合金危险性的所有成分或合金元素的化学名称。

6.7 供应商标识

标签上应当提供物质或混合物的生产商或供应商的名称、地址和电话号码。

6.8 自燃液体标签的例子

自燃液体标签的例子参见附录 E。

附　录　A
（资料性附录）
判定逻辑和指导

A.1　判定逻辑

对自燃液体进行分类，应使用《试验和标准手册》第三部分第33.3.1.5小节所述试验方法N.3。该程序分为两个步骤。分类根据判定逻辑图A.1进行。

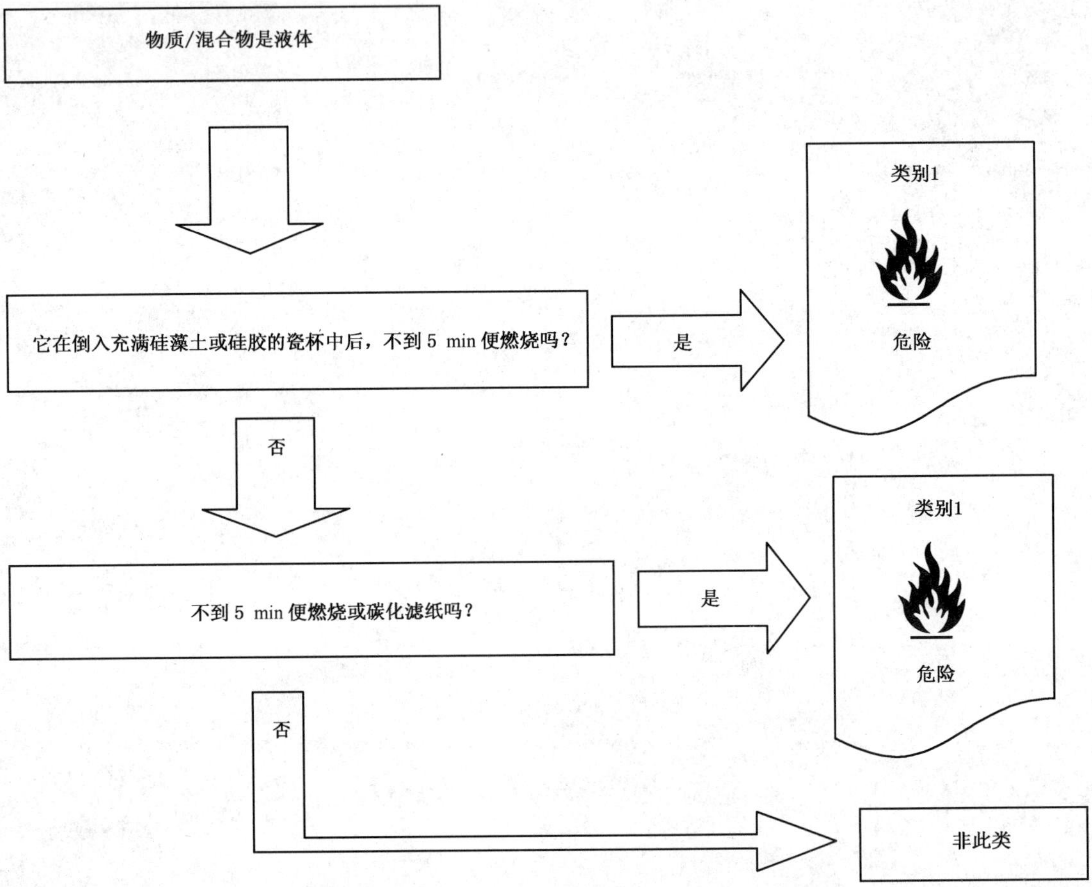

图A.1　自燃液体判定逻辑图

A.2　指导

如果生产或装卸经验表明物质或混合物在常温下接触空气时不会自发引燃(即物质已知在室温下长时间内(数日)很稳定)，则不适用自燃液体分类程序。

附 录 B
（规范性附录）
标签要素的分配

标签要素的分配见表 B.1。

表 B.1 自燃液体标签要素的分配

自燃液体				
类别 1				备 注
 危险 暴露在空气中自燃 	—	—	—	在《规章范本》中： 1） 图形符号的颜色 · 图形符号（火焰）：黑色； · 背景：上半部白色，下半部红色；数字“4”位于下角：黑色。 2） 图中数字 4 为 GB 6944—2012 中的第 4 类。 3） 货物运输图形标志的最小尺寸为 100 mm×100 mm

附 录 C
（规范性附录）
自燃液体分类标准和标签要素

自燃液体分类标准和标签要素见表 C.1。

表 C.1 自燃液体分类标准和标签要素

危险类别	标 准	标签要素	
1	液体加至惰性载体上并暴露在空气中 5 min 内燃烧，或与空气接触 5 min 内燃着或碳化滤纸	图形符号	
		信号词	危险
		危险说明	暴露在空气中自燃

附 录 D
（资料性附录）
自燃液体的危险说明和防范说明

D.1 概述

D.1.1 本附录为自燃液体提供如何使用符合 GHS 的危险说明和防范说明指导，列出自燃液体每一危险种类和危险类别的危险说明和防范说明，见 GB 13690。

D.1.2 危险说明的编码

D.1.2.1 危险说明的编码见 GHS 附件 3。

D.1.2.2 每一种危险说明均设定一个专门的字母数字混合代码，由 1 个字母和 3 个数字组成，具体如下：

a) 字母“H”(代表“危险说明”)；
b) 第 1 个数字，代表不同部分编号设定的危险说明所指危险类型，具体如下：
——“2”代表物理危险；
——“3”代表健康危险；
——“4”代表环境危险；
c) 后 2 个数字，对应于物质或者混合物固有属性引起的危险的序列编号，如：爆炸性(代码 200 至 210)、易燃性(代码 220 至 230)，等等。

D.1.2.3 除非另有规定，所有指定的危险说明均应出现在标签上。主管部门可规定危险说明在标签上出现的顺序。此外，在组合危险说明提供两种或者以上危险说明时，主管部门可以具体规定，是否将组合危险说明或者相应的单个说明写入标签，或者由制造商/供应商自行决定。

D.1.3 防范说明应连同统一的危险公示要素(象形图、信号词和危险说明)一起标在符合要求的标签上。附加补充信息，例如使用说明，也可由制造商/供应商和/或主管部门斟酌决定予以补充。

D.1.3.1 防范说明编码见 GHS 附件 3。

D.1.3.2 防范说明的编码

D.1.3.2.1 每一防范说明均设定一个专门的字母数字混合代码，由 1 个字母和 3 个数字组成，具体如下：

a) 字母“P”(代表“防范说明”)；
b) 第 1 个数字，代表防范说明的类型，具体如下：
——“1”代表一般防范说明；
——“2”代表预防防范说明；
——“3”代表应急防范说明；
——“4”代表贮存防范说明；
——“5”代表处置防范说明；
c) 后 2 个数字(对应于防范说明的序列编号)。

D.1.3.2.2 防范说明代码用作参考。防范说明代码不是防范说明条文的一部分，不应用其替代防范说明条文。

D.2 一般防范说明

对被划为危害人类健康或环境的所有物质和混合物应采取一般防范措施。以下一般防范说明在给

定的条件下适用于GHS标签(见表D.1)。

表D.1 一般防范说明

对象	补充信息	编码	一般防范说明
一般公众	标签,补充标签信息	P101	如需就医:请随身携带产品容器或标签。
		P102	放在儿童无法触及之处。
		P103	使用前请阅读标签。
生产工人	标签,补充标签信息、安全技术说明书、工作场所标志		无

D.3 自燃液体防范说明

D.3.1 自燃液体的防范说明见表D.2。

表D.2 自燃液体的防范说明

图形符号
火焰

危险类别	信号词	危险说明
1	危险	H250 暴露在空气中会自燃

防范说明			
预防	应急	贮存	处置
P210 **远离热源/火花/明火/热表面。禁止吸烟。** 生产商/供应商或主管部门规定适用的点火源。 **P222** **不得与空气接触。** **P280** **戴防护手套/穿防护服/戴防护眼罩/戴防护面具。** 生产商/供应商或主管部门列明设备类型。	**P302+P334** **如皮肤沾染:浸入冷水中/用湿绷带包扎** **P370+P378** **火灾时:使用……灭火。** ……生产商/供应商或主管部门列明适当的媒介。 —遇水可能增加危险。	**P422** **内装物存放在……** ……生产商/供应商或主管部门列明适当的液体或惰性气体。	

附　录　E
（资料性附录）
自燃液体标签的例子

自燃液体标签的例子见图 E.1。

编　码

产品名称

公司名称

街名及号码
国家、省、城市、邮编
电话号码
紧急呼叫电话

使用说明：

装载质量：　　　　批号：
毛　　重：　　　　装载日期：
有效期：

危 险
放在儿童无法触及之处
使用前请读标签

暴露在空气中会自燃
远离热源/火花/明火/热表面。禁止吸烟。
生产商/供应商或主管部门规定适用的点火源。
不得与空气接触。
戴防护手套/穿防护服/戴防护眼罩/戴防护面具。
生产商/供应商或主管部门列明设备类型。
如皮肤沾染：浸入冷水中/用湿绷带包扎。
火灾时：使用……灭火。
……生产商/供应商或主管部门列明适当的媒介。
——遇水可能增加危险。
内装物存放在……。
……制造商/供应商或主管部门列明适当的液体或惰性气体。

运输象形图

联合国编号
正式运输名称

图 E.1　自燃液体标签的例子

ICS 13.300
A 80

中华人民共和国国家标准

GB 30000.11—2013
代替 GB 20586—2006

化学品分类和标签规范
第11部分：自燃固体

Rules for classification and labelling of chemicals—Part 11: Pyrophoric solids

2013-10-10 发布 2014-11-01 实施

中华人民共和国国家质量监督检验检疫总局
中国国家标准化管理委员会 发布

前　言

本部分第4章和第6章为强制性的,其余为推荐性的。

GB 30000《化学品分类和标签规范》的预期结构和将代替的国家标准为:

——第1部分:通则(代替GB 13690—2009);
——第2部分:爆炸物(代替GB 20576—2006);
——第3部分:易燃气体(代替GB 20577—2006);
——第4部分:气溶胶(代替GB 20578—2006);
——第5部分:氧化性气体(代替GB 20579—2006);
——第6部分:加压气体(代替GB 20580—2006);
——第7部分:易燃液体(代替GB 20581—2006);
——第8部分:易燃固体(代替GB 20582—2006);
——第9部分:自反应物质和混合物(代替GB 20583—2006);
——第10部分:自燃液体(代替GB 20585—2006);
——第11部分:自燃固体(代替GB 20586—2006);
——第12部分:自热物质和混合物(代替GB 20584—2006);
——第13部分:遇水放出易燃气体的物质和混合物(代替GB 20587—2006);
——第14部分:氧化性液体(代替GB 20589—2006);
——第15部分:氧化性固体(代替GB 20590—2006);
——第16部分:有机过氧化物(代替GB 20591—2006);
——第17部分:金属腐蚀物(代替GB 20588—2006);
——第18部分:急性毒性(代替GB 20592—2006);
——第19部分:皮肤腐蚀/刺激(代替GB 20593—2006);
——第20部分:严重眼损伤/眼刺激(代替GB 20594—2006);
——第21部分:呼吸道或皮肤致敏(代替GB 20595—2006);
——第22部分:生殖细胞致突变性(代替GB 20596—2006);
——第23部分:致癌性(代替GB 20597—2006);
——第24部分:生殖毒性(代替GB 20598—2006);
——第25部分:特异性靶器官毒性　一次接触(代替GB 20599—2006);
——第26部分:特异性靶器官毒性　反复接触(代替GB 20601—2006);
——第27部分:吸入危害;
——第28部分:对水生环境的危害(代替GB 20602—2006);
——第29部分:对臭氧层的危害;
——第30部分:化学品作业场所警示性标志。

本部分为GB 30000的第11部分。

本部分按照GB/T 1.1—2009给出的规则起草。

本部分代替GB 20586—2006《化学品分类、警示标签和警示性说明安全规范　自燃固体》。

本部分与联合国《全球化学品统一分类和标签制度》(Globally Harmonized System of Classification and Labelling of Chemicals,GHS)(第四修订版)有关的技术内容一致。

本部分与GB 20586—2006相比,主要技术内容变化如下:

——修改了标准名称，中文名称修改为“化学品分类和标签规范　第11部分：自燃固体”，英文名称为“Rules for classification and labelling of chemicals—Part 11：pyrophoric solids”；
——修改了第1章范围内容，将“警示标签”改为“标签”、删除“警示性说明”；
——修改了第2章“规范性引用文件”的引导语，并增加了“联合国《全球化学品统一分类和标签制度》（第四修订版）”为引用文件；
——增加了第3章“术语和定义”的引导语；
——将第5章的图1“判定逻辑图”和“指导”作为资料性附录A；
——删除了原第7章，按联合国《全球化学品统一分类和标签制度》（第四修订版）将原第7章的表3修改后作为规范性附录B；
——按联合国《全球化学品统一分类和标签制度》（第四修订版）将原第6章、第7章、第8章修改整合成第6章；原表2修改后作为规范性附录C；
——删除了原第8章，将相关的“危险说明”和“防范说明”内容作为资料性附录D；
——增加了资料性附录E“标签的例子”。

本部分由全国危险化学品管理标准化技术委员会（SAC/TC 251）提出并归口。

本部分起草单位：中国化工经济技术发展中心、杭州仰仪科技有限公司、浙江省化工研究院有限公司、中国化工信息中心、华峰集团有限公司。

本部分主要起草人：王晓兵、叶树亮、李坤垣、王高升、马宁、王静敏、张春利、张其斌、曹梦然、赵永泉、温涛。

本部分所代替标准的历次版本发布情况为：
——GB 20586—2006。

化学品分类和标签规范
第11部分：自燃固体

1 范围

GB 30000的本部分规定了自燃固体的术语和定义、分类标准、判定逻辑和指导、标签。

本部分适用于自燃固体按联合国《全球化学品统一分类和标签制度》(以下简称GHS)分类和标签。

2 规范性引用文件

下列文件对于本文件的应用是必不可少的。凡是注日期的引用文件，仅注日期的版本适用于本文件。凡是不注日期的引用文件，其最新版本(包括所有的修改单)适用于本文件。

GB 6944—2012 危险货物分类和品名编号

GB 13690 化学品分类和危险性公示 通则

联合国《全球化学品统一分类和标签制度》(GHS)(第四修订版)

联合国《关于危险货物运输的建议书 试验和标准手册》(第五修订版)

联合国《关于危险货物运输的建议书 规章范本》(第十七修订版)

3 术语和定义

GB 13690界定的以及下列术语和定义适用于本文件。

3.1

自燃固体 pyrophoric solids

即使数量小也能在与空气接触后5 min内着火的固体。

4 分类标准

4.1 自燃固体分类和标签的一般原则见GB 13690。

4.2 自燃固体根据联合国《关于危险货物运输的建议书：试验和标准手册》(第五修订版)(以下简称《试验和标准手册》)第三部分的33.3.1.4中N.2试验进行分类，见表1。

表1 自燃固体[a]的分类

类 别	标 准
1	该固体与空气接触后5 min内发生燃烧。

[a] 对于固态物质或混合物的分类试验，试验应该使用所提供形状的物质或混合物。例如，如果为了供应或运输目的，所提供的同一化学品的物理形状不同于前次试验时的物理形状，而且据认为这种形状很可能实质性地改变它在分类试验中的性能，那么对该种物质或混合物也应以新的形态进行试验。

5 判定逻辑和指导

判定逻辑和指导仅供参考。判定逻辑和指导参见附录 A。特别建议负责分类的人员在使用判定逻辑前和使用时研究第 4 章。

6 标签

6.1 概述

6.1.1 对于自燃固体的标签,危险类别都以指定的象形图、信号词和危险说明的顺序列出。联合国《关于危险货物运输的建议书 规章范本》((第十七修订版)(以下简称《规章范本》)涵盖的危险种类或类别应在标签中列出每个类别的指定相应图形标志。自燃固体标签要素的分配见附录 B。

6.1.2 有关自燃固体分类标准和标签要素见附录 C。

6.1.3 标签上要求的信息包括危险象形图、信号词、危险说明、防范说明、产品标识符和供应商标识等。

注:对于尚未标准化的其他标签要素,如防范说明也需要包括在标签上。主管部门可能还要求提供额外信息,供应商也可能增加补充信息。

6.2 危险象形图

危险象形图应使用黑色符号加白色背景,红框要足够宽,以便醒目。

《规章范本》规定的危险象形图、图形符号颜色、数字和最小尺寸见附录 B。

6.3 信号词

信号词指标签上用来表明危险的相对严重程度和提醒读者注意潜在危险的词语。对于自燃固体使用信号词"危险"。

6.4 危险说明

危险说明指分配给一个危险种类和类别的短语,用来描述一种危险产品的危险性质,在情况合适时还包括其危险程度。自燃固体危险说明参见附录 D。

6.5 防范说明

防范说明是一个词语(和/或象形图),用于描述为尽可能减少或防止由于接触危险产品或者不适当的贮存或搬运危险产品的不良效应建议采取的措施。为达到要求,共有 5 类防范说明:一般、预防、应急、贮存和处置。自燃固体防范说明参见附录 D。

6.6 产品标识符

6.6.1 标签上应使用产品标识符,且应与化学品安全技术说明书上使用的产品标识符相一致。如果一种物质或混合物列入《规章范本》,包装上还应使用正确的联合国运输名称。

6.6.2 标签应包括物质的化学名称。对于混合物或合金,在急性毒性、皮肤或呼吸道致敏或特异性靶器官毒性出现在标签上时,标签上应当包括可能引起这些危险的所有成分或合金元素的化学成分。主管部门也可要求在标签上列出可能导致混合物或合金危险性的所有成分或合金元素的化学名称。

6.7 供应商标识

标签上应当提供物质或混合物的生产商或供应商的名称、地址和电话号码。

6.8 自燃固体标签的例子

自燃固体标签的例子参见附录 E。

附 录 A
（资料性附录）
判定逻辑和指导

A.1 判定逻辑

对自燃固体进行分类，应使用《试验和标准手册》第三部分第 33.3.1.4 小节所述试验方法 N.2。根据图 A.1 的判定逻辑进行分类。

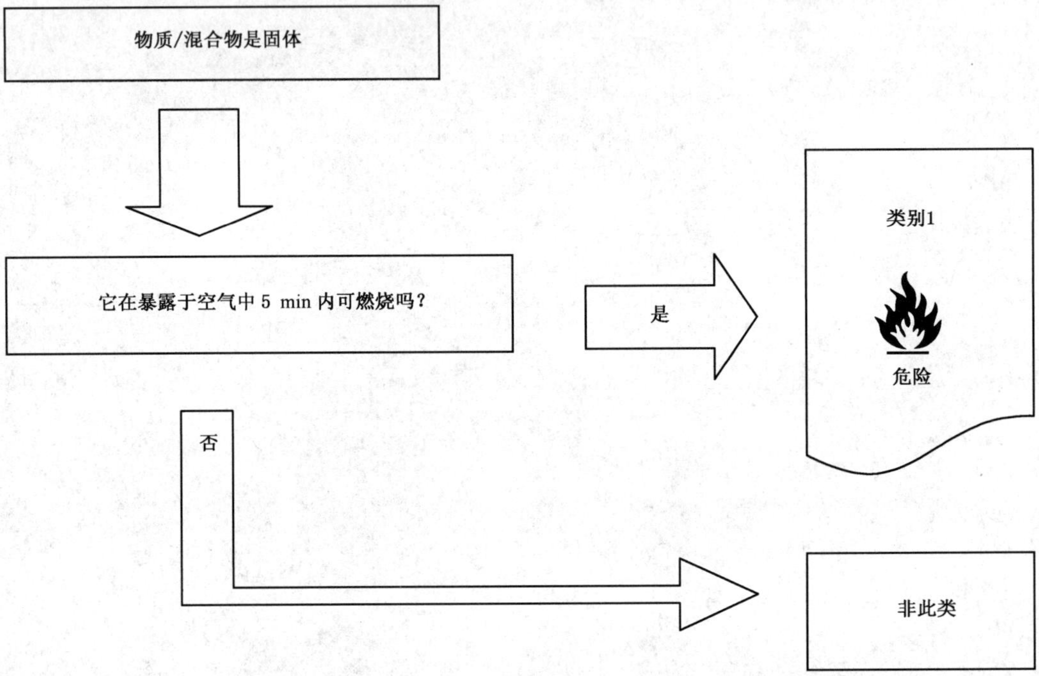

图 A.1 自燃固体判定逻辑

A.2 指导

如果生产或装卸经验表明物质或混合物在常温下接触空气时不会自发引燃（即物质已知在室温下长时间内（数日）很稳定），则不适用自燃固体分类程序。

附 录 B
（规范性附录）
标签要素的分配

标签要素的分配见表 B.1。

表 B.1 自燃固体标签要素的分配

自然固体				
类别 1	—	—	—	备 注
 危险 暴露在空气中自燃 				在《规章范本》中： 1) 形图符号的颜色 · 图形符号(火焰)：黑色； · 背景：上半部白色，下半部红色； · 数字“4”位于下角：黑色。 2) 图中数字 4 为 GB 6944—2012 中的第 4 类。 3) 货物运输图形标志的最小尺寸为 100 mm×100 mm。

附 录 C
(规范性附录)
自燃固体分类标准和标签要素

自燃固体分类标准和标签要素见表 C.1。

表 C.1 自燃固体分类标准和标签要素

危险类别	标　　准	标签要素	
1	该固体与空气接触 5 min 内燃烧	图形符号	
		信号词	危险
		危险说明	暴露在空气中自燃

附　录　D
(资料性附录)
自燃固体危险说明和防范说明

D.1　概述

D.1.1　本附录为自燃固体提供如何使用符合GHS的危险说明和防范说明指导,列出自燃固体每一危险种类和危险类别的建议危险说明和防范说明,见GB 13690。

D.1.2　危险说明的编码

D.1.2.1　危险说明的编码见GHS附件3。

D.1.2.2　每一种危险说明均设定一个专门的字母数字混合代码,由1个字母和3个数字组成,具体如下:

a)　字母"H"(代表"危险说明");

b)　第1个数字,代表不同部分编号设定的危险说明所指危险类型,具体如下:

——"2"代表物理危险;

——"3"代表健康危险;

——"4"代表环境危险;

c)　后2个数字,对应于物质或者混合物固有属性引起的危险的序列编号,如:爆炸性(代码200至210)、易燃性(代码220至230),等等。

D.1.2.3　除非另有规定,所有指定的危险说明均应出现在标签上。主管部门可规定危险说明在标签上出现的顺序。此外,在组合危险说明提供两种或者以上危险说明时,主管部门可以具体规定,是否将组合危险说明或者相应的单个说明写入标签,或者由制造商/供应商自行决定。

D.1.3　防范说明应连同统一的危险公示要素(象形图、信号词和危险说明)一起标在标签上。附加补充信息,例如使用说明,也可由制造商/供应商和/或主管部门斟酌决定予以补充。

D.1.3.1　防范说明编码见GHS附件3。

D.1.3.2　防范说明的编码

D.1.3.2.1　每一防范说明均设定一个专门的字母数字混合代码,由1个字母和3个数字组成,具体如下:

a)　字母"P"(代表"防范说明");

b)　第1个数字,代表防范说明的类型,具体如下:

——"1"代表一般防范说明;

——"2"代表预防防范说明;

——"3"代表应急防范说明;

——"4"代表贮存防范说明;

——"5"代表处置防范说明;

c)　后2个数字(对应于防范说明的序列编号)。

D.1.3.2.2　防范说明代码用作参考。防范说明代码不是防范说明条文的一部分,不应用其替代防范说明条文。

D.2　一般防范说明

对被划为危害人类健康或环境的所有物质和混合物应采取一般防范措施。以下一般防范说明在给定的条件下适用于 GHS 标签(见表 D.1)。

表 D.1　一般防范说明

对象	补充信息	编码	一般防范说明
一般公众	标签,补充标签信息	P101	如需就医:请随身携带产品容器或标签。
		P102	放在儿童无法触及之处。
		P103	使用前请阅读标签。
生产工人	标签,补充标签信息、安全技术说明书、工作场所标志		无

D.3　自燃固体防范说明

D.3.1　自燃固体的防范说明见表 D.2。

表 D.2　自燃固体的防范说明

图形符号
火焰

危险类别	信号词	危险说明
1	危险	H250 暴露在空气中会自燃

防范说明			
预防	应急	贮存	处置
P210 **远离热源/火花/明火/热表面。禁止吸烟。** 生产商/供应商或主管部门规定适用的点火源。 **P222** **不得与空气接触。** **P280** **戴防护手套/穿防护服/戴防护眼罩/戴防护面具。** 生产商/供应商或主管部门列明设备类型。	**P335+P334** **掸掉皮肤上的细小颗粒。浸入冷水中/用湿绷带包扎。** **P370+P378** **火灾时:使用……灭火。** ……生产商/供应商或主管部门列明适当的媒介。 —遇水可能增加危险。	**P422** **内装物存放在……** ……生产商/供应商或主管部门列明适当的液体或惰性气体。	

附 录 E
（资料性附录）
自燃固体标签的例子

自燃固体标签的例子见图 E.1。

编　码

产品名称

公司名称

街名及号码
国家、省、城市、邮编
电话号码
紧急呼叫电话

使用说明：

装载质量：　　　　批号：
毛　　重：　　　　装载日期：
有效期：

危 险
放在儿童无法触及之处
使用前请读标签

运输象形图

联合国编号
正式运输名称

暴露在空气中自燃
远离热源/火花/明火/热表面。禁止吸烟。
生产商/供应商或主管部门规定适用的点火源。
不得与空气接触。
戴防护手套/穿防护服/戴防护眼罩/戴防护面具。
生产商/供应商或主管部门列明设备类型。
掸掉皮肤上的细小颗粒。浸入冷水中/用湿绷带包扎。
火灾时：使用……灭火。
……生产商/供应商或主管部门列明适当的媒介。
—遇水可能增加危险。

内装物存放在……。
……制造商/供应商或主管部门列明适当的
液体或惰性气体。

图 E.1　自燃固体标签的例子

ICS 13.300
A 80

中华人民共和国国家标准

GB 30000.12—2013
代替 GB 20584—2006

化学品分类和标签规范
第12部分：自热物质和混合物

Rules for classification and labelling of chemicals—
Part 12: Self-heating substances and mixtures

2013-10-10 发布　　　　2014-11-01 实施

中华人民共和国国家质量监督检验检疫总局
中国国家标准化管理委员会　发布

前　言

本部分第 4 章和第 6 章为强制性的，其余为推荐性的。

GB 30000《化学品分类和标签规范》的预期结构和将代替的国家标准为：

——第 1 部分：通则(代替 GB 13690—2009)；
——第 2 部分：爆炸物(代替 GB 20576—2006)；
——第 3 部分：易燃气体(代替 GB 20577—2006)；
——第 4 部分：气溶胶(代替 GB 20578—2006)；
——第 5 部分：氧化性气体(代替 GB 20579—2006)；
——第 6 部分：加压气体(代替 GB 20580—2006)；
——第 7 部分：易燃液体(代替 GB 20581—2006)；
——第 8 部分：易燃固体(代替 GB 20582—2006)；
——第 9 部分：自反应物质和混合物(代替 GB 20583—2006)；
——第 10 部分：自燃液体(代替 GB 20585—2006)；
——第 11 部分：自燃固体(代替 GB 20586—2006)；
——第 12 部分：自热物质和混合物(代替 GB 20584—2006)；
——第 13 部分：遇水放出易燃气体的物质和混合物(代替 GB 20587—2006)；
——第 14 部分：氧化性液体(代替 GB 20589—2006)；
——第 15 部分：氧化性固体(代替 GB 20590—2006)；
——第 16 部分：有机过氧化物(代替 GB 20591—2006)；
——第 17 部分：金属腐蚀物(代替 GB 20588—2006)；
——第 18 部分：急性毒性(代替 GB 20592—2006)；
——第 19 部分：皮肤腐蚀/刺激(代替 GB 20593—2006)；
——第 20 部分：严重眼损伤/眼刺激(代替 GB 20594—2006)；
——第 21 部分：呼吸道或皮肤致敏(代替 GB 20595—2006)；
——第 22 部分：生殖细胞致突变性(代替 GB 20596—2006)；
——第 23 部分：致癌性(代替 GB 20597—2006)；
——第 24 部分：生殖毒性(代替 GB 20598—2006)；
——第 25 部分：特异性靶器官毒性　一次接触(代替 GB 20599—2006)；
——第 26 部分：特异性靶器官毒性　反复接触(代替 GB 20601—2006)；
——第 27 部分：吸入危害；
——第 28 部分：对水生环境的危害(代替 GB 20602—2006)；
——第 29 部分：对臭氧层的危害；
——第 30 部分：化学品作业场所警示性标志。

本部分为 GB 30000 的第 12 部分。

本部分按照 GB/T 1.1—2009 给出的规则起草。

本部分代替 GB 20584—2006《化学品分类、警示标签和警示性说明安全规范　自热物质》。

本部分与联合国《全球化学品统一分类和标签制度》(Globally Harmonized System of Classification and Labelling of Chemicals，GHS)(第四修订版)有关的技术内容一致。

本部分与 GB 20584—2006 相比，主要技术内容变化如下：

——修改了标准名称，中文名称修改为“化学品分类和标签规范　第12部分：自热物质和混合物”，英文名称为“Rules for classification and labelling of chemicals—Part 12：Self-heating substances and mixtures”；
——修改了第1章范围内容，将“警示标签”改为“标签”、删除“警示性说明”；
——修改了第2章“规范性引用文件”的引导语，并增加了“联合国《全球化学品统一分类和标签制度》（第四修订版）”为引用文件；
——增加了第3章“术语和定义”的引导语；
——将第5章的图1“判定逻辑图”和“指导”作为资料性附录A；
——删除了原第7章，按联合国《全球化学品统一分类和标签制度》（第四修订版）将原第7章的表3修改后作为规范性附录B；
——按联合国《全球化学品统一分类和标签制度》（第四修订版）将原第6章、第7章、第8章修改整合成第6章；原表2修改后作为规范性附录C；
——删除了原第8章，将相关的“危险说明”和“防范说明”内容作为资料性附录D；
——增加了资料性附录E“标签的示例”。

本部分由全国危险化学品管理标准化技术委员会（SAC/TC 251）提出并归口。

本部分起草单位：中国化工经济技术发展中心、上海化工研究院、浙江省化工研究院有限公司、谱尼测试科技股份有限公司、华峰集团有限公司。

本部分主要起草人：王晓兵、范宾、魏乃新、方路、周庆云、宋薇、曹琛曼、温文宪、曹梦然、关世太、温涛。

本部分所代替标准的历次版本发布情况为：
——GB 20584—2006。

化学品分类和标签规范
第12部分：自热物质和混合物

1 范围

GB 30000的本部分规定了自热物质和混合物的术语和定义、分类标准、判定逻辑和指导、标签。

本部分适用于自热物质和混合物按联合国《全球化学品统一分类和标签制度》(以下简称GHS)分类和标签。

2 规范性引用文件

下列文件对于本文件的应用是必不可少的。凡是注日期的引用文件，仅注日期的版本适用于本文件。凡是不注日期的引用文件，其最新版本(包括所有的修改单)适用于本文件。

GB 6944—2012 危险货物分类和品名编号

GB 13690 化学品分类和危险性公示 通则

联合国《全球化学品统一分类和标签制度》(第四修订版)

联合国《关于危险货物运输的建议书 试验和标准手册》(第五修订版)

联合国《关于危险货物运输的建议书 规章范本》(第十七修订版)

3 术语和定义

GB 13690界定的以及下列术语和定义适用于本文件。

3.1

自热物质 self-heating substances

除自燃液体或自燃固体外，与空气反应不需要能量供应就能够自热的固态或液态物质或混合物；此物质或混合物与自燃液体或自燃固体不同之处在于仅在大量(公斤级)并经过长时间(数小时或数天)才会发生自燃。

注：物质或混合物的自热是一个过程，其中物质或混合物与(空气中的)氧气逐渐发生反应，产生热量。如果热产生的速度超过热损耗的速度，该物质或混合物的温度便会上升。经过一段时间，可能导致自发点火和燃烧。

4 分类标准

4.1 一般原则

自热物质和混合物分类和标签的一般原则见GB 13690。

4.2 分类标准

4.2.1 根据联合国《关于危险货物运输的建议书 试验和标准手册》(第五修订版)(以下简称《试验和标准手册》)第3部分的33.3.1.6中的试验方法进行试验取得下列结果，则物质或混合物应划为本类的自热物质：

a) 用边长25 mm立方体试样在140 ℃下做试验时取得肯定结果；

b) 用边长 100 mm 立方体试样在 140 ℃下做试验时取得肯定结果，用边长 100 mm 立方体试样在 120 ℃下做试验取得否定结果，并且该物质或混合物将装在体积大于 3 m^3 的包装件内；

c) 用边长 100 mm 立方体试样在 140 ℃下做试验时取得肯定结果，用边长 100 mm 立方体试样在 100 ℃下做试验取得否定结果，并且该物质或混合物将装在体积大于 450 L 的包装件内；

d) 用边长 100 mm 立方体试样在 140 ℃下做试验取得肯定结果，并且用边长 100 mm 立方体试样在 100 ℃下做试验取得肯定结果。

4.2.2 自热物质或混合物根据《试验和标准手册》第 3 部分的 33.3.1.6 中试验 N.4 进行的试验，结果满足表 1 所示标准，则划入本类中的两个类别之一。

表 1 自热物质和混合物[a] 的分类

类 别	标 准[b]
1	用边长 25 mm 立方体试样在 140 ℃下做试验时取得肯定结果
2	a) 用边长 100 mm 立方体试样在 140 ℃下做试验时取得肯定结果，用边长 25 mm 立方体试样在 140 ℃下做试验取得否定结果，并且该物质或混合物将装在体积大于 3 m^3 的包装件内；或 b) 用边长 100 mm 立方体试样在 140 ℃下做试验时取得肯定结果，用边长 25 mm 立方体试样在 140 ℃下做试验取得否定结果，用边长 100 mm 立方体试样在 120 ℃下做试验取得肯定结果，并且该物质或混合物将装在体积大于 450 L 的包装件内；或 c) 用边长 100 mm 立方体试样在 140 ℃下做试验时取得肯定结果，用边长 25 mm 立方体试样在 140 ℃下做试验取得否定结果，并且用边长 100 mm 立方体试样在 100 ℃下做试验取得肯定结果。

[a] 对于固态物质或混合物的分类试验，试验应该使用所提供形状的物质或混合物。例如，如果以运输为目的，所提供的同一化学品的物理形状不同于前次试验时的物理形状，而且据认为这种形状很可能实质性地改变它在分类试验中的性能，那么对该种物质或混合物也应以新的形状进行试验。

[b] 该标准基于木炭的自燃温度，即 27 m^3 的试样立方体的自燃温度 50 ℃。体积 27 m^3 的自燃温度高于 50 ℃的物质和混合物不划入本类别。体积 450 L 的自燃温度高于 50 ℃的物质和混合物不应划入类别 1。

5 判定逻辑和指导

判定逻辑和指导仅供参考。判定逻辑和指导参见附录 A。特别建议负责分类的人员在使用判定逻辑前和使用判定逻辑的过程中研究第 4 章。

6 标签

6.1 概述

6.1.1 对于自热物质和混合物的标签，危险类别都以指定的象形图、信号词和危险说明的顺序列出。联合国《关于危险货物运输的建议书 规章范本》(第十七修订版)(以下简称《规章范本》)涵盖的危险种类或类别应在标签中列出每个项别指定的图形标志。自热物质和混合物标签要素的分配见附录 B。

6.1.2 有关自热物质和混合物分类标准和标签要素见附录 C。

6.1.3 标签上要求的信息包括危险象形图、信号词、危险说明、防范说明、产品标识符和供应商标识等。

注：对于尚未标准化的其他标签要素，如防范说明也需要包括在标签上。主管部门可能还要求提供额外信息，供应商也可能增加补充信息。

6.2 危险象形图

危险象形图应使用黑色符号加白色背景，红框要足够宽，以便醒目。

《规章范本》规定的危险象形图、图形符号颜色、数字和最小尺寸见附录B。

6.3 信号词

信号词指标签上用来表明危险的相对严重程度和提醒读者注意潜在危险的词语。对于类别1的自热物质和混合物使用信号词“危险”。对于类别2的自热物质和混合物使用信号词“警告”。

6.4 危险说明

危险说明指分配给一个危险种类和类别的短语，用来描述一种危险产品的危险性质，在情况合适时还包括其危险程度。自热物质和混合物危险说明参见附录D。

6.5 防范说明

防范说明是一个词语(和/或象形图)，用于描述为尽可能减少或防止由于接触危险产品或者不适当的贮存或搬运危险产品的不良效应建议采取的措施。为达到要求，共有5类防范说明：一般、预防、应急、贮存和处置。自热物质和混合物防范说明参见附录D。

6.6 产品标识符

6.6.1 标签上应使用产品标识符，且应与化学品安全技术说明书上使用的产品标识符相一致。如果一种物质或混合物列入《规章范本》，包装上还应使用正确的联合国运输名称。

6.6.2 标签应包括物质的化学名称。对于混合物或合金，在急性毒性、皮肤或呼吸道致敏或特异性靶器官毒性出现在标签上时，标签上应当包括可能引起这些危险的所有成分或合金元素的化学成分。主管部门也可要求在标签上列出可能导致混合物或合金危险性的所有成分或合金元素的化学名称。

6.7 供应商标识

标签上应当提供物质或混合物的生产商或供应商的名称、地址和电话号码。

6.8 标签的示例

自热物质和混合物标签的示例参见附录E。

附 录 A
（资料性附录）
判定逻辑和指导

A.1 判定逻辑

对自热物质进行分类，应使用《试验和标准手册》第3部分中33.3.1.6所述试验方法N.4。分类根据判定逻辑见图A.1。

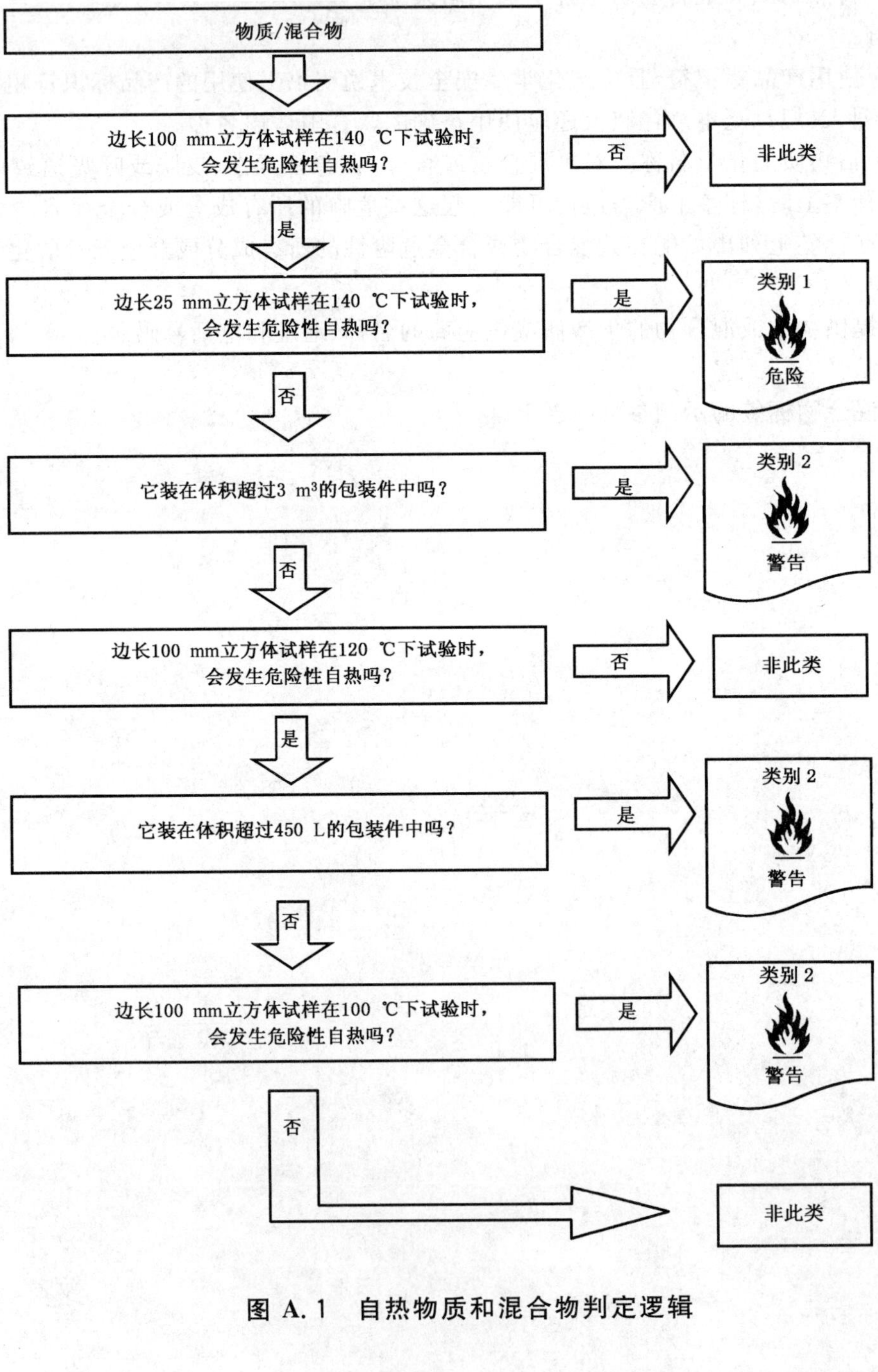

图A.1 自热物质和混合物判定逻辑

A.2 指导

如筛选试验结果能够与分类试验结果有充分的相关关系，而且使用了适当的安全限度，则不适用自热物质或混合物的分类程序。筛选试验实例如下：

a) 1 L 体积，起始温度高于参考温度 80 K 的气流热安定性测试(Grewer Oven)[1]；

b) 1 L 体积，起始温度高于参考温度 60 K 的大量粉末甄别试验[2]。

附　录　B
（规范性附录）
标签要素的分配

标签要素的分配见表B.1。

表B.1　自热物质和混合物标签要素的分配

自热物质和混合物				
类别1	类别2	—	—	备注
 危险 自热； 可能燃烧	 警告 数量大时自热； 可能燃烧			在《规章范本》中 1）图形符号的颜色 • 图形符号（火焰）：黑色； • 背景：上半部白色，下半部红色； • 数字“4”位于下角：黑色。 2）图中数字4为GB 6944—2012中的第4类。 3）货物运输图形标志的最小尺寸为100 mm×100 mm

附 录 C
（规范性附录）
自热物质和混合物分类标准和标签要素

自热物质和混合物分类标准和标签要素见表 C.1。

表 C.1 自热物质和混合物分类标准和标签要素

危险类别	标 准	标签要素	
1	边长 25 mm 立方体试样在 140 ℃下试验时得到肯定的结果。	图形符号	
		信号词	危 险
		危险说明	自热;可能燃烧
2	a） 用边长 100 mm 立方体试样在 140 ℃下做试验时取得肯定结果，用边长 25 mm 立方体试样在 140 ℃下做试验取得否定结果，并且该物质或混合物将装在体积大于 3 m^3 的包装件内；或 b） 用边长 100 mm 立方体试样在 140 ℃下做试验时取得肯定结果，用边长 25 mm 立方体试样在 140 ℃下做试验取得否定结果，用边长 100 mm 立方体试样在 120 ℃下做试验取得肯定结果，并且该物质或混合物将装在体积大于 450 L 的包装件内；或 c） 用边长 100 mm 立方体试样在 140 ℃下做试验时取得肯定结果，用边长 25 mm 立方体试样在 140 ℃下做试验取得否定结果，并且用边长 100 mm 立方体试样在 100 ℃下做试验取得肯定结果。	图形符号	
		信号词	警告
		危险说明	数量大时自热； 可能燃烧

附 录 D
（资料性附录）
自热物质和混合物的危险说明和防范说明

D.1 概述

D.1.1 本附录为自热物质和混合物提供如何使用符合GHS的危险说明和防范说明指导，列出自热物质和混合物每一危险种类和危险类别的建议危险说明和防范说明，见GB 13690。

D.1.2 危险说明的编码：

D.1.2.1 危险说明的编码见GHS附件3。

D.1.2.2 每一种危险说明均设定一个专门的字母数字混合代码，由1个字母和3个数字组成，具体如下：

a) 字母“H”（代表“危险说明”）；

b) 第1个数字，代表不同部分编号设定的危险说明所指危险类型，具体如下：

——“2”代表物理危险；

——“3”代表健康危险；

——“4”代表环境危险；

c) 后2个数字，对应于物质或者混合物固有属性引起的危险的序列编号，如：爆炸性（代码200至210）、易燃性（代码220至230）等。

D.1.2.3 除非另有规定，所有指定的危险说明均应出现在标签上。主管部门可规定危险说明在标签出现的顺序。此外，在组合危险说明提供两种或者以上危险说明时，主管部门可以具体规定，是否将组合危险说明或者相应的单个说明写入标签，或者由制造商/供应商自行决定。

D.1.3 防范说明应连同统一的危险公示要素（象形图、信号词和危险说明）一起标在符合标签上。附加补充信息，例如使用说明，也可由制造商/供应商和/或主管部门斟酌决定予以补充。

D.1.3.1 防范说明编码见GHS附件3。

D.1.3.2 防范说明的编码：

D.1.3.2.1 每一防范说明均设定一个专门的字母数字混合代码，由1个字母和3个数字组成，具体如下：

a) 字母“P”（代表“防范说明”）；

b) 第1个数字，代表防范说明的类型，具体如下：

——“1”代表一般防范说明；

——“2”代表预防防范说明；

——“3”代表应急防范说明；

——“4”代表贮存防范说明；

——“5”代表处置防范说明；

c) 后2个数字（对应于防范说明的序列编号）。

D.1.3.2.2 防范说明代码用作参考。防范说明代码不是防范说明条文的一部分，不应用其替代防范说明条文。

D.2 一般防范说明

对被划为危害人类健康或环境的所有物质和混合物应采取一般防范措施。以下一般防范说明在给定的条件下适用于GHS标签(见表D.1)。

表 D.1 一般防范说明

对象	补充信息	编码	一般防范说明
一般公众	标签，补充标签信息	**P101**	**如需就医：请随身携带产品容器或标签。**
		P102	**放在儿童无法触及之处。**
		P103	**使用前请阅读标签。**
生产工人	标签，补充标签信息、安全技术说明书、工作场所标志	—	—

D.3 自热物质和混合物的防范说明

D.3.1 自热物质和混合物的防范说明见表D.2。

表 D.2 自热物质和混合物的防范说明

图形符号
火焰

危险类别	信号词	危险说明
1	危险	H251 自热；可能燃烧
2	警告	H252 数量大时自热；可能燃烧

防范说明			
预防	应急	贮存	处置
P235＋P410 **保持低温。防日光照射。** **P280** **戴防护手套/穿防护服/戴防护眼罩/戴防护面具。** 生产商/供应商或主管部门列明设备类型。		**P407** **垛/托盘之间应留有空隙。** **P413** **贮存散货质量大于……千克/……磅，温度不得超过……℃/……℉。** ……生产商/供应商或主管部门列明质量和温度。 **P420** **远离其他材料存放。**	

附　录　E
（资料性附录）
自热物质和混合物标签的示例

自热物质和混合物标签的示例见图 E.1。

编　码

产品名称

公司名称

街名及号码
国家、省、城市、邮编
电话号码
紧急呼叫电话

使用说明：

装载质量：　　　批号：
毛　　重：　　　装载日期：
有效期：

危 险
放在儿童无法触及之处
使用前请读标签

自热：可能燃烧。
保持低温。防日光照射。
戴防护手套/戴防护眼罩/戴防护面具。
生产商/供应商或主管部门列明设备类型。

垛/托盘之间应留有空隙。
贮存散货质量大于……千克/……磅，温度不得超过
……℃/……℉。
……生产商/供应商或主管部门列明质量和温度。
远离其他材料存放。

运输象形图

联合国编号
正式运输名称

图 E.1　自热物质和混合物标签的示例

参 考 文 献

［1］ 《VDI 准则　2263》第 1 部分：确定粉末安全特性的试验方法，1990

［2］ 吉普森，N. 哈柏，D. J. 罗杰，干粉的燃烧和爆炸危险评估，《工厂操作进展》，1985，4(3)：181-189

ICS 13.300
A 80

中华人民共和国国家标准

GB 30000.13—2013
代替 GB 20587—2006

化学品分类和标签规范　第 13 部分：遇水放出易燃气体的物质和混合物

Rules for classification and labelling of chemicals—Part 13: Substances and mixtures which, in contact with water, emit flammable gases

2013-10-10 发布　　2014-11-01 实施

中华人民共和国国家质量监督检验检疫总局
中国国家标准化管理委员会　发布

前　言

本部分第4章和第6章为强制性的，其余为推荐性的。

GB 30000《化学品分类和标签规范》的预期结构和将代替的国家标准为：

——第1部分：通则(代替 GB 13690—2009)；

——第2部分：爆炸物(代替 GB 20576—2006)；

——第3部分：易燃气体(代替 GB 20577—2006)；

——第4部分：气溶胶(代替 GB 20578—2006)；

——第5部分：氧化性气体(代替 GB 20579—2006)；

——第6部分：加压气体(代替 GB 20580—2006)；

——第7部分：易燃液体(代替 GB 20581—2006)；

——第8部分：易燃固体(代替 GB 20582—2006)；

——第9部分：自反应物质和混合物(代替 GB 20583—2006)；

——第10部分：自燃液体(代替 GB 20585—2006)；

——第11部分：自燃固体(代替 GB 20586—2006)；

——第12部分：自热物质和混合物(代替 GB 20584—2006)；

——第13部分：遇水放出易燃气体的物质和混合物(代替 GB 20587—2006)；

——第14部分：氧化性液体(代替 GB 20589—2006)；

——第15部分：氧化性固体(代替 GB 20590—2006)；

——第16部分：有机过氧化物(代替 GB 20591—2006)；

——第17部分：金属腐蚀物(代替 GB 20588—2006)；

——第18部分：急性毒性(代替 GB 20592—2006)；

——第19部分：皮肤腐蚀/刺激(代替 GB 20593—2006)；

——第20部分：严重眼损伤/眼刺激(代替 GB 20594—2006)；

——第21部分：呼吸道或皮肤过敏(代替 GB 20595—2006)；

——第22部分：生殖细胞致突变性(代替 GB 20596—2006)；

——第23部分：致癌性(代替 GB 20597—2006)；

——第24部分：生殖毒性(代替 GB 20598—2006)；

——第25部分：特异性靶器官毒性　一次接触(代替 GB 20599—2006)；

——第26部分：特异性靶器官毒性　反复接触(代替 GB 20601—2006)；

——第27部分：吸入危害；

——第28部分：对水生环境的危害(代替 GB 20602—2006)；

——第29部分：对臭氧层的危害；

——第30部分：化学品作业场所警示性标志。

本部分为 GB 30000 的第13部分。

本部分按照 GB/T 1.1—2009 给出的规则起草。

本部分代替 GB 20587—2006《化学品分类、警示标签和警示性说明安全规范　遇水放出易燃气体的物质》。

本部分与联合国《全球化学品统一分类和标签制度》(Globally Harmonized System of Classification and Labelling of Chemicals，GHS)(第四修订版)有关的技术内容一致。

本部分与 GB 20587—2006 相比，主要技术内容变化如下：

——修改了标准名称，中文名称修改为“化学品分类和标签规范　第 13 部分：遇水放出易燃气体的物质和混合物”，英文名称为“Rules for classification and labelling of chemicals—Part 13: Substances and mixtures which, in contact with water, emit flammable gases”；

——修改了第 1 章范围内容，将“警示标签”改为“标签”、删除“警示性说明”；

——修改了第 2 章“规范性引用文件”的引导语，并增加了“联合国《全球化学品统一分类和标签制度》(第四修订版)”为引用文件；

——增加了第 3 章“术语和定义”的引导语；

——将第 5 章的图 1“判定逻辑图”和“指导”作为资料性附录 A；

——删除了原第 7 章，按联合国《全球化学品统一分类和标签制度》(第四修订版)将原第 7 章的表 3 修改后作为规范性附录 B；

——按联合国《全球化学品统一分类和标签制度》(第四修订版)将原第 6 章、第 7 章、第 8 章修改整合成第 6 章；原表 2 修改后作为规范性附录 C；

——删除了原第 8 章，将相关的“危险说明”和“防范说明”内容作为资料性附录 D；

——增加了资料性附录 E“标签的示例”。

本部分由全国危险化学品管理标准化技术委员会(SAC/TC 251)提出并归口。

本部分起草单位：中国化工经济技术发展中心、杭州仰仪科技有限公司、浙江省化工研究院有限公司、中国化工信息中心、华峰集团有限公司。

本部分主要起草人：王晓兵、杨伟华、欧阳玉芳、王高升、梁缙、魏乃新、马从越、薛敬钦、曹梦然、田升江、杨挺、温涛。

本部分所代替标准的历次版本发布情况为：

——GB 20587—2006。

化学品分类和标签规范　第13部分：遇水放出易燃气体的物质和混合物

1　范围

GB 30000 的本部分规定了遇水放出易燃气体的物质和混合物的术语和定义、分类标准、判定逻辑和指导、标签。

本部分适用于遇水放出易燃气体的物质和混合物按联合国《全球化学品统一分类和标签制度》(以下简称 GHS)分类和标签。

2　规范性引用文件

下列文件对于本文件的应用是必不可少的。凡是注日期的引用文件,仅注日期的版本适用于本文件。凡是不注日期的引用文件,其最新版本(包括所有的修改单)适用于本文件。

GB 6944—2012　危险货物分类和品名编号

GB 13690　化学品分类和危险性公示　通则

联合国《全球化学品统一分类和标签制度》(GHS)(第四修订版)

联合国《关于危险货物运输的建议书　试验和标准手册》(第五修订版)

联合国《关于危险货物运输的建议书　规章范本》(第十七修订版)

3　术语和定义

GB 13690 界定的以及下列术语和定义适用于本文件。

3.1

遇水放出易燃气体的物质　substances and mixtures which, in contact with water, emit flammable gases

通过与水作用,容易具有自燃性或放出危险数量的易燃气体的固态或液态物质和混合物。

4　分类标准

4.1　一般原则

遇水放出易燃气体的物质和混合物分类和标签的一般原则见 GB 13690。

4.2　分类标准

遇水放出易燃气体的物质和混合物根据联合国《关于危险货物运输的建议书:试验和标准手册》(第五修订版)(以下简称《试验和标准手册》)第 3 部分 33.4.1.4 中试验 N.5 进行分类,见表 1。

表1 遇水放出易燃气体的物质和混合物[a]的分类

类 别	标 准
1	在环境温度下遇水起剧烈反应并且所产生的气体通常显示自燃的倾向，或在环境温度下遇水容易发生反应，释放易燃气体的速度等于或大于每千克物质在任何1 min内释放10 L的任何物质或混合物
2	在环境温度下遇水容易发生反应，释放易燃气体的最大速度等于或大于每千克物质每小时释放20 L，并且不符合类别1的标准的任何物质或混合物
3	在环境温度下遇水容易发生反应，释放易燃气体的最大速度等于或大于每千克物质每小时释放1L，并且不符合类别1和类别2的任何物质或混合物

注：如果自燃发生在试验程序的任何一个步骤，那么物质或混合物即划为遇水放出易燃气体的物质。

[a] 对于固态物质或混合物的分类试验，试验应该使用所提供形状的物质或混合物。例如，如果为了供应或运输目的，所提供的同一化学品的物理形状不同于前次试验时的物理形状，而且据认为这种形状很可能实质性地改变它在分类试验中的性能，那么对该种物质或混合物也应以新的形状进行试验。

5 判定逻辑和指导

判定逻辑和指导仅供参考。判定逻辑和指导参见附录A。特别建议负责分类的人员在使用判定逻辑前和使用判定逻辑的过程中研究第4章。

6 标签

6.1 概述

6.1.1 对于遇水放出易燃气体的物质和混合物的标签，危险类别都以指定的象形图、信号词和危险说明的顺序列出。联合国《关于危险货物运输的建议书 规章范本》(第十七修订版)(以下简称《规章范本》)涵盖的危险种类或类别应在标签中列出每个类别的指定相应图形标志。遇水放出易燃气体的物质和混合物标签要素的分配见附录B。

6.1.2 有关遇水放出易燃气体的物质和混合物分类标准和标签要素见附录C。

6.1.3 标签上要求的信息包括危险象形图、信号词、危险说明、防范说明、产品标识符和供应商标识等。

注：对于尚未标准化的其他标签要素，如防范说明也需要包括在标签上。主管部门可能还要求提供额外信息，供应商也可能增加补充信息。

6.2 危险象形图

危险象形图应使用黑色符号加白色背景，红框要足够宽，以便醒目。

《规章范本》规定的危险象形图、图形符号颜色、数字和最小尺寸见附录B。

6.3 信号词

信号词指标签上用来表明危险的相对严重程度和提醒读者注意潜在危险的词语。对于类别1和类别2遇水放出易燃气体的物质和混合物使用信号词“危险”。对于类别3遇水放出易燃气体的物质和混合物使用信号词“警告”。

6.4 危险说明

危险说明指分配给一个危险种类和类别的短语，用来描述一种危险产品的危险性质，在情况合适时还包括其危险程度。遇水放出易燃气体的物质和混合物危险说明参见附录D。

6.5 防范说明

防范说明是一个词语(和/或象形图)，用于描述为尽可能减少或防止由于接触危险产品或者不适当的贮存或搬运危险产品的不良效应建议采取的措施。为达到要求，共有5类防范说明：一般、预防、应急、贮存和处置。遇水放出易燃气体的物质和混合物防范说明参见附录D。

6.6 产品标识符

6.6.1 标签上应使用产品标识符，且应与化学品安全技术说明书上使用的产品标识符相一致。如果一种物质或混合物列入《规章范本》，包装上还应使用正确的联合国运输名称。

6.6.2 标签应包括物质的化学名称。对于混合物或合金，在急性毒性、皮肤或呼吸道致敏或特异性靶器官毒性出现在标签上时，标签上应当包括可能引起这些危险的所有成分或合金元素的化学成分。主管部门也可要求在标签上列出可能导致混合物或合金危险性的所有成分或合金元素的化学名称。

6.7 供应商标识

标签上应当提供物质或混合物的生产商或供应商的名称、地址和电话号码。

6.8 标签示例

遇水放出易燃气体的物质和混合物标签的示例参见附录E。

附 录 A
（资料性附录）
判定逻辑和指导

A.1 判定逻辑

对遇水放出易燃气体的物质进行分类，应使用《试验和标准手册》第三部分 33.4.1.4 所述试验方法 N.5。分类根据判定逻辑图 A.1 进行。

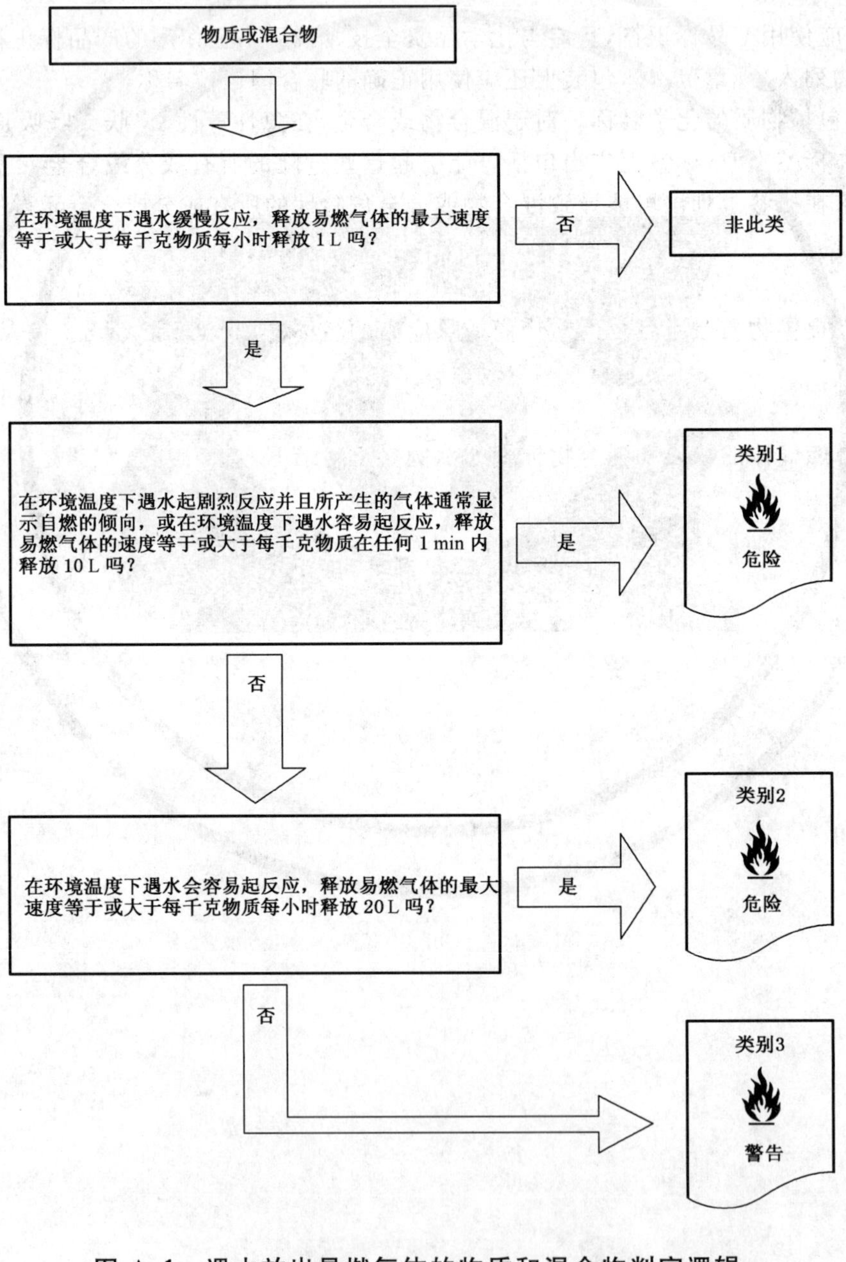

图 A.1 遇水放出易燃气体的物质和混合物判定逻辑

A.2 指导

在下列情况下，不适用本分类程序：

a) 物质或混合物的化学结构中不含金属或类金属；

b) 生产或搬运经验表明物质或混合物不与水反应，例如物质是用水生产或用水冲洗；或者

c) 物质或混合物已知可溶于水并形成稳定的混合物。

附　录　B
（规范性附录）
标签要素的分配

标签要素的分配见表 B.1。

表 B.1　遇水放出易燃气体的物质和混合物标签要素的分配

遇水放出易燃气体的物质和混合物				
类别 1	类别 2	类别 3	—	备注
 危险 遇水放出可自燃的 易燃气体	 危险 遇水放出 易燃气体	 警告 遇水放出 易燃气体		在《规章范本》中： 1）图形符号的颜色 • 图形符号、数字和边线可采用黑色而不一定白色 • 两种方案都以蓝色为背景。 2）图中数字 4 为 GB 6944—2012 中第 4 类。 3）货物运输图形标志的最小尺寸为 100 mm×100 mm。

附 录 C
（规范性附录）
遇水放出易燃气体的物质和混合物分类标准和标签要素

遇水放出易燃气体的物质和混合物分类标准和标签要素见表 C.1。

表 C.1 遇水放出易燃气体的物质和混合物分类标准和标签要素

危险类别	标准	标签要素	
1	在环境温度下遇水起剧烈反应并且所产生的气体通常显示自燃的倾向，或在环境温度下遇水容易起反应，释放易燃气体的速度等于或大于每千克物质在任何 1 min 内释放 10 L 的任何物质或混合物	图形符号	
		信号词	危险
		危险说明	遇水放出可自燃的易燃气体
2	在环境温度下遇水容易起反应，释放易燃气体的最大速度等于或大于每千克物质每小时释放 20 L，并且不符合类别 1 的标准的任何物质或混合物	图形符号	
		信号词	危险
		危险说明	遇水放出易燃气体
3	在环境温度下遇水容易起反应，释放易燃气体的最大速度等于或大于每千克物质每小时释放 1 L，并且不符合类别 1 和类别 2 的任何物质或混合物	图形符号	
		信号词	警告
		危险说明	遇水放出易燃气体

附　录　D
（资料性附录）
遇水放出易燃气体的物质和混合物的危险说明和防范说明

D.1　概述

D.1.1　本附录为自热物质和混合物提供如何使用符合GHS的危险说明和防范说明指导，列出遇水放出易燃气体的物质和混合物每一危险种类和危险类别的建议危险说明和防范说明，见GB 13690。

D.1.2　危险说明的编码：

D.1.2.1　危险说明的编码见GHS附件3。

D.1.2.2　每一种危险说明均设定一个专门的字母数字混合代码，由1个字母和3个数字组成，具体如下：

a)　字母“H”(代表“危险说明”)；

b)　第1个数字，代表不同部分编号设定的危险说明所指危险类型，具体如下：
——“2”代表物理危险；
——“3”代表健康危险；
——“4”代表环境危险；

c)　后2个数字，对应于物质或者混合物固有属性引起的危险的序列编号，如：爆炸性(代码200至210)、易燃性(代码220至230)，等等。

D.1.2.3　除非另有规定，所有指定的危险说明均应出现在标签上。主管部门可规定危险说明在标签出现的顺序。此外，在组合危险说明提供两种或者以上危险说明时，主管部门可以具体规定，是否将组合危险说明或者相应的单个说明写入标签，或者由制造商/供应商自行决定。

D.1.3　防范说明应连同统一的危险公示要素(象形图、信号词和危险说明)一起标在标签上。附加补充信息，例如使用说明，也可由制造商/供应商和/或主管部门斟酌决定予以补充。

D.1.3.1　防范说明编码见GHS附件3。

D.1.3.2　防范说明的编码：

D.1.3.2.1　每一防范说明均设定一个专门的字母数字混合代码，由1个字母和3个数字组成，具体如下：

a)　字母“P”(代表“防范说明”)；

b)　第1个数字，代表防范说明的类型，具体如下：
——“1”代表一般防范说明；
——“2”代表预防防范说明；
——“3”代表应急防范说明；
——“4”代表贮存防范说明；
——“5”代表处置防范说明；

c)　后2个数字(对应于防范说明的序列编号)。

D.1.3.2.2　防范说明代码用作参考。防范说明代码不是防范说明条文的一部分，不应用其替代防范说明条文。

D.2 一般防范说明

对被划为危害人类健康或环境的所有物质和混合物应采取一般防范措施。以下一般防范说明在给定的条件下适用于GHS标签(见表D.1)。

表D.1 一般防范说明

对象	补充信息	编码	一般防范说明
一般公众	标签,补充标签信息	**P101**	**如需就医:请随身携带产品容器或标签。**
		P102	**放在儿童无法触及之处。**
		P103	**使用前请阅读标签。**
生产工人	标签,补充标签信息、安全技术说明书、工作场所标志	—	—

D.3 遇水放出易燃气体的物质和混合物的防范说明

D.3.1 遇水放出易燃气体的物质和混合物类别1和类别2的防范说明见表D.2。

表 D.2　遇水放出易燃气体的物质和混合物类别 1 和类别 2 的防范说明

图形符号 火焰

危险类别	信号词	危险说明
1	危险	H260 遇水放出可自燃的易燃气体
2	危险	H261 遇水放出易燃气体

防范说明			
预防	应急	贮存	处置
P223 **不得与水接触。** **P231＋P232** **在惰性气体中操作。防潮。** **P280** **戴防护手套/穿防护服/戴防护眼罩/戴防护面具** 生产商/供应商或主管部门列明设备类型。	**P335＋P334** **掸掉皮肤上的细小颗粒。浸入冷水中/用湿绷带包扎。** **P370＋P378** **火灾时：使用……灭火** ……生产商/供应商或主管部门列明适当的媒介。 遇水可能增加危险。	**P402＋P404** **存放于干燥处。** **存放在密闭的容器中。**	**P501** **处置内装物/容器……** ……按照地方/区域/国家/国际规章（待规定）。

D.3.2　遇水放出易燃气体的物质和混合物类别 3 的防范说明见表 D.3。

表 D.3 遇水放出易燃气体的物质和混合物类别 3 的防范说明

图形符号
火焰

危险类别	信号词	危险说明
3	警告	H261 遇水放出易燃气体

防范说明			
预防	应急	贮存	处置
P231+P232 **在惰性气体中操作。防潮。** **P280** **戴防护手套/穿防护服/戴防护眼罩/戴防护面具。** 生产商/供应商或主管部门列明设备类型。	**P370+P378** **火灾时:使用……灭火** ……制造商/供应商或主管部门列明适当的媒介。 **遇水可能增加危险。**	**P402+P404** **存放于干燥处。** **存放在密闭的容器中。**	**P501** **处置内装物/容器……** ……按照地方/区域/国家/国际规章(待规定)。

附　录　E
（资料性附录）
遇水放出易燃气体的物质和混合物标签的示例

E.1　遇水放出易燃气体的物质和混合物类别 1 和类别 2 标签的示例见图 E.1。

编　码
产品名称

危 险
放在儿童无法触及之处
使用前请读标签

运输象形图

联合国编号
正式运输名称

公司名称

街名及号码
国家、省、城市、邮编
电话号码
紧急呼叫电话

使用说明：

遇水放出易燃气体：可能燃烧。
不得与水接触。
在惰性气体中操作，防潮。
戴防护手套/穿防护服/戴防护眼罩/戴防护面具。
生产商/供应商或主管部门列明设备类型。
掸掉皮肤上的细小颗粒。浸入冷水中/用湿绷带包扎。
火灾时：使用……灭火。
……生产商/供应商或主管部门列明适当的媒介。
遇水可能增加危险。

存放于干燥处。存放在密闭的容器中。

处置内装物/容器……
……按照地方/区域/国家/国际规章(待规定)。

装载质量：　　　批号：
毛　　重：　　　装载日期：
有效期：

图 E.1　遇水放出易燃气体的物质和混合物类别 1 和类别 2 标签的示例

E.2　遇水放出易燃气体的物质和混合物类别3标签的示例见图E.2。

编　码

产品名称

公司名称

街名及号码
国家、省、城市、邮编
电话号码
紧急呼叫电话

使用说明：

装载质量：　　　　批号：
毛　　重：　　　　装载日期：
有效期：

警 告
放在儿童无法触及之处
使用前请读标签

遇水放出易燃气体
在惰性气体中操作。防潮。
戴防护手套/穿防护服/戴防护眼罩/戴防护面具。
生产商/供应商或主管部门列明设备类型。

火灾时：使用……灭火。
……生产商/供应商或主管部门列明适当的媒介。
遇水可能增加危险。

存放于干燥处。存放在密闭的容器中。

处置内装物/容器……
……按照地方/区域/国家/国际规章(待规定)。

运输象形图

联合国编号
正式运输名称

图 E.2　遇水放出易燃气体的物质和混合物类别3标签的示例

ICS 13.300
A 80

中华人民共和国国家标准

GB 30000.14—2013
代替 GB 20589—2006

化学品分类和标签规范 第14部分：氧化性液体

Rules for classification and labelling of chemicals—
Part 14: Oxidizing liquids

2013-10-10 发布 2014-11-01 实施

中华人民共和国国家质量监督检验检疫总局
中国国家标准化管理委员会 发布

前 言

本部分第 4 章和第 6 章为强制性的，其余为推荐性的。

GB 30000《化学品分类和标签规范》的预期结构和将代替的国家标准为：

——第 1 部分：通则(代替 GB 13690—2009)；
——第 2 部分：爆炸物(代替 GB 20576—2006)；
——第 3 部分：易燃气体(代替 GB 20577—2006)；
——第 4 部分：气溶胶(代替 GB 20578—2006)；
——第 5 部分：氧化性气体(代替 GB 20579—2006)；
——第 6 部分：加压气体(代替 GB 20580—2006)；
——第 7 部分：易燃液体(代替 GB 20581—2006)；
——第 8 部分：易燃固体(代替 GB 20582—2006)；
——第 9 部分：自反应物质和混合物(代替 GB 20583—2006)；
——第 10 部分：自燃液体(代替 GB 20585—2006)；
——第 11 部分：自燃固体(代替 GB 20586—2006)；
——第 12 部分：自热物质和混合物(代替 GB 20584—2006)；
——第 13 部分：遇水放出易燃气体的物质和混合物(代替 GB 20587—2006)；
——第 14 部分：氧化性液体(代替 GB 20589—2006)；
——第 15 部分：氧化性固体(代替 GB 20590—2006)；
——第 16 部分：有机过氧化物(代替 GB 20591—2006)；
——第 17 部分：金属腐蚀物(代替 GB 20588—2006)；
——第 18 部分：急性毒性(代替 GB 20592—2006)；
——第 19 部分：皮肤腐蚀/刺激(代替 GB 20593—2006)；
——第 20 部分：严重眼损伤/眼刺激(代替 GB 20594—2006)；
——第 21 部分：呼吸道或皮肤致敏(代替 GB 20595—2006)；
——第 22 部分：生殖细胞致突变性(代替 GB 20596—2006)；
——第 23 部分：致癌性(代替 GB 20597—2006)；
——第 24 部分：生殖毒性(代替 GB 20598—2006)；
——第 25 部分：特异性靶器官毒性 一次接触(代替 GB 20599—2006)；
——第 26 部分：特异性靶器官毒性 反复接触(代替 GB 20601—2006)；
——第 27 部分：吸入危害；
——第 28 部分：对水生环境的危害(代替 GB 20602—2006)；
——第 29 部分：对臭氧层的危害；
——第 30 部分：化学品作业场所警示性标志。

本部分为 GB 30000 的第 14 部分。

本部分按照 GB/T 1.1—2009 给出的规则起草。

本部分代替 GB 20589—2006《化学品分类、警示标签和警示性说明安全规范 氧化性液体》。

本部分与联合国《全球化学品统一分类和标签制度》(Globally Harmonized System of Classification and Labelling of Chemicals，GHS)(第四修订版)有关的技术内容一致。

本部分与 GB 20589—2006 相比，主要技术内容变化如下：

——修改了标准名称，中文名称修改为“化学品分类和标签规范　第14部分：氧化性液体”，英文名称为“Rules for classification and labelling of chemicals—Part 14：Oxidizing liquids”；

——修改了第1章范围内容，将“警示标签”改为“标签”、删除“警示性说明”；

——修改了第2章“规范性引用文件”的引导语，并增加了“联合国《全球化学品统一分类和标签制度》(第四修订版)”为引用文件；

——增加了第3章“术语和定义”的引导语；

——将第5章的图1“判定逻辑图”和“指导”作为资料性附录A；

——删除了原第7章，按联合国《全球化学品统一分类和标签制度》(第四修订版)将原第7章的表3修改后作为规范性附录B；

——按联合国《全球化学品统一分类和标签制度》(第四修订版)将原第6章、第7章、第8章修改整合成第6章；原表2修改后作为规范性附录C；

——删除了原第8章，将相关的“危险说明”和“防范说明”内容作为资料性附录D；

——增加了资料性附录E“标签的示例”。

本部分由全国危险化学品管理标准化技术委员会(SAC/TC 251)提出并归口。

本部分起草单位：中国化工经济技术发展中心、中国化工信息中心、上海化工研究院、浙江省化工研究院有限公司、谱尼测试科技股份有限公司、华峰集团有限公司。

本部分主要起草人：魏乃新、葛晓军、范宾、王高升、肖秋平、宋薇、王晓兵、赵晓阳、曹梦然、张广宽、温涛。

本部分所代替标准的历次版本发布情况为：

——GB 20589—2006。

化学品分类和标签规范
第14部分:氧化性液体

1 范围

GB 30000的本部分规定了氧化性液体的术语和定义、分类标准、判定逻辑和指导、标签。

本部分适用于氧化性液体按联合国《全球化学品统一分类和标签制度》(以下简称GHS)进行分类和标签。

2 规范性引用文件

下列文件对于本文件的应用是必不可少的。凡是注日期的引用文件,仅注日期的版本适用于本文件。凡是不注日期的引用文件,其最新版本(包括所有的修改单)适用于本文件。

GB 6944—2012 危险货物分类和品名编号

GB 13690 化学品分类和危险性公示 通则

联合国《全球化学品统一分类和标签制度》(第四修订版)

联合国《关于危险货物运输的建议书 试验和标准手册》(第五修订版)

联合国《关于危险货物运输的建议书 规章范本》(第十七修订版)

3 术语和定义

GB 13690界定的以及下列术语和定义适用于本文件。

3.1

氧化性液体 oxidizing liquids

本身未必可燃,但通常会放出氧气可能引起或促使其他物质燃烧的液体。

4 分类标准

4.1 氧化性液体分类和标签的一般原则见GB 13690。

4.2 氧化性液体分类见表1。

氧化性液体根据联合国《关于危险货物运输的建议书 试验和标准手册》(第五修订版)(以下简称《试验和标准手册》)第3部分34.4.2中试验0.2进行分类,见表1。

表1 氧化性液体的分类

类 别	标 准
1	受试物质(或混合物)与纤维素之比按质量1:1的混合物进行试验时可自燃;或受试物质与纤维素之比按质量1:1的混合物的平均压力上升时间小于50%高氯酸与纤维素之比按质量1:1的混合物的平均压力上升时间的任何物质或混合物

表 1（续）

类 别	标 准
2	受试物质(或混合物)与纤维素之比按质量 1∶1 的混合物进行试验时，显示的平均压力上升时间小于或等于 40%氯酸钠水溶液与纤维素之比按质量 1∶1 的混合物的平均压力上升时间；并且不属于类别 1 的标准的任何物质或混合物
3	受试物质(或混合物)与纤维素之比按质量 1∶1 的混合物进行试验时，显示的平均压力上升时间小于或等于 65%硝酸水溶液与纤维素之比按质量 1∶1 的混合物的平均压力上升时间；并且不符合类别 1 和类别 2 的标准的任何物质或混合物

5 判定逻辑和指导

判定逻辑和指导仅供参考。判定逻辑和指导参见附录 A。特别建议负责分类的人员在使用判定逻辑前和使用判定逻辑的过程中研究第 4 章。

6 标签

6.1 概述

6.1.1 对于氧化性液体的标签，危险类别都以指定的象形图、信号词和危险说明的顺序列出。联合国《关于危险货物运输的建议书规章范本》(第十七修订版)(以下简称《规章范本》)涵盖的危险种类或类别应在标签中列出每个类别的指定相应图形标志。氧化性液体标签要素的分配见附录 B。

6.1.2 有关氧化性液体分类标准和标签要素见附录 C。

6.1.3 标签上要求的信息包括危险象形图、信号词、危险说明、防范说明、产品标识符和供应商标识等。

注：对于尚未标准化的其他标签要素，如防范说明也需要包括在标签上。主管部门可能还要求提供额外信息，供应商也可能增加补充信息。

6.2 危险象形图

危险象形图应使用黑色符号加白色背景，红框要足够宽，以便醒目。

《规章范本》规定的危险象形图、图形符号颜色、数字和最小尺寸见附录 B。

6.3 信号词

信号词指标签上用来表明危险的相对严重程度和提醒读者注意潜在危险的词语。对于氧化性液体使用信号词“危险”和“警告”。

6.4 危险说明

危险说明指分配给一个危险种类和类别的短语，用来描述一种危险产品的危险性质，在情况合适时还包括其危险程度。氧化性液体危险说明参见附录 D。

6.5 防范说明

防范说明是一个词语(和/或象形图)，用于描述为尽可能减少或防止由于接触危险产品或者不适当的贮存或搬运危险产品的不良效应建议采取的措施。为达到要求，共有 5 类防范说明：一般、预防、应急、贮存和处置。氧化性液体防范说明参见附录 D。

6.6 产品标识符

6.6.1 标签上应使用产品标识符，且应与化学品安全技术说明书上使用的产品标识符相一致。如果一种物质或混合物列入《规章范本》，包装上还应使用正确的联合国运输名称。

6.6.2 标签应包括物质的化学名称。对于混合物或合金，在急性毒性、皮肤或呼吸道致敏或特异性靶器官毒性出现在标签上时，标签上应当包括可能引起这些危险的所有成分或合金元素的化学成分。主管部门也可要求在标签上列出可能导致混合物或合金危险性的所有成分或合金元素的化学名称。

6.7 供应商标识

标签上应当提供物质或混合物的生产商或供应商的名称、地址和电话号码。

6.8 标签示例

氧化性液体标签的示例参见附录 E。

附　录　A
(资料性附录)
判定逻辑和指导

A.1　判定逻辑

对氧化性液体进行分类,应使用联合国《试验和标准手册》第3部分34.4.2所述试验方法O.2。分类根据判定逻辑图A.1进行。

A.2　指导

A.2.1　运输和使用经验表明物质和混合物具有氧化性,在考虑本类的分类时是一个重要的附加因素。如果在试验结果和已知经验之间存在分歧,那么基于已知经验的判断应优先于试验结果。

A.2.2　有时,物质或混合物可产生由于并不表明该物质或混合物具有氧化性质的化学反应而引起的压力升高(太高或太低)。在这种情况下,可能需要用硅藻土之类的惰性物质代替纤维素重复进行联合国《试验和标准手册》第3部分34.4.2所载试验,以澄清反应的性质。

A.2.3　有机物质或混合物,在下列情况下,不适用本分类程序:

a)　物质或混合物不含氧、氟或氯;或者

b)　物质或混合物含有氧、氟或氯,但这些元素只化学键连在碳或氢上。

A.2.4　无机物质或混合物,如果不含氧或卤原子,则不适用本分类程序。

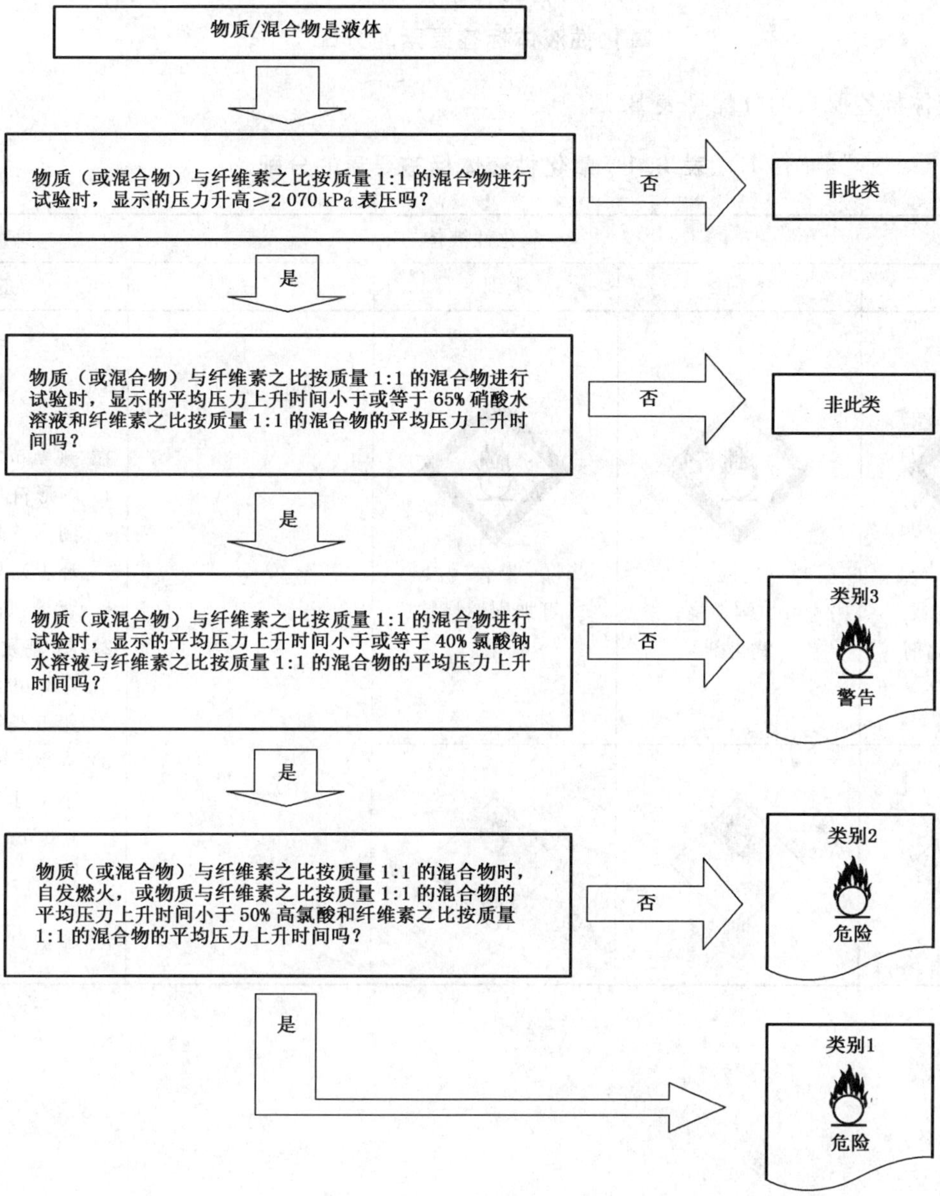

图 A.1　氧化性液体判定逻辑

附 录 B
（规范性附录）
氧化性液体标签要素的分配

氧化性液体标签要素的分配见表 B.1。

表 B.1 氧化性液体标签要素的分配

氧化性液体				
类别 1	类别 2	类别 3	—	备注
 危险 可引起燃烧或爆炸；强氧化剂	 危险 可加剧燃烧；氧化剂	 警告 可加剧燃烧；氧化剂		在《规章范本》中： 1）图形符号的颜色 • 图形符号（火焰在圆环上）：黑色； • 背景：黄色。 2）图中数字“5.1”为 GB 6944—2012 中第 5 类第 1 项。 3）货物运输图形标志最小尺寸为 100 mm×100 mm。

附 录 C
（规范性附录）
氧化性液体分类标准和标签要素

氧化性液体分类标准和标签要素见表 C.1。

表 C.1 氧化性液体分类标准和标签要素

危险类别	标 准	标签要素	
1	受试物质(或混合物)与纤维素之比按质量 1∶1 的混合物进行试验时可自燃；或受试物质与纤维素之比按质量 1∶1 的混合物的平均压力上升时间小于 50%高氯酸与纤维素之比按质量 1∶1 的混合物的平均压力上升时间的任何物质或混合物	图形符号	
		信号词	危险
		危险说明	可引起燃烧或爆炸；强氧化剂
2	受试物质(或混合物)与纤维素之比按质量 1∶1 的混合物进行试验时，显示的平均压力上升时间小于或等于 40%氯酸钠水溶液与纤维素之比按质量 1∶1 的混合物的平均压力上升时间，并且不属于类别 1 的标准的任何物质或混合物	图形符号	
		信号词	危险
		危险说明	可加剧燃烧；氧化剂
3	受试物质(或混合物)与纤维素之比按质量 1∶1 的混合物进行试验时，显示的平均压力上升时间小于或等于 65%硝酸水溶液与纤维素之比按质量 1∶1 的混合物的平均压力上升时间；并且不符合类别 1 和类别 2 的标准的任何物质或混合物	图形符号	
		信号词	警告
		危险说明	可加剧燃烧；氧化剂

附 录 D
（资料性附录）
氧化性液体的危险说明和防范说明

D.1 概述

D.1.1 本附录为氧化性液体提供如何使用符合GHS的危险说明和防范说明指导，列出氧化性液体每一危险种类和危险类别的建议危险说明和防范说明，见GB 13690。

D.1.2 危险说明的编码：

D.1.2.1 危险说明的编码见GHS附件3。

D.1.2.2 每一种危险说明均设定一个专门的字母数字混合代码，由1个字母和3个数字组成，具体如下：

a) 字母“H”（代表“危险说明”）；

b) 第1个数字，代表不同部分编号设定的危险说明所指危险类型，具体如下：

——“2”代表物理危险；

——“3”代表健康危险；

——“4”代表环境危险；

c) 后2个数字，对应于物质或者混合物固有属性引起的危险的序列编号，如：爆炸性（代码200至210）、易燃性（代码220至230），等等。

D.1.2.3 除非另有规定，所有指定的危险说明均应出现在标签上。主管部门可规定危险说明在标签出现的顺序。此外，在组合危险说明提供两种或者以上危险说明时，主管部门可以具体规定，是否将组合危险说明或者相应的单个说明写入标签，或者由制造商/供应商自行决定。

D.1.3 防范说明应连同统一的危险公示要素（象形图、信号词和危险说明）一起标在标签上。附加补充信息，例如使用说明，也可由制造商/供应商和/或主管部门斟酌决定予以补充。

D.1.3.1 防范说明编码见GHS附件3。

D.1.3.2 防范说明的编码：

D.1.3.2.1 每一防范说明均设定一个专门的字母数字混合代码，由1个字母和3个数字组成，具体如下：

a) 字母“P”（代表“防范说明”）；

b) 第1个数字，代表防范说明的类型，具体如下：

——“1”代表一般防范说明；

——“2”代表预防防范说明；

——“3”代表反应防范说明；

——“4”代表贮存防范说明；

——“5”代表处置防范说明；

c) 后2个数字（对应于防范说明的序列编号）。

D.1.3.2.2 防范说明代码用作参考。防范说明代码不是防范说明条文的一部分，不应用其替代防范说明条文。

D.2 一般防范说明

对被划为危害人类健康或环境的所有物质和混合物应采取一般防范措施。以下一般防范说明在给

定的条件下适用于GHS标签(见表D.1)。

表D.1 一般防范说明

对 象	补充信息	编 码	一般防范说明
一般公众	标签,补充标签信息	P101	如需就医:请随身携带产品容器或标签。
		P102	放在儿童无法触及之处。
		P103	使用前请阅读标签。
生产工人	标签,补充标签信息、安全技术说明书、工作场所指令	—	—

D.3 氧化性液体的防范说明

D.3.1 氧化性液体类别1的防范说明见表D.2。

表 D.2 氧化性液体类别1的防范说明

图形符号
火焰在圆环上

危险类别	信号词	危险说明
1	危险	H271 可能引起燃烧或爆炸;强氧化剂

防范说明			
预防	应急	贮存	处置
P210 **远离热源/火花/明火/热表面。禁止吸烟。** 生产商/供应商或主管部门规定适用的点火源。 P220 **避开/贮存处远离服装/……/可燃材料。** ……生产商/供应商或主管部门列明其他不相容材料。 P221 **采取一切防范措施,避免与可燃物/……混合。** ……生产商/供应商或主管部门列明其他不相容材料。 P280 **戴防护手套/穿防护服/戴防护眼罩/戴防护面具。** 生产商/供应商或主管部门列明设备类型。 P283 **穿防火/阻燃服装。**	P306+P360 **如沾染衣服:立即用水充分冲洗沾染的衣服和皮肤,然后脱掉衣服。** P371+P380+P375 **如发生大火和大量泄露:撤离现场。因有爆炸危险,须远距离灭火。** P370+P378 **火灾时:使用……灭火。** ……生产商/供应商或主管部门列明适当的媒介。 遇水可能增加危险。		P501 **处置内装物/容器……** ……按照地方/区域/国家/国际规章(待规定)。

D.3.2 氧化性液体类别 2 和类别 3 的防范说明见表 D.3。

表 D.3 氧化性液体类别 2 和类别 3 的防范说明

图形符号
火焰在圆环上

危险类别	信号词	危险说明
2	危险	H272 可能加剧燃烧;氧化剂
3	警告	H272 可能加剧燃烧;氧化剂

防范说明			
预防	应急	贮存	处置
P210 **远离热源/火花/明火/热表面。禁止吸烟。** 生产商/供应商或主管部门规定适用的点火源。 **P220** **避开/贮存处远离服装/……/可燃材料。** ……生产商/供应商或主管部门列明其他不相容材料。 **P221** **采取一切防范措施,避免与可燃物/……混合。** ……生产商/供应商或主管部门列明其他不相容材料。 **P280** **戴防护手套/穿防护服/戴防护眼罩/戴防护面具。** 生产商/供应商或主管部门列明的设备类型。	**P370+P378** **火灾时:使用……灭火。** ……生产商/供应商或主管部门列明适当的媒介。 遇水可能增加危险。		**P501** **处置内装物/容器……** ……按照地方/区域/国家/国际规章(待规定)。

附 录 E
（资料性附录）
氧化性液体标签的示例

E.1 氧化性液体类别 1 标签示例见图 E.1。

编 码

产品名称

危 险

放在儿童无法触及之处

使用前请读标签

运输象形图

联合国编号

正式运输名称

公司名称

街名及号码
国家、省、城市、邮编
电话号码
紧急呼叫电话

使用说明：

可能引起燃烧或爆炸；强氧化剂
远离热源/火花/明火/热表面。禁止吸烟。
生产商/供应商或主管部门规定适用的点火源。
避开/贮存处远离服装/……/可燃材料。
……生产商/供应商或主管部门列明其他不相容材料。
采取一切防范措施，避免与可燃物/……混合。
……生产商/供应商或主管部门列明其他不相容材料。
戴防护手套/穿防护服/戴防护眼罩/戴防护面具。
生产商/供应商或主管部门列明设备类型。
穿防火/阻燃服装。
如沾染衣服：立即用水充分冲洗沾染的衣服和皮肤，然后脱掉衣服。
如发生大火和大量泄露：撤离现场。因有爆炸危险，须远距离灭火。
火灾时：使用……灭火。
……生产商/供应商或主管部门列明适当的媒介。
遇水可能增加危险。
处置内装物/容器……
……按照地方/区域/国家/国际规章（待规定）。

装载质量： 批号：
毛 重： 装载日期：
有效期：

图 E.1 氧化性液体类别 1 的标签

E.2　氧化性液体类别 2 和类别 3 的标签示例见图 E.2。

编　码

产品名称

公司名称

街名及号码
国家、省、城市、邮编
电话号码
紧急呼叫电话

使用说明：

装载质量：　　　批号：
毛　　重：　　　装载日期：
有效期：

危险或者警告
放在儿童无法触及之处
使用前请读标签

可能加剧燃烧；氧化剂
远离热源/火花/明火/热表面。禁止吸烟。
生产商/供应商或主管部门规定适用的点火源。
避开/贮存处远离服装/……/可燃材料。
……生产商/供应商或主管部门列明的其他不相容材料。
采取一切防范措施，避免与可燃物/……混合。
……制造商/供应商或主管部门列明其他不相容材料。
戴防护手套/穿防护服/戴防护眼罩/戴防护面具。
制造商/供应商或主管部门列明设备类型。
火灾时：使用……灭火。
……生产商/供应商或主管部门列明适当的媒介。
遇水可能增加危险。
处置内装物/容器……
……按照地方/区域/国家/国际规章(待规定)。

运输象形图

联合国编号
正式运输名称

图 E.2　氧化性液体类别 2 和类别 3 的标签

ICS 13.300
A 80

中华人民共和国国家标准

GB 30000.15—2013
代替 GB 20590—2006

化学品分类和标签规范　第15部分：氧化性固体

Rules for classification and labelling of chemicals—Part 15: Oxidizing solids

2013-10-10 发布　　2014-11-01 实施

中华人民共和国国家质量监督检验检疫总局
中国国家标准化管理委员会　发布

前　言

本部分第 4 章和第 6 章为强制性的，其余为推荐性的。

GB 30000《化学品分类和标签规范》的预期结构和将代替的国家标准为：

——第 1 部分：通则(代替 GB 13690—2009)；

——第 2 部分：爆炸物(代替 GB 20576—2006)；

——第 3 部分：易燃气体(代替 GB 20577—2006)；

——第 4 部分：气溶胶(代替 GB 20578—2006)；

——第 5 部分：氧化性气体(代替 GB 20579—2006)；

——第 6 部分：加压气体(代替 GB 20580—2006)；

——第 7 部分：易燃液体(代替 GB 20581—2006)；

——第 8 部分：易燃固体(代替 GB 20582—2006)；

——第 9 部分：自反应物质和混合物(代替 GB 20583—2006)；

——第 10 部分：自燃液体(代替 GB 20585—2006)；

——第 11 部分：自燃固体(代替 GB 20586—2006)；

——第 12 部分：自热物质和混合物(代替 GB 20584—2006)；

——第 13 部分：遇水放出易燃气体的物质和混合物(代替 GB 20587—2006)；

——第 14 部分：氧化性液体(代替 GB 20589—2006)；

——第 15 部分：氧化性固体(代替 GB 20590—2006)；

——第 16 部分：有机过氧化物(代替 GB 20591—2006)；

——第 17 部分：金属腐蚀物(代替 GB 20588—2006)；

——第 18 部分：急性毒性(代替 GB 20592—2006)；

——第 19 部分：皮肤腐蚀/刺激(代替 GB 20593—2006)；

——第 20 部分：严重眼损伤/眼刺激(代替 GB 20594—2006)；

——第 21 部分：呼吸道或皮肤致敏(代替 GB 20595—2006)；

——第 22 部分：生殖细胞致突变性(代替 GB 20596—2006)；

——第 23 部分：致癌性(代替 GB 20597—2006)；

——第 24 部分：生殖毒性(代替 GB 20598—2006)；

——第 25 部分：特异性靶器官毒性　一次接触(代替 GB 20599—2006)；

——第 26 部分：特异性靶器官毒性　反复接触(代替 GB 20601—2006)；

——第 27 部分：吸入危害；

——第 28 部分：对水生环境的危害(代替 GB 20602—2006)；

——第 29 部分：对臭氧层的危害；

——第 30 部分：化学品作业场所警示性标志。

本部分为 GB 30000 的第 15 部分。

本部分按照 GB/T 1.1—2009 给出的规则起草。

本部分代替 GB 20590—2006《化学品分类、警示标签和警示性说明安全规范 氧化性固体》。

本部分与联合国《全球化学品统一分类和标签制度》(Globally Harmonized System of Classification and Labelling of Chemicals，GHS)(第四修订版)有关的技术内容一致。

本部分与 GB 20590—2006 相比，主要技术内容变化如下：

——修改了标准名称，中文名称修改为“化学品分类和标签规范 第15部分：氧化性固体”，英文名称为“Rules for classification and labelling of chemicals—Part 15：Oxidizing solids”；
——修改了第1章范围内容，将“警示标签”改为“标签”、删除“警示性说明”；
——修改了第2章“规范性引用文件”的引导语，并增加了“联合国《全球化学品统一分类和标签制度》(第四修订版)”为引用文件；
——增加了第3章“术语和定义”的引导语；
——将第5章的图1“判定逻辑图”和“指导”作为资料性附录A；
——删除了原第7章，按联合国《全球化学品统一分类和标签制度》(第四修订版)将原第7章的表3修改后作为规范性附录B；
——按联合国《全球化学品统一分类和标签制度》(第四修订版)将原第6章、第7章、第8章修改整合成第6章；原表2修改后作为规范性附录C；
——删除了原第8章，将相关的“危险说明”和“防范说明”内容作为资料性附录D；
——增加了资料性附录E“标签的示例”。

本部分由全国危险化学品管理标准化技术委员会(SAC/TC 251)提出并归口。

本部分起草单位：中国化工经济技术发展中心、上海化工研究院、浙江省化工研究院有限公司、谱尼测试科技股份有限公司、华峰集团有限公司。

本部分主要起草人：王晓兵、范宾、杨挺、王高升、宋薇、张春辉、曹琛曼、朱彦、曹梦然、张华、温涛。

本部分所代替标准的历次版本发布情况为：

——GB 20590—2006。

化学品分类和标签规范　第15部分：氧化性固体

1　范围

GB 30000 的本部分规定了氧化性固体的术语和定义、分类标准、判定逻辑和指导、标签。

本部分适用于氧化性固体按联合国《全球化学品统一分类和标签制度》(以下简称 GHS)进行分类和标签。

2　规范性引用文件

下列文件对于本文件的应用是必不可少的。凡是注日期的引用文件，仅注日期的版本适用于本文件。凡是不注日期的引用文件，其最新版本(包括所有的修改单)适用于本文件。

GB 6944—2012　危险货物分类和品名编号

GB 13690　化学品分类和危险性公示　通则

联合国《全球化学品统一分类和标签制度》(第四修订版)

联合国《关于危险货物运输的建议书　试验和标准手册》(第五修订版)

联合国《关于危险货物运输的建议书　规章范本》(第十七修订版)

国际海事组织《固体散装货物规则》(BC Code)2005 年

3　术语和定义

GB 13690 界定的以及下列术语和定义适用于本文件。

3.1

氧化性固体　oxidizing solids

本身未必可燃，但通常会放出氧气可能引起或促使其他物质燃烧的固体。

4　分类标准

4.1　氧化性固体分类和标签的一般原则见 GB 13690。

4.2　氧化性固体根据联合国《关于危险货物运输的建议书：试验和标准手册》(第五修订版)(以下简称《试验和标准手册》)第三部分 34.4.1 中试验 0.1 进行分类，见表 1。

表 1　氧化性固体[a] 的分类

类别	标　准[b]
1	受试样品(或混合物)与纤维素 4∶1 或 1∶1(质量比)的混合物进行试验时，显示的平均燃烧时间小于溴酸钾与纤维素之比按质量 3∶2(质量比)的混合物的平均燃烧时间的任何物质或混合物

表 1（续）

类别	标　准[b]
2	受试样品（或混合物）与纤维素 4：1 或 1：1（质量比）的混合物进行试验时，显示的平均燃烧时间等于或小于溴酸钾与纤维素 2：3（质量比）的混合物的平均燃烧时间，并且未满足类别 1 的标准的任何物质或混合物
3	受试样品（或混合物）与纤维素 4：1 或 1：1（质量比）的混合物进行试验时，显示的平均燃烧时间等于或小于溴酸钾与纤维素 3：7（质量比）的混合物的平均燃烧时间，并且未满足类别 1 和类别 2 的标准的任何物质或混合物

[a] 一些氧化性固体在某些条件下（如大量储存时）也可能出现爆炸危险。例如，某些类型的硝酸铵在极端条件下可引起爆炸危险，可用“抗爆试验”（BC Code ，Annex 3. Test 5），见国际海事组织《固体散装货物规则》2005 年，评估这种危险。应在安全技术说明书上适当注明。

[b] 对于固态物质或混合物的分类试验，试验应使用所提供形状的物质或混合物。例如，如果为了供应或运输目的，所提供的同一化学品的物理形状不同于前次试验时的物理形状，而且据认为这种形状很可能实质性地改变它在分类试验中的性能，那么对该种物质或混合物也应以新的形状进行试验。

5　判定逻辑和指导

判定逻辑和指导仅供参考。判定逻辑和指导参见附录 A。特别建议负责分类的人员在使用判定逻辑前和使用判定逻辑的过程中研究第 4 章。

6　标签

6.1　概述

6.1.1　对于氧化性固体的标签，危险类别都以指定的象形图、信号词和危险说明的顺序列出。联合国《关于危险货物运输的建议书　规章范本》（第十七修订版）（以下简称《规章范本》）涵盖的危险种类或类别应在标签中列出每个类别的指定相应图形标志。氧化性固体标签要素的分配见附录 B。

6.1.2　有关氧化性固体标签见附录 C。

6.1.3　标签上要求的信息包括危险象形图、信号词、危险说明、防范说明、产品标识符和供应商标识等。

注：对于尚未标准化的其他标签要素，如防范说明也需要包括在标签上。主管部门可能还要求提供额外信息，供应商也可能增加补充信息。

6.2　危险象形图

危险象形图应使用黑色符号加白色背景，红框要足够宽，以便醒目。

《规章范本》规定的危险象形图、图形符号颜色、数字和最小尺寸见附录 B。

6.3　信号词

信号词指标签上用来表明危险的相对严重程度和提醒读者注意潜在危险的词语。对于氧化性固体使用信号词“危险”和“警告”。

6.4　危险说明

危险说明指分配给一个危险种类和类别的短语，用来描述一种危险产品的危险性质，在情况合适时还包括其危险程度。氧化性固体危险说明参见附录D。

6.5 防范说明

防范说明是一个词语(和/或象形图),用于描述为尽可能减少或防止由于接触危险产品或者不适当的贮存或搬运危险产品的不良效应建议采取的措施。为达到要求,共有5类防范说明:一般、预防、应急、贮存和处置。氧化性固体防范说明参见附录D。

6.6 产品标识符

6.6.1 标签上应使用产品标识符,且应与化学品安全技术说明书上使用的产品标识符相一致。如果一种物质或混合物列入《规章范本》,包装上还应使用正确的联合国运输名称。

6.6.2 标签应包括物质的化学名称。对于混合物或合金,在急性毒性、皮肤或呼吸道致敏或特异性靶器官毒性出现在标签上时,标签上应当包括可能引起这些危险的所有成分或合金元素的化学成分。主管部门也可要求在标签上列出可能导致混合物或合金危险性的所有成分或合金元素的化学名称。

6.7 供应商标识

标签上应当提供物质或混合物的生产商或供应商的名称、地址和电话号码。

6.8 标签示例

氧化性固体标签的示例参见附录E。

附 录 A
（资料性附录）
判定逻辑和指导

A.1 判定逻辑

对氧化性固体进行分类，应使用《试验和标准手册》第3部分34.4.1所述试验方法O.1。分类根据判定逻辑图A.1进行。

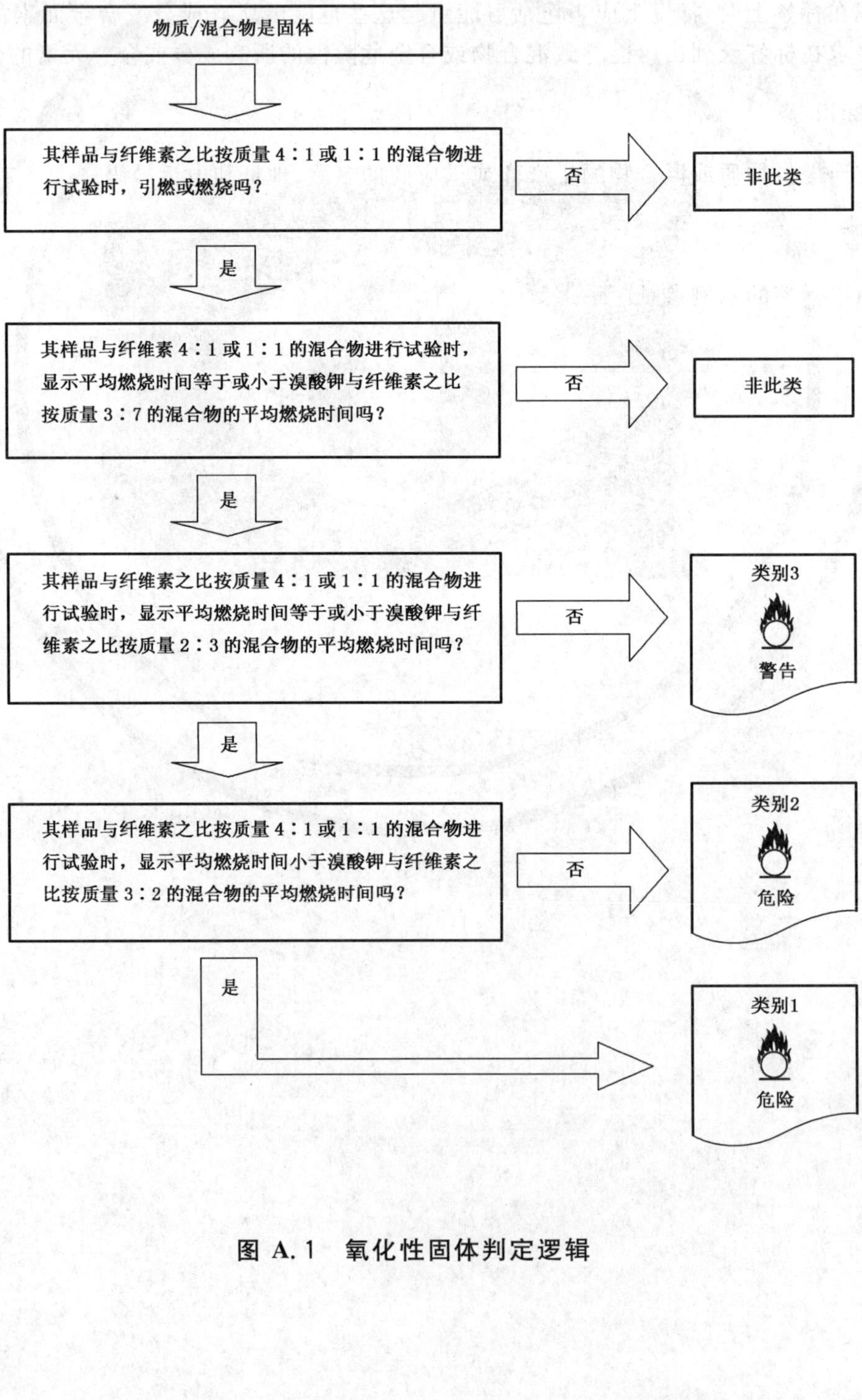

图 A.1 氧化性固体判定逻辑

A.2 指导

A.2.1 运输和使用经验表明物质和混合物具有氧化性，在考虑本类的分类时是一个重要的附加因素。如果在试验结果和已知经验之间存在分歧，那么基于已知经验的判断应优先于试验结果。

A.2.2 有机物质或混合物，在下列情况下，不适用本分类程序：

a) 物质或混合物不含氧、氟或氯；或者

b) 物质或混合物含有氧、氟或氯，但这些元素只以化学键连在碳或氢上。

A.2.3 无机物质或混合物，如果不含氧或卤原子，则不适用本分类程序。

附　录　B
（规范性附录）
标签要素的分配

标签要素的分配见表 B.1。

表 B.1　氧化性固体标签要素的分配

氧化性固体				
类别 1	类别 2	类别 3	-	备注
 危险 可引起燃烧或爆炸；强氧化剂	 危险 可加剧燃烧；氧化剂	 警告 可加剧燃烧；氧化剂		在《规章范本》中： 1）　图形符号的颜色 ·图形符号（火焰在圆环上）：黑色； ·背景：黄色。 2）　图中数字“5.1”为 GB 6944—2012 中第 5 类第 1 项。 3）　货物运输图形标志最小尺寸为 100 mm×100 mm。

附 录 C
（规范性附录）
氧化性固体分类标准和标签要素

氧化性固体分类标准和标签要素见表C.1。

表C.1 氧化性固体分类标准和标签要素

危险类别	标准	标签要素	
1	受试样品(或混合物)与纤维素4∶1或1∶1(质量比)的混合物进行试验时，显示的平均燃烧时间小于溴酸钾与纤维素之比按质量3∶2(质量比)的混合物的平均燃烧时间的任何物质或混合物	图形符号	
		信号词	危险
		危险说明	可引起燃烧或爆炸；强氧化剂
2	受试样品(或混合物)与纤维素4∶1或1∶1(质量比)的混合物进行试验时，显示的平均燃烧时间等于或小于溴酸钾与纤维素2∶3(质量比)的混合物的平均燃烧时间，并且未满足类别1的标准的任何物质或混合物	图形符号	
		信号词	危险
		危险说明	可加剧燃烧；氧化剂
3	受试样品(或混合物)与纤维素4∶1或1∶1(质量比)的混合物进行试验时，显示的平均燃烧时间等于或小于溴酸钾与纤维素3∶7(质量比)的混合物的平均燃烧时间，并且未满足类别1和类别2的标准的任何物质或混合物	图形符号	
		信号词	警告
		危险说明	可加剧燃烧；氧化剂

附　录　D
（资料性附录）
氧化性固体的危险说明和防范说明

D.1　概述

D.1.1　本附录为氧化性固体提供如何使用符合GHS的危险说明和防范说明指导，列出氧化性固体每一危险种类和危险类别的建议危险说明和防范说明，见GB 13690。

D.1.2　危险说明的编码：

D.1.2.1　危险说明的编码见GHS附件3。

D.1.2.2　每一种危险说明均设定一个专门的字母数字混合代码，由1个字母和3个数字组成，具体如下：

a）字母“H”（代表“危险说明”）；

b）第1个数字，代表不同部分编号设定的危险说明所指危险类型，具体如下：

——“2”代表物理危险；

——“3”代表健康危险；

——“4”代表环境危险；

c）后2个数字，对应于物质或者混合物固有属性引起的危险的序列编号，如：爆炸性（代码200至210）、易燃性（代码220至230），等等。

D.1.2.3　除非另有规定，所有指定的危险说明均应出现在标签上。主管部门可规定危险说明在标签出现的顺序。此外，在组合危险说明提供两种或者以上危险说明时，主管部门可以具体规定，是否将组合危险说明或者相应的单个说明写入标签，或者由制造商/供应商自行决定。

D.1.3　防范说明应连同统一的危险公示要素（象形图、信号词和危险说明）一起标在标签上。附加补充信息，例如使用说明，也可由制造商/供应商和/或主管部门斟酌决定予以补充。

D.1.3.1　防范说明编码见GHS附件3。

D.1.3.2　防范说明的编码：

D.1.3.2.1　每一防范说明均设定一个专门的字母数字混合代码，由1个字母和3个数字组成，具体如下：

a）字母“P”（代表“防范说明”）；

b）第1个数字，代表防范说明的类型，具体如下：

——“1”代表一般防范说明；

——“2”代表预防防范说明；

——“3”代表应急防范说明；

——“4”代表贮存防范说明；

——“5”代表处置防范说明；

c）后2个数字（对应于防范说明的序列编号）。

D.1.3.2.2　防范说明代码用作参考。防范说明代码不是防范说明条文的一部分，不应用其替代防范说明条文。

D.2　一般防范说明

对被划为危害人类健康或环境的所有物质和混合物应采取一般防范措施。以下一般防范说明在给

定的条件下适用于 GHS 标签(见表 D.1)。

表 D.1 一般防范说明

对象	补充信息	编码	一般防范说明
一般公众	标签,补充标签信息	P101	如需就医:请随身携带产品容器或标签。
		P102	放在儿童无法触及之处。
		P103	使用前请阅读标签。
生产工人	标签,补充标签信息、安全技术说明书、工作场所标志	—	—

D.3 氧化性固体防范说明

D.3.1 氧化性固体类别 1 的防范说明见表 D.2。

表 D.2　氧化性固体类别 1 的防范说明

图形符号 火焰在圆环上

危险类别	信号词	危险说明
1	危险	H271 可能引起燃烧或爆炸;强氧化剂

防范说明			
预防	应急	贮存	处置
P210 **远离热源/火花/明火/热表面。禁止吸烟。** 生产商/供应商或主管部门规定适用的点火源。 **P220** **避开/贮存处远离服装/……/可燃材料。** ……生产商/供应商或主管部门列明其他不相容材料。 **P221** **采取一切防范措施,避免与可燃物/……混合。** ……生产商/供应商或主管部门列明其他不相容材料。 **P280** **戴防护手套/穿防护服/戴防护眼罩/戴防护面具。** 生产商/供应商或主管部门列明的设备类型。 **P283** **穿防火/阻燃服装。**	**P306+P360** **如沾染衣服:立即用水充分冲洗沾染的衣服和皮肤,然后脱掉衣服。** **P371+P380+P375** **如发生大火和大量泄露:撤离现场;因有爆炸危险,须远距离灭火。** **P370+P378** **火灾时:使用……灭火。** ……生产商/供应商或主管部门列明适当的媒介遇水可能增加危险。		**P501** **处置内装物/容器……** ……按照地方/区域/国家/国际规章(待规定)。

D.3.2　氧化性固体类别 2 和类别 3 的防范说明见表 D.3。

表 D.3　氧化性固体类别 2 和类别 3 的防范说明

图形符号
火焰在圆环上

危险类别	信号词	危险说明
2	危险	H272 可加剧燃烧;氧化剂
3	警告	H272 可加剧燃烧;氧化剂

防范说明			
预防	应急	贮存	处置
P210 **远离热源/火花/明火/热表面。禁止吸烟。** 生产商/供应商或主管部门规定适用的点火源。 **P220** **避开/贮存处远离服装/……/可燃材料。** ……生产商/供应商或主管部门列明其他不相容材料。 **P221** **采取一切防范措施,避免与可燃物/……混合。** ……生产商/供应商或主管部门列明其他不相容材料。 **P280** **戴防护手套/穿防护服/戴防护眼罩/戴防护面具。** 生产商/供应商或主管部门列明的设备类型。	**P370+P378** **火灾时:使用……灭火。** ……生产商/供应商或主管部门列明适当的媒介。 遇水可能增加危险。		**P501** **处置内装物/容器……** ……按照地方/区域/国家/国际规章(待规定)。

附 录 E
（资料性附录）
氧化性固体标签的示例

E.1 氧化性固体类别1的标签示例（见图E.1）

编 码

产品名称

公司名称

街名及号码
国家、省、城市、邮编
电话号码
紧急呼叫电话

使用说明：

装载质量：　　批号：
毛　　重：　　装载日期：
有效期：

危 险
放在儿童无法触及之处
使用前请读标签

运输象形图

联合国编号
正式运输名称

可能引起燃烧或爆炸；强氧化剂
远离热源/火花/明火/热表面。禁止吸烟。
生产商/供应商或主管部门规定适用的点火源。
避开/贮存处远离服装/……/可燃材料。
……生产商/供应商或主管部门列明其他不相容材料。
采取一切防范措施，避免与可燃物/……混合。
……生产商/供应商或主管部门列明其他不相容材料。
戴防护手套/穿防护服/戴防护眼罩/戴防护面具。
生产商/供应商或主管部门列明设备类型。
穿防火/阻燃服装。
如沾染衣服：立即用水充分冲洗沾染的衣服和皮肤，然后脱掉衣服。
如发生大火和大量泄露：撤离现场。因有爆炸危险，须远距离灭火。
火灾时：使用……灭火。
……生产商/供应商或主管部门列明适当的媒介。
遇水可能增加危险。
处置内装物/容器……
……按照地方/区域/国家/国际规章（待规定）。

图E.1 氧化性固体类别1的标签示例

E.2　氧化性固体类别 2 和类别 3 的标签示例(见图 E.2)

编　码

产品名称

危险或者警告

放在儿童无法触及之处

使用前请读标签

运输象形图

联合国编号

正式运输名称

公司名称

街名及号码
国家、省、城市、邮编
电话号码
紧急呼叫电话

使用说明：

可加剧燃烧；氧化剂

远离热源/火花/明火/热表面。禁止吸烟。
生产商/供应商或主管部门规定适用的点火源。
避开/贮存处远离服装/……/可燃材料。
……生产商/供应商或主管部门列明其他不相容材料。
采取一切防范措施，避免与可燃物/……混合。
……生产商/供应商或主管部门列明其他不相容材料。
戴防护手套/穿防护服/戴防护眼罩/戴防护面具。
生产商/供应商或主管部门列明设备类型。
火灾时：使用……灭火。
……生产商/供应商或主管部门列明适当的媒介。
遇水可能增加危险。
处置内装物/容器……
……按照地方/区域/国家/国际规章(待规定)。

装载质量：　批号：
毛　　重：　装载日期：
有效期：

图 E.2　氧化性固体类别 2 和类别 3 的标签示例

ICS 13.300
A 80

中华人民共和国国家标准

GB 30000.16—2013
代替 GB 20591—2006

化学品分类和标签规范 第16部分:有机过氧化物

Rules for classification and labelling of chemicals—Part 16:Organic peroxides

2013-10-10 发布　　　　2014-11-01 实施

中华人民共和国国家质量监督检验检疫总局
中国国家标准化管理委员会　发布

前 言

本部分第4章和第6章为强制性的，其余为推荐性的。

GB 30000《化学品分类和标签规范》的预期结构和将代替的国家标准为：

——第1部分：通则(代替GB 13690—2009)；
——第2部分：爆炸物(代替GB 20576—2006)；
——第3部分：易燃气体(代替GB 20577—2006)；
——第4部分：气溶胶(代替GB 20578—2006)；
——第5部分：氧化性气体(代替GB 20579—2006)；
——第6部分：加压气体(代替GB 20580—2006)；
——第7部分：易燃液体(代替GB 20581—2006)；
——第8部分：易燃固体(代替GB 20582—2006)；
——第9部分：自反应物质和混合物(代替GB 20583—2006)；
——第10部分：自燃液体(代替GB 20585—2006)；
——第11部分：自燃固体(代替GB 20586—2006)；
——第12部分：自热物质和混合物(代替GB 20584—2006)；
——第13部分：遇水放出易燃气体的物质和混合物(代替GB 20587—2006)；
——第14部分：氧化性液体(代替GB 20589—2006)；
——第15部分：氧化性固体(代替GB 20590—2006)；
——第16部分：有机过氧化物(代替GB 20591—2006)；
——第17部分：金属腐蚀物(代替GB 20588—2006)；
——第18部分：急性毒性(代替GB 20592—2006)；
——第19部分：皮肤腐蚀/刺激(代替GB 20593—2006)；
——第20部分：严重眼损伤/眼刺激(代替GB 20594—2006)；
——第21部分：呼吸道或皮肤致敏(代替GB 20595—2006)；
——第22部分：生殖细胞致突变性(代替GB 20596—2006)；
——第23部分：致癌性(代替GB 20597—2006)；
——第24部分：生殖毒性(代替GB 20598—2006)；
——第25部分：特异性靶器官毒性　一次接触(代替GB 20599—2006)；
——第26部分：特异性靶器官毒性　反复接触(代替GB 20601—2006)；
——第27部分：吸入危害；
——第28部分：对水生环境的危害(代替GB 20602—2006)；
——第29部分：对臭氧层的危害；
——第30部分：化学品作业场所警示性标志。

本部分为GB 30000的第16部分。

本部分按照GB/T 1.1—2009给出的规则起草。

本部分与联合国《全球化学品统一分类和标签制度》(Globally Harmonized System of Classification and Labelling of Chemicals，GHS)(第四修订版)有关的技术内容一致。

本部分代替GB 20591—2006《化学品分类、警示标签和警示性说明安全规范　有机过氧化物》。

本部分与GB 20591—2006相比，主要技术内容变化如下：

——修改了标准名称,中文名称修改为"化学品分类和标签规范　第16部分:有机过氧化物",英文名称为"Rules for classification and labelling of chemicals—Part 16:Organic peroxides";

——修改了第1章范围内容,将"警示标签"改为"标签"、删除"警示性说明";

——修改了第2章"规范性引用文件"的引导语,并增加了"联合国《全球化学品统一分类和标签制度》(第四修订版)"为引用文件;

——增加了第3章"术语和定义"的引导语;

——将第5章的图1"判定逻辑图"和"指导"作为资料性附录A;

——删除了原第7章,按联合国《全球化学品统一分类和标签制度》(第四修订版)将原第7章的表3修改后作为规范性附录B;

——按联合国《全球化学品统一分类和标签制度》(第四修订版)将原第6章、第7章、第8章修改整合成第6章;原表2修改后作为规范性附录C;

——删除了原第8章,将相关的"危险说明"和"防范说明"内容作为资料性附录D;

——增加了资料性附录E"标签的示例"。

本部分由全国危险化学品管理标准化技术委员会(SAC/TC 251)提出并归口。

本部分起草单位:中国化工经济技术发展中心、北海出入境检验检疫局、上海出入境检验检疫局、华峰集团有限公司。

本部分主要起草人:王晓兵、吴俊逸、商杰、王静敏、蒋伟、季汝武、温涛、马从越、项超力、戴胜、曹梦然、安超、杨挺。

本部分所代替标准的历次版本发布情况为:

——GB 20591—2006。

化学品分类和标签规范
第16部分:有机过氧化物

1 范围

GB 30000的本部分规定了有机过氧化物的术语和定义、分类标准、判定逻辑和指导、标签。

本部分适用于有机过氧化物按联合国《全球化学品统一分类和标签制度》(以下简称GHS)分类和标签。

2 规范性引用文件

下列文件对于本文件的应用是必不可少的。凡是注日期的引用文件,仅注日期的版本适用于本文件。凡是不注日期的引用文件,其最新版本(包括所有的修改单)适用于本文件。

GB 13690 化学品分类和危险性公示 通则

联合国《全球化学品统一分类和标签制度》(第四修订版)

联合国《关于危险货物运输的建议书 试验和标准手册》(第五修订版)

联合国《关于危险货物运输的建议书 规章范本》(第十七修订版)

3 术语和定义

GB 13690界定的以及下列术语和定义适用于本文件。

3.1

有机过氧化物 organic peroxides

含有二价-O-O-结构和可视为过氧化氢的一个或两个氢原子已被有机基团取代的衍生物的液态或固态有机物。本术语还包括有机过氧化物配制物(混合物)。有机过氧化物是可发生放热自加速分解、热不稳定的物质或混合物。此外,它们可具有一种或多种下列性质:

a) 易于爆炸分解;

b) 迅速燃烧;

c) 对撞击或摩擦敏感;

d) 与其他物质发生危险反应。

如果其配制品在实验室试验中容易爆炸、迅速爆燃或在封闭条件下加热时显示剧烈效应,则认为有机过氧化物具有爆炸性质。

4 分类标准

4.1 一般原则

有机过氧化物分类和标签的一般原则见GB 13690。

4.2 分类标准

4.2.1 任何有机过氧化物应考虑划分为这一类,除非有机过氧化物混合物中:

a) 其有机过氧化物的有效氧含量不超过1.0%，而且过氧化氢含量不超过1.0%；或者

b) 其有机过氧化物的有效氧含量不超过0.5%，而且过氧化氢含量超过1.0%但不超过7.0%

有机过氧化物混合物的有效氧含量(%)按式1计算：

$$16 \times \sum_{i}^{n} \left(\frac{n_i \times c_i}{m_i} \right) \qquad \cdots\cdots (1)$$

式中：

n_i——每个分子有机过氧化物 i 的过氧化基团数；

c_i——有机过氧化物 i 的浓度(质量百分数，%)；

m_i——有机过氧化物 i 的分子量。

4.2.2 根据下列原则，有机过氧化物可划为下列的七个类别之一：

a) 任何有机过氧化物，如在包件中可能起爆或迅速爆燃，将定为**A型有机过氧化物**；

b) 任何具有爆炸性质的有机过氧化物，如在包装件中既不起爆也不迅速爆燃，但在该包装件中可能发生热爆炸，将定为**B型有机过氧化物**；

c) 任何具有爆炸性质的有机过氧化物，如在包装件中不可能起爆或迅速爆燃或发生热爆炸，将定为**C型有机过氧化物**；

d) 任何有机过氧化物，如果在实验室试验中：

1) 部分起爆，不迅速爆燃，在封闭条件下加热时不呈现任何剧烈效应；或者

2) 根本不起爆，缓慢爆燃，在封闭条件下加热时不呈现任何剧烈效应；或者

3) 根本不起爆或爆燃，在封闭条件下加热时呈现中等效应；

将定为**D型有机过氧化物**；

e) 任何有机过氧化物，在实验室试验中，既绝不起爆也绝不爆燃，在封闭条件下加热时只呈现微弱效应或无效应，将定为**E型有机过氧化物**；

f) 任何有机过氧化物，在实验室试验中，既绝不在空化状态下起爆也绝不爆燃，在封闭条件下加热时只呈现微弱效应或无效应，而且爆炸力弱或无爆炸力，将定为**F型有机过氧化物**；

g) 任何有机过氧化物，在实验室试验中，既绝不在空化状态下起爆也绝不爆燃，在封闭条件下加热时显示无效应，而且无任何爆炸力，将定为**G型有机过氧化物**，但该物质或混合物应是热稳定的(50 kg包装件的自加速分解温度为60 ℃或更高)，对于液体混合物，所用脱敏稀释剂的沸点不低于150 ℃。如果有机过氧化物不是热稳定的，或者所用脱敏稀释剂的沸点低于150 ℃，将定为**F型有机过氧化物**。

注1：G型过氧化物没有划定的危险公示要素，但需考虑属于其他危险类别的性质。

注2：A型～G型有机过氧化物未必适用于所有系统。

4.3 温度控制标准

4.3.1 下列有机过氧化物需要进行温度控制：

a) SADT(自加速分解温度)≤50 ℃的B型和C型有机过氧化物；

b) 在封闭条件下加热时显示中等效应并且SADT≤50 ℃或者在封闭条件下加热时显示微弱或无效应并且SADT≤45 ℃的D型有机过氧化物；和

注：按联合国《关于危险货物运输的建议书 试验和标准手册》(第五修订版)(以下简称《试验和标准手册》)第二部分规定的试验系列E确定。

c) SADT ≤45 ℃的E型和F型有机过氧化物。

4.3.2 确定SADT的试验方法以及控制温度和危急温度的推算见《试验和标准手册》第2部分第28章。所选择的试验的进行方式应在包件的尺寸和材料方面都具有代表性。

5 判定逻辑和指导

判定逻辑和指导仅供参考。判定逻辑和指导参见附录A。特别建议负责分类的人员在使用判定逻

辑前和使用判定逻辑的过程中研究第 4 章。

6 标签

6.1 概述

6.1.1 对于有机过氧化物的标签，危险类别都以指定的象形图、信号词和危险说明的顺序列出。联合国《关于危险货物运输的建议书 规章范本》(第十七修订版)(以下简称《规章范本》)涵盖的危险种类或类别应在标签中列出每个类别的指定相应图形标志。有机过氧化物标签要素的分配见附录 B。

6.1.2 有关有机过氧化物分类标准和标签要素见附录 C。

6.1.3 标签上要求的信息包括危险象形图、信号词、危险说明、防范说明、产品标识符和供应商标识等。

注：对于尚未标准化的其他标签要素，如防范说明也需要包括在标签上。主管部门可能还要求提供额外信息，供应商也可能增加补充信息。

6.2 危险象形图

危险象形图应使用黑色符号加白色背景，红框要足够宽，以便醒目。

《规章范本》规定的危险象形图、图形符号颜色、数字和最小尺寸见附录 B。

6.3 信号词

信号词指标签上用来表明危险的相对严重程度和提醒读者注意潜在危险的词语。对于 A 型有机过氧化物、B 型有机过氧化物、C 型有机过氧化物和 D 型有机过氧化物使用信号词“危险”。对于 E 型有机过氧化物和 F 型有机过氧化物使用信号词“警告”。

6.4 危险说明

危险说明指分配给一个危险种类和类别的短语，用来描述一种危险产品的危险性质，在情况合适时还包括其危险程度。有机过氧化物危险说明见表 C.1，并参见附录 D。

6.5 防范说明

防范说明是一个词语(和/或象形图)，用于描述为尽可能减少或防止由于接触危险产品或者不适当的贮存或搬运危险产品的不良效应建议采取的措施。为达到要求，共有 5 类防范说明：一般、预防、应急、贮存和处置。有机过氧化物防范说明参见附录 D。

6.6 产品标识符

6.6.1 标签上应使用产品标识符，且应与化学品安全技术说明书上使用的产品标识符相一致。如果一种物质或混合物列入《规章范本》，包装上还应使用正确的联合国运输名称。

6.6.2 标签应包括物质的化学名称。对于混合物或合金，在急性毒性、皮肤或呼吸道致敏或特异性靶器官毒性出现在标签上时，标签上应当包括可能引起这些危险的所有成分或合金元素的化学成分。主管部门也可要求在标签上列出可能导致混合物或合金危险性的所有成分或合金元素的化学名称。

6.7 供应商标识

标签上应当提供物质或混合物的生产商或供应商的名称、地址和电话号码。

6.8 标签的示例

有机过氧化物标签的示例参见附录 E。

附　录　A
（资料性附录）
判定逻辑和指导

A.1　判定逻辑

对有机过氧化物进行分类，应使用《试验和标准手册》第二部分所述试验系列 A～H。分类根据判定逻辑图 A.1 进行。

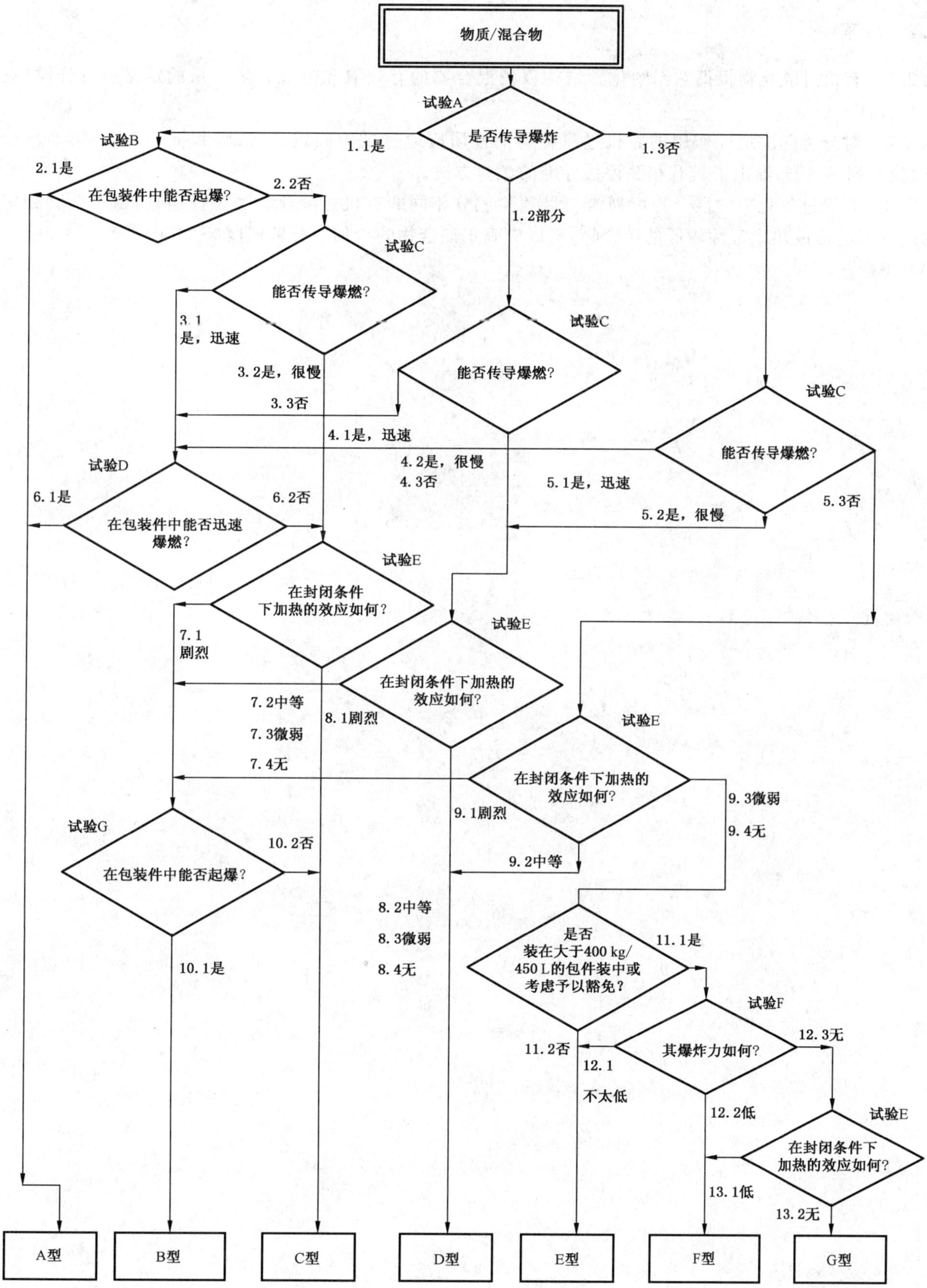

图 A.1　有机过氧化物判定逻辑

A.2 指导

A.2.1 有机过氧化物根据它们的化学结构以及混合物的有效氧和过氧化氢含量的定义进行分类(见4.2.1)。

A.2.2 对分类起决定性作用的有机过氧化物的性质应通过试验确定。《试验和标准手册》第2部分(试验系列A～H)给出了具有相关评估标准的试验方法。

A.2.3 有机过氧化物的混合物可划为与最危险成分相同的有机过氧化物类型。但是,由于两种稳定的成分可能形成热稳定性较低的混合物,所以应确定混合物的自加速分解温度(SADT)。

附　录　B
（规范性附录）
标签要素的分配

标签要素的分配见表 B.1。

表 B.1　有机过氧化物标签要素的分配

有机过氧化物				
A 型	B 型	C 型和 D 型	E 型和 F 型	G 型
 危险 加热可 引起爆炸	  危险 加热可引起 燃烧或爆炸	 危险 加热可引起 燃烧	 警告 加热可引起 燃烧	本危险类别 没有分配标签要素
与爆炸物 （采用相同的图形 符号选择过程）	 			在《规章范本》 中不使用

注 1：对 B 型，在《规章范本》第 181 特殊规定可能适用（经主管部门批准，可免贴爆炸物标签。见《规章范本》第 3.3 章）。

注 2：《规章范本》图形标志的颜色：

—有机过氧化物象形图：符号（火焰）：黑色或者白色；底色：上半部红色，下半部黄色；数字“5.2”位于下角：黑色；

—爆炸品象形图：符号（爆炸的炸弹）：黑色；底色：橙色；数字“1”位于下角：黑色。

附 录 C

（规范性附录）

有机过氧化物分类标准和标签要素

有机过氧化物分类标准和标签要素见表C.1。

表C.1 有机过氧化物分类标准和标签要素

危险类别	标 准	标签要素	
A型	按照《试验和标准手册》的第Ⅱ部分系列A～H的试验结果和应用附录A	图形符号	
		信号词	危 险
		危险说明	加热可引起爆炸
B型	按照《试验和标准手册》的第Ⅱ部分系列A～H的试验结果和应用附录A	图形符号	 
		信号词	危险
		危险说明	加热可引起燃烧或爆炸
C型和D型	按照《试验和标准手册》的第Ⅱ部分系列A～H的试验结果和应用附录A	图形符号	
		信号词	危险
		危险说明	加热可引起燃烧
E型和F型	按照《试验和标准手册》的第Ⅱ部分系列A～H的试验结果和应用附录A	图形符号	
		信号词	警 告
		危险说明	加热可引起燃烧
G型	按照《试验和标准手册》的第Ⅱ部分系列A～H的试验结果和应用附录A	图形符号	本危险类别没有分配标签要素
		信号词	
		危险说明	

附 录 D
（资料性附录）
有机过氧化物的危险说明和防范说明

D.1 概述

D.1.1 本附录为自热物质和混合物提供如何使用符合 GHS 的危险说明和防范说明指导，列出有机过氧化物每一危险种类和危险类别的建议危险说明和防范说明，见 GB 13690。

D.1.2 危险说明的编码：

D.1.2.1 危险说明的编码见 GHS 附件 3。

D.1.2.2 每一种危险说明均设定一个专门的字母数字混合代码，由 1 个字母和 3 个数字组成，具体如下：

a) 字母“H”(代表“危险说明”)；

b) 第 1 个数字，代表不同部分编号设定的危险说明所指危险类型，具体如下：

——“2”代表物理危险；

——“3”代表健康危险；

——“4”代表环境危险；

c) 后 2 个数字，对应于物质或者混合物固有属性引起的危险的序列编号，如：爆炸性(代码 200 至 210)、易燃性(代码 220 至 230)，等等。

D.1.2.3 除非另有规定，所有指定的危险说明均应出现在标签上。主管部门可规定危险说明在标签出现的顺序。此外，在组合危险说明提供两种或者以上危险说明时，主管部门可以具体规定，是否将组合危险说明或者相应的单个说明写入标签，或者由制造商/供应商自行决定。

D.1.3 防范说明应连同统一的危险公示要素(象形图、信号词和危险说明)一起标在标签上。附加补充信息，例如使用说明，也可由制造商/供应商和/或主管部门斟酌决定予以补充。

D.1.3.1 防范说明编码见 GHS 附件 3。

D.1.3.2 防范说明的编码：

D.1.3.2.1 每一防范说明均设定一个专门的字母数字混合代码，由 1 个字母和 3 个数字组成，具体如下：

a) 字母“P”(代表“防范说明”)；

b) 第 1 个数字，代表防范说明的类型，具体如下：

——“1”代表一般防范说明；

——“2”代表预防防范说明；

——“3”代表应急防范说明；

——“4”代表贮存防范说明；

——“5”代表处置防范说明；

c) 后 2 个数字(对应于防范说明的序列编号)。

D.1.3.2.2 防范说明代码用作参考。防范说明代码不是防范说明条文的一部分，不应用其替代防范说明条文。

D.2 一般防范说明

对被划为危害人类健康或环境的所有物质和混合物应采取一般防范措施。以下一般防范说明在给定的条件下适用于GHS标签(见表D.1)。

表 D.1 一般防范说明

对象	补充信息	编码	一般防范说明
一般公众	标签,补充标签信息	**P101**	**如需就医:请随身携带产品容器或标签。**
		P102	**放在儿童无法触及之处。**
		P103	**使用前请阅读标签。**
生产工人	标签,补充标签信息、安全技术说明书、工作场所标志	—	—

D.3 有机过氧化物的防范说明

D.3.1 A型有机过氧化物的防范说明见表D.2。

表 D.2 A型有机过氧化物的防范说明

图形符号
爆炸的炸弹

危险类别	信号词	危险说明
A型	危险	H240 加热可能爆炸

防范说明			
预防	应急	贮存	处置
P210 **远离热源/火花/明火/热表面。禁止吸烟。** 生产商/供应商或主管部门规定适用的点火源。 **P220** **避开/贮存处远离服装/……/可燃材料。** ……生产商/供应商或主管部门列明其他不相容材料。 **P234** **只能在原容器中存放。** **P280** **戴防护手套/穿防护服/戴防护眼罩/戴防护面具。** 生产商/供应商或主管部门列明设备类型。		**P411+P235** **贮存温度不超过……℃/……℉。保持低温。** ……生产商/供应商或主管部门列明温度。 **P410** **防日晒。** **P420** **远离其他材料存放。**	**P501** **处置内装物/容器……** ……按照地方/区域/国家/国际规章(待规定)。

D.3.2 B型有机过氧化物的防范说明见表D.3。

表D.3 B型有机过氧化物的防范说明

图形符号
爆炸的炸弹和火焰

危险类别	信号词	危险说明
B型	危险	H241 加热可能起火或爆炸

防范说明			
预防	应急	贮存	处置
P210 **远离热源/火花/明火/热表面。禁止吸烟。** 生产商/供应商或主管部门规定适用的点火源。 **P220** **避开/贮存处远离服装/……/可燃材料。** ……生产商/供应商或主管部门列明其他不相容材料。 **P234** **只能在原容器中存放。** **P280** **戴防护手套/穿防护服/戴防护眼罩/戴防护面具。** 生产商/供应商或主管部门列明设备类型。		**P411+P235** **贮存温度不超过……℃/……℉。保持低温。** ……生产商/供应商或主管部门列明温度。 **P410** **防日晒。** **P420** **远离其他材料存放。**	**P501** **处置内装物/容器……** ……按照地方/区域/国家/国际规章(待规定)。

D.3.3 C型、D型、E型和F型有机过氧化物的防范说明见表D.4。

表D.4 C型、D型、E型和F型有机过氧化物的防范说明

图形符号
火焰

危险类别	信号词	危险说明
C型	危险	H242 加热可能起火
D型	危险	H242 加热可能起火
E型	警告	H242 加热可能起火
F型	警告	H242 加热可能起火

防范说明			
预防	应急	贮存	处置
P210 **远离热源/火花/明火/热表面。禁止吸烟。** 生产商/供应商或主管部门规定适用的点火源。 **P220** **避开/贮存处远离服装/……/可燃材料。** ……生产商/供应商或主管部门列明其他不相容材料。 **P234** **只能在原容器中存放。** **P280** **戴防护手套/穿防护服/戴防护眼罩/戴防护面具。** 生产商/供应商或主管部门列明设备类型。		**P411+P235** **贮存温度不超过……℃/……℉。保持低温。** ……生产商/供应商或主管部门列明温度。 **P410** **防日晒。** **P420** **远离其他材料存放。**	**P501** **处置内装物/容器……** ……按照地方/区域/国家/国际规章(待规定)。

附 录 E
（资料性附录）
有机过氧化物标签的示例

有机过氧化物标签的示例见图 E.1、图 E.2 和图 E.3。

编 码
产品名称

公司名称

街名及号码
国家、省、城市、邮编
电话号码
紧急呼叫电话

使用说明：

装载质量： 批号：
毛 重： 装载日期：
有效期：

危 险
放在儿童无法触及之处
使用前请读标签
加热可能爆炸。

远离热源/火花/明火/热表面。禁止吸烟。
生产商/供应商或主管部门规定适用的点火源。
避开/贮存处远离服装/……/可燃材料。
……生产商/供应商或主管部门列明其他不相容材料。
只能在原容器中存放。
戴防护手套/穿防护服/戴防护眼罩/戴防护面具。
生产商/供应商或主管部门列明设备类型。

贮存温度不超过……℃/……℉。保持低温。
……生产商/供应商或主管部门列明温度。

防日晒。
远离其他材料存放。
处置内装物/容器……
……按照地方/区域/国家/国际规章(待规定)。

运输象形图
与爆炸物相同
(采用相同的图形符号选择过程)

图 E.1 A 型有机过氧化物标签的示例

编　码
产品名称

危　险
放在儿童无法触及之处
使用前请读标签

运输象形图

联合国编号
正式运输名称

公司名称

街名及号码
国家、省、城市、邮编
电话号码
紧急呼叫电话

使用说明：

装载质量：　　批号：
毛　　重：　　装载日期：
有效期：

加热可能燃烧或爆炸。

远离热源/火花/明火/热表面。禁止吸烟。
生产商/供应商或主管部门规定适用的点火源。
避开/贮存处远离服装/……/可燃材料。
……生产商/供应商或主管部门列明其他不相容材料。
只能在原容器中存放。
戴防护手套/穿防护服/戴防护眼罩/戴防护面具。
生产商/供应商或主管部门列明设备类型。

贮存温度不超过……℃/……℉。保持低温。
……生产商/供应商或主管部门列明温度。

防日晒。
远离其他材料存放。
处置内装物/容器……
……按照地方/区域/国家/国际规章(待规定)。

图 E.2　B 型有机过氧化物标签的示例

编　码
产品名称

危险或警告
放在儿童无法触及之处
使用前请读标签

运输象形图

联合国编号
正式运输名称

公司名称

街名及号码
国家、省、城市、邮编
电话号码
紧急呼叫电话

使用说明：

装载质量：　　批号：
毛　　重：　　装载日期：
有 效 期：

加热可能燃烧。

远离热源/火花/明火/热表面。禁止吸烟。
生产商/供应商或主管部门规定适用的点火源。
避开/贮存处远离服装/……/可燃材料。
……生产商/供应商或主管部门列明其他不相容材料。
只能在原容器中存放。
戴防护手套/穿防护服/戴防护眼罩/戴防护面具。
生产商/供应商或主管部门列明设备类型。

贮存温度不超过……℃/……℉。保持低温。
……生产商/供应商或主管部门列明温度。

防日晒。
远离其他材料存放。
处置内装物/容器……
……按照地方/区域/国家/国际规章(待规定)。

图 E.3　C型、D型、E型和F型有机过氧化物标签的示例

ICS 13.300
A 80

中华人民共和国国家标准

GB 30000.17—2013
代替 GB 20588—2006

化学品分类和标签规范 第17部分:金属腐蚀物

Rules for classification and labelling of chemicals—Part 17: Corrosive to metals

2013-10-10 发布

2014-11-01 实施

中华人民共和国国家质量监督检验检疫总局
中国国家标准化管理委员会 发布

前 言

本部分第4章、第6章为强制性的,其余为推荐性的。

GB 30000《化学品分类和标签规范》的预期结构和将代替的国家标准为:

——第1部分:通则(代替GB 13690—2009);
——第2部分:爆炸物(代替GB 20576—2006);
——第3部分:易燃气体(代替GB 20577—2006);
——第4部分:气溶胶(代替GB 20578—2006);
——第5部分:氧化性气体(代替GB 20579—2006);
——第6部分:加压气体(代替GB 20580—2006);
——第7部分:易燃液体(代替GB 20581—2006);
——第8部分:易燃固体(代替GB 20582—2006);
——第9部分:自反应物质和混合物(代替GB 20583—2006);
——第10部分:自燃液体(代替GB 20585—2006);
——第11部分:自燃固体(代替GB 20586—2006);
——第12部分:自热物质和混合物(代替GB 20584—2006);
——第13部分:遇水放出易燃气体的物质和混合物(代替GB 20587—2006);
——第14部分:氧化性液体(代替GB 20589—2006);
——第15部分:氧化性固体(代替GB 20590—2006);
——第16部分:有机过氧化物(代替GB 20591—2006);
——第17部分:金属腐蚀物(代替GB 20588—2006);
——第18部分:急性毒性(代替GB 20592—2006);
——第19部分:皮肤腐蚀/刺激(代替GB 20593—2006);
——第20部分:严重眼损伤/眼刺激(代替GB 20594—2006);
——第21部分:呼吸道或皮肤致敏(代替GB 20595—2006);
——第22部分:生殖细胞致突变性(代替GB 20596—2006);
——第23部分:致癌性(代替GB 20597—2006);
——第24部分:生殖毒性(代替GB 20598—2006);
——第25部分:特异性靶器官毒性 一次接触(代替GB 20599—2006);
——第26部分:特异性靶器官毒性 反复接触(代替GB 20601—2006);
——第27部分:吸入危害;
——第28部分:对水生环境的危害(代替GB 20602—2006);
——第29部分:对臭氧层的危害;
——第30部分:化学品作业场所警示性标志;

本部分为GB 30000的第17部分。

本部分按照GB/T 1.1—2009给出的规则起草。

本部分代替GB 20588—2006《化学品分类、警示标签和警示性说明安全规范 金属腐蚀物》。

本部分与联合国《全球化学品统一分类和标签制度》(Globally Harmonized System of Classification and Labelling of Chemicals,GHS)(第四修订版)的有关技术内容一致。

本部分与GB 20588—2006相比,主要技术内容变化如下:

——修改了标准名称，中文名称修改为《化学品分类和标签规范 第17部分：金属腐蚀物》，英文名称为“Rules for classification and labelling of chemicals—Part 17：Corrosive to metals”；
——修改了第1章范围内容，将“警示标签”改为“标签”、删除“警示性说明”；
——修改了第2章“规范性引用文件”的引导语，并增加了“联合国《全球化学品统一分类和标签制度》（第四修订版）”为引用文件；
——增加了第3章“术语和定义”的引导语；
——将第5章的图1“判定逻辑图”和“指导”作为资料性附录A；
——删除了原第7章，按联合国《全球化学品统一分类和标签制度》（第四修订版）将原第7章的表3修改后作为规范性附录B；
——按联合国《全球化学品统一分类和标签制度》（第四修订版）将原第6章、第7章、第8章修改整合成第6章；原表2修改后作为规范性附录C；
——删除了原第8章，将相关的“危险说明”和“防范说明”内容作为资料性附录D；
——增加了资料性附录E“标签的例子”。

本部分由全国危险化学品管理标准化技术委员会（SAC/TC 251）提出并归口。

本部分起草单位：北京出入境检验检疫局、四川省危险化学品质量监督检验所、华丰集团有限公司。

本部分主要起草人：唐树田、王丹、侯颖、王娟、陈庆俊、谢沐文、马宁、何鹂颖、张其斌、李肖锋。

本部分所替代标准的历次版本发布情况为：

——GB 20588—2006。

化学品分类和标签规范 第17部分:金属腐蚀物

1 范围

GB 30000 的本部分规定了金属腐蚀物的术语和定义、分类标准、判定逻辑和指导、标签。

本部分适用于金属腐蚀物按联合国《全球化学品统一分类和标签制度》(以下简称 GHS)分类和标签。

2 规范性引用文件

下列文件对于本文件的应用是必不可少的。凡是注日期的引用文件,仅注日期的版本适用于本文件。凡是不注日期的引用文件,其最新版本(包括所有的修改单)适用于本文件。

GB/T 700 碳素结构钢

GB 6944—2012 危险货物分类和品名编号

GB 13690 化学品分类和危险性公示 通则

GB/T 21621 危险品 金属腐蚀性试验方法

联合国《全球化学品统一分类和标签制度》(第四修订版)

联合国《关于危险货物运输的建议书 规章范本》(第十七修订版)

3 术语和定义

GB 13690 界定的以及下列术语和定义适用于本文件。

3.1

金属腐蚀物 corrosive to metals

通过化学作用会显著损伤或甚至毁坏金属的物质或混合物。

4 分类标准

4.1 金属腐蚀物分类和标签的一般原则见 GB 13690。

4.2 金属腐蚀物按照 GB/T 21621 进行试验,按表 1 分类。

表 1 金属腐蚀物的分类

类别	标 准
1	在试验温度 55 ℃下,钢或铝表面的腐蚀速率超过每年 6.25 mm
注:如果对钢或铝进行的第一个试验表明,接受试验的物质或混合物具有腐蚀性,则无须再对另一金属进行试验。	

5 判定逻辑和指导

判定逻辑和指导仅供参考。判定逻辑和指导参见附录 A。特别建议负责分类的人员在使用判定逻辑前和使用时研究第 4 章。

6 标签

6.1 概述

6.1.1 对于金属腐蚀物的标签,危险类别都以指定的象形图、信号词和危险说明的顺序列出。联合国《关于危险货物运输的建议书 规章范本》(第十七修订版)(以下简称《规章范本》)涵盖的危险种类或类别应在标签中列出每个类别的指定相应图形标志。金属腐蚀物标签要素的分配见附录 B。

6.1.2 有关金属腐蚀物分类标准和标签要素见附录 C。

6.1.3 标签上要求的信息包括危险象形图、信号词、危险说明、防范说明、产品标识符和供应商标识等。

注:对于尚未标准化的其他标签要素,如防范说明也需要包括在标签上。主管部门可能还要求提供额外信息,供应商也可能增加补充信息。

6.2 危险象形图

危险象形图应使用黑色符号加白色背景,红框要足够宽,以便醒目。

《规章范本》规定的危险象形图、图形标志颜色、数字和最小尺寸见附录 B。

6.3 信号词

信号词指标签上用来表明危险的相对严重程度和提醒读者注意潜在危险的词语。对于金属腐蚀物使用信号词“警告”。

6.4 危险说明

危险说明指分配给一个危险种类和类别的短语,用来描述一种危险产品的危险性质,在情况合适时还包括其危险程度。金属腐蚀物危险说明和防范说明参见附录 D。

6.5 防范说明

防范说明是一个词语(和/或象形图),用于描述为尽可能减少或防止由于接触危险产品或者不适当的贮存或搬运危险产品的不良效应建议采取的措施。为达到要求,共有 5 类防范说明:一般、预防、应急、贮存和处置。金属腐蚀物防范说明参见附录 D。

6.6 产品标识符

6.6.1 标签上应使用产品标识符,且应与化学品安全技术说明书上使用的产品标识符相一致。如果一种物质或混合物列入《规章范本》,包装上还应使用正确的联合国运输名称。

6.6.2 标签应包括物质的化学名称。对于混合物或合金,在急性毒性、皮肤或呼吸道致敏或特异性靶器官毒性出现在标签上时,标签上应当包括可能引起这些危险的所有成分或合金元素的化学成分。主管部门可要求在标签上列出可能导致混合物或合金危险性的所有成分或合金元素的化学名称。

6.7 供应商标识

标签上应当提供物质或混合物的生产商或供应商的名称、地址和电话号码。

6.8 金属腐蚀物标签的例子参见附录 E。

附 录 A
（资料性附录）
判定逻辑和指导

A.1 金属腐蚀物判定逻辑

按照图 A.1 的判定逻辑进行分类。

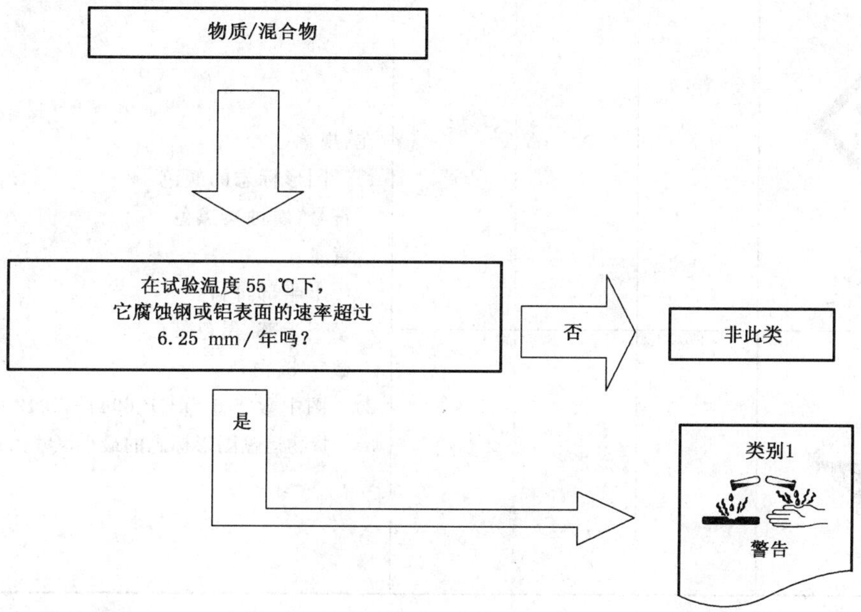

图 A.1 金属腐蚀物的判定逻辑

A.2 指导

腐蚀速率按 GB/T 21621 试验方法测定。用于试验的金属由下列材料制成：

a） 对于试验钢而言，钢类型为：
GB/T 700 中的 Q235B 或
GB/T 700 中的 Q235D

b） 对于试验铝而言，铝类型为：非包覆类型的 7075-T6 或 AZ5GU-T6。

注：如果对钢或铝进行的第一个试验表明，接受试验的物质或混合物具有腐蚀性，则无须再对另一金属进行试验。

附 录 B
（规范性附录）
标签要素的分配

金属腐蚀物标签要素的分配见表 B.1。

表 B.1 金属腐蚀物标签要素的分配

<table>
<tr><th>类 别 1</th><th>—</th><th>—</th><th>—</th><th>备 注</th></tr>
<tr><td>
警 告
可能腐蚀金属</td><td></td><td></td><td></td><td rowspan="2">在《规章范本》中，
1) 图形标志的颜色：
符号（腐蚀）：黑色
背景：
上半部：白色
下半部：黑色带白框
数字 8：白色
2) 图中数字 8 为 GB 6944—2012 中的第 8 类。
3) 货物运输图形标志的最小尺寸为100 mm×100 mm。</td></tr>
<tr><td>
</td><td></td><td></td><td></td></tr>
<tr><td colspan="5">注：如果某种物质或混合物分类为金属腐蚀物但对皮肤和/或眼睛无腐蚀性时，主管部门可选择允许在最终状态为包装好供消费者使用的物质或混合物的标签上省略金属腐蚀物的危险象形图。</td></tr>
</table>

附 录 C
（规范性附录）
金属腐蚀物分类标准和标签要素

金属腐蚀物类别和标签要素见表 C.1。

表 C.1 金属腐蚀物类别和标签要素

危险类别	标准	标签要素	
1	在试验温度 55 ℃下，钢或铝表面的腐蚀速率超过 6.25 mm/年	图形符号	
		信号词	警告
		危险说明	可能腐蚀金属

附 录 D
（资料性附录）
金属腐蚀物的危险说明和防范说明

D.1 概述

D.1.1 本附录为金属腐蚀物提供如何使用符合GHS的危险说明和防范说明的指导，列出金属腐蚀物每一危险种类和危险类别的危险说明和防范说明，见GB 13690。

D.1.2 危险说明的编码

D.1.2.1 危险说明的编码见GHS附件3。

D.1.2.2 每一种危险说明均设定一个专门的字母数字混合代码，由1个字母和3个数字组成，具体如下：

a) 字母“H”（代表“危险说明”）；

b) 第1个数字，代表不同部分编号设定的危险说明所指危险类型，具体如下：

——“2”代表物理危险；

——“3”代表健康危险；

——“4”代表环境危险；

c) 后2个数字，对应于物质或者混合物固有属性引起的危险的序列编号，如：爆炸性（代码200至210）、易燃性（代码220至230），等等。

D.1.2.3 除非另有规定，所有指定的危险说明均应出现在标签上。政府主管部门可规定危险说明在标签出现的顺序。此外，在组合危险说明提供两种或者以上危险说明时，政府主管部门可以具体规定，是否将组合危险说明或者相应的单个说明写入标签，或者由制造商/供应商自行决定。

D.1.3 防范说明应连同统一危险公示要素（象形图、信号词和危险说明）一起标在符合要求的标签上。附加补充信息，例如使用说明，也可由制造商/供应商和/或主管部门斟酌决定予以补充。

D.1.3.1 防范说明编码见GHS附件3。

D.1.3.2 防范说明的编码

D.1.3.2.1 每一防范说明均设定一个专门的字母数字混合代码，由1个字母和3个数字组成，具体如下：

d) 字母“P”（代表“防范说明”）；

e) 第1个数字，代表防范说明的类型，具体如下：

——“1”代表一般防范说明；

——“2”代表预防防范说明；

——“3”代表应急防范说明；

——“4”代表贮存防范说明；

——“5”代表处置防范说明；

f) 后2个数字（对应于防范说明的序列编号）。

D.1.3.2.2 防范说明代码用作参考。防范说明代码不是防范说明条文的一部分，不应用其替代防范说明条文。

D.2 一般防范说明

对被划为危害人类健康或环境的所有物质和混合物应采取一般防范措施。以下一般防范说明在给

定的条件下适用于 GHS 标签(见表 D.1)。

表 D.1 一般防范说明

对象	补充信息	编码	一般防范说明
一般公众	标签,补充标签信息	P101	如需就医:请随身携带产品容器或标签。
		P102	放在儿童无法触及之处。
		P103	使用前请阅读标签。
生产工人	标签,补充标签信息、安全技术说明书、工作场所标志		无

D.3 金属腐蚀物防范说明

金属腐蚀物的防范说明见表 D.2。

表 D.2　金属腐蚀物的防范说明

图形符号
腐蚀

危险类别	**信号词**	**危险说明**
1	警告	H290 可能腐蚀金属

防范说明			
预防	应急	贮存	处置
P234 **只能在原容器中存放。**	**P390** **吸收溢出物，防止材料损坏。**	**P406** **储存于抗腐蚀/……带抗腐蚀衬里的容器中。** ……制造商/供应商或主管部门列明的其他相容材料。	
注：防范说明中用黑体列出核心部分；有斜杠[/]时，表示需在斜杠两侧的词语中做出选择；有省略号[……]时，表示未列出全部适用条件。			

附　录　E
（资料性附录）
金属腐蚀物标签的例子

金属腐蚀物标签的例子见图 E.1。

编　码

产品名称

公司名称

街名及号码
国家、省、城市、邮编
电话号码
紧急呼叫电话

警告
可能腐蚀金属

运输象形图

联合国编号
正式运输名称

使用说明：

只能在原容器中存放。

吸收溢出物，防止材料损坏。

储存于抗腐蚀/……带抗腐蚀衬里的容器中。
……制造商/供应商或主管部门列明的其他相容材料。

装载质量：　　　　批　　号：
毛　　重：　　　　装载日期：
有 效 期：

图 E.1　金属腐蚀物标签

ICS 13.300
A 80

中华人民共和国国家标准

GB 30000.18—2013
代替 GB 20592—2006

化学品分类和标签规范 第18部分：急性毒性

Rules for classification and labelling of chemicals—Part 18: Acute toxicity

2013-10-10 发布　　2014-11-01 实施

中华人民共和国国家质量监督检验检疫总局
中国国家标准化管理委员会　发布

前　言

本部分第4章、第6章为强制性的，其余为推荐性的。

GB 30000《化学品分类和标签规范》的预期结构和将代替的国家标准为：

——第1部分：通则(代替GB 13690—2009)；

——第2部分：爆炸物(代替GB 20576—2006)；

——第3部分：易燃气体(代替GB 20577—2006)；

——第4部分：气溶胶(代替GB 20578—2006)；

——第5部分：氧化性气体(代替GB 20579—2006)；

——第6部分：加压气体(代替GB 20580—2006)；

——第7部分：易燃液体(代替GB 20581—2006)；

——第8部分：易燃固体(代替GB 20582—2006)；

——第9部分：自反应物质和混合物(代替GB 20583—2006)；

——第10部分：自燃液体(代替GB 20585—2006)；

——第11部分：自燃固体(代替GB 20586—2006)；

——第12部分：自热物质和混合物(代替GB 20584—2006)；

——第13部分：遇水放出易燃气体的物质和混合物(代替GB 20587—2006)；

——第14部分：氧化性液体(代替GB 20589—2006)；

——第15部分：氧化性固体(代替GB 20590—2006)；

——第16部分：有机过氧化物(代替GB 20591—2006)；

——第17部分：金属腐蚀物(代替GB 20588—2006)；

——第18部分：急性毒性(代替GB 20592—2006)；

——第19部分：皮肤腐蚀/刺激(代替GB 20593—2006)；

——第20部分：严重眼损伤/眼刺激(代替GB 20594—2006)；

——第21部分：呼吸道或皮肤致敏(代替GB 20595—2006)；

——第22部分：生殖细胞致突变性(代替GB 20596—2006)；

——第23部分：致癌性(代替GB 20597—2006)；

——第24部分：生殖毒性(代替GB 20598—2006)；

——第25部分：特异性靶器官毒性　一次接触(代替GB 20599—2006)；

——第26部分：特异性靶器官毒性　反复接触(代替GB 20601—2006)；

——第27部分：吸入危害；

——第28部分：对水生环境的危害(代替GB 20602—2006)；

——第29部分：对臭氧层的危害；

——第30部分：化学品作业场所警示性标志；

本部分为GB 30000的第18部分。

本部分按照GB/T 1.1—2009给出的规则起草。

本部分代替GB 20592—2006《化学品分类、警示标签和警示性说明安全规范　急性毒性》。

本部分与GB 20592—2006相比，主要技术内容变化如下：

——修改了标准名称，中文名称修改为“化学品分类和标签规范 第18部分：急性毒性”，英文名称为“Rules for classification and labelling of chemicals—Part 18：Acute toxicity”；

——修改了第1章范围内容，将“警示标签”改为“标签”、删除“警示性说明”；

——修改了第2章“规范性引用文件”的引导语；

——修改了表1中类别5的表注内容；

——删除了原第8章，将相关的“防范说明”内容作为资料性附录D。并将原第6章、第7章、第8章修改整合成第6章；

——增加了急性毒性标签样例，作为资料性附录E。

本部分与联合国《全球化学品统一分类和标签制度》(Globally Harmonized System of Classification and Labelling of Chemicals，GHS)(第四修订版)的有关技术内容一致。

本部分由全国危险化学品管理标准化技术委员会(SAC/TC 251)提出并归口。

本部分起草单位：天津出入境检验检疫局、中国疾病预防控制中心职业卫生与中毒控制所、谱尼测试科技股份有限公司、中国化工信息中心、贵州省分析测试研究院。

本部分主要起草人：贾晓川、柳明、李秀萍、曹丽静、孙俐、林铮、宋薇、葛晓军、吴维皑、谭红、杨鸿波。

本部分所代替标准的历次版本发布情况为：

——GB 20592—2006。

化学品分类和标签规范
第18部分：急性毒性

1 范围

GB 30000 的本部分规定了具有急性毒性的化学品的术语和定义、分类标准、判定逻辑、标签。

本部分适用于具有急性毒性的化学品按联合国《全球化学品统一分类和标签制度》(以下简称GHS)分类和标签。

2 规范性引用文件

下列文件对于本文件的应用是必不可少的。凡是注日期的引用文件，仅注日期的版本适用于本文件。凡是不注日期的引用文件，其最新版本(包括所有的修改单)适用于本文件。

GB 6944 危险货物分类和品名编号

GB 13690 化学品分类和危险性公示 通则

联合国《关于危险货物运输的建议书 规章范本》(第十七修订版)，以下简称《规章范本》

联合国《全球化学品统一分类和标签制度》(第四修订版)

3 术语、定义和缩略语

GB 13690 界定的以及下列术语、定义和缩略语适用于本文件。

3.1

急性毒性 acute toxicity

经口或经皮肤给予物质的单次剂量或在 24 h 内给予的多次剂量，或者 4 h 的吸入接触发生的急性有害影响。

3.2 缩略语

ATE：急性毒性估计值(Acute Toxicity Estimate)

OECD：经济合作与发展组织(Organization for Economic Co-operation and Development)

4 分类标准

4.1 一般原则

急性毒性分类和标签的一般原则见 GB 13690。

4.2 物质分类标准

4.2.1 制定急性毒性统一的分类制度是为了适应现有各制度的需要，急性毒性表包括五个类别，分类依据见表1。

表 1　急性毒性危害分类和定义各个类别的急性毒性估计值(*ATE*)

接触途径	单位	类别 1	类别 2	类别 3	类别 4	类别 5[c]
经口[a,b]	mg/kg	5	50	300	2 000	5 000
经皮肤[a,b]	mg/kg	50	200	1 000	2 000	见具体标准[g]
气体[a,b,c]	mL/L	0.1	0.5	2.5	20	
蒸气[a,b,c,d,e]	mg/L	0.5	2.0	10	20	见具体标准[g]
粉尘和烟雾[a,b,c,f]	mg/L	0.05	0.5	1.0	5	

[a] 对物质进行分类的急性毒性估计值(*ATE*),可根据已知的 LD_{50}/LC_{50} 值推算;

[b] 混合物中的某物质,其急性毒性估计值(*ATE*)可根据下列数值推算:

1)可得到 LD_{50}/LC_{50} 值;否则

2)从表 2 有关毒性范围试验结果中得出适当换算值,或

3)从表 2 有关毒性分类类别适当换算值;

[c] 表中的吸入临界值以 4 h 接触试验为基础,根据 1 h 接触产生的现有吸入毒性数据的换算,对于气体和蒸气,应除以因子 2,对于粉尘和烟雾,应除以因子 4;

[d] 现已认识到,可使用饱和蒸气浓度作为附加要素,以提供特定的健康和安全保护。

[e] 物质的实验物态不仅仅是蒸气,而是由液相和气相混合组成。物质的试验物态由接近气相的蒸气组成时,分类应以 mL/L 为基础,如下所示:类别 1 类(0.1 mL/L)、类别 2(0.5 mL/L)、类别 3(2.5 mL/L)、类别 4(20 mL/L)。

"粉尘"、"烟雾"和"蒸气"等术语的定义如下:

1)　粉尘指悬浮在一种气体中(通常是空气)的物质或混合物的固态粒子;

2)　烟雾指悬浮在一种气体中(通常是空气)的物质或混合物的液滴;

3)　蒸气指物质或混合物从其液体或固体状态释放出来的气体形态。

粉尘通常是通过机械过程形成的。烟雾通常是由过饱和蒸汽凝结形成的或通过液体的物理剪切作用形成的。粉尘和烟雾的大小通常从小于 1 μm 到约 100 μm。

[f] 应审查粉尘和烟雾值,使之适应 OECD 试验导则将来有关呼吸性粉尘和烟雾浓度在产生、维护和测量技术限制方面的任何变化;

[g] 类别 5 的标准旨在识别急性毒性危害相对较低,但在某些环境下可能对易受害人群造成危害的物质。这类物质的经口或经皮肤 LD_{50} 的范围为 2 000 mg/kg~5 000 mg/kg 体重,吸入途径为上述的当量剂量。类别 5 的具体标准为:

1)　如果现有的可靠证据表明 LD_{50}(或 LC_{50})在类别 5 的数值范围内,或者其他动物研究或人类毒性效应表明对人类健康的急性影响值得关注,那么物质划入此类别。

2)　通过外推、评估或测量数据,将该物质划入此类别,但前提是没有充分理由将物质划入更危险的类别,并且:

——现有的可靠信息表明对人类有显著的毒性效应;

——当以经口、吸入或经皮肤途径进行试验,剂量达到类别 4 的值时,可观察到死亡;

——当进行的试验剂量达到类别 4 的值时,腹泻、背毛蓬松或外表污秽除外,专家判断证实有明显的毒性临床征象;

——专家判断证实,在其他动物研究中,有可靠信息表明可能存在潜在的明显的急性效应。

为保护动物,不应在类别 5 范围内对动物进行试验;只有在试验结果与保护人类健康直接相关的可能性非常大时,才应考虑进行这样的试验。

注:经口和经皮肤的 *ATE* 单位中 kg 特指体重。

4.2.2 评估经口和吸入途径急性毒性的首选试验物种是大鼠，而评估急性经皮肤毒性的首选试验物种的是大鼠或兔子。对通过已认可的试验方法所获得的化学品分类试验数据，在根据统一方法对这些化学品重新分类时应予以认可。如果拥有多个动物物种的急性毒性试验数据，则应利用科学判断，从有效、良好实施的试验中选择最合适的 LD_{50} 值。

4.2.3 类别1是最高毒性类别，其临界值(见表1)目前主要由运输部门用于包装组别的分类。

4.2.4 类别5适用于急性毒性相对较低，但在一定环境下对易受害人群有危险倾向的物质。在表1以外，也提供了类别5物质的识别标准。这些物质的经口或经皮肤 LD_{50} 值的范围预计为2 000 mg/kg～5 000 mg/kg体重，吸入接触途径为上述的当量剂量。

注：急性吸入毒性**类别**5值的说明：OECD统一分类和标签工作组并没有纳入上述表1中急性吸入毒性**类别**5的数值，而是规定了经口或经皮肤途径2 000 mg/kg～5 000 mg/kg体重范围的“当量”剂量(见表1中[c])。

4.2.5 吸入毒性判断因素

4.2.5.1 吸入毒性数值以实验室动物进行4 h试验为基础。当试验数值为1 h接触试验获得时，将1 h试验值除以一个因子就可以换算成4 h等效值。对气体和蒸气来说，因子为2，对粉尘和烟雾来说，因子为4。

4.2.5.2 吸入毒性的单位与吸入物质形态有关。对于粉尘和烟雾是以mg/L表示，气体的数值用mL/L表示。由于认识到对蒸气进行试验很困难(蒸气由液相和气相混合组成)，表中提供的数值的单位为mg/L。但是，对于接近气相的蒸气，分类应以mL/L为基础。随着吸入试验方法的更新，OECD和其他试验准则方案将需要比照烟雾，对蒸气进行界定，提高其明确程度。

4.2.5.3 蒸气吸入数值旨在用于所有部门的急性毒性分类。运输部门还将化学品的饱和蒸气浓度作为划定化学品的包装组的附加要素。

4.2.5.4 对粉尘和烟雾进行高毒性归类时，使用明确的数值非常重要。平均质量空气动力学(MMAD)为1 μm～4 μm的吸入颗粒将在大鼠呼吸道的所有区域沉积。这种颗粒尺寸范围对应于大约2 mg/L的最大剂量。为使动物试验能适用于人类接触，大鼠试验中使用的粉尘和烟雾最好处于该范围内。利用所各种试验条件下所测的大量毒性范围，表中粉尘和烟雾的临界值可对物质做出明确区分。未来应对粉尘和烟雾值进行审查，以适应将来OECD或其他试验准则在产生、保持、测量呼吸性粉尘和烟雾浓度上的技术限制方面的任何变化。

4.2.5.5 除了吸入毒性的分类外，如果得到的数据表明毒性的作用机理是物质或混合物的腐蚀性，有些当局也可能选择把它归类为“呼吸道腐蚀剂”。呼吸道腐蚀性的确定方法与皮肤腐蚀性一样：在单次有限期间的接触后测量呼吸道组织的损坏情况；这包括黏膜的损坏情况。腐蚀性的评估可以根据专家利用下述证据所作的判断：人类和动物经验、现有(体外)数据、pH值、从类似物质得到的资料或任何其他有关数据。

4.3 混合物分类标准

4.3.1 物质分类标准使用致死量数据(试验或推算)对急性毒性进行分类。对于混合物，应获得或推算出使这些标准能够应用于混合物分类的信息。急性毒性的分类方法是分层次的，而且取决于混合物本身及其组分的现有信息的数量。图1的流程图概括了分类过程。

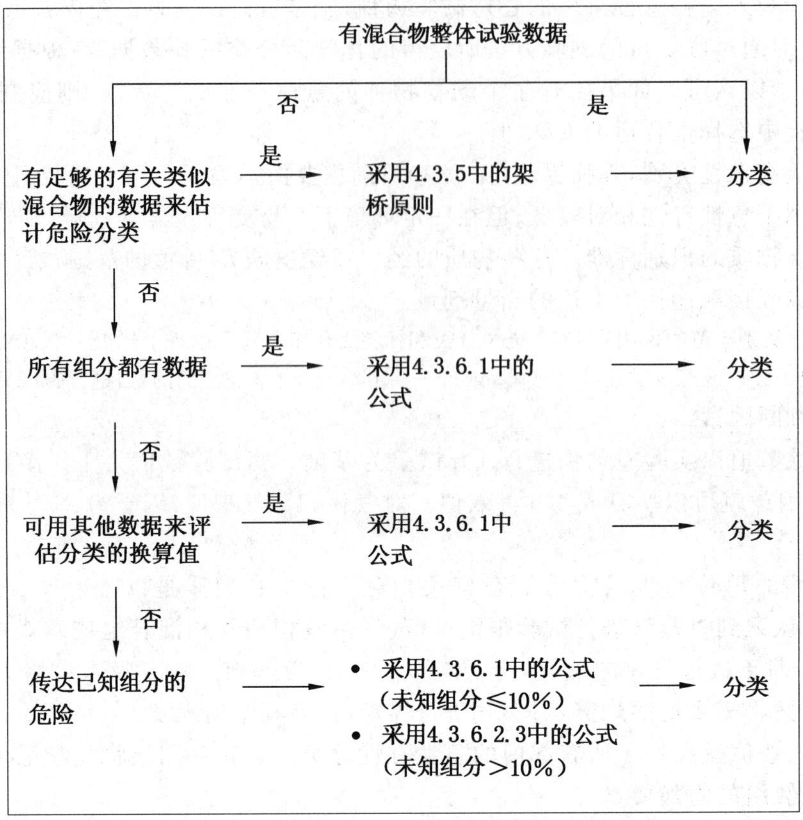

图 1　按急性毒性对混合物（危害性）的分层分类法

4.3.2　混合物急性毒性的分类，可以对每一种接触途径进行，但如果所有组分都循经一种接触途径（估计或试验确定），且没有相关证据表明急性毒性循经多种途径，那么只需对该接触途径进行分类即可。如果有相关证据表明毒性有多重接触途径，应对所有相关的接触途径进行分类。所有掌握的信息均须考虑在内。图标和信号词应反映最严重的危险类别，并应使用所有相关的危险说明。

4.3.3　为利用所有现有信息对混合物的危险进行分类，作了某些假设，并酌情应用于分层方法：

a）一种混合物的"相关组分"是浓度不小于百分之一（固体、液体、粉尘、烟雾和蒸气为质量分数，气体为体积分数）的组分，除非有理由怀疑浓度小于百分之一的组分仍然与该混合物的急性毒性分类具有相关性。当对含有被划入类别 1 和类别 2 的组分的未试验混合物进行分类时，这一点更具有相关性；

b）如果一种已分类混合物被用作另一种混合物的组分，在使用 4.3.6.1 和 4.3.6.2.3 中的公式计算新混合物的分类时可使用该混合物的实际或推导的急性毒性估计值（ATE）；

c）如果对混合物的所有组分换算得到的急性毒性点估计值均属同一类别，那么混合物即按该类别分类；

d）如果只掌握混合物各组分的范围估计数据（或急性毒性危险类别资料），在使用 4.3.6.1 和 4.3.6.2.3 中的公式计算新混合物的分类时，可根据表 2 将其换算成点估计值。

表 2 由试验得到急性毒性范围转换成相应接触途径的急性毒性点估计值

接触途径	单位	分类类别或试验得出的急性毒性估计值[a]	换算得到的急性毒性点估计值[b]
经口	mg/kg	0＜类别 1≤5 5＜类别 2≤50 50＜类别 3≤300 300＜类别 4≤2 000 2 000＜类别 5≤5 000	0.5 5 100 500 2 500
经皮肤	mg/kg	0＜类别 1≤50 50＜类别 2≤200 200＜类别 3≤1 000 1 000＜类别 4≤2 000 2 000＜类别 5≤5 000	5 50 300 1100 2 500
气体	mL/L	0＜类别 1≤0.1 0.1＜类别 2≤0.5 0.5＜类别 3≤2.5 2.5＜类别 4≤20.0 类别 5(见 4.2.4 注)	0.01 0.1 0.7 4.5
蒸气	mg/L	0＜类别 1≤0.5 0.5＜类别 2≤2.0 2.0＜类别 3≤10.0 10.0＜类别 4≤20.0 类别 5(见 4.2.4 注)	0.05 0.5 3 11
粉尘/烟雾	mg/L	0＜类别 1≤0.05 0.05＜类别 2≤0.5 0.5＜类别 3≤1.0 1.0＜类别 4≤20.0 类别 5(见 4.2.4 注)	0.005 0.05 0.5 1.5
注：经口和经皮肤的 *ATE* 单位中 kg 特指体重。			

[a] 类别 5 适用于急性毒性相对较低，但在某些环境中可能对易感人群产生危险的混合物。这些混合物的经口或经皮肤 LD_{50} 值的范围预计为 2 000 mg/kg～5 000 mg/kg 体重，其他接触途径为当量剂量。出于保护动物的考虑，不应在类别 5 范围内对动物进行试验；只有在这样的试验结果与保护人类健康直接相关的可能性非常大时，才应考虑进行这样的试验。

[b] 这些数值旨在用于计算根据其组分对混合物进行分类的急性毒性估计值，并不代表试验结果。这些数值保守地设定在类别 1 和类别 2 范围的较低端和距离类别 3～5 范围的较低端的大约 1/10 的一点处。

4.3.4 有完整急性毒性试验数据的混合物的分类

如果混合物本身已进行确定其急性毒性的试验，那么该混合物可根据表 1 中所述用于物质的同一标准进行分类。如果混合物没有可用的试验数据，则应遵循 4.3.5 和 4.3.6 所述程序。

4.3.5 无整体可用急性毒性试验数据的混合物的分类：架桥原则

4.3.5.1 如果没有对混合物本身进行试验，确定其急性毒性，但对混合物的单个组分和已试验过的类似混合物的数据均已充分掌握，足以适当确定该混合物的危险特性，那么将根据以下议定的架桥原则使用这些数据。这可确保分类过程尽可能地使用现有数据来确定混合物的危险特性，而无需对动物进行附加试验。

4.3.5.2 稀释

如果做过试验的混合物用稀释剂进行稀释，稀释剂的毒性分类与原始组分中毒性最低的相等或比它更低，且该稀释剂不会影响其他组分的腐蚀性/刺激性，那么经稀释的新混合物可划为与原做过试验的混合物相等的类别。也可使用式(1)。

4.3.5.3 产品批次

混合物已作过毒性试验的一个生产批次，可以认为实际上与同一制造商生产的或在其控制下生产的同一商业产品的另一未经试验的产品批次的毒性相同，除非有理由认为，未试验产品批次的毒性有显著变化。如果后一种情况发生，那么需要进行新的分类。

4.3.5.4 高毒性混合物的浓度

已做过试验的混合物被划为类别1，如果该混合物中属于类别1的组分浓度增加，则所得到的未经试验的混合物仍划为类别1，无需另作试验。

4.3.5.5 同一毒性类别内推法

三种组分完全相同的混合物(A、B和C)，混合物A和混合物B经过测试，属同一毒性类别，而混合物C未经测试，但含有与混合物A和混合物B相同毒理学的活性组分，且其活性组分的浓度与混合物A和混合物B中的浓度十分接近，则混合物C应与A和B属同一类别。

4.3.5.6 实质上类似的混合物

假定下列情况：

a) 两种混合物： 1) A+B

2) C+B

b) 组分B的浓度在两种混合物中基本相同；

c) 混合物1)中组分A的浓度等于混合物2)中组分C的浓度；

d) 已有A和C的毒性数据，并且这些数据实质上相同，即它们属于相同的危险类别，而且可能不会影响B的毒性。

如果混合物1)或2)已经根据试验数据分类，那么另一混合物可以划为相同的危险类别。

4.3.5.7 气溶胶

如果加入的气雾发生剂并不影响混合物喷雾时的毒性，那么这种气雾形式的混合物的经口和经皮肤毒性可划分为与业已经过试验的非气溶胶态的混合物相同的危险类别。气溶胶类的吸入毒性分类应单独考虑。

4.3.6 按混合物组分对混合物进行分类(加和性公式)

4.3.6.1 所有组分都有可用数据

为确保混合物分类准确，并且确保所有制度、部门和类别只需进行一次计算，应按照如下因素计算组分的急性毒性估计值(*ATE*)：

——具有属于统一分类方法任一急性毒性类别的已知急性毒性的组分，该因素应纳入计算；

——没有急性毒性的组分(例如水、糖)，该因素不应纳入计算；

——如果掌握的数据来自极限剂量试验(表1中类别4的上限值)且不显示急性毒性时，该因素不应纳入计算。

属于本段范围的组分，可认为是急性毒性估计值(*ATE*)已知的组分。如何在下列等式中正确应用已知数据，见表1的注释b和4.3.3，以及式(1)和式(2)。

根据式(1)，通过计算所有相关组分的*ATE*值，来确定混合物的经口、经皮肤或吸入毒性的ATE_{mix}：

$$\frac{100}{ATE_{\text{mix}}}=\sum_{n}\frac{C_i}{ATE_i} \qquad (1)$$

式中：

C_i ——组分 i 的浓度；

n ——n 个组分，并且 i 是由 1 至 n；

ATE_i ——组分 i 的急性毒性估计值（ATE）。

4.3.6.2 混合物的一种或多种组分没有可用数据

4.3.6.2.1 混合物的个别组分没有 ATE，但得到的下列信息可以用于导出换算值，公式可用式(1)。这可包括对以下各项的评估：

——经口、经皮肤和吸入急性毒性估计值之间的外推。这样的评估可能需要适当的药效学数据和药物代谢动力学数据；

——人体接触证据表明有毒性效应，但没有提供致死剂量数据；

——从其他毒性试验/分析中得到的证据表明物质具有急性毒物效应，但不一定提供致死剂量数据证据；

——通过结构-活性关系从极其类似的物质所得的数据。

这种方法通常需要有大量的补充技术信息，也需要有一位训练有素、经验丰富的专家，才能可靠地估算急性毒性。如果没有这样的信息，那么转到 4.3.6.2.3 的规定。

4.3.6.2.2 如果混合物中有浓度不小于百分之一的组分无任何对分类有用的信息，那么可推断该混合物没有确定的急性毒性估计值。在这种情况下，应该只根据已知组分对混合物进行分类，并另外说明，混合物的 $x\%$ 由毒性未知的组分组成。

4.3.6.2.3 如果急性毒性未知的组分的总浓度不大于 10%时，那么应采用式(1)。如果毒性未知的组分的总浓度大于 10%时，那么式(1)应该按未知组分的总百分比作如下校正：

$$\frac{100-\left(\sum C_{\text{未知}}\right)}{ATE_{\text{mix}}}=\sum_{n}\frac{C_i}{ATE_i} \qquad (2)$$

5 判定逻辑

判定逻辑仅供参考。判定逻辑参见附录 A。特别建议负责分类的人员在使用判定逻辑之前和使用判定逻辑的过程中研究第 4 章。

6 标签

6.1 概述

6.1.1 对于急性毒性的标签、危险类别都以指定的象形图、信号词和危险说明的顺序列出。《规章范本》涵盖的危险种类或类别应在标签中列出每个项别的指定相应图形标志。急性毒性标签要素的分配见附录 B。

6.1.2 有关急性毒性分类标准和标签要素见附录 C。

6.1.3 标签上要求的信息包括危险象形图、信号词、危险说明、防范说明、产品标识符和供应商标识等。

注：对于尚未标准化的其他标签要素，如防范说明也需要包括在标签上。主管部门可能还要求提供额外信息，供应商也可能增加补充信息。

6.2 危险象形图

危险象形图应使用黑色符号加白色背景，红框要足够宽，以便醒目。

6.3 信号词

信号词指标签上用来表明危险的相对严重程度和提醒读者注意潜在危险的词语。使用的信号词是“危险”和“警告”。对于类别 1、类别 2 以及类别 3 的急性毒性使用信号词“危险”。对于类别 4 以及类别 5 的急性毒性使用信号词“警告”。

6.4 危险说明

危险说明指分配给一个危险种类和类别的短语，用来描述一种危险产品的危险性质，在情况合适时还包括其危险程度。急性毒性危险说明和防范说明见附录 C 中的表 C.1 并参见附录 D。

6.5 防范说明

防范说明是一个词语(和/或象形图)，用于描述为尽可能减少或防止由于接触危险产品或者不适当的贮存或搬运危险产品的不良效应而建议采取的措施。共有 5 类防范说明：一般、预防、应急、贮存和处置。急性毒性防范说明参见附录 D。

6.6 产品标识符

6.6.1 标签上应使用产品标识符，且应与化学品安全技术说明书上使用的产品标识符相一致。如果一种物质或混合物列入《规章范本》，包装上还应使用正确的联合国运输名称。

6.6.2 标签应包括物质的化学名称。对于混合物或合金，在急性毒性、皮肤或呼吸道致敏或特异性靶器官毒性出现在标签上时，标签上应当包括可能引起这些危险的所有组分或合金元素的化学组分。主管部门也可要求在标签上列出可能导致混合物或合金危险性的所有组分或合金元素的化学名称。

6.7 供应商标识

标签上应当提供物质或混合物的生产商或供应商的名称、地址和电话号码。

6.8 标签样例

急性毒性标签的例子参见附录 E。

附 录 A
（资料性附录）
判定逻辑和指导

A.1 物质急性毒性判定逻辑

物质急性毒性判定逻辑见图 A.1。

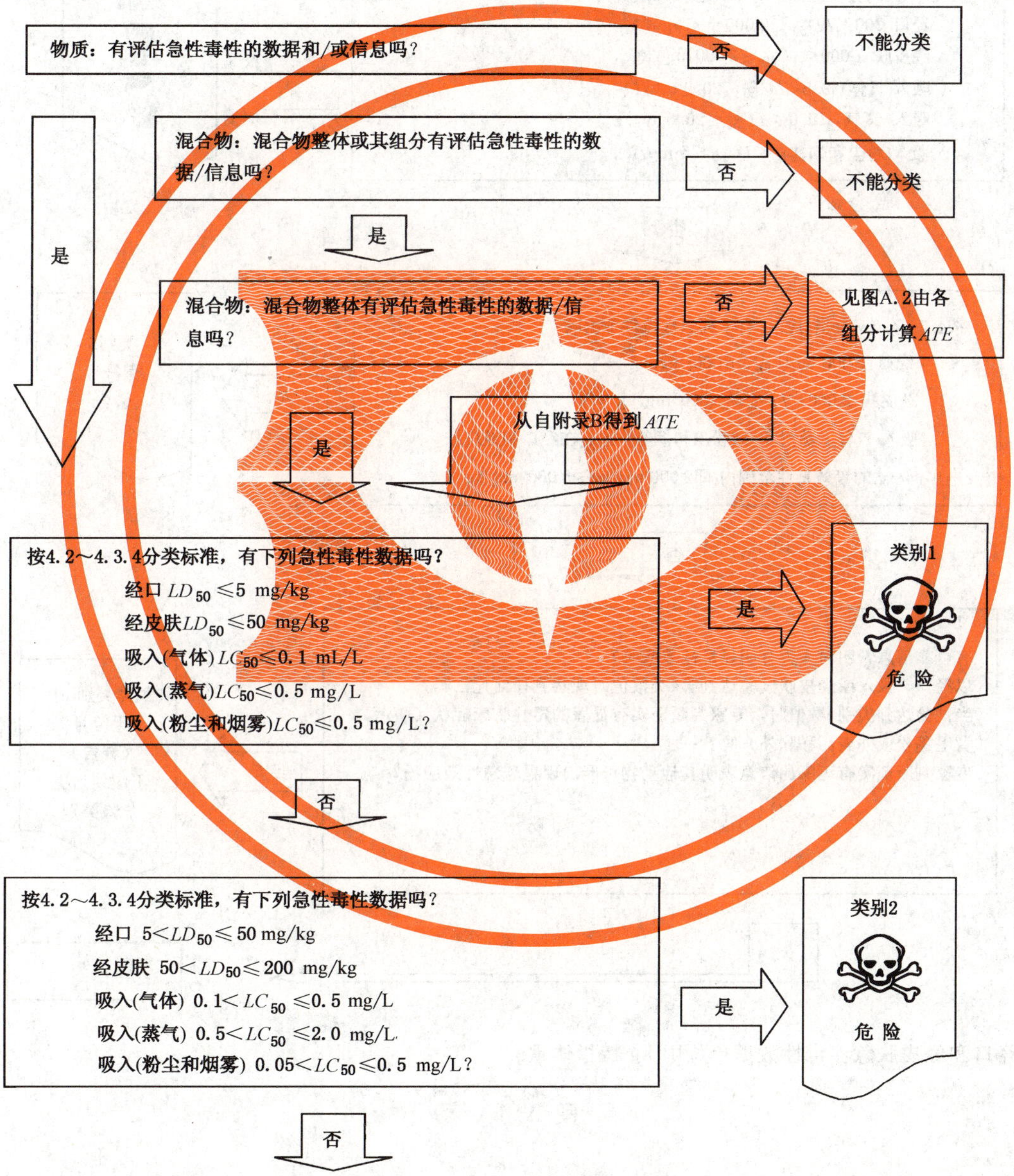

图 A.1 物质急性毒性判定逻辑

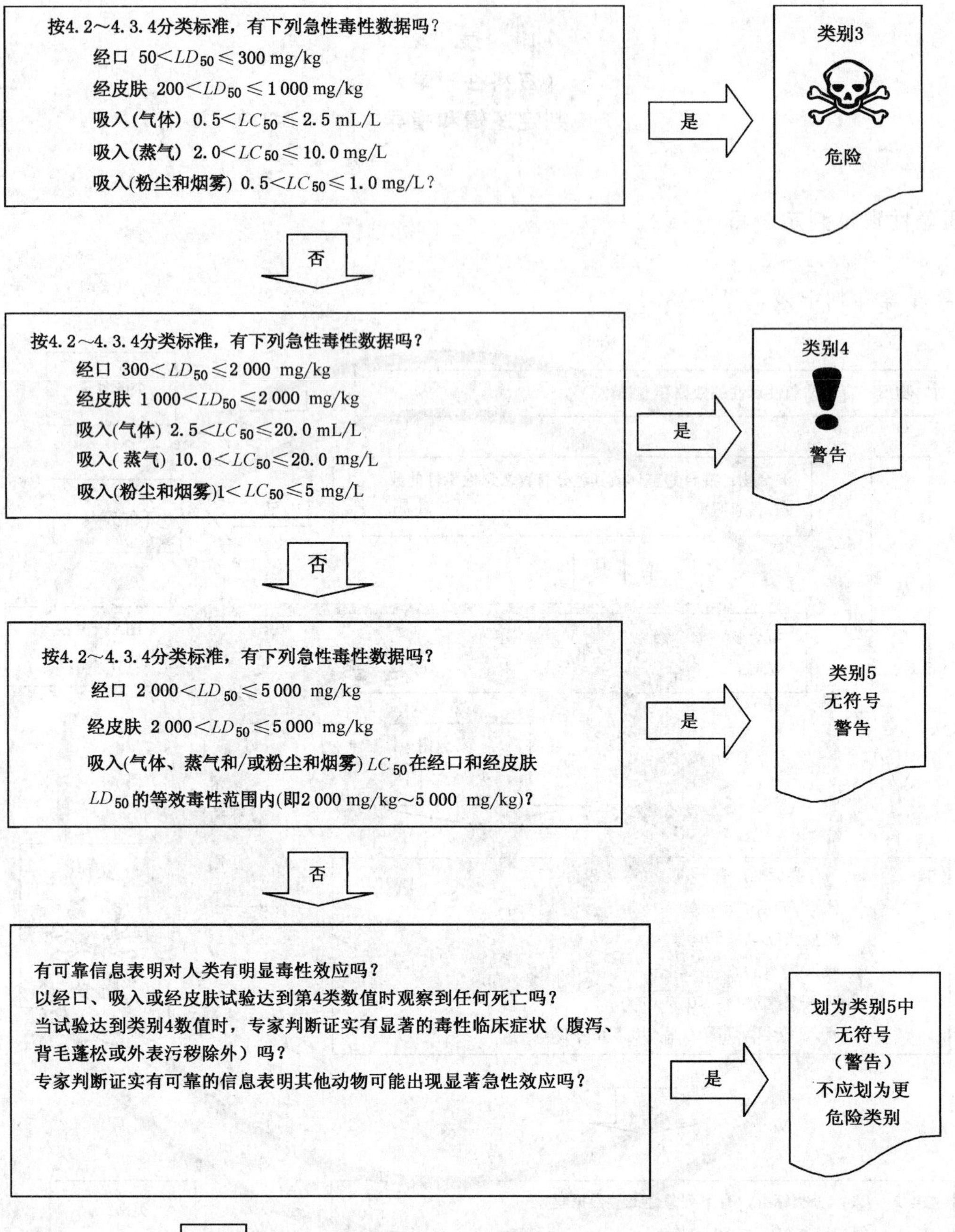

注：经口和经皮肤急性毒性数据单位中 kg 特指体重。

图 A.1（续）

A.2 混合物急性毒性判定逻辑

混合物急性毒性判定逻辑见图 A.2

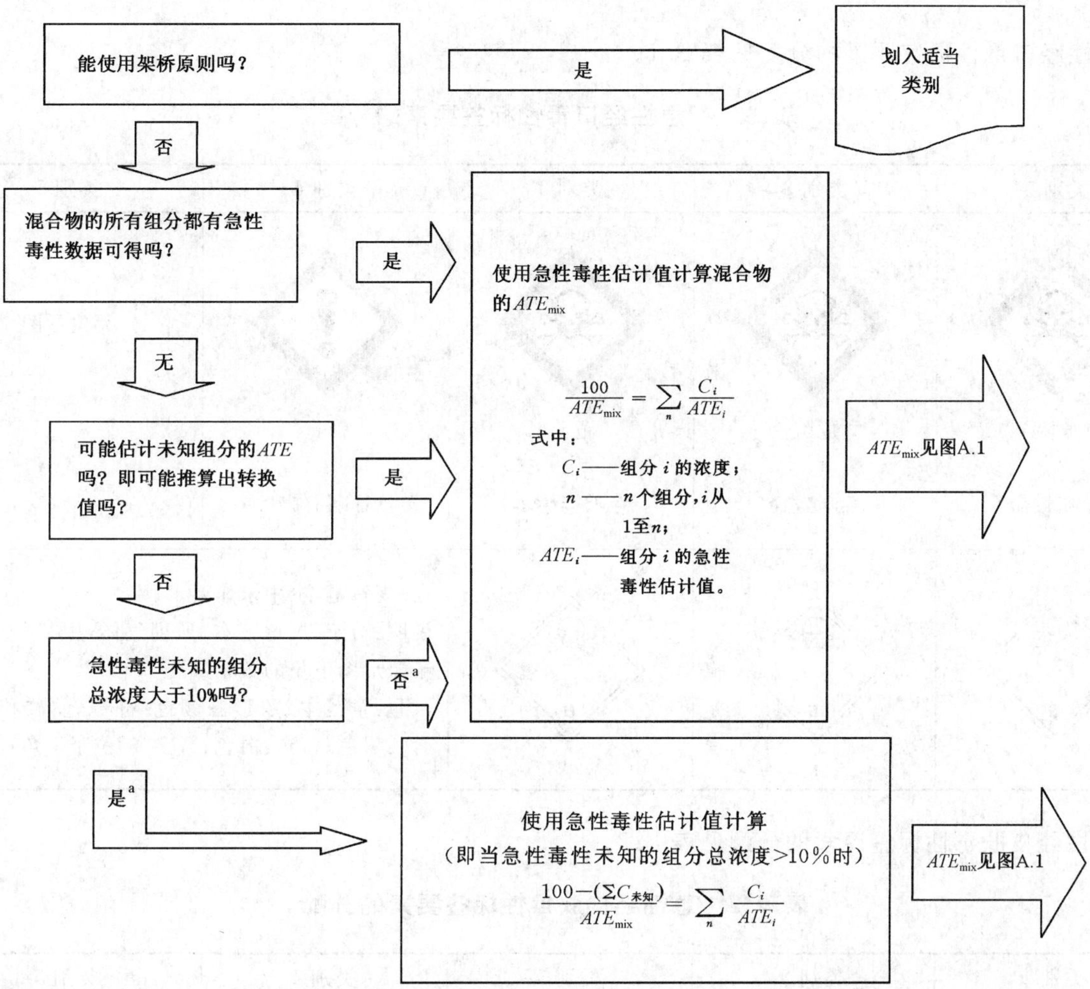

[a] 如果混合物中无任何有用信息的组分浓度不小于1%时，应只根据急性毒性已知的组分对混合物进行分类，并且应在标签上的附加说明指出该混合物有百分之几的组分的急性毒性未知。

图 A.2 混合物急性毒性判定逻辑

附 录 B
（规范性附录）
标签要素的分配

急性经口毒性标签要素的分配见表 B.1。

表 B.1 急性经口毒性标签要素的分配

类别 1	类别 2	类别 3	类别 4	类别 5
 危险 吞咽致命	 危险 吞咽致命	 危险 吞咽会中毒	 警告 吞咽有害	无象形图 警告 吞咽可能有害
			在《规章范本》中未作要求。 说明：对于《规章范本》所列气体，用“2”取代位于象形图下角的数字“6”。 《国规章范本》象形图颜色：符号〈骷髅和交叉骨〉：黑色；背景：白色；数字“6”位于下角：黑色。	

急性经皮肤毒性标签要素的分配见表 B.2。

表 B.2 急性经皮肤毒性标签要素的分配

类别 1	类别 2	类别 3	类别 4	类别 5
 危险 皮肤接触会致命	 危险 皮肤接触会致命	 危险 皮肤接触会中毒	 警告 皮肤接触有害	无象形图 警告 皮肤接触可能有害
			在《规章范本》中未作要求。 说明：对于《规章范本》所列气体，用“2”取代位于象形图下角的数字“6”。 《联合国规章范本》象形图颜色：符号〈骷髅和交叉骨〉：黑色；背景：白色；数字“6”位于下角：黑色。	

急性吸入毒性标签要素的分配见表B.3。

表B.3　急性吸入毒性标签要素的分配

类别1	类别2	类别3	类别4	类别5
 危险 吸入致命	 危险 吸入致命	 危险 吸入会中毒	 警告 吸入有害	无象形图 警告 吸入可能有害
			在《规章范本》中未作要求。 说明：对于《规章范本》所列气体，用“2”取代位于象形图下角的数字“6”。 《规章范本》象形图颜色：符号〈骷髅和交叉骨〉：黑色；背景：白色；数字“6”位于下角：黑色。	

附 录 C

（规范性附录）

急性毒性分类标准和标签要素

急性毒性分类标准和标签要素见表 C.1。

表 C.1 急性毒性分类标准和标签要素

危害类别	标 准	标签要素	
1	经口 LD_{50}≤5 mg/kg 经皮肤 LD_{50}≤50 mg/kg 吸入(气体)LC_{50}≤0.1 mL/L 吸入(蒸气)LC_{50}≤0.5 mg/L 吸入(粉尘、烟雾)LC_{50}≤0.05 mg/L	图形符号	
		信号词	危 险
		危险说明	吞咽致命 皮肤接触致命 吸入致命
2	经口 5<LD_{50}≤50 mg/kg 经皮肤 50<LD_{50}≤200 mg/kg 吸入(气体)0.1<LC_{50}≤0.5 mL/L 吸入(蒸气)0.5<LC_{50}≤2.0 mg/L 吸入(粉尘、烟雾)0.05<LC_{50}≤0.5 mg/L	图形符号	
		信号词	危 险
		危险说明	吞咽致命 皮肤接触致命 吸入致命
3	经口 50<LD_{50}≤300 mg/kg 经皮肤 200<LD_{50}≤1 000 mg/kg 吸入(气体)0.5 <LC_{50}≤2.5 mL/L 吸入(蒸气)2.0<LC_{50}≤10.0 mg/L 吸入(粉尘、烟雾)0.5<LC_{50}≤1.0 mg/L	图形符号	
		信号词	危 险
		危险说明	吞咽会中毒 皮肤接触会中毒 吸入会中毒
4	经口 300<LD_{50}≤2 000 mg/kg 经皮肤 1 000<LD_{50}≤2 000 mg/kg 吸入(气体)2.5<LC_{50}≤20.0 mL/L 吸入(蒸气)10.0<LC_{50}≤20.0 mg/L 吸入(粉尘、烟雾)1<LC_{50}≤5 mg/L	图形符号	
		信号词	警 告
		危险说明	吞咽有害 皮肤接触有害 吸入有害

表 C.1（续）

危害类别	标　准	标签要素	
5	经口或经皮肤 2 000＜LD_{50}≤5 000 mg/kg 吸入气体、蒸气和/或粉尘/烟雾 LC_{50} 在与经口和经皮肤 LD_{50} 的等效毒性范围内(2 000 mg/kg～5 000 mg/kg) 另见附加标准： a）显著的人类毒性效应指标 b）类别 4 造成的死亡率 c）类别 4 造成的明显的临床症状 d）来自其他研究的指标	图形符号	无符号
		信号词	警告
		危险说明	吞咽可能有害 皮肤接触可能有害 吸入可能有害

注：经口和经皮肤急性毒性数据单位中 kg 特指体重。

附 录 D
（资料性附录）
急性毒性的危险说明和防范说明

D.1 概述

D.1.1 本附录为急性毒性提供如何使用符合GHS的危险说明和防范说明指导，列出急性毒性每一危险种类和危险类别的危险说明和防范说明，见GB 13690。

D.1.2 危险说明的编码

D.1.2.1 危险说明的编码见GHS附件3。

D.1.2.2 每一种危险说明均设定一个专门的字母数字混合代码，由1个字母和3个数字组成，具体如下：

a） 字母“H”（代表“危险说明”）；

b） 第1个数字，代表不同部分编号设定的危险说明所指危险类型，具体如下：
——“2”代表物理危险；
——“3”代表健康危险；
——“4”代表环境危险；

c） 后2个数字，对应于物质或者混合物固有属性引起的危险的序列编号，如：爆炸性（代码200至210）、易燃性（代码220至230），等等。

D.1.2.3 除非另有规定，所有指定的危险说明均应出现在标签上。主管部门可规定危险说明在标签出现的顺序。此外，在组合危险说明提供两种或者以上危险说明时，主管部门可以具体规定，是否将组合危险说明或者相应的单个说明写入标签，或者由制造商/供应商自行决定。

D.1.3 防范说明应连同危险公示要素（象形图、信号词和危险说明）一起标在标签上。附加补充信息，例如使用说明，也可由制造商/供应商和/或主管部门斟酌决定予以补充。

D.1.3.1 防范说明编码见GHS附件3。

D.1.3.2 防范说明的编码

D.1.3.2.1 每一防范说明均设定一个专门的字母数字混合代码，由1个字母和3个数字组成，具体如下：

a） 字母“P”（代表“防范说明”）；

b） 第1个数字，代表防范说明的类型，具体如下：
——“1”代表一般防范说明；
——“2”代表预防防范说明；
——“3”代表应急防范说明；
——“4”代表贮存防范说明；
——“5”代表处置防范说明；

c） 后2个数字（对应于防范说明的序列编号）。

D.1.3.2.2 防范说明代码用作参考。防范说明代码不是防范说明条文的一部分，不应用其替代防范说明条文。

D.2 一般防范说明

对被划为危害人类健康或环境的所有物质和混合物应采取一般防范措施。以下一般防范说明在给定的条件下适用于 GHS 标签(见表 D.1)。

表 D.1 一般防范说明

对象	补充信息	编码	一般防范说明
一般公众	标签,补充标签信息	P101	如需就医:请随身携带产品容器或标签。
		P102	放在儿童无法触及之处。
		P103	使用前请阅读标签。
生产工人	标签,补充标签信息、安全技术说明书、工作场所标志		无

D.3 急性毒性防范说明

D.3.1 急性毒性-经口的防范说明见表 D.2～表 D.4。

表 D.2 急性经口毒性的防范说明

图形符号
骷髅和交叉骨

危险类别	信号词	危险说明
1	危险	H300 吞咽致命
2	危险	H300 吞咽致命
3	危险	H301 吞咽会中毒

防范说明			
预　防	反应	贮　存	处　置
P264 作业后彻底清洗……。 ……制造商/供应商或主管当局列明作业后需清洗的身体部位。 P270 使用本产品时不要进食、饮水或吸烟。	P301＋P310 如误吞咽:立即呼叫解毒中心或医生。 P321 具体治疗(见本标签上的……) ……参看附加急救指示。 - 如需立即施用解毒药。 P330 漱口。	P405 存放处须加锁。	P501 处置内装物/容器…… ……按照地方/区域/国家/国际规章(待规定)。

表 D.3 急性经口毒性的防范说明

图形符号
感叹号

危险类别	信号词	危险说明
4	警告	H302 吞咽有害

防范说明			
预 防	反应	贮 存	处 置
P264 **作业后彻底清洗……。** ……制造商/供应商或主管当局列明作业后需清洗的身体部位。 **P270** **使用本产品时不要进食、饮水或吸烟。**	**P301+P310** **如误吞咽:立即呼叫解毒中心或医生。** **P330** **漱口。**		**P501** **处置内装物/容器……** ……按照地方/区域/国家/国际规章(待规定)。

表 D.4 急性经口毒性的防范说明

图形符号
无图形符号

危险类别	信号词	危险说明
5	警告	H303 吞咽可能有害

防范说明			
预 防	反应	贮 存	处 置
	P312 **如感觉不适,呼叫解毒中心或医生。**		

D.3.2 急性毒性-经皮肤的防范说明见表 D.5～表 D.8。

表 D.5　急性经皮肤毒性的防范说明

图形符号
骷髅和交叉骨

危险类别	信号词	危险说明
1	危险	H310 皮肤接触致命
2	危险	H310 皮肤接触致命

防范说明			
预　防	反应	贮　存	处　置
P262 **严防进入眼中、接触皮肤或衣服。** **P264** **作业后彻底清洗……。** ……制造商/供应商或主管当局列明作业后需清洗的身体部位。 **P270** **使用本产品时不要进食、饮水或吸烟。** **P280** **戴防护手套/穿防护服。** 制造商/供应商或主管当局列明设备类型。	**P302+P350** **如进入眼睛：轻轻地用大量肥皂和水清洗。** **P310** **立即呼叫解毒中心或医生。** **P322** **具体治疗（见本标签上的……）** ……参看附加急救指示。 如建议立即采取措施，例如使用清洁剂。 **P361** **立即去除/脱掉所有沾染的衣服。** **P363** **沾染的衣服清洗后方可重新使用**	**P405** **存放处须加锁。**	**P501** **处置内装物/容器……** ……按照地方/区域/国家/国际规章（待规定）。

表 D.6　急性经皮肤毒性的防范说明

图形符号
骷髅和交叉骨

危险类别	**信号词**	**危险说明**
3	危险	H311 皮肤接触会中毒

防范说明			
预　防	反应	贮　存	处　置
P280 **戴防护手套/穿防护服。** 制造商/供应商或主管当局列明设备类型。	**P302＋P352** **如皮肤沾染：用大量肥皂和水清洗。** **P312** **如感觉不适，呼叫解毒中心或医生。** **P322** **具体治疗（见本标签上的……）** ……参看附加急救指示。 如建议立即采取措施，例如使用清洁剂。 **P361** **立即去除/脱掉所有沾染的衣服。** **P363** **沾染的衣服清洗后方可重新使用。**	**P405** **存放处须加锁。**	**P501** **处置内装物/容器……** ……按照地方/区域/国家/国际规章（待规定）。

表 D.7 急性经皮肤毒性的防范说明

图形符号
感叹号

危险类别	信号词	危险说明
4	警告	H312 皮肤接触有害

防范说明			
预 防	反应	贮 存	处 置
P280 **戴防护手套/穿防护服。** 制造商/供应商或主管当局列明设备类型。	**P302+P352** **如皮肤沾染:用大量肥皂和水清洗。** **P312** **如感觉不适,呼叫解毒中心或医生。** **P322** **具体治疗(见本标签上的……)** ……参看附加急救指示。 如建议立即采取措施,例如使用清洁剂。 **P363** **沾染的衣服清洗后方可重新使用。**		**P501** **处置内装物/容器……** ……按照地方/区域/国家/国际规章(待规定)。

表 D.8 急性经皮肤毒性的防范说明

图形符号
无图形符号

危险类别	信号词	危险说明
5	警告	H313 皮肤接触可能有害

防范说明			
预 防	反应	贮 存	处 置
	P312 **如感觉不适,呼叫解毒中心或医生。**		

D.3.3 急性毒性-吸入的防范说明见表 D.9～表 D.12。

表 D.9 急性吸入毒性的防范说明

图形符号
骷髅和交叉骨

危险类别	信号词	危险说明
1	危险	H330 吸入致命
2	危险	H330 吸入致命

防范说明			
预 防	反应	贮 存	处 置
P260 **不要吸入粉尘/烟/气体/烟雾/蒸气/喷雾。** 制造商/供应商或主管当局列明适用的条件。 **P271** **只能在室外或通风良好之处使用。** **P284** **戴呼吸防护装置。** 制造商/供应商或主管当局列明设备。	**P304+P340** **如误吸入:将受害人转移到空气新鲜处,保持呼吸舒适的休息姿势。** **P310** **立即呼叫解毒中心或医生。** **P320** **紧急具体治疗(见本标签上的……)** ……参看附加急救指示。 如需立即施用解毒药。	**P403+P233** **存放在通风良好的地方。保持容器密闭。** 如果产品极易挥发,可造成周围空气危险。 **P405** **存放处须加锁。**	**P501** **处置内装物/容器……** ……按照地方/区域/国家/国际规章(待规定)。

表 D.10 急性吸入毒性的防范说明

图形符号
骷髅和交叉骨

危险类别	信号词	危险说明
3	危险	H331 吸入会中毒

防范说明			
预 防	反应	贮 存	处 置
P261 避免吸入粉尘/烟/气体/烟雾/蒸气/喷雾。 制造商/供应商或主管当局列明适用的条件。 P271 只能在室外或通风良好之处使用。	P304+P340 如误吸入:将受害人转移到空气新鲜处,保持呼吸舒适的休息姿势。 P311 呼叫解毒中心或医生。 P321 具体治疗(见本标签上的……) ……参看附加急救指示。 如需立即采取具体措施。	P403+P233 存放在通风良好的地方。保持容器密闭。 如果产品极易挥发,可造成周围空气危险。 P405 存放处须加锁。	P501 处置内装物/容器…… ……按照地方/区域/国家/国际规章(待规定)。

表 D.11 急性吸入毒性的防范说明

图形符号
感叹号

危险类别	信号词	危险说明
4	警告	H332 吸入有害

防范说明			
预 防	反应	贮 存	处 置
P261 避免吸入粉尘/烟/气体/烟雾/蒸气/喷雾。 制造商/供应商或主管当局列明适用的条件。 P271 只能在室外或通风良好之处使用。	P304+P341 如误吸入:将受害人转移到空气新鲜处,保持呼吸舒适的休息姿势。 P312 如感觉不适,呼叫解毒中心或医生。		

表 D.12　急性吸入毒性的防范说明

图形符号
无图形符号

危险类别	信号词	危险说明
5	警告	H333 吸入可能有害

防范说明			
预　防	反应	贮　存	处　置
	P304＋P312 **如误吸入：如感觉不适，呼叫解毒中心或医生。**		

附　录　E
（资料性附录）
急性毒性的标签样例

急性毒性的标签样例见图 E.1～图 E.11。

编　码

产品名称

危　险
吞咽致命

公司名称

街名及号码
国家、省、城市、邮编
电话号码
紧急呼叫电话

作业后彻底清洗。
使用本产品时不要进食、饮水或吸烟。

如误吞咽：立即呼叫解毒中心或医生。
漱口。

使用说明：

存放处须加锁。

装载质量：　　　批　号：
毛　　重：　　　有效期：

处置内装物/容器……
……按照地方/区域/国家/国际规章。

图 E.1　急性经口毒性的标签样例

编　码

产品名称

公司名称

街名及号码
国家、省、城市、邮编
电话号码
紧急呼叫电话

使用说明：

装载质量：　　　　批　号：
毛　　重：　　　　有效期：

警　告
吞咽有害

作业后彻底清洗。
使用本产品时不要进食、饮水或吸烟。

如误吞咽：立即呼叫解毒中心或医生。
漱口。

处置内装物/容器……
……按照地方/区域/国家/国际规章。

运输象形图
无符号。

图 E.2　急性经口毒性的标签样例

编　码

产品名称

公司名称

运输象形图

无符号

街名及号码

国家、省、城市、邮编

电话号码

紧急呼叫电话

警　告

吞咽可能有害

使用说明：

如感觉不适，呼叫解毒中心或医生。

装载质量：　　　　批　号：

毛　　重：　　　　有效期：

图 E.3　急性经口毒性的标签样例

编　码

产品名称

危　险

皮肤接触致命

公司名称

街名及号码
国家、省、城市、邮编
电话号码
紧急呼叫电话

使用说明：

装载质量：　　批　号：
毛　　重：　　有效期：

严防进入眼中、接触皮肤或衣服。
作业后彻底清洗。
使用本产品时不要进食、饮水或吸烟。
戴防护手套/穿防护服。

如进入眼睛：轻轻地用大量肥皂和水清洗。
立即呼叫解毒中心或医生。
立即去除/脱掉所有沾染的衣服。
沾染的衣服清洗后方可重新使用。

存放处须加锁。

处置内装物/容器……
……按照地方/区域/国家/国际规章。

图 E.4　急性经皮肤毒性的标签样例

编　码

产品名称

公司名称

街名及号码
国家、省、城市、邮编
电话号码
紧急呼叫电话

使用说明：

装载质量：　　　　批　号：
毛　　重：　　　　有效期：

危　险

皮肤接触会中毒

戴防护手套/穿防护服。

如皮肤沾染：用大量肥皂和水清洗。
如感觉不适，呼叫解毒中心或医生。
立即去除/脱掉所有沾染的衣服。
沾染的衣服清洗后方可重新使用。

存放处须加锁。

处置内装物/容器……
……按照地方/区域/国家/国际规章。

图 E.5　急性经皮肤毒性的标签样例

编　码

产品名称

警　告

皮肤接触有害

运输象形图

无符号

公司名称

街名及号码

国家、省、城市、邮编

电话号码

紧急呼叫电话

使用说明：

装载质量：　　　批　号：

毛　　重：　　　有效期：

戴防护手套/穿防护服。

如皮肤沾染：用大量肥皂和水清洗。

如感觉不适，呼叫解毒中心或医生。

沾染的衣服清洗后方可重新使用。

处置内装物/容器……

……按照地方/区域/国家/国际规章

图 E.6　急性经皮肤毒性的标签样例

编　码

产品名称

公司名称

街名及号码
国家、省、城市、邮编
电话号码
紧急呼叫电话

使用说明：

装载质量：　　　　批　号：
毛　　重：　　　　有效期：

运输象形图
无符号

警　告

皮肤接触可能有害

如感觉不适，呼叫解毒中心或医生。

图 E.7　急性经皮肤毒性的标签样例

编　码

产品名称

危　险

吸入致命

公司名称

街名及号码
国家、省、城市、邮编
电话号码
紧急呼叫电话

使用说明：

装载质量：　　批　号：
毛　　重：　　有效期：

不要吸入粉尘/烟/气体/烟雾/蒸气/喷雾。
只能在室外或通风良好之处使用。
戴呼吸防护装置。

如误吸入：将受害人转移到空气新鲜处，保持呼吸舒适的休息姿势。
立即呼叫解毒中心或医生。

存放在通风良好的地方。保持容器密闭。
存放处须加锁。

处置内装物/容器……
……按照地方/区域/国家/国际规章

图 E.8　急性吸入毒性的标签样例

编　码

产品名称

危　险

吸入会中毒

公司名称

街名及号码
国家、省、城市、邮编
电话号码
紧急呼叫电话

避免吸入粉尘/烟/气体/烟雾/蒸气/喷雾。
只能在室外或通风良好之处使用。

使用说明：

如误吸入：将受害人转移到空气新鲜处，保持呼吸舒适的休息姿势。
呼叫解毒中心或医生。

装载质量：　　批　号：
毛　　重：　　有效期：

存放在通风良好的地方。保持容器密闭。
存放处须加锁。

处置内装物/容器……
……按照地方/区域/国家/国际规章。

图 E.9　急性吸入毒性的标签样例

编　码

产品名称

警　告

吸入有害

运输象形图

无符号

公司名称

街名及号码

国家、省、城市、邮编

电话号码

紧急呼叫电话

使用说明：

避免吸入粉尘/烟/气体/烟雾/蒸气/喷雾。

只能在室外或通风良好之处使用。

如误吸入：将受害人转移到空气新鲜处，保持呼吸舒适的休息姿势。

如感觉不适，呼叫解毒中心或医生。

装载质量：　　　批　号：

毛　　重：　　　有效期：

图 E.10　急性吸入毒性的标签样例

编　码

产品名称

公司名称

街名及号码
国家、省、城市、邮编
电话号码
紧急呼叫电话

运输象形图
无符号

警　告
吸入可能有害

使用说明：

如误吸入：如感觉不适，呼叫解毒中心或医生。

装载质量：　　批　号：
毛　　重：　　有效期：

图 E.11　急性吸入毒性的标签样例

ICS 13.300
A 80

中华人民共和国国家标准

GB 30000.19—2013
代替 GB 20593—2006

化学品分类和标签规范 第19部分:皮肤腐蚀/刺激

Rules for classification and labelling of chemicals—Part 19:Skin corrosion/irritation

2013-10-10 发布 2014-11-01 实施

中华人民共和国国家质量监督检验检疫总局
中国国家标准化管理委员会 发布

前　言

本部分第4章、第6章为强制性的，其余为推荐性的。

GB 30000《化学品分类和标签规范》的预期结构和将代替的国家标准为：

——第1部分：通则（代替GB 13690—2009）；

——第2部分：爆炸物（代替GB 20576—2006）；

——第3部分：易燃气体（代替GB 20577—2006）；

——第4部分：气溶胶（代替GB 20578—2006）；

——第5部分：氧化性气体（代替GB 20579—2006）；

——第6部分：加压气体（代替GB 20580—2006）；

——第7部分：易燃液体（代替GB 20581—2006）；

——第8部分：易燃固体（代替GB 20582—2006）；

——第9部分：自反应物质和混合物（代替GB 20583—2006）；

——第10部分：自燃液体（代替GB 20585—2006）；

——第11部分：自燃固体（代替GB 20586—2006）；

——第12部分：自热物质和混合物（代替GB 20584—2006）；

——第13部分：遇水放出易燃气体的物质和混合物（代替GB 20587—2006）；

——第14部分：氧化性液体（代替GB 20589—2006）；

——第15部分：氧化性固体（代替GB 20590—2006）；

——第16部分：有机过氧化物（代替GB 20591—2006）；

——第17部分：金属腐蚀物（代替GB 20588—2006）；

——第18部分：急性毒性（代替GB 20592—2006）；

——第19部分：皮肤腐蚀/刺激（代替GB 20593—2006）；

——第20部分：严重眼损伤/眼刺激（代替GB 20594—2006）；

——第21部分：呼吸道或皮肤致敏（代替GB 20595—2006）；

——第22部分：生殖细胞致突变性（代替GB 20596—2006）；

——第23部分：致癌性（代替GB 20597—2006）；

——第24部分：生殖毒性（代替GB 20598—2006）；

——第25部分：特异性靶器官毒性　一次接触（代替GB 20599—2006）；

——第26部分：特异性靶器官毒性　反复接触（代替GB 20601—2006）；

——第27部分：吸入危害；

——第28部分：对水生环境的危害（代替GB 20602—2006）；

——第29部分：对臭氧层的危害；

——第30部分：化学品作业场所警示性标志；

本部分为GB 30000的第19部分。

本部分按照GB/T 1.1—2009给出的规则起草。

本部分代替GB 20593—2006《化学品分类、警示标签和警示性说明安全规范　皮肤腐蚀/刺激》。

本部分与联合国《全球化学品统一分类和标签制度》(Globally Harmonized System of Classification and Labelling of Chemicals，GHS)（第四修订版）的有关技术内容一致。

本部分与GB 20593—2006相比，主要技术内容变化如下：

——修改了标准名称，中文名称修改为“化学品分类和标签规范　第19部分：皮肤腐蚀/刺激”，英文名称为“Rules for classification and labelling of chemicals—Part 19：Skin corrosion/irritation”；

——修改了第1章范围内容，将“警示标签”改为“标签”、删除“警示性说明”；

——修改了第2章“规范性引用文件”的引导语；

——修改了第4章“物质的分类标准”的部分语句，并将图1作为附录A；

——修改了第5章“判定流程”的部分语句，并将图2和图3作为附录B；

——删除了原第7章，按联合国《全球化学品统一分类和标签制度》(第四修订版)将原第7章的表6修改后作为规范性附录C；

——按联合国《全球化学品统一分类和标签制度》(第四修订版)将原第6章、第7章、第8章修改整合成第6章；原表5修改后作为规范性附录D；

——删除了原第8章，将相关的“危险说明”和“防范说明”内容作为资料性附录E；

——增加了资料性附录F“标签的例子”。

本部分由全国危险化学品管理标准化技术委员会(SAC/TC 251)提出并归口。

本部分起草单位：安徽出入境检验检疫局、中国化工信息中心、中国化工经济技术发展中心、华峰集团有限公司。

本部分主要起草人：温劲松、卞学东、姚剑、张蕾、胡艳云、张君玺、曹梦然。

本部分所代替标准的历次版本发布情况为：

——GB 20593—2006。

化学品分类和标签规范
第19部分:皮肤腐蚀/刺激

1 范围

GB 30000的本部分规定了具有皮肤腐蚀/刺激的化学品的术语和定义、分类标准、判定逻辑和标签。

本部分适用于具有皮肤腐蚀/刺激的化学品按联合国《全球化学品统一分类和标签制度》(以下简称GHS)分类和标签。

2 规范性引用文件

下列文件对于本文件的应用是必不可少的。凡是注日期的引用文件,仅注日期的版本适用于本文件。凡是不注日期的引用文件,其最新版本(包括所有的修改单)适用于本文件。

GB 6944—2012 危险货物分类和品名编号

GB 13690 化学品分类和危险性公示 通则

GB 30000.17 化学品分类和标签规范 第17部分:金属腐蚀物

GB/T 27828 化学品 体外皮肤腐蚀 经皮电阻试验方法

GB/T 27830 化学品 体外皮肤腐蚀 人体皮肤模型试验方法

联合国《全球化学品统一分类和标签制度》(第四修订版)

联合国《关于危险货物运输的建议书 规章范本》(第十七修订版)

3 术语和定义

GB 13690界定的以及下列术语和定义适用于本文件。

3.1

皮肤腐蚀 skin corrosion

对皮肤能造成不可逆损害的结果,即施用试验物质4 h内,可观察到表皮和真皮坏死。典型的腐蚀反应具有溃疡、出血、血痂的特征,而且在14 d观察期结束时,皮肤、完全脱发区域和结痂处由于漂白而褪色。应通过组织病理学检查来评估可疑的病变。

3.2

皮肤刺激 skin irritation

施用试验物质达到4 h后对皮肤造成可逆损害的结果。

4 分类标准

4.1 一般原则

皮肤腐蚀/刺激分类和标签的一般原则见GB 13690。

4.2 物质分类标准

4.2.1 本分类标准包括对进行皮肤腐蚀和皮肤刺激动物试验之前的数据要素评估给予指导，也包括皮肤腐蚀和皮肤刺激的危险分类。仅仅为了确定危险而对人类进行试验一般是不能接受的。

4.2.2 在试验前确定化学品的皮肤腐蚀和刺激潜力时应综合评价多种因素。固态物质(粉末)变湿时或与湿润皮肤以及黏膜接触时可能变成腐蚀物或刺激物。首先应对包括一次或反复接触的现有人类经验和数据以及动物观察和数据进行分析，因为它们提供了有关皮肤效应直接相关的信息。在某些情况下，从结构相近化合物的信息出发足以做出分类。同样，尽管这种相关性并不完全正确，但诸如 pH≥2 和 pH≤11.5 这样的极限 pH 可能表明化学品有皮肤效应，尤其是缓冲能力已知时。通常，这样的试剂会产生显著的皮肤效应。当然，如果一种化学品通过皮肤接触途径显示很高的毒性时，皮肤刺激/腐蚀研究可能不可行，因为所施用的试验物质的剂量会大大超过中毒剂量，并因此导致动物死亡。如果所使用的稀释物与试验的物种是等效的，当在急性毒性研究中观察到皮肤刺激/腐蚀，并且是在极限剂量下进行观察，那么就不需要进行附加试验。也可以使用已验证有效并得到公认的体外替代试验来帮助进行分类。

在确定是否需要进行体内皮肤刺激试验时，应使用化学品的所有上述信息。虽然自一层内的单一参数评估中就可能会获得信息(见 4.2.3)，例如具有极限 pH 的苛性碱应视为是皮肤腐蚀物，但评价现有的全部信息并确定整体证据权重仍然很有价值。当只能得到一些参数而不是所有参数的信息时，尤其如此。通常，首要重点应放在现有人类经验和数据上，其次是动物试验和测试数据，再则是其他来源的信息，但是具体情况具体分析再作出确定也是必要的。

4.2.3 鉴于某些情况下并不是所有的要素都相关，应根据情况使用分层方法来评估原始信息，分类方法见附录 A。

4.2.4 腐蚀

4.2.4.1 表 1 中提供了使用动物试验结果的皮肤腐蚀分类标准。

4.2.4.2 如需要对腐蚀作多种区分，表 1 在腐蚀类别中提供了三个子类别：子类别 1A-记录接触最多 3 min和观察最多 1 h 后的反应；子类别 1B-记录接触 3 min 致 1 h 和观察期 14 d 后的反应；子类别 1C-记录接触 1 h 到 4 h 之间和观察最多 14 d 后发生的反应。

表 1 皮肤腐蚀的类别和子类别[a]

类别 1:腐蚀	腐蚀子类别	3 只试验动物中有 1 只或 1 只以上显示出腐蚀性	
(适用于不使用子类别的主管部门)	(只适用某些主管部门)	接触时间	观察时间斑贴
腐蚀	1A	≤3 min	≤1 h
	1B	>3 min 且≤1 h	≤14 d
	1C	>1 h 且≤4 h	≤14 d

[a] 为了分类，在评价一种化学品对人类的健康危险时，应体现与化学品对人类影响有关的可靠的流行病学数据和经验(如职业数据、事故数据库的数据)。

4.2.5 刺激

4.2.5.1 表 2 中提供了皮肤刺激的分类标准：

a) 在现有分类中属于中等灵敏度；

b) 已知某些受试物质所致效应可在整个试验过程中持续存在；

c) 已知在一项试验中动物反应可能变化非常大，提供了一个附加轻微刺激类别，供希望有一种以上皮肤刺激类别的主管部门使用。

4.2.5.2　皮肤病变的可逆性是评估刺激反应的另一注意事项。当2只或2只以上试验动物的炎症现象持续到观察期结束，如出现脱发(有限区域)、过度角化、过度增生和脱皮，该物质应被分类为刺激。

4.2.5.3　就像在腐蚀试验中那样，一次试验中动物刺激反应可能变化非常大。当出现显著刺激反应，但小于阳性试验结果的平均分值标准时，可引入另一个刺激标准。例如，如果在3只试验动物中至少1只在整个研究中显示了阳性反应，包括病变保持到正常的14 d观察期时，试验物质可分类为刺激。其他反应也能符合这一标准，但应确保反应是接触化学品的结果。增加这一刺激标准会提高该分类系统的灵敏度。

4.2.5.4　表2中给出了采用动物试验结果的单一刺激类别(类别2)。也可以使用严重性较低的轻微刺激类别(类别3)，如对农药的分类。有几项标准将这两个类别区分开来，见表2。它们的主要区别在于皮肤反应的严重程度。刺激类别的主要标准是至少有2只试验动物具有平均评分不小于2.3和不大于4.0，对于轻微刺激类别，至少2只试验动物的平均评分临界值为1.5～2.3。处于刺激类别2中的试验物质不能划分为轻微刺激类别中。

表2　皮肤刺激类别[a]

类　别	分　类
刺激(类别2) (适用于所有主管部门)	1)　在斑贴除掉之后的24 h、48 h和72 h分级试验中，或者如果反应延迟，在皮肤反应开始后的连续3 d的分级试验中，3只试验动物至少有2只试验动物的红斑或水肿平均值[b]不小于2.3和不大于4.0；或 2)　炎症在至少2只动物中持续到正常14 d观察期结束，特别注意到脱发(有限区域)，过度角化，过度增生和脱皮；或 3)　在某些情况下，不同动物之间的反应会有明显变化，只有1只动物有非常明确的与化学品接触有关的阳性反应，但低于上述标准
轻微刺激(类别3) (适用于某些主管部门)	在24 h、48 h和72 h分级试验中，或者如果反应延迟，在皮肤反应开始后的连续3 d的分级试验中(当不包括在上述刺激类别中时)，3只试验动物中至少有2只试验动物的红斑/焦痂或水肿的平均值1.5～2.3

[a] 为了分类，在评价一种化学品对人类的健康危险时，应体现与化学品对人类影响有关的可靠的流行病学数据和经验(如职业数据、事故数据库的数据)。

[b] 来自皮肤刺激试验。

4.3　混合物的分类

4.3.1　有混合物整体数据时的混合物分类

4.3.1.1　混合物将用物质的分类标准进行分类，同时也注意用来发展这些危险类别的数据的试验和评估策略。

4.3.1.2　与其他危险类别不同，某些化学品可用替代试验来确定其皮肤腐蚀性，这些替代试验能够为分类提供准确的结果，并且方法实施简单且费用相对低廉。在进行混合物试验时，鼓励分类人员采用皮肤腐蚀和皮肤刺激分类原则中的分层证据权重策略，以帮助确保分类的准确性，并且可避免不必要的动物试验。如果一种混合物pH≤2或pH≥11.5，则可认为是腐蚀物(皮肤腐蚀类别1)。如果出现碱/酸预备物储备的情况，尽管该物质或混合物有很低或很高的pH，但可能并没有腐蚀性，那么需要进行进一步试验加以证实，最好是采用适当的被证明有效的体外试验。

4.3.2 无混合物整体数据时的混合物分类:架桥原则

4.3.2.1 在混合物本身没有经过确定其皮肤刺激/腐蚀的试验,但对混合物单个组分和已做过试验的类似混合物均已掌握充分数据,足以确定该混合物的危险特性,那么可以根据以下规定的架桥原则使用这些数据。这可确保分类过程最大程度地使用现有数据来确定混合物的危险特性,而无需附加的动物试验。

4.3.2.2 稀释

如果某混合物用一稀释剂进行稀释,稀释剂的皮肤腐蚀/刺激分类与混合物中皮肤腐蚀/刺激最小的组分相比是相等或比它更低,而且该稀释剂不会影响其他成分的腐蚀/刺激,那么新混合物可分类为与原始混合物相同的类别。也可使用4.3.3中阐明的方法。

4.3.2.3 产品批次

可认为同一个生产批次已做过试验的混合物的皮肤腐蚀/刺激分类,实际上与同一制造商生产或在其控制下生产的同一商业产品的另一未经试验的产品批次的皮肤腐蚀/刺激分类是相同的,除非有理由认为未经试验的产品批次的皮肤腐蚀/刺激强度有显著变化。如果是后一种情况,则应进行新的分类。

4.3.2.4 最高腐蚀/刺激类别混合物的浓度

如果分类为最高皮肤腐蚀子类别的试验混合物是浓缩物,那么浓度更大的未经过试验的混合物应被分类为最高腐蚀子类别中而无需附加试验。如果分类为最高皮肤刺激子类别的试验混合物是浓缩物且不含腐蚀性组分,那么浓度更大的未经过试验的混合物应被分在最高刺激类别中而无需附加试验。

4.3.2.5 相同腐蚀/刺激类别内的内推法

对于三种具有同样组分的混合物(A,B和C),混合物A和B经过试验,属于同等的皮肤腐蚀/刺激类别中,而混合物C未经过测试但含有与混合物A和混合物B相同的具有同样的皮肤腐蚀/刺激的活性组分,且浓度介于混合物A和B的浓度之间,则可认定混合物C与A和B具有相同皮肤腐蚀/刺激类别。

4.3.2.6 实质上类似的混合物

给定如下情况:

a) 两种混合物:Ⅰ:A+B,Ⅱ:C+B;

b) 组分B的浓度在两种混合物中基本相同;

c) 混合物Ⅰ中组分A的浓度等于混合物Ⅱ中组分C的浓度;

d) 已有A和C的皮肤腐蚀/刺激分类数据,并且这些数据实质上相等,即它们属于相同的危险类别,并且预计不会影响B的皮肤腐蚀/刺激危险特性。

如果混合物Ⅰ或Ⅱ已根据试验数据分类,那么另一混合物可以分类为相同的危险类别。

4.3.2.7 气溶胶

如果加入的气雾发生剂并不影响混合物喷射时的皮肤腐蚀/刺激危险特性,那么气溶胶混合物分类为与业已经过试验的非气溶胶混合物相同的危险类别。

4.3.3 有混合物的所有组分数据或只有一些组分数据时的混合物分类

4.3.3.1 为利用所有现存数据对混合物的皮肤腐蚀/刺激危险特性分类,作如下列假设,并酌情应用于分层方法：混合物的“相关组分”是以浓度不小于1%（对固体、液体/粉尘、烟雾和蒸气为质量分数，对气体为体积分数）的组分，除非推测某组分以小于1%浓度存在时，仍可能与该混合物的皮肤腐蚀/刺激分类具有相关性（例如，出腐蚀组分的情况）。

4.3.3.2 通常，当拥有混合物组分数据，但得不到整个混合物本身的数据时，混合物的皮肤腐蚀/刺激的分类方法是以加和作用理论为基础的，即每一腐蚀或刺激组分都对混合物的全部皮肤腐蚀/刺激危险特性具有贡献，贡献程度与其效力和浓度成比例。当腐蚀组分的浓度低于类别1分类的浓度极限值，但达到混合物被分类为皮肤刺激时，该腐蚀组分使用加权系数10。当这样的组分浓度之和超过临界值/浓度极限值时，该混合物就被分类为皮肤腐蚀或皮肤刺激。

4.3.3.3 表3提供了是否将混合物分类为皮肤腐蚀/刺激的临界值/浓度极限值。

表3 确定混合物为对皮肤有危害的皮肤类别1、2或3的组分浓度（混合物皮肤类别1、2或3）

（按总组分分类的）皮肤类别	混合物分类的组分浓度		
	皮肤腐蚀	皮肤刺激	
	类别1[a]	类别2	类别3
皮肤类别1	≥5%	≥1%且<5%	
皮肤类别2		≥10%	≥1%且<10%
皮肤类别3			≥10%
（10×皮肤类别1）+皮肤类别2		≥10%	≥1%且<10%
（10×皮肤类别1）+皮肤类别2+皮肤类别3			≥10%

[a] 在使用皮肤类别1的子类别的情况下，混合物中分类为皮肤子类别1A，1B或1C的所有组分的加和应当不小于5%，才能将该混合物分类为皮肤类别1A或1B或1C。在皮肤子类别1A组分的加和小于5%，但皮肤子类别组分1A+1B的加和不小于5%时，则该混合物应分类为皮肤子类别1B。同样，在皮肤子类别1A+1B的加和小于5%，但子类别1A+1B+1C的加和不小于5%，则该混合物应分类为皮肤子类别1C。

4.3.3.4 对某些类型的化学品分类时应特别谨慎，如酸类与碱类、无机盐类、醛类、酚类和表面活性剂。鉴于许多这样的物质在浓度小于1%时具有皮肤腐蚀/刺激危险特性，则在4.3.3.1和4.3.3.2中阐明的方法对于判定这样的物质可能不适用。对于含强酸或强碱的混合物，应使用pH作为分类原则（见4.3.1.2），因为与表3的浓度极限值相比pH是更好的腐蚀性指标。一种含有腐蚀或刺激性组分的混合物由于化学性质不能按照表3的加和作用方法进行分类，则在其含有的腐蚀组分不小于1%时划为皮肤类别1，在其含有的刺激组不小于3%时划为皮肤类别2/3。当含有表3方法不适用于分类的组分（混合物的分类）时，可参考表4的分类方法。

表4 混合物划分为皮肤腐蚀物/刺激物加和性方法不适用时的混合物组分浓度

组　　分	浓　度	混合物的皮肤类别
pH≤2的酸	≥1%	（皮肤）类别1
pH≥11.5的碱	≥1%	（皮肤）类别1
不适用加和法的其他腐蚀（类别1）组分	≥1%	（皮肤）类别1
不适用加和法的其他刺激（类别2/3）组分，包括酸和碱	≥3%	（皮肤）类别2

4.3.3.5 有时，可靠数据可能显示，某一组分的皮肤腐蚀/刺激危险特性在其浓度高于表3和表4中所述的一般浓度临界值时并不明显。在这种情况下，该混合物可根据这些的数据进行分类。有时，当某一

组分浓度超过表 3 和表 4 中指明的所属类别极限浓度值时，但预期组分的皮肤腐蚀/刺激危险特性不明显时，可以对混合物进行试验。在这种情况下，应采用分层证据权重策略，如 4.3.2.4 和附录 A 所示。

4.3.3.6 如果有数据显示一种或几种组分在浓度小于 1%（腐蚀）或小于 3%（刺激）时可能具有皮肤腐蚀/刺激危险特性，则应对该混合物进行相应分类。

5 判定逻辑

判定逻辑仅供参考。判定逻辑参见附录 B。特别建议负责分类的人员在使用判定逻辑前和使用中研究第 4 章。

6 标签

6.1 概述

6.1.1 对于皮肤腐蚀/刺激的标签，危险类别都以指定的象形图、信号词和危险说明的顺序列出。联合国《关于危险货物运输的建议书 规章范本》(以下简称《规章范本》)涵盖的危险种类或类别应在标签中列出每个类别的指定相应图形标志。皮肤腐蚀/刺激标签要素的分配见附录 C。

6.1.2 有关皮肤腐蚀/刺激分类标准和标签要素见附录 D。

6.1.3 标签上要求的信息包括危险象形图、信号词、危险说明、防范说明、产品标识符和供应商标识等。

注：对于尚未标准化的其他标签要素，如防范说明也需要包括在标签上。主管部门可能还要求提供额外信息，供应商也可能增加补充信息。

6.2 危险象形图

危险象形图应使用黑色符号加白色背景，红框要足够宽，以便醒目。

《规章范本》规定的危险象形图、图形标志颜色、数字和最小尺寸见附录 C。

6.3 信号词

信号词是指标签上用来表明危险的相对严重程度和提醒读者注意潜在危险的词语。对于皮肤腐蚀使用信号词“危险”。对于皮肤刺激使用信号词“警告”。

6.4 危险说明

危险说明指分配给一个危险种类和类别的短语，用来描述一种危险产品的危险性质，在情况合适时还包括其危险程度。皮肤腐蚀/刺激的危险说明见附录 D 中的表 D.1 并参见附录 E。

6.5 防范说明

防范说明是一个词语(和/或象形图)，用于描述为尽可能减少或防止由于接触危险产品或者不适当的贮存或搬运危险产品的不良效应建议采取的措施。为达到要求，共有 5 类防范说明：一般、预防、应急、贮存和处置。皮肤腐蚀/刺激防范说明参见附录 E。

6.6 产品标识符

6.6.1 标签上应使用产品标识符，且应与化学品安全技术说明书上使用的产品标识符相一致。如果一种物质或混合物列入《规章范本》，包装上还应使用正确的联合国运输名称。

6.6.2 标签应包括物质的化学名称。对于混合物或合金，在急性毒性、皮肤腐蚀或严重眼损伤、生殖细胞致突变性、致癌性、生殖毒性、皮肤或呼吸道致敏或特异性靶器官毒性出现在标签上时，标签上应当包括可能引起这些危险的所有成分或合金元素的化学名称。主管部门可要求在标签上列出可能导致混合物或合金危险的所有成分或合金元素的化学名称。

6.7 供应商标识

标签上应当提供物质或混合物的生产商或供应商的名称、地址和电话号码。

6.8 标签样例

皮肤腐蚀/刺激标签的例子参见附录 F。

附 录 A
（规范性附录）
皮肤腐蚀/刺激的分层试验和评估策略

图 A.1 给出了皮肤腐蚀/刺激的分层试验和评估策略。

步骤	参数		结果		结论
1a	现有人类或动物经验[f]	→	腐蚀性	→	分类为腐蚀[a]
	↓				
	无腐蚀性或无数据				
	↓				
1b	现有人类或动物经验[f]	→	刺激性	→	分类为刺激[a]
	↓				
	无刺激性或无数据				
	↓				
1c	现有人类或动物经验	→	无腐蚀性或刺激性	→	不进行进一步的试验，非此类
	↓				
	无数据				
	↓				
2a	结构—活性关系	→	腐蚀性	→	分类为腐蚀[a]
	↓				
	无腐蚀性或无数据				
	↓				
2b	结构—活性关系	→	刺激性	→	分类为刺激[a]
	↓				
	无腐蚀性或无数据				
	↓				
3	有缓冲作用的 pH[b]	→	pH 值≤ 2 或 pH 值≥11.5	→	分类为腐蚀[a]
	↓				
	无极限 pH 或无数据				
	↓				
4	现有动物皮肤数据表明无需进行动物试验[c]	→	是	→	可能不进一步试验就可认为腐蚀/刺激
	↓				
	无迹象或无数据				
	↓				
5	有效、被认可的体外皮肤腐蚀试验[d]	→	阳性反应	→	分类为腐蚀[a]
	↓				
	阴性反应或无数据				
	↓				
6	有效、被认可的体外皮肤腐蚀试验[e]	→	阳性反应	→	分类为刺激[a]
	↓				
	阴性反应或无数据				
	↓				

图 A.1 皮肤腐蚀/刺激的分层试验和评估策略

步骤	参数		结果		结论
7	体内皮肤腐蚀试验(1 只动物)	→	阳性反应	→	分类为腐蚀[a]
	↓				
	阴性反应				
	↓				
8	体内皮肤刺激试验(共计 3 只动物)[g]	→	阳性反应	→	分类为刺激[a]
	↓				
	阴性反应	→	不进一步试验	→	不进一步试验,非此类
	↓				
9	合乎伦理学时,人类斑贴试验[f]	→	阳性反应	→	分类为刺激[a]
	↓				
	无上述情况	→	阴性反应	→	不进一步试验,非此类

[a] 如图所示,分入适当的类别。

[b] 只测量 pH 就可能足够了,但最好也对酸碱预备物进行评估,需要有各种方法来评估缓冲容量。

[c] 应仔细审查已有动物数据,以确定是否需要体内皮肤腐蚀/刺激试验。例如当一种试验材料在急性皮肤毒性试验限度剂量时无任何皮肤刺激,或在急性皮肤毒性试验中产生显著毒性效应,则无需再试验。在后一种情况下,该物质将由急性皮肤毒性分类为很有害物质,该物质对皮肤是否具有刺激性或腐蚀性无实际意义。在评估急性皮肤毒性信息时,应记住,报告的皮肤病变可能不完全,试验和观察对象是非家兔的动物品种,动物物种间对反应的敏感度是不相同的。

[d] 例如 GB/T 27828(OECD 430)和 GB/T 27830 (OECD 431)是国际认可的、有效的体外皮肤腐蚀试验方法的例子。

[e] 目前没有有效的和被国际认可的体外皮肤刺激试验方法。

[f] 该证据可以从一次或反复接触得到。没有国际认可的人类皮肤刺激试验方法,但已有 OECD 指导的建议。

[g] 试验通常用 3 只动物进行,从阴性腐蚀试验得出 1 只动物的结果。

图 A.1(续)

附　录　B
（资料性附录）
皮肤腐蚀/刺激判定逻辑

B.1　皮肤腐蚀/刺激判定逻辑

图 B.1 给出了皮肤腐蚀/刺激的判定逻辑。

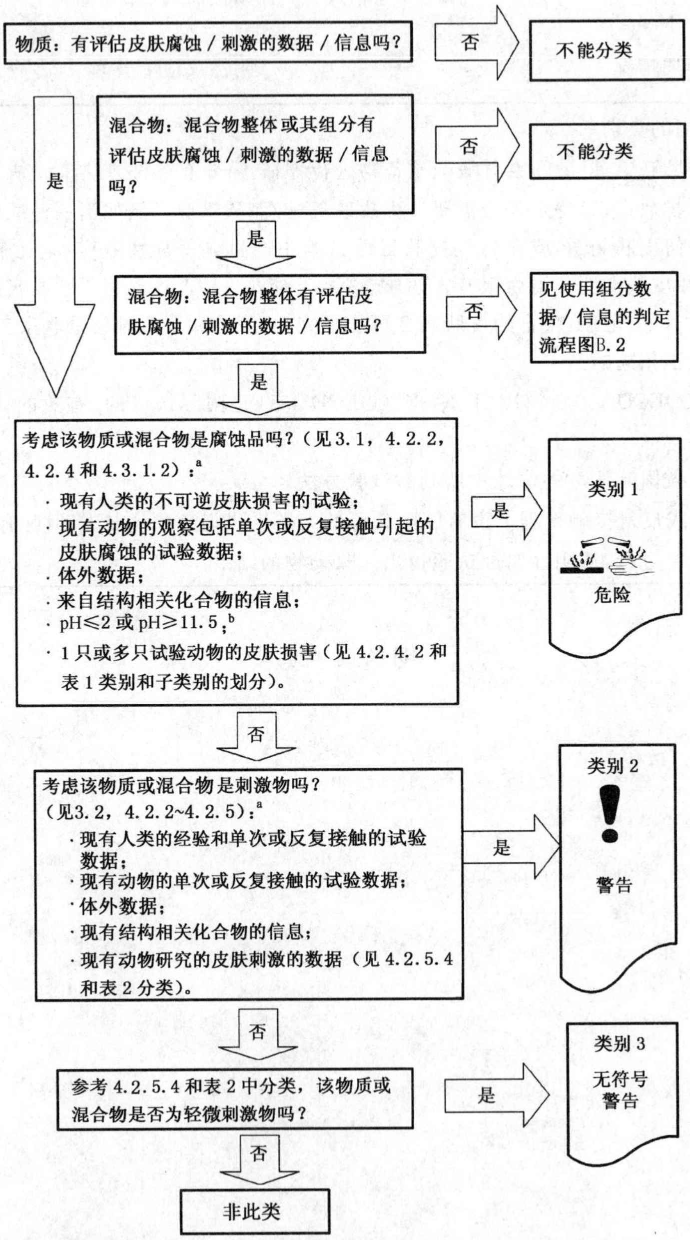

a 图 A.1 载有详细的试验和评估办法。

b 如适当，应考虑酸/碱储备能力。

图 B.1　皮肤腐蚀/刺激的判定逻辑

B.2 根据组分信息/数据进行混合物皮肤腐蚀/刺激分类的判定逻辑

图 B.2 给出了根据组分信息/数据进行混合物皮肤腐蚀/刺激分类的判定逻辑。

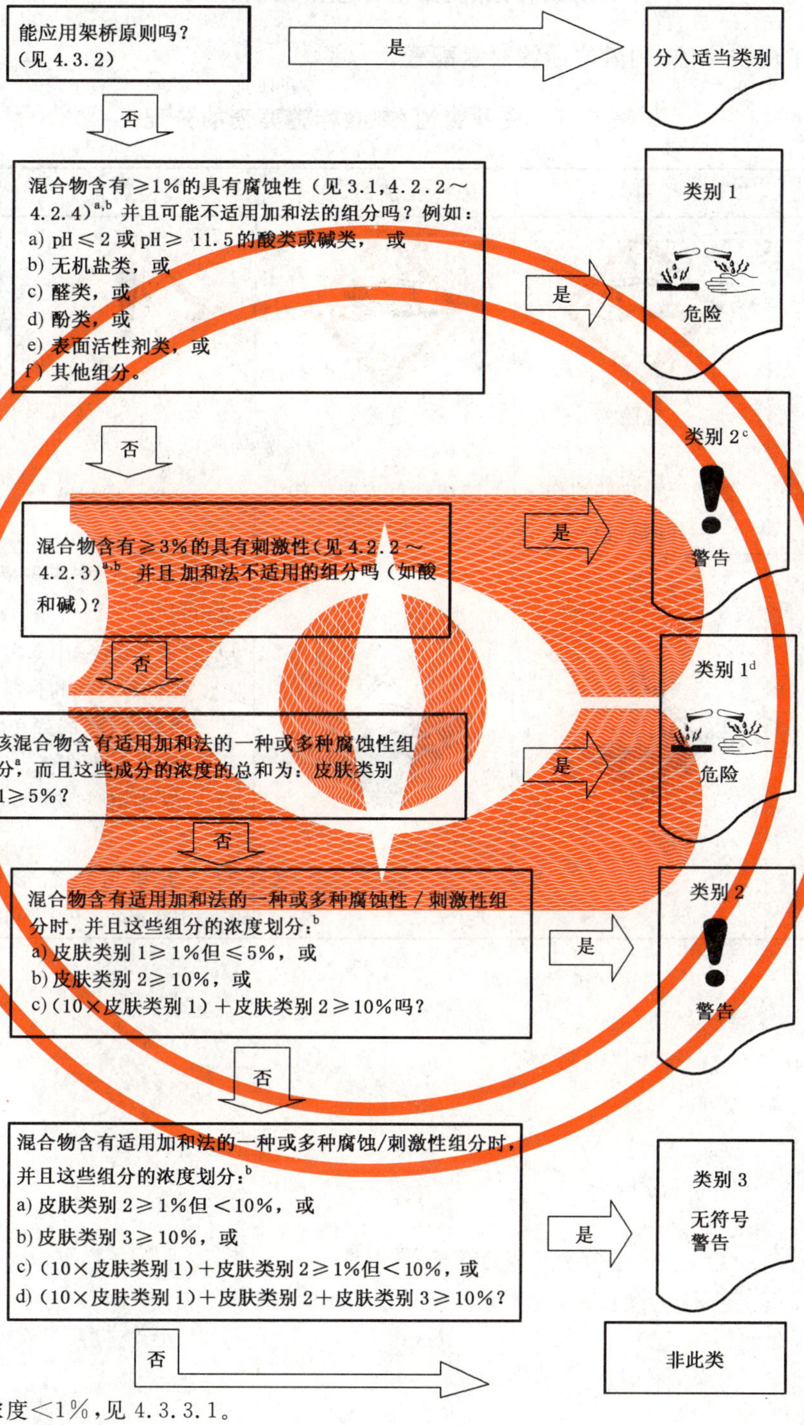

[a] 或者有关组分浓度<1%,见 4.3.3.1。

[b] 关于具体的浓度极限值,见 4.3.3.6。

[c] 如果混合物也含有适用加和法的腐蚀或刺激组分,转至下框。

[d] 关于类别 1 各子类别的详细使用办法,见表 3 注释。

图 B.2 根据组分信息/数据进行混合物皮肤腐蚀/刺激分类的判定逻辑

附 录 C
（规范性附录）
皮肤腐蚀/刺激的标签要素的分配

表 C.1 给出了皮肤腐蚀/刺激的标签要素配置。

表 C.1 皮肤腐蚀/刺激标签要素的分配

<table>
<tr><th>类别 1A</th><th>类别 1B</th><th>类别 1C</th><th>类别 2</th><th>类别 3</th></tr>
<tr><td>
危险
造成严重皮肤灼伤和眼损伤</td><td>
危险
造成严重皮肤灼伤和眼损伤</td><td>
危险
造成严重皮肤灼伤和眼损伤</td><td>
警告
造成皮肤刺激</td><td>无图形符号
警告
造成轻微皮肤刺激</td></tr>
<tr><td></td><td></td><td></td><td colspan="2">在《规章范本》中未做要求。
说明：
1）《规章范本》中图形符号（见 GB 30000.17 化学品分类和标签规范　第 17 部分：金属腐蚀物）的颜色：图形符号，数字为黑色，背景为白色。
2）图中数字 8 为 GB 6944—2012 中第 8 类。
3）货物运输图形标志的最小尺寸为 100 mm×100 mm。</td></tr>
</table>

附　录　D
（规范性附录）
皮肤腐蚀/刺激分类和标签要素

皮肤腐蚀/刺激分类和标签要素见表 D.1。

表 D.1　皮肤腐蚀/刺激分类和标签要素

<table>
<tr><th>危害类别</th><th>分　类</th><th colspan="2">危险公示要素</th></tr>
<tr><td rowspan="3">1
腐蚀包括子类别 A,B 和 C（见本标准表 A.1）</td><td rowspan="3">1. 对于物质和试验过的混合物：
a)　人类经验表明对皮肤造成不可逆的伤害；
b)　与已分类为腐蚀的物质或混合物的结构/活性关系；
c)　pH≤2 和 pH≥11.5 包括酸/碱储备量；
d)　有效和认可的体外皮肤腐蚀试验得到阳性结果；或
e)　动物经验或试验数据表明，该物质/混合物在接触 4 h 内对皮肤造成不可逆伤害（见本标准表 A.1）。
2. 如果没有混合物的数据，使用的架桥原则（见 4.3.2）。
3. 如果架桥原则不适用
a)　成分浓度能相加的混合物：如果第 1 类成分浓度≥5%，划入第 1 类；
b)　成分浓度不能相加的混合物：如果第 1 类成分浓度≥1%，划入第 1 类（见 4.3.3.4）。</td><td>图形符号</td><td></td></tr>
<tr><td>信号词</td><td>危险</td></tr>
<tr><td>危险说明</td><td>造成严重皮肤灼伤和眼损伤</td></tr>
<tr><td rowspan="3">2
刺激</td><td rowspan="3">1. 对于物质和试验过的混合物：
a)　人类经验或试验数据表明在皮肤接触 4 h 内，皮肤受到可逆的伤害；
b)　与已经分类为刺激的物质或混合物的结构/活性关系；
c)　有效和认可的体外皮肤刺激试验结果呈阳性；或
d)　动物经验或试验数据表明，该物质/混合物在接触 4 h 后对皮肤造成可逆的伤害，红斑/结痂或水肿的平均值为≥2.3 和≤4.0，或者炎症在 2/3 的试验动物身上持续至观测期结束时（见表 2）。
2. 如果没有混合物的数据，使用架桥原则（见 4.3.2）。
3. 如果架桥原则不适用：
a)　成分浓度能相加的混合物，在以下情况下划入第 2 类：
（一）如果第 1 类成分浓度之和≥1%但<5%；或
（二）如果第 2 类成分浓度之和≥10%；或
（三）如果[（10×第 1 类成分浓度之和＋第 2 类成分浓度之和）]≥10%。
b)　成分浓度不能加和的混合物：
如果混合物中第 2 类成分的含量≥3%，划入第 2 类（见 4.3.3.4）。</td><td>图形符号</td><td></td></tr>
<tr><td>信号词</td><td>警告</td></tr>
<tr><td>危险说明</td><td>造成皮肤刺激</td></tr>
</table>

表 D.1（续）

<table>
<tr><th>危害类别</th><th>分　　类</th><th colspan="2">危险公示要素</th></tr>
<tr><td rowspan="3">3
轻度刺激</td><td rowspan="3">1. 对于物质和试验过的混合物：
动物经验或试验数据表明，物质/混合物在接触 4 h 后对皮肤造成可恢复的伤害，2/3 的试验动物的红斑/焦痂或水肿平均值为≥1.5 且＜2.3，(见表 2)。
2. 如果没有混合物的数据，使用的架桥原则(4.3.2)。
3. 如果架桥原则不适用：
a)　成分浓度能相加的混合物，在以下情况下划入第 3 类：
(一)第 2 类成分浓度之和≥1％但＜10％；或
(二)第 3 类成分浓度之和≥10％；或
(三)(10×第 1 类成分浓度之和)＋(第 2 类成分浓度之和)≥1％但＜10％；或
(四)(10×第 1 类成分浓度之和)＋(第 2 类成分浓度之和)＋(第 3 类成分浓度之和)≥10％。
b)　成分浓度不能加和的混合物：
如果混合物中第 3 类成分的含量≥3％，划入第 3 类(见 4.3.3.4)。</td><td>图形符号</td><td>不使用</td></tr>
<tr><td>信号词</td><td>警告</td></tr>
<tr><td>危险说明</td><td>造成轻微
皮肤刺激</td></tr>
</table>

附　录　E
（资料性附录）
皮肤腐蚀/刺激的危险说明和防范说明

E.1　概述

E.1.1　本附录为皮肤腐蚀/刺激如何使用符合 GHS 的危险说明和防范说明提供指导，列出皮肤腐蚀/刺激每一危险种类和危险类别的危险说明和防范说明，见 GB 13690。

E.1.2　危险说明的编码

E.1.2.1　危险说明的编码见 GHS 附件 3。

E.1.2.2　每一种危险说明均设定一个专门的字母数字混合代码，由 1 个字母和 3 个数字组成，具体如下：

a)　字母“H”(代表“危险说明”)；

b)　第 1 个数字，代表不同部分编号设定的危险说明所指危险类型，具体如下：

——“2”代表物理危险；

——“3”代表健康危害；

——“4”代表环境危害；

c)　后 2 个数字，对应于物质或者混合物固有属性引起的危险的序列编号，如：爆炸性(代码 200 至 210)、易燃性(代码 220 至 230)，等等。

E.1.2.3　除非另有规定，所有指定的危险说明均应出现在标签上。主管部门可规定危险说明在标签出现的顺序。此外，在组合危险说明提供两种或者以上危险说明时，主管部门可以具体规定，是否将组合危险说明或者相应的单个说明写入标签，或者由制造商/供应商自行决定。

E.1.3　防范说明应连同统一的危险公示要素(象形图、信号词和危险说明)一起标在符合要求的标签上。附加补充信息，例如使用说明，也可由制造商/供应商和/或主管部门斟酌决定予以补充。

E.1.3.1　防范说明编码见 GHS 附件 3。

E.1.3.2　防范说明的编码

E.1.3.2.1　每一防范说明均设定一个专门的字母数字混合代码，由 1 个字母和 3 个数字组成，具体如下：

a)　字母“P”(代表“防范说明”)；

b)　第 1 个数字，代表防范说明的类型，具体如下：

——“1”代表一般防范说明；

——“2”代表预防防范说明；

——“3”代表应急防范说明；

——“4”代表贮存防范说明；

——“5”代表处置防范说明；

c)　后 2 个数字(对应于防范说明的序列编号)。

E.1.3.2.2　防范说明代码用作参考。防范说明代码不是防范说明条文的一部分，不应用其替代防范说明条文。

E.2 一般防范说明

对被划为危害人类健康或环境的所有物质和混合物应采取一般防范措施。以下一般防范说明在给定的条件下适用于GHS标签(见表E.1)。

表E.1 一般防范说明

对象	补充信息	编码	一般防范说明
一般公众	GHS标签,补充标签信息	**P101**	**如需就医:请随身携带产品容器或标签。**
		P102	**放在儿童无法触及之处。**
		P103	**使用前请阅读标签。**
生产工人	标签,补充标签信息、安全技术说明书、工作场所标志		无

E.3 皮肤腐蚀/刺激防范说明

E.3.1 皮肤腐蚀的防范说明见表E.2。

表 E.2 皮肤腐蚀的防范说明

图形符号
腐蚀

危险类别	信号词	危险说明
1A 至 1C	危险	H314 造成严重皮肤灼伤和眼损伤

防范说明			
预防	应急	贮存	处置
P260 **不要吸入粉尘/烟/气体/烟雾/蒸汽/喷雾。** ——如果使用中会出现可吸入的粉尘或烟雾颗粒。 **P264** **作业后彻底清洗……。** …… 制造商/供应商或主管部门列明作业后需清洗的身体部位。 **P280** **戴防护手套/穿防护服/戴防护眼罩/戴防护面具。** 制造商/供应商或主管部门列明设备类型。	**P301＋P330＋P331** **如误吞咽:漱口。不要诱导呕吐。** **P303＋P361＋P353** **如皮肤(或头发)沾染:立即去除/脱掉所有沾染的衣服。用水清洗皮肤/淋浴。** **P363** **沾染的衣服清洗后方可重新使用。** **P304＋P340** **如误吸入:将受害人转移到空气新鲜处,保持呼吸舒适的休息姿势。** **P310** **立即呼叫解毒中心或医生。** **P321** **具体治疗(见本标签上的……)。** ……参看附加急救指示。 ——制造商/供应商或主管部门列明一种清洗剂。 **P305＋P351＋P338** **如进入眼睛:用水小心冲洗几分钟。如戴隐形眼镜并可方便地取出,取出隐形眼镜。继续冲洗。**	**P405** **存放处须加锁。**	**P501** **处置内装物/容器……** ……按照地方/区域/国家/国际规章(待规定)。

E.3.2 皮肤刺激的防范说明见表 E.3。

表 E.3 皮肤刺激的防范说明

图形符号
感叹号

危险类别	**信号词**	**危险说明**
2	警告	H315 造成皮肤刺激

防范说明			
预防	应急	贮存	处置
P264 **作业后彻底清洗……。** …… 制造商/供应商或主管部门列明作业后需清洗的身体部位。 **P280** **戴防护手套。** 制造商/供应商或主管部门列明设备类型。	**P302＋P352** **如皮肤沾染：用大量肥皂和水清洗。** …… 如果允许，制造商/供应商或主管部门应具体列明一种清洗剂，或者在某些不可使用水作为清洗剂的情形下可推荐替代清洗剂。 **P321** **具体治疗(见本标签上的……)。** ……参看附加急救指示。 ——制造商/供应商或主管部门列明一种清洗剂。 **P332＋P313** **如发生皮肤刺激：求医/就诊。** ——当 P333＋P313 出现在标签上可略去。 **P362＋P364** **脱掉所有沾染的衣服，清洗后方可重新使用。**		

E.3.3 轻微皮肤刺激的防范说明见表 E.4。

表 E.4 轻微皮肤刺激的防范说明

图形符号
无图形符号

危险类别	**信号词**	**危险说明**
3	警告	H316 造成轻微皮肤刺激

防范说明			
预防	应急	贮存	处置
	P332＋P313 **如发生皮肤刺激：求医/就诊。** ——当 P333＋P313 出现在标签上可略去。		

附　录　F
（资料性附录）
皮肤腐蚀/刺激标签样例

F.1　皮肤腐蚀/刺激类别1标签的样例（见图 F.1）

编　码

产品名称

危 险
放在儿童无法触及之处
使用前请读标签
造成严重皮肤灼伤和眼损伤

运输象形图

联合国编号
正式运输名称

公司名称

街名及号码
国家、省、城市、邮编
电话号码
紧急呼叫电话
使用说明：

预防
不要吸入粉尘/烟/气体/烟雾/蒸汽/喷雾。
——如果使用中会出现可吸入的粉尘或烟雾颗粒。
作业后彻底清洗……。
……制造商/供应商或主管部门列明作业后需清洗的身体部位。
戴防护手套/穿防护服/戴防护眼罩/戴防护面具。
制造商/供应商或主管部门列明设备类型。
应急
如误吞咽：漱口。不要诱导呕吐。
如皮肤（或头发）沾染：立即去除/脱掉所有沾染的衣服。用水清洗皮肤/淋浴。
沾染的衣服清洗后方可重新使用。
如误吸入：将受害人转移到空气新鲜处，保持呼吸舒适的休息姿势。
立即呼叫解毒中心或医生。
具体治疗（见本标签上的……）。
……参看附加急救指示。
——制造商/供应商或主管部门列明一种清洗剂。
如进入眼睛：用水小心冲洗几分钟。如戴隐形眼镜并可方便地取出，取出隐形眼镜。继续冲洗。
贮存
存放处须加锁。
处置
处置内装物/容器……
……按照地方/区域/国家/国际规章（待规定）。

装载质量：　　　　批　　号：
毛　　重：　　　　装载日期：
有 效 期：

图 F.1　皮肤腐蚀/刺激类别1标签的示例

F.2 皮肤腐蚀/刺激类别 2 标签的样例(见图 F.2)

编　码

产品名称

公司名称

街名及号码
国家、省、城市、邮编
电话号码
紧急呼叫电话

使用说明：

装载质量：　　　　批号：
毛　　重：　　　　装载日期：
有 效 期：

警告
放在儿童无法触及之处
使用前请读标签
造成皮肤刺激

预防
作业后彻底清洗……。
……制造商/供应商或主管部门列明作业后需清洗的身体部位。
戴防护手套。
制造商/供应商或主管部门列明设备类型。
应急
如皮肤沾染：用大量肥皂和水清洗。
…… 如果允许，制造商/供应商或主管部门应具体列明一种清洗剂，或者在某些不可使用水作为清洗剂的情形下可推荐替代清洗剂。
具体治疗(见本标签上的……)。
……参看附加急救指示。
——制造商/供应商或主管部门列明一种清洗剂。
如发生皮肤刺激：求医/就诊。
——当 P333＋P313 出现在标签上可略去。
脱掉所有沾染的衣服，清洗后方可重新使用。

运输象形图
无符号

联合国编号
正式运输名称

图 F.2　皮肤腐蚀/刺激类别 2 标签的示例

F.3　皮肤腐蚀/刺激类别 3 标签的样例(见图 F.3)

编　码

产品名称

无符号

运输象形图
无符号

警告
放在儿童无法触及之处
使用前请读标签
造成轻微皮肤刺激

联合国编号
正式运输名称

公司名称

街名及号码
国家、省、城市、邮编
电话号码
紧急呼叫电话
使用说明：

应急
如发生皮肤刺激：求医/就诊。
——当 P333+P313 出现在标签上可略去。

装载质量：　　　　批　　号：
毛　　重：　　　　装载日期：
有 效 期 ：

图 F.3　皮肤腐蚀/刺激类别 3 标签的示例

ICS 13.300
A 80

中华人民共和国国家标准

GB 30000.20—2013
代替 GB 20594—2006

化学品分类和标签规范
第20部分:严重眼损伤/眼刺激

**Rules for classification and labelling of chemicals—
Part 20:Serious eye damage/eye irritation**

2013-10-10 发布 2014-11-01 实施

中华人民共和国国家质量监督检验检疫总局
中国国家标准化管理委员会 发布

前 言

本部分第4章和第6章为强制性的，其余为推荐性的。

GB 30000《化学品分类和标签规范》的预期结构和将代替的国家标准为：

——第1部分：通则(代替 GB 13690—2009)；
——第2部分：爆炸物(代替 GB 20576—2006)；
——第3部分：易燃气体(代替 GB 20577—2006)；
——第4部分：气溶胶(代替 GB 20578—2006)；
——第5部分：氧化性气体(代替 GB 20579—2006)；
——第6部分：加压气体(代替 GB 20580—2006)；
——第7部分：易燃液体(代替 GB 20581—2006)；
——第8部分：易燃固体(代替 GB 20582—2006)；
——第9部分：自反应物质和混合物(代替 GB 20583—2006)；
——第10部分：自燃液体(代替 GB 20585—2006)；
——第11部分：自燃固体(代替 GB 20586—2006)；
——第12部分：自热物质和混合物(代替 GB 20584—2006)；
——第13部分：遇水放出易燃气体的物质和混合物(代替 GB 20587—2006)；
——第14部分：氧化性液体(代替 GB 20589—2006)；
——第15部分：氧化性固体(代替 GB 20590—2006)；
——第16部分：有机过氧化物(代替 GB 20591—2006)；
——第17部分：金属腐蚀物(代替 GB 20588—2006)；
——第18部分：急性毒性(代替 GB 20592—2006)；
——第19部分：皮肤腐蚀/刺激(代替 GB 20593—2006)；
——第20部分：严重眼损伤/眼刺激(代替 GB 20594—2006)；
——第21部分：呼吸道或皮肤致敏(代替 GB 20595—2006)；
——第22部分：生殖细胞致突变性(代替 GB 20596—2006)；
——第23部分：致癌性(代替 GB 20597—2006)；
——第24部分：生殖毒性(代替 GB 20598—2006)；
——第25部分：特异性靶器官毒性　一次接触(代替 GB 20599—2006)；
——第26部分：特异性靶器官毒性　反复接触(代替 GB 20601—2006)；
——第27部分：吸入危害；
——第28部分：对水环境的危害(代替 GB 20602—2006)；
——第29部分：对臭氧层的危害；
——第30部分：化学品作业场所警示性标志；

本部分为 GB 30000 的第20部分。

本部分按照 GB/T 1.1—2009 给出的规则起草。

本部分代替 GB 20594—2006《化学品分类、警示标签和警示性说明安全规范　严重眼睛损伤/眼睛刺激性》

本部分与联合国《全球化学品统一分类和标签制度》(Globally Harmonized System of Classification and Labelling of Chemicals，GHS)(第四修订版)的有关技术内容一致。

与 GB 20594—2006 相比,主要技术内容变化如下:

——修改了标准名称,中文名称改为“化学品分类和标签规范　第 20 部分:严重眼损伤/眼刺激”,英文名称改为“Rules for classification and labelling of chemicals—Part 20:Serious eye damage/eye irritation”;

——修改了第 1 章范围内容,将“警示标签”改为“标签”、删除“警示性说明”;

——修改了第 2 章“规范性引用文件”的引导语;

——增加第 3 章“术语和定义”的引导语;

——增加 4.1“一般原则”;

——将第 5 章图 2 和图 3 关于判定逻辑的内容作为资料性附录 A;

——删除了原第 7 章,按联合国《全球化学品统一分类和标签制度》(第四修订版)将原第 7 章的表 6 修改后作为规范性附录 B;

——按联合国《全球化学品统一分类和标签制度》(第四修订版)将原第 6 章、第 7 章、第 8 章修改整合成第 6 章;原表 5 修改后作为规范性附录 C;

——删除了原第 8 章,将相关的“危险说明”和“防范说明”内容作为资料性附录 D;

——增加了资料性附录 E“标签的例子”。

本部分由全国危险化学品管理标准化技术委员会(SAC/TC 251)提出并归口。

本部分起草单位:江苏出入境检验检疫局、中国化工信息中心、国家危险化学品质量监督检验中心、华峰集团有限公司

本部分主要起草人:钱苏华、汪蓉、周志荣、汤礼军、张君玺、葛晓军、李肖锋。

本部分所替代标准的历次版本发布情况:

——GB 20594—2006。

化学品分类和标签规范
第20部分:严重眼损伤/眼刺激

1 范围

GB 30000的本部分规定了具有严重眼损伤/眼刺激化学品的术语和定义、分类标准、判定逻辑和标签。

本部分适用于具有严重眼损伤/眼刺激的化学品按联合国《全球化学品统一分类和标签制度》(以下简称GHS)分类和标签。

2 规范性引用文件

下列文件对于本文件的应用是必不可少的。凡是注日期的引用文件,仅注日期的版本适用于本文件。凡是不注日期的引用文件,其最新版本(包括所有的修改单)适用于本文件。

GB 13690 化学品分类和危险性公示 通则

GB 30000.19—2013 化学品分类和标签规范 第19部分:皮肤腐蚀/刺激

联合国《全球化学品统一分类和标签制度》(第四修订版)

联合国《关于危险货物运输的建议书 规章范本》(第十七修订版)

3 术语和定义

GB 13690界定的以及下列术语和定义适用于本文件。

3.1

严重眼损伤 serious eye damage

将受试物施用于眼睛前部表面进行暴露接触,引起了眼部组织损伤,或出现严重的视觉衰退,且在暴露后的21 d内尚不能完全恢复。

3.2

眼刺激 eye irritation

将受试物施用于眼睛前部表面进行暴露接触后,眼睛发生的改变,且在暴露后的21 d内出现的改变可完全消失,恢复正常。

4 分类标准

4.1 一般原则

严重眼损伤/眼刺激分类和标签的一般原则见GB 13690。

4.2 物质的分类标准

4.2.1 应使用分层试验和评估方案,将已有的有关严重视觉组织损伤和眼刺激(包括以往人类或动物经验方面的数据),以及结构-活性关系(SAR)的信息和有效的体外试验结果结合起来,以避免不必要的动物试验。

4.2.2　对眼刺激和严重眼损伤分类建议包括业已统一并由所有主管部分使用的要素,以及只有一些主管部门(例如,对农药进行分类的管理部门)将使用的任择子类别。

4.2.3　在进行任何体内严重眼损伤/眼刺激试验之前,应审查受试物的所有现有信息。从现有数据常可初步判定某物质是否会导致严重(即不可逆)眼损伤。如果能这样对受试物作出分类,则无需进行任何试验。应采用严重眼损伤和眼刺激分层试验策略来评估受试物现有信息或新的未研究过物质。

4.2.4　在进行试验之前,确定物质的严重眼损伤或刺激潜力时,应结合以下几个因素。首先应分析积累的人类和动物经验,因为它们可提供与眼部效应直接相关的信息。在某些情况下,可从结构相关的化合物得到足够的信息做出危害类别的判定。同样,诸如 pH≤2 和 pH≥11.5 时,也可能造成严重的眼损伤,特别是在它们与显著的缓冲能力联系在一起时。这样的物质可能对眼部产生显著的影响。在评价严重眼损伤/眼刺激之前,应对可能的皮肤腐蚀性做出评估,以避免用皮肤腐蚀物进行眼部局部效应试验。可使用业已证明有效并得到认可的体外替代试验进行分类。

4.2.5　在确定是否需要进行体内眼刺激试验时,应使用物质的所有可得的上述信息。虽然从一层内的单一参数评估中可能获得信息(例如,有极限 pH 值的苛性碱应视为局部腐蚀物),但在结合已有信息的整体性和对全部证据进行权重时仍然是很有价值的。在只有部分参数而不是所有参数的信息时,尤其如此。一般情况下,第一重点应结合有关物质的人类经验的专家判断,其次是皮肤刺激性试验和可靠的替代方法的试验结果。应尽可能避免用腐蚀性物质进行动物试验。

4.2.6　由于在某些情况下,并不是所有的要素都是相关联的,因此,可使用分层方法来评估原始信息。在瑞典苏纳召开的一次专题研讨会期间,各国(国际)动物试验替代方法测定中心和委员会提出了各种建议,这些建议推动了图 1 所解释的分层方法的发展。

步骤	参　数	结　果	结　论
1a	与以往的人类或动物经验有关的数据	→ 严重眼损伤	→ 类别 1
		→ 眼刺激	→ 类别 2
	↓ 无或不知道 ↓		
1b	与以往的人类或动物经验有关的数据	→ 皮肤腐蚀物	→ 没有对眼部效应的评估:视为类别 1
	↓ 无或不知道 ↓		
1c	与以往的人类或动物经验有关的数据	→ 皮肤刺激物	→ 没有对眼部效应的评估:视为类别 2
	↓ 无或不知道 ↓		
2a	结构活性关系(SAR)	→ 严重眼损伤	→ 类别 1
	无或不知道 ↓		
2b	结构活性关系(SAR)	→ 眼刺激	→ 没有对眼部效应的评估:视为类别 2

图 1　严重眼损伤和眼刺激的试验和评估

步骤	试验/信息	结果	结论
	无或不知道 ↓		
2c	结构活性关系(SAR)	→ 皮肤腐蚀物	→ 没有对眼部效应的评估:视为类别 1
	无或不知道 ↓		
3a	pH 值/酸或碱预留物 ↓	→ $pH \geq 11.5$ 或 $pH \leq 2$（结合酸或碱的预留物）	→ 类别 1
3b	$2 < pH < 11.5$（无缓冲潜力） ↓		
4	其他信息表明该物质是皮肤腐蚀物	→ 是	→ 没有对眼部效应的评估:视为类别 1
5	↓ 否 有有效的体外试验来评估严重眼损伤吗?	→ 否	→ 进入步骤 6
5a	↓ 严重眼刺激体外试验	→ 严重眼损伤	→ 类别 1
	↓ 不是严重眼刺激物 ↓		
6	有有效的眼刺激体外试验吗?	→ 否 → 但严重眼刺激体外试验是阴性	→ 进入步骤 8
		→ 否 → 没有任何体外试验	→ 进入步骤 7
	↓ 是 ↓		
6a	体外眼刺激试验	→ 眼刺激物	→ 类别 2
	↓ 没有眼刺激性的迹象 ↓		
7	用试验方法评估皮肤腐蚀的可能性（见皮肤刺激/腐蚀试验策略）	→ 皮肤腐蚀	→ 没有对眼部效应的评估:视为类别 1
	↓ 无腐蚀性 ↓		
8	1 只兔子眼部试验	→ 严重眼损伤	→ 类别 1
	↓ 无严重损伤 ↓		
9	另外 1 或 2 只兔子	→ 眼刺激物	→ 类别 2
	↓	→ 不是眼刺激物	→ 不分类

图 1（续）

步骤 1a/b：　与人类或动物经验有关的数据：分开显示有关眼刺激和皮肤腐蚀的现有信息，因为如果没有有关眼局部效应的信息，应评估皮肤腐蚀性。对物质的已有经验进行分析可以确定皮肤和眼部效应的严重眼损伤、腐蚀和刺激潜力：

（ⅰ）步骤 1a——基于人类或动物经验的确定眼刺激性的可靠方法，经过专家判断：在大部分情况下，人类经验都是基于意外事件，因此，应将意外事件发生后发现的局部效应与为评估动物试验数据而建立的分类标准进行比较；

（ⅱ）步骤 1b——评估皮肤腐蚀性数据，皮肤腐蚀物不应滴入动物的眼睛里。应将这样的物质视为也会导致严重眼损伤的物质(类别 1)。

步骤 2a/b/c：分别显示眼刺激和皮肤腐蚀的结构活性关系（SAR），但实际上，它们可能会平行进行。这一阶段应采用业已证明有效和得到认可的结构活性关系方法（SAR）完成。SAR 分析可确定皮肤和眼部效应的严重眼损伤、腐蚀和刺激潜力：

（ⅰ）步骤 2a——仅通过理论评估来确定眼刺激的可靠方法，在大多数情况下，它仅适合于与性质众所周知的试剂是同系物的物质。

（ⅱ）步骤 2c——对皮肤腐蚀性的理论评估，皮肤腐蚀物不应滴入动物的眼睛里。应将这样的物质视为也会导致严重眼损伤的物质(类别 1)。

步骤 3：　诸如 pH≤2 或 pH≥11.5 的极限 pH 值可能说明有强烈的局部效应，如与酸或碱预留物的评估相结合，则更是这样。应将显示出这样的物理化学性质的物质视为会导致严重眼损伤(类别 1)。

步骤 4：　应使用所有可获得的信息，包括人类经验。但这种信息应仅限于已有的信息(例如，皮肤 LD_{50} 试验的结果或以往有关皮肤腐蚀的信息)。

步骤 5：　这些应该是根据国际议定原则和标准，业已证明有效的评估眼刺激或严重眼损伤(例如，不可逆的角膜浑浊)的替代方法。

步骤 6：　目前，该步骤在可遇见的将来似乎不能实现。需要发展经证明有效的替代方法，以便进行可靠的(可逆)眼刺激评估。

步骤 7：　如果没有任何其他相关信息时，在进行兔子眼刺激试验之前，通过国际认可的腐蚀/刺激性试验获得有关信息是必要的。这应以分阶段的方式进行。如果可能，应使用被证明有效并得到认可的体外皮肤腐蚀性测定方法。如果不能使用这种办法，则应使用动物试验来完成评估，(见 GB 30000.19—2013 化学品分类和标签安全规范　第 19 部分：皮肤腐蚀/刺激中的第 4.2)。

步骤 8：　体内眼刺激的分阶段评估。如果在用一只兔子进行的限度试验中观察到严重眼损伤，则不需要进一步试验。

步骤 9：　如果两只动物显示出一致的明显刺激性或非刺激性反应时，则只需使用这两只动物进行刺激性试验(包括用于评估可能的严重效应的试验)。如果它们显示出不同或不明确的反应，则需要第三只动物。根据这三只动物试验的结果，可确定是否需要分类。

图 1（续）

4.2.7　当上述试验策略所需数据不能得到时，推荐的分层试验方法可提供很好的指导，说明如何组织有关受试物的现有信息和如何对危害评估和危害分类做出有证据权重的决定(最好无需进行新的动物试验)。

4.2.8 对眼部的不可逆效应/严重眼损伤(类别 1)

对潜在的严重损伤眼睛的物质采用单一的统一危险类别。该危险类别－类别 1(对眼部引起不可逆效应)－包括表 1 所列标准。这些观察包括在试验过程中任何时间观察到动物 4 级角膜病变和其他严重反应(例如,角膜破损),以及持续的角膜浑浊、染料物质造成角膜褪色、粘连、角膜翳、干扰虹膜功能或损坏视力的其他效应。在这方面,持续病变是指在正常 21 d 的观察期内不能完全恢复的病变。危险性分类:类别 1 还包括满足在兔 Draize 眼试验中检测到角膜浑浊度不小于 3 或虹膜炎大于 1.5 标准的物质,因为这种严重程度的病变在 21 d 观察期内是不会消失恢复正常的。

表 1 眼部不可逆效应的分类标准和和类别

试验物质有以下情况,分类为眼刺激类别 1(对眼部不可逆效应): ——至少一只动物的角膜、虹膜或结膜受到影响,并预期不可逆或在正常 21 d 观察期内无法完全恢复;和/或 ——三只试验动物,至少两只有如下阳性反应: a) 角膜浑浊不小于 3;和/或 b) 虹膜炎大于 1.5; 在受试物质施加之后 24 h、48 h 和 72 h 的分级的平均值计算。
注:人类数据的使用在 GHS 中第 1.1.2.5(c)节和第 1.3.2.4.7 节中讨论。

4.2.9 对眼部的可逆效应(类别 2)

对潜在的引起可逆性眼刺激作用的物质采用单一的危险类别。该单一危险类别允许在该类别内使用一个子类别,用于引起 7 d 观察期内可逆的眼刺激效应的物质。主张将“眼刺激物”分类分为单一类别的主管部门可以采用统一的类别 2(眼刺激);可能还有其他主管部门希望在类别 2A(眼刺激)和类别 2B(轻微的眼刺激)两个子类别之间作出区分,具体见表 2。对于在动物实验中反应有明显变化的化学品,可在决定分类时将此危险类别细分为类别 2A 和类别 2B。

表 2 眼部可逆效应的分类标准和类别

试验物质有以下情况,分类为眼刺激类别 2A: ——三只试验动物中至少有两只出现如下阳性反应: a) 角膜浑浊不小于 1;和/或 b) 虹膜炎不小于 1;和/或 c) 结膜充血不小于 2;和/或 d) 结膜浮肿不小于 2 在受试物质施加之后 24 h、48 h 和 72 h 的分级的平均值计算,而且在正常 21 d 观察期内完全恢复。 ——在本类别范围,如以上所列效应在 7 d 观察期内完全恢复,则可认为是轻微眼刺激(子类别 2B)。

4.3 混合物的分类标准

4.3.1 有混合物整体数据时的混合物分类

混合物将用物质的分类标准进行分类,同时应结合试验和评价程序以完善这些危险分类的数据。与其他危险类别不同,对于某些类型的化学品,可用替代试验来确定其皮肤腐蚀性。这些替代试验能为分类提供准确的结果,并且施行起来既方便,成本又低。在进行混合物试验时,鼓励制造商采用物质皮肤腐蚀和严重眼损伤和眼刺激分类标准中的分层证据权重方法,以帮助准确分类,并可避免不必要的动物试验。如果一种混合物其 pH≤2 或 pH≥11.5,则被认为会导致严重眼损伤(类别 1)。如果结合碱/酸预备物的结果表明,虽然物质或混合物有很低或很高的 pH 值,但可能并不会导致严重眼损伤,则需进行进一步的试验来确认，最好是采用适当的被证明有效的体外试验。

4.3.2 无混合物整体数据时的混合物分类：架桥原则

4.3.2.1 如果混合物本身并没有进行过确定其皮肤腐蚀或引起严重眼损伤或刺激可能性的试验，但是对其单个组分和试验过的类似混合物均掌握充足数据，足以合理地说明该混合物的危险性，则可根据以下议定的架桥原则使用这些数据。这可确保分类过程最大程度地使用现有数据来确定混合物的危险特性，而无需对动物进行额外试验。

4.3.2.2 稀释

如果做过试验的混合物用稀释剂进行稀释，稀释剂对眼睛的严重损伤/刺激作用比混合物中严重损伤/刺激性最少的组分相同或更低，同时不会影响其他组分的腐蚀性/刺激性，则经稀释的新混合物可划为与原做过试验的混合物相同的类别。另外，可以采用4.2.3中所述方法。

4.3.2.3 产品批次

混合物已做过试验的一个生产批次的刺激性/严重眼损伤可能性，可认为实际上与同一制造商或在其控制下生产的同一商业产品的另一个未经试验的产品批次的刺激性/严重眼损伤可能性相同，除非有理由认为，未经试验的产品批次的刺激性/严重眼损伤可能性有显著变化。如果是后一种情况，则需进行新的分类。

4.3.2.4 最高严重眼损伤/刺激类别的混合物浓度

如果划为严重眼损伤最高类别的试验混合物是浓缩物，则浓度更大的未试验过的混合物应划分为严重眼损伤最高类别，而无需另做试验。如果划为皮肤/眼睛刺激最高子类别的试验混合物是浓缩物，且不含严重眼损伤组分，则浓度更大的未做过试验的混合物应划为眼刺激最高子类别中，而无需另做试验。

4.3.2.5 一种毒性类别内的内推法

对于三种具有同样组分的混合物（A、B和C），混合物A和混合物B经过测试，属同一刺激性/严重眼损伤类别，而混合物C未经测试，但混合物C具有同样的刺激/严重眼损伤活性组分且浓度介于混合物A和B的相应组分浓度之间，则可推断混合物C与混合物A和B属于同一刺激/严重眼损类别。

4.3.2.6 实质上类似的混合物

假定下列情况：

a) 两种混合物：Ⅰ)A+B，Ⅱ)C+B；
b) 组分B的浓度在两种混合物中相同；
c) 在混合物Ⅰ)中组分A的浓度等于在混合物Ⅱ)中组分C的浓度；
d) 已有组分A和组分C的刺激性/严重眼损伤数据，且这些数据实质上相同，即它们属于相同的危险类别，而且预期不会影响组分B的毒性。

如果混合物Ⅰ)或Ⅱ)已根据试验结果分类，则另一混合物可以划为相同的危险类别。

4.3.2.7 气溶胶

气溶胶形态的混合物可以按已经试验过的非气溶胶形态的混合物分类，划为相同的危害类别，前提是在喷雾时增加的喷射剂不影响该混合物的刺激性/腐蚀性。

注：架桥原则可应用于气溶胶的固有危险性分类，但是也需要评价喷雾的物理力量对眼睛造成“机械”损伤的可能性。

4.3.3 拥有混合物所有组分数据或只有一些组分数据时的混合物分类

4.3.3.1 为了利用现有数据对混合物眼刺激/严重眼损伤性进行分类，制定了如下假设，并结合实际应用于分层方法：混合物的“相关组分”是指浓度大于等于1%的组分（固体、液体、粉尘、烟雾和蒸气为质量分数，气体为体积分数），除非推测某组分以小于1%浓度存在时仍能与该混合物的眼刺激/严重眼损伤分类有相关性(例如,有腐蚀性组分的情况)。

4.3.3.2　通常,当能得到混合物的各组分数据而得不到混合物整体数据时,混合物按眼刺激/严重眼损伤的分类方法是建立在加和理论的基础上,即每一种腐蚀性或刺激性组分都对混合物的整体眼刺激或腐蚀性具有贡献,贡献程度与其效力和浓度成比例。当腐蚀性组分浓度低于类别1的浓度极限值,但有助于混合物划为刺激物时,该腐蚀组分使用权重因子10。当这样的组分浓度之和超过临界值/浓度极限值时,该混合物就被分类为严重眼损伤或眼刺激物。

4.3.3.3　表3提供了临界值/浓度极限值,可用于确定该混合物是否应分类为对眼刺激物或严重眼损伤物质。

表3　混合物按眼部危害物(类别1或2)分类时皮肤类别1和/或眼部类别1或2的组分浓度

分类为以下类别的组分总和	混合物分类为如下类别的组分浓度	
	不可逆眼部效应	可逆眼部效应
	类别1	类别2
眼部或皮肤类别1	≥3%	≥1%且<3%
眼部类别2/2A		≥10%
(10×眼部类别1)+眼部类别2/2A		≥10%
皮肤类别1+眼部类别1	≥3%	≥1%且<3%
10×(皮肤类别1+眼部类别1)+眼部类别2A/2B		≥10%

4.3.3.4　当对某些类型的化学品进行分类时,如酸和碱、无机盐、醛类、酚类和表面活性剂应特别谨慎。鉴于许多这样的物质在浓度小于1%时都有腐蚀性或刺激性,在4.3.3.1和4.3.3.2中所述的方法可能不适用。对于含强酸或强碱的混合物,pH值应被用作分类原则(见4.3.1)。因为与表3中的浓度极限值相比,pH值是更好的严重眼损伤指标。一种混合物所含的腐蚀性或刺激性组分由于其化学性质而不能根据表3中所示加和方法对其进行分类,则在该混合物含有的腐蚀性组分含量不小于1%时,应将该混合物划为眼部类别1,在含有的刺激性组分含量不小于3%时,应划为眼部类别2。表4归纳了含有不适用表3所述方法的组分的混合物分类。

4.3.3.5　某些情况下,可靠证据可能显示,混合物某一组分的可逆/不可逆眼部效应在浓度高于表3和表4所述一般浓度临界值/浓度极限值时并不明显。在这种情况下,该混合物可根据这些数据进行分类(参见GHS第1.3.3.2临界值/浓度极限值的使用)。有时,如果预计混合物某一组分的皮肤腐蚀/刺激或可逆性/不可逆性眼睛效应在浓度高于表3和表4所述一般浓度临界值/浓度极限值时并不明显,则可以对混合物进行试验。在这种情况下,应使用图1所提及的和在本章中详细说明的分层证据权重方法。

4.3.3.6　如果有数据显示一种或多种组分在浓度小于1%(腐蚀性)或小于3%(刺激性)时可能具有腐蚀性或刺激性,则应对该混合物进行相应的分类(参见GHS第1.3.3.2临界值/浓度极限值的使用)。

表4　不能应用加和法分类为对眼部有危害的混合物组分浓度

组　　分	浓　　度	混合物分类为
pH≤2的酸	≥1%	眼部类别1
pH≥11.5的碱	≥1%	眼部类别1
不适用加和方法的其他腐蚀物(类别1)组分	≥1%	眼部类别1
不适用加和方法的其他刺激物(类别2)组分,包括酸和碱	≥3%	眼部类别2

5 判定逻辑

判定逻辑仅供参考。判定逻辑参见附录A。特别建议负责分类的人员在使用判定逻辑前和使用中研究第4章。

6 标签

6.1 概述

6.1.1 对于严重眼损伤/眼刺激的标签,危险类别都以指定的象形图、信号词和危险说明的顺序列出。联合国《关于危险货物运输的建议书 规章范本》(以下简称《规章范本》)涵盖的危险种类或类别应在标签中列出每个类别指定的相应图形标志。严重眼损伤/眼刺激标签要素的分配见附录B。

6.1.2 有关严重眼损伤/眼刺激的分类标准和标签要素见附录C。

6.1.3 标签上要求的信息包括危险象形图、信号词、危险说明、防范说明、产品标识符和供应商标识等。

注:对于尚未标准化的其他标签要素,如防范说明也需要包括在标签上。主管部门可能还要求提供额外信息,供应商也可能增加补充信息。

6.2 危险象形图

危险象形图应使用黑色符号加白色背景,红框要足够宽,以便醒目。

《规章范本》规定的危险象形图、图形标志颜色、数字和最小尺寸见附录B。

6.3 信号词

信号词指标签上用来表明危险相对严重程度和提醒读者注意潜在危险的词语。对于类别1严重眼损伤/眼刺激使用信号词“危险”。对于类别2严重眼损伤/眼刺激使用信号词“警告”。

6.4 危险说明

危险说明指分配给一个危险种类和类别的短语,用来描述一种化学品的危险性质,在情况合适时还包括其危险程度。严重眼损伤/眼刺激的危险说明见附录C并参见附录D。

6.5 防范说明

防范说明是一个短语(和/或象形图),用于描述为尽可能减少或防止由于接触危险产品或者不适当的贮存或搬运危险产品的不良效应建议采取的措施。为达到要求,共有5类防范说明:一般、预防、应急、贮存和处置。严重眼损伤/眼刺激不同危险类别的防范说明参见附录D。

6.6 产品标识符

6.6.1 标签上应使用产品标识符,且应与化学品安全技术说明书上使用的产品标识符相一致。如果一种物质或混合物列入《规章范本》,包装上还应使用正确的联合国运输名称。

6.6.2 标签应包括物质的化学名称。对于混合物或合金,在急性毒性、皮肤腐蚀、严重眼损伤、生殖细胞致突变性、致癌性、生殖毒性、皮肤或呼吸道致敏或特异性靶器官毒性出现在标签上时,标签上应当包括可能引起这些危险的所有组分或合金元素的化学组分。主管部门可要求在标签上列出可能导致混合物或合金危险性的所有组分或合金元素的化学名称。

6.7 供应商标识

标签上应提供物质或混合物的生产商或供应商的名称、地址和电话号码。

6.8 标签样例

严重眼损伤/眼刺激标签例子参见附录 E。

附 录 A
（资料性附录）
判定逻辑

严重眼损伤/眼刺激的判定逻辑见图 A.1。

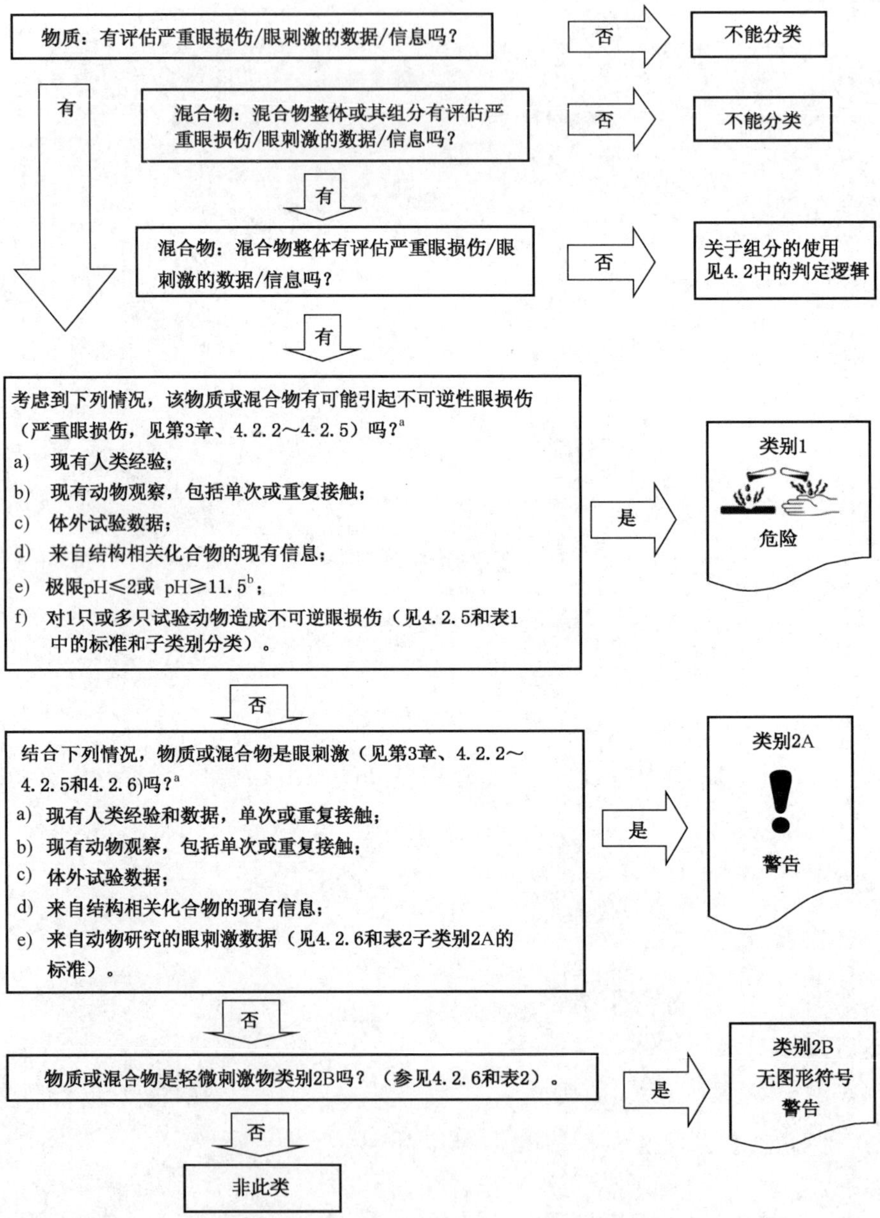

[a] 图 1 包括了详细的试验和评价办法。

[b] 如适当，也结合酸/碱保留能力。

图 A.1 严重眼损伤/眼刺激的判定逻辑

根据组分信息/数据对混合物的分类判定逻辑见图 A.2。

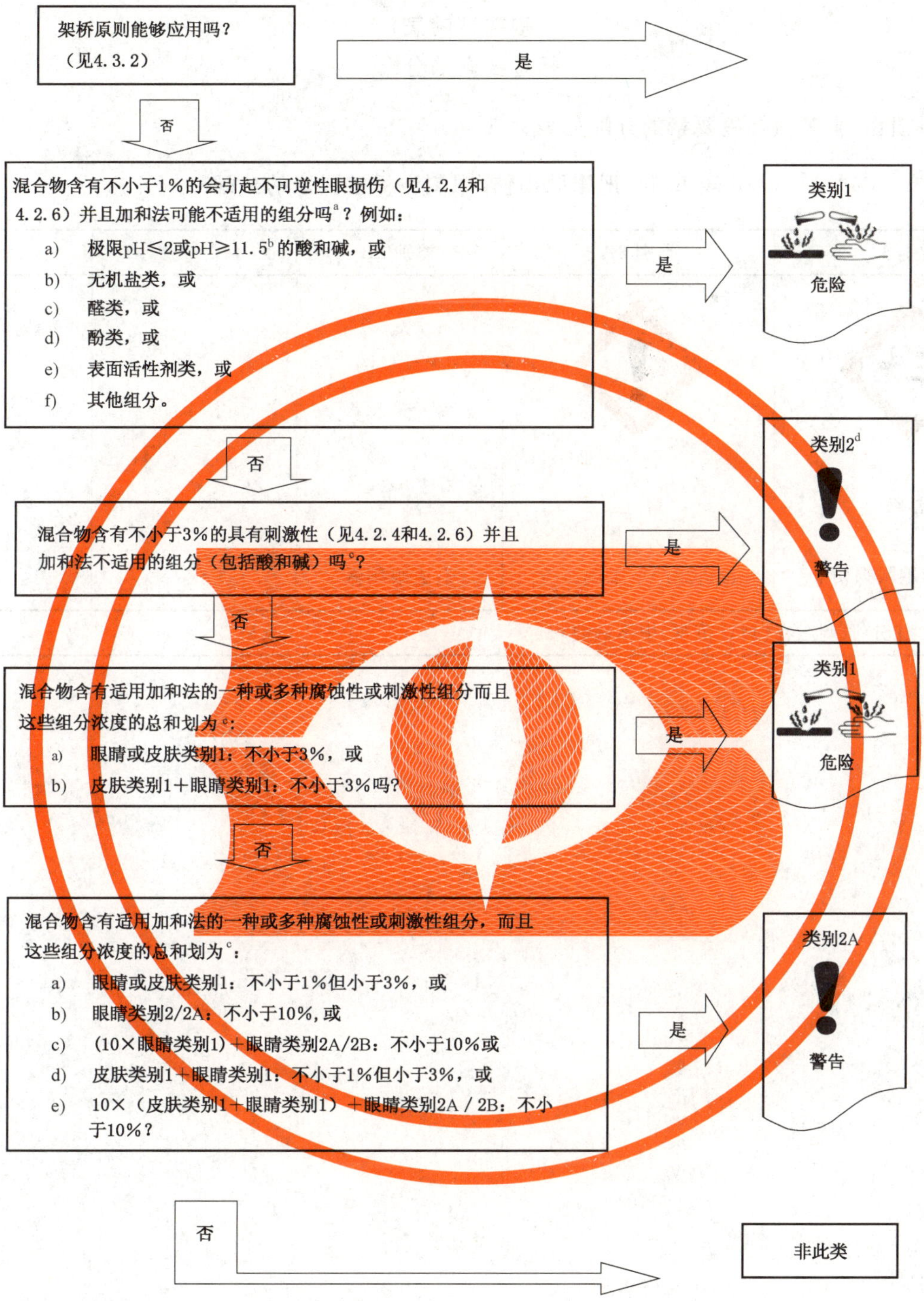

[a] 或有关组分浓度小于1%，参见4.3.3.1。

[b] 如适当，结合酸/碱保留能力。

[c] 对于具体浓度限值，参见4.3.3.4。

[d] 如果该混合物还含有可适用于加和法原则的其他腐蚀或刺激组分，则移至下面的框中。

图 A.2 根据组分信息/数据对混合物的分类判定逻辑

附 录 B
（规范性附录）
标签要素的分配

严重眼损伤/眼刺激标签要素的分配见表 B.1。

表 B.1 严重眼损伤/眼刺激标签要素的分配

<table>
<tr><td>类别 1</td><td>类别 2A</td><td>类别 2B</td><td>—</td><td>—</td></tr>
<tr><td>
危 险
造成严重眼损伤</td><td>
警 告
造成严重眼刺激</td><td>无象形图
警 告
造成眼刺激</td><td></td><td></td></tr>
<tr><td colspan="5">严重眼损伤/眼刺激在《规章范本》中不做要求。</td></tr>
</table>

附　录　C
（规范性附录）
严重眼损伤/眼刺激的分类标准和标签要素

严重眼损伤/眼刺激的分类标准和标签要素见表C.1。

表C.1　严重眼损伤/眼刺激的类别和标签

<table>
<tr><th>危害类别</th><th>标　准</th><th colspan="2">标 签 要 素</th></tr>
<tr><td rowspan="3">1
不可逆
效应</td><td rowspan="3">1. 适用于具有下列特性的物质和试验过的混合物：
a) 划为皮肤腐蚀物；
b) 人类经验或试验数据表明对眼睛造成在21 d内不能完全可逆的损伤；
c) 与已划为腐蚀物的物质或混合物有结构活性关系；
d) 极限pH≤2和pH≥11.5，包括缓冲能力；
e) 按有效和认可的体外试验评价为严重眼损伤的阳性结果；或
f) 动物经验或试验数据表明，该物质或混合物：
(1) 对至少有1只动物的眼角膜、虹膜或结膜产生不可逆效应；或
(2) 在3只试验动物中至少2只试验动物身上产生阳性反应：角膜浑浊大于等于3和/或虹膜炎大于1.5(见表1)
2. 如果没有混合物的数据，则使用架桥原则(见4.3.2)
3. 如果架桥原则不适用，
a) 组分浓度可加和的混合物：
如果在该混合物中分类为皮肤和/或眼睛类别1组分浓度之和不小于3%，则混合物划为类别1，或
b) 组分浓度不可加和的混合物：
如果在该混合物中分类为皮肤和/或眼睛类别1组分浓度之和不小于1%，则混合物划为类别1(参见4.3.3.4)</td><td>图形符号</td><td>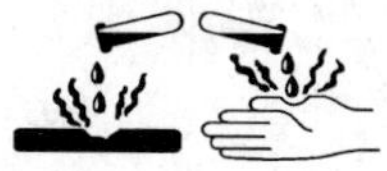</td></tr>
<tr><td>信号词</td><td>危 险</td></tr>
<tr><td>危险说明</td><td>造成严重眼损伤</td></tr>
<tr><td rowspan="3">2A
刺激物</td><td rowspan="3">1. 适用于具有下列特性的物质和试验过的混合物：
a) 划为皮肤严重刺激物；
b) 人类经验或试验数据表明对眼睛造成在21 d内不能完全可逆的变化；
c) 与已划为眼刺激物的物质或混合物有结构活性关系；
d) 有效的和认可的体外眼刺激试验出现阳性结果；或
e) 动物试验或试验数据表明，该物质/混合物至少对3只试验动物中2只产生阳性反应：角膜浑浊度不小于1，虹膜不小于1，或结膜浮肿(球结膜水肿)不小于2，见表2；
2. 如果没有混合物的数据，则使用架桥原则(见4.3.2)；
3. 如果架桥原则不适用，
a) 组分浓度可加和的混合物在下列情况下划入第2A类
(1) 分类为皮肤和/或眼睛类别1组分浓度之和不小于1%但小于3%；或
(2) 分类为眼类别2/2A组分浓度之和不小于10%；或
(3) (10×皮肤和/或眼睛类别1组分浓度之和)+(眼睛类别2/2A组分浓度之和)不小于10%
b) 组分浓度不可加和的混合物：
如果在该混合物中分类为眼睛类别2组分浓度不小于3%，则混合物划为类别2A(见4.3.3.4)</td><td>图形符号</td><td></td></tr>
<tr><td>信号词</td><td>警 告</td></tr>
<tr><td>危险说明</td><td>造成严重眼刺激</td></tr>
</table>

表 C.1（续）

<table>
<tr><th rowspan="2">危害类别</th><th rowspan="2">标　　准</th><th colspan="2">标签要素</th></tr>
<tr></tr>
<tr><td rowspan="3">2B
轻微
刺激物</td><td rowspan="3">1. 适用于具有下列特性的物质和试验过的混合物：
a)　人类试验或试验表明，对眼睛产生轻微刺激；
b)　动物经验或试验数据表明眼损害在 7 d 内完全可逆(见表 2)。
2. 如果没有混合物整体的数据，则使用架桥原则(见 4.3.2)；
3. 如果架桥原则不适用，
a)　组分浓度可加和的混合物在下列情况下划入第 2B 类：
(1) 如果在混合物中分类为皮肤和/或眼睛类别 1 组分浓度之和不小于 1%但小于 3%；或
(2) 分类为眼类别 2 组分浓度之和不小于 10%；或
(3) (10×皮肤和/或眼睛类别 1 组分浓度之后)+(眼睛类别 2 组分浓度之和)不小于 10%
b)　组分浓度不可加和的混合物：
如果在该混合物中分类为眼睛类别 2 组分浓度不小于 3%，则混合物划为类别 2B(见 4.3.3.4)</td><td>图形符号</td><td>无</td></tr>
<tr><td>信号词</td><td>警告</td></tr>
<tr><td>危险说明</td><td>造成眼刺激</td></tr>
</table>

附　录　D
（资料性附录）
严重眼损伤/眼刺激的危险说明和防范说明

D.1　概述

D.1.1　本附录为具有严重眼损伤/眼刺激化学品提供如何使用符合 GHS 的危险说明和防范说明指导，列出严重眼损伤/眼刺激危险种类和危险类别的建议危险说明和防范说明，见 GB 13690。

D.1.2　危险说明的编码

D.1.2.1　危险说明的编码见 GHS 附件 3。

D.1.2.2　每一种危险说明均设定一个专门的字母数字混合代码，由 1 个字母和 3 个数字组成，具体如下：

a)　字母“H”(代表“危险说明”)；
b)　第 1 个数字，代表不同部分编号设定的危险说明所指危险类型，具体如下：
——“2”代表物理危险；
——“3”代表健康危险；
——“4”代表环境危险；
c)　后 2 个数字，对应于物质或者混合物固有属性引起的危险的序列编号，如：爆炸性(代码 200 至 210)、易燃性(代码 220 至 230)，等等。

D.1.2.3　除非另有规定，所有指定的危险说明均应出现在标签上。主管部门可规定危险说明在标签出现的顺序。此外，在组合危险说明提供两种或者以上危险说明时，主管部门可以具体规定，是否将组合危险说明或者相应的单个说明写入标签，或者由制造商/供应商自行决定。

D.1.3　防范说明应连同统一危险公示要素(象形图、信号词和危险说明)一起标在符合要求的标签上。附加补充信息，例如使用说明，也可由制造商/供应商和/或主管部门斟酌决定予以补充。

D.1.3.1　防范说明编码见 GHS 附件 3。

D.1.3.2　防范说明的编码

D.1.3.2.1　每一防范说明均设定一个专门的字母数字混合代码，由 1 个字母和 3 个数字组成，具体如下：

d)　字母“P”(代表“防范说明”)；
e)　第 1 个数字，代表防范说明的类型，具体如下：
——“1”代表一般防范说明；
——“2”代表预防防范说明；
——“3”代表应急防范说明；
——“4”代表贮存防范说明；
——“5”代表处置防范说明；
f)　后 2 个数字(对应于防范说明的序列编号)。

D.1.3.2.2　防范说明代码用作参考。防范说明代码不是防范说明条文的一部分，不应用其替代防范说明条文。

D.2 一般防范说明

对被划为危害人类健康或环境的所有化学品应采取一般防范措施。以下一般防范说明在给定的条件下适用于GHS标签(见表D.1)。

表D.1 一般防范说明

对象	补充信息	编码	一般防范说明
一般公众	标签,补充标签信息	P101	**如需就医:请随身携带产品容器或标签。**
		P102	**放在儿童无法触及之处。**
		P103	**使用前请阅读标签。**
生产工人	标签,补充标签信息、化学品安全技术说明书、工作场所标志		无

D.3 严重眼损伤/眼刺激防范说明

D.3.1 严重眼损伤/眼刺激类别1的防范说明见表D.2。

表D.2 严重眼损伤/眼刺激类别1的防范说明

图形符号
腐蚀

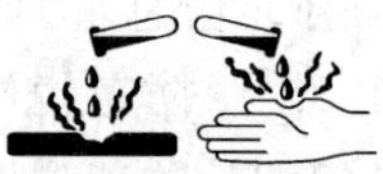

危险类别	信号词	危险说明
1	危险	H318 造成严重眼损伤

防范说明			
预防	应急	贮存	处置
P280 **戴防护眼罩/戴防护面具。** 制造商/供应商或主管部门列明设备类型	P305 + P351 + P338 **如进入眼睛:用水小心冲洗几分钟。如戴隐形眼镜并可方便地取出,取出隐形眼镜。继续冲洗。** P310 **立即呼叫解毒中心或医生……** ……制造商/供应商或主管部门列明适当的急诊医疗机构/人员。		

D.3.2 严重眼损伤/眼刺激类别2A的防范说明见表D.3。

表 D.3 严重眼损伤/眼刺激类别 2A 的防范说明

图形符号
感叹号

危险类别	信号词	危险说明
2A	警告	H319 造成严重眼刺激

防范说明			
预防	应急	贮存	处置
P264 **作业后彻底清洗……** ……制造商/供应商或主管部门列明作业后需清洗的身体部位。 **P280** **戴防护眼罩/戴防护面具。** 制造商/供应商或主管部门列明设备类型。	**P305+P351+P338** **如进入眼睛:用水小心冲洗几分钟。如戴隐形眼镜并可方便地取出,取出隐形眼镜。继续冲洗。** **P337+P313** **如仍觉眼刺激:求医/就诊。**		

D.3.3 严重眼损伤/眼刺激类别 2A 的防范说明见表 D.4。

表 D.4 严重眼损伤/眼刺激类别 2B 的防范说明

图形符号
无图形符号

危险类别	信号词	危险说明
2B	警告	H320 造成眼刺激

防范说明			
预防	应急	贮存	处置
P264 **作业后彻底清洗……。** ……制造商/供应商或主管部门列明作业后需清洗的身体部位。	**P305＋P351＋P338** **如进入眼睛：用水小心冲洗几分钟。如戴隐形眼镜并可方便地取出，取出隐形眼镜。继续冲洗。** **P337＋P313** **如仍觉眼刺激：求医/就诊。**		

附　录　E
（资料性附录）
严重眼损伤/眼刺激的标签样例

严重眼损伤/眼刺激的标签示例见图 E.1～图 E.3。

编　码
产品名称

公司名称

街名及号码
国家、省、城市、邮编
电话号码
紧急呼叫电话

使用说明：

装载质量：　　批　号：
装载日期：　　有效期：

危　险
放在儿童伸手不及之处
使用前请读标签
造成严重眼损伤

运输象形图
无符号

戴防护眼罩/戴防护面具。
制造商/供应商或主管部门列明设备类型。
如进入眼睛：用水小心冲洗几分钟。如戴隐形眼镜并可方便地取出，取出隐形眼镜。继续冲洗。
立即呼叫解毒中心或医生……
……制造商/供应商或主管部门列明适当的急诊医疗机构/人员。

图 E.1　严重眼损伤/眼刺激类别 1 的标签示例图

编　码
产品名称

公司名称

街名及号码
国家、省、城市、邮编
电话号码
紧急呼叫电话

使用说明：

装载质量：　　　　批　号：
装载日期：　　　　有效期：

警　告

放在儿童伸手不及之处

使用前请读标签

造成严重眼刺激

作业后彻底清洗……

……制造商/供应商或主管部门列明作业后需清洗的身体部位。

戴防护眼罩/戴防护面具。

制造商/供应商或主管部门列明设备类型。

如进入眼睛：用水小心冲洗几分钟。如戴隐形眼镜并可方便地取出，取出隐形眼镜。继续冲洗。

如仍觉眼刺激：求医/就诊。

运输象形图

无符号

图 E.2　严重眼损伤/眼刺激类别 2A 的标签示例图

编　码
产品名称

公司名称

街名及号码
国家、省、城市、邮编
电话号码
紧急呼叫电话

使用说明：

装载质量：　　批　号：
装载日期：　　有效期：

无符号

警告

放在儿童伸手不及之处

使用前请读标签

造成眼刺激

作业后彻底清洗……制造商/供应商或主管部门列明作业后需清洗的身体部位。

如进入眼睛：用水小心冲洗几分钟。如戴隐形眼镜并可方便地取出，取出隐形眼镜。继续冲洗。

如仍觉眼刺激：求医/就诊。

运输象形图

无符号

图 E.3　严重眼损伤/眼刺激类别 2B 的标签示例图

ICS 13.300
A 80

中华人民共和国国家标准

GB 30000.21—2013
代替 GB 20595—2006

化学品分类和标签规范 第21部分：呼吸道或皮肤致敏

Rules for classification and labelling of chemicals—Part 21: Respiratory or skin sensitization

2013-10-10 发布

2014-11-01 实施

中华人民共和国国家质量监督检验检疫总局
中国国家标准化管理委员会 发布

前　言

本部分第5章、第7章为强制性的,其余为推荐性的。

GB 30000《化学品分类和标签规范》的预期结构和将代替的国家标准为:

——第1部分:通则(代替GB 13690—2009);

——第2部分:爆炸物(代替GB 20576—2006);

——第3部分:易燃气体(代替GB 20577—2006);

——第4部分:气溶胶(代替GB 20578—2006);

——第5部分:氧化性气体(代替GB 20579—2006);

——第6部分:加压气体(代替GB 20580—2006);

——第7部分:易燃液体(代替GB 20581—2006);

——第8部分:易燃固体(代替GB 20582—2006);

——第9部分:自反应物质和混合物(代替GB 20583—2006);

——第10部分:自燃液体(代替GB 20585—2006);

——第11部分:自燃固体(代替GB 20586—2006);

——第12部分:自热物质和混合物(代替GB 20584—2006);

——第13部分:遇水放出易燃气体的物质和混合物(代替GB 20587—2006);

——第14部分:氧化性液体(代替GB 20589—2006);

——第15部分:氧化性固体(代替GB 20590—2006);

——第16部分:有机过氧化物(代替GB 20591—2006);

——第17部分:金属腐蚀物(代替GB 20588—2006);

——第18部分:急性毒性(代替GB 20592—2006);

——第19部分:皮肤腐蚀/刺激(代替GB 20593—2006);

——第20部分:严重眼损伤/眼刺激(代替GB 20594—2006);

——第21部分:呼吸道或皮肤致敏(代替GB 20595—2006);

——第22部分:生殖细胞致突变性(代替GB 20596—2006);

——第23部分:致癌性(代替GB 20597—2006);

——第24部分:生殖毒性(代替GB 20598—2006);

——第25部分:特异性靶器官毒性 一次接触(代替GB 20599—2006);

——第26部分:特异性靶器官毒性 反复接触(代替GB 20601—2006);

——第27部分:吸入危害;

——第28部分:对水生环境的危害(代替GB 20602—2006);

——第29部分:对臭氧层的危害;

——第30部分:化学品作业场所警示性标志;

本部分为GB 30000的第21部分。

本部分按照GB/T 1.1—2009给出的规则起草。

本部分代替GB 20595—2006《化学品分类、警示标签和警示性说明安全规范　呼吸或皮肤过敏》。

本部分与GB 20595—2006相比,主要技术内容变化如下:

——修改了标准的名称,中文名称修改为“化学品分类和标签规范　第21部分:呼吸道或皮肤致敏”,英文名称为“Rules for classification and labelling of chemicals—Part 21: Respiratory or skin sensitization"；

——增加次级类别"1A 和 1B"相关内容；

——修改了第 1 章范围内容，将"警示标签"改为"标签"、删除"警示性说明"；

——修改了第 2 章"规范性引用文件"的引导语；

——增加了第 3 章"术语和定义"的引导语；

——修改了表 1 表题内容，将"类别"修改为"分类标准"；

——修改了"判定逻辑"的部分语句，并将"图 1"作为附录 A；

——修改了原表 4 和表 5 部分内容，作为附录 B；

——修改了原表 2 和表 3 部分内容，将"图形符号"修改为"符号"，"名称"修改为"信号词"，"危险性说明"修改为"危险说明"；并一起作为附录 C；

——删除了原第 8 章，将相关的"防范说明"内容作为资料性附录 D；并将原第 6 章、第 7 章、第 8 章修改整合成第 7 章；

——增加呼吸道或皮肤致敏的标签样例，作为资料性附录 E。

本部分与联合国《全球化学品统一分类和标签制度》(Globally Harmonized System of Classification and Labelling of Chemicals，GHS)(第四修订版)的有关技术内容一致。

本部分由全国危险化学品管理标准化技术委员会(SAC/TC 251)提出并归口。

本部分起草单位：天津出入境检验检疫局、中国疾病预防控制中心职业卫生与中毒控制所、谱尼测试科技股份有限公司、中国化工信息中心。

本部分主要起草人：张园、王华、刘伟、王娜、赵黎华、林铮、宋薇、李朝林、梁缙、吴维皑。

本部分所代替标准的历次版本发布情况为：

——GB 20595—2006

化学品分类和标签规范
第21部分：呼吸道或皮肤致敏

1 范围

GB 30000 的本部分规定了具有呼吸道或皮肤致敏性的化学品的术语和定义、一般说明、分类标准、判定逻辑、标签。

本部分适用于具有呼吸道或皮肤致敏性的化学品按联合国《全球化学品统一分类和标签制度》(以下简称 GHS)分类和标签。

2 规范性引用文件

下列文件对于本文件的应用是必不可少的。凡是注日期的引用文件，仅注日期的版本适用于本文件。凡是不注日期的引用文件，其最新版本(包括所有的修改单)适用于本文件。

GB 13690 化学品分类和危险公示 通则

GB 16483 化学品安全技术说明书编写规定范围

联合国《关于危险货物运输的建议书 规章范本》(第十七修订版)

联合国《全球化学品统一分类和标签制度》(第四修订版)

3 术语和定义

GB 13690 界定的以及下列术语和定义适用于本文件。

3.1

呼吸道致敏物 respiratory sensitizer

吸入后会导致呼吸道过敏的物质。

3.2

皮肤致敏物 skin sensitizer

皮肤接触后会导致过敏的物质。

4 一般说明

4.1 致敏包括两个阶段：第一个阶段是个体因接触某种过敏原而诱发特定免疫记忆，第二个阶段是引发，即某一过敏个体因接触某种过敏原而产生细胞介导或抗体介导的过敏反应。

4.2 就呼吸道致敏而言，诱发之后是引发阶段，这一特性与皮肤致敏相同。对于皮肤致敏，需有一个让免疫系统做出反应的诱发阶段；如随后的接触足以引发可见的皮肤反应(引发阶段)，就可能出现临床症状。因此，预测性的试验通常遵循这种特性，其中有一个诱发阶段，对该阶段的反应则通过标准化的引发阶段加以测量，典型做法是使用斑贴试验。直接测量诱发反应的局部淋巴结试验则是例外做法。人体皮肤致敏的证据通常通过诊断性斑贴试验加以评估。

4.3 就皮肤致敏和呼吸道致敏而言，引发所需的量一般低于诱发所需的量。

4.4 危险类别“呼吸道或皮肤致敏”分为：

a) 呼吸道致敏;

b) 皮肤致敏。

5 分类标准

5.1 一般原则

呼吸道或皮肤致敏分类和标签的一般原则见 GB 13690。

5.2 物质分类标准

5.2.1 呼吸道致敏物

5.2.1.1 危险类别

5.2.1.1.1 在主管部门未要求作次级分类或作次级分类数据不充分的情况下,呼吸道致敏物质应列为类别 1。

5.2.1.1.2 若掌握充分数据且主管部门有此要求,根据 5.2.1.1.3 做出更准确的评估,可将呼吸道致敏物质再分为类别 1A:强致敏物质;或类别 1B:其他呼吸道致敏物质。

5.2.1.1.3 在人或动物身上观察到的影响,采取证据权重法,通常可以作为呼吸道致敏物质分类的依据。使用表 1 中的标准,并根据人类案例或流行病学研究和/或恰当的动物试验研究中所见的可靠的和高质量的证据,采用证据权重法,可将物质划入类别 1A 或类别 1B。

表 1 呼吸道致敏物质的分类标准和类别

类别 1	呼吸道致敏物质
	物质划为呼吸道致敏物质: a) 如果有人类证据,该物质可导致特定的呼吸道过敏;和/或 b) 如果有合适的动物试验的阳性结果[a]。
类别 1A	物质显示在人类中有高发生率;或根据动物或其他试验,可能对人有高过敏率[a]。还应结合反应的严重程度。
类别 1B	物质显示对人类有低度到中度的发生率;或根据动物或其他试验,可能对人有低度到中度过敏率[a]。还应结合反应的严重程度。
[a] 目前还没有公认和有效的用来进行呼吸道致敏试验的动物模型。在某些情况下,对动物的研究数据,在作证据权重评估中,可提供重要信息。	

5.2.1.2 人类证据

5.2.1.2.1 一种物质可能引起特定呼吸道过敏反应的证据一般都基于人类经验。在这方面,过敏反应通常表现为哮喘病,但也要结合诸如鼻炎/结膜炎和肺泡炎之类的其他过敏反应。病征应有变态反应的临床特征。但是,免疫学机制不一定要证实。

5.2.1.2.2 在结合人类证据时进行判断时,分类决策除了要结合病例证据外,还需结合:

a) 接触人群的规模;

b) 接触程度。

5.2.1.2.3 上面提及的证据可以是:

a) 临床病例和与物质接触有关的适当肺功能试验得出的数据,而且它们得到了其他支持性证据

的证实,其中包括:

——体内免疫学试验(例如皮肤点刺试验);

——体外免疫学试验(例如血清分析);

——免疫学作用机理尚未证实的情况下,例如重复的低水平刺激、药理介导效应,表明有其他特定过敏反应的研究;

——化学结构与已知可以导致呼吸道过敏的物质有关;

b) 根据公认的确定特定超敏反应的准则对物质进行的阳性支气管激发试验得到的数据。

5.2.1.2.4 临床病例既应包括病史,也应包括职业史,以确定接触特定物质和呼吸道过敏反应之间的关系。相关信息包括家中和工作场所存在的导致病情恶化的因素、疾病的发生和发展、患者的家族史和病史。病史还应包括幼年时代的其他变态反应性或呼吸道病症记录和吸烟史。

5.2.1.2.5 阳性支气管激发试验结果本身就可以提供充分的分类证据。但事实应承认,上述所列的许多检验都可能已经进行过。

5.2.1.3 动物研究

从适当的动物研究[1]中获得的资料、表明一种物质有可能通过呼吸导致人类[2]致敏作用的数据包括:

——例如对小鼠进行的免疫球蛋白 E(Ig E)和其他特定免疫学参数测定;

——豚鼠的特定肺部反应。

5.2.2 皮肤致敏物

5.2.2.1 危险类别

5.2.2.1.1 在主管部门未要求作次级分类或作次级分类数据不充分的情况下,皮肤致敏物质应列为类别 1。

5.2.2.1.2 若掌握充分数据且主管部门有此要求,可根据 5.2.2.1.3 做出更准确的评估,将皮肤致敏物质再分为类别 1A、强致敏物质,或类别 1B、其他皮肤致敏物质。

5.2.2.1.3 在人或动物身上观察到的影响,采取证据权衡法,通常可以作为皮肤致敏物质分类的依据,如 5.2.2.2 所述。采用证据权重法,根据表 2 中的标准,可将物质划入类别 1A 或类别 1B,采用的证据应可靠,保证质量,证据可取自人类案例或流行病学的研究,以及/或适当的动物试验研究的观察结果。

表 2 皮肤致敏物质的分类标准和类别

类别 1	皮肤致敏物质
	物质划为皮肤致敏物质: (a) 如果有人类证据显示,有较大数量的人在皮肤接触后可造成过敏; (b) 如果有合适的动物试验的阳性结果

---

1) 目前还没有公认的和有效的用来进行呼吸道过敏反应试验的动物模型,在某些情况下,动物研究的数据,在作证据权重评估中,可提供重要信息。

2) 物质引起哮喘症状的机制到目前为止尚未完全明确。为预防起见,可认为这些物质是呼吸道致敏物。但如果根据证据,可以证实这些物质产生刺激作用,只在支气管反应过度的人身上引起哮喘病症状,那么就不应判定其为呼吸道致敏物。

表 2（续）

类别 1	皮肤致敏物质
类别 1A	物质显示在人群中的发生率较高；和/或在动物身上有较大的可能性，则可以假定该物质有可能在人类身上产生严重过敏作用。还应结合反应的严重程度
类别 1B	物质显示对人类有低度到中度的发生率；或对动物有低度到中度的可能性，可以假定有可能造成人的过敏。还应结合反应的严重程度

5.2.2.2 人类证据

5.2.2.2.1 类别 1A 的人类证据可包括：

a) 阳性反应不大于 500 $\mu g/cm^2$（HRIPT，HMT-诱导阈值）；

b) 诊断性斑贴试验数据，显示限定人群对于较低程度的接触出现反应的发生率相对较低但不容忽视；

c) 其他流行病学证据，显示对于较低程度的接触，存在较高和较明显的变态反应性接触性皮炎。

5.2.2.2.2 类别 1B 的人类证据可包括：

a) 阳性反应大于 500 $\mu g/cm^2$（HRIPT，HMT-诱导阈值）；

b) 诊断性斑贴试验数据，显示限定人群对于较高程度的接触出现反应的发生率较低但不容忽视；

c) 其他流行病学证据，显示对于较高程度的接触，发生了较低和较严重的变态反应性接触性皮炎。

5.2.2.3 动物研究

5.2.2.3.1 对类别 1 使用辅助类型的试验方法进行皮肤致敏作用试验时，至少 30%的动物出现反应才应判断是否为阳性结果。对于非辅助性豚鼠试验方法，至少 15%的动物出现反应才应判断是否为阳性结果。对于类别 1，局部淋巴结试验的刺激指数为 3 或以上，视为阳性。如果其他方法具有有效和科学的证据，那么也可以使用这些方法。小鼠耳廓肿胀试验（MEST）是检测中强致敏物的可靠筛选试验，在第一阶段可用于评估潜在的皮肤致敏作用。

5.2.2.3.2 表 3 列出了划为类别 1A 物质的动物过敏试验达到的标准。

表 3 类别 1A 物质动物试验结果

试　验	标　准
局部淋巴结试验	EC3 值不大于 2%
豚鼠最大值试验	不大于 0.1%的皮内诱导剂量，应答不小于 30%或 0.1%（不包含）～1%（包含）的皮内诱导剂量，应答不小于 60%
Buehler 豚鼠试验	不大于 0.2%的局部诱导剂量，应答不小于 15%或 0.2%（不包含）～20%（包含）的局部诱导剂量，应答不小于 60%

5.2.2.3.3 表 4 列出了划为类别 1B 物质的动物过敏试验达到的标准。

表 4 类别 1B 动物试验结果

试验	标准
局部淋巴结试验	EC3 值大于 2%
豚鼠最大值试验	0.1%(不包含)~1%(包含)的皮内诱导剂量,应答在 30%(包含)至 60%(不包含)之间,或大于 1%的皮内诱导剂量,应答不小于 30%
Buehler 豚鼠试验	0.2%(不包含)~20%(包含)的局部诱导剂量,应答在 15%(包含)至 60%(不包含),或大于 20%的局部诱导剂量,应答不小于 15%

5.2.2.4 特定事项

5.2.2.4.1 对物质进行分类,应采用证据权重法,证据应包含以下任一或所有各项:

a) 斑贴试验的阳性数据,数据通常来自一家以上的医院;

b) 流行病学研究显示,物质引起变态性接触皮炎;有较高比例的接触者出现特征性症状时,应予以特别关注,即使病例的数目很小;

c) 从适当的动物研究得到的阳性数据;

d) 从对人的实验性研究得到的阳性数据;

e) 记录充分的变态性接触皮炎病例,病例通常来自一家以上的医院;

f) 反应的严重程度。

5.2.2.4.2 动物研究得到的证据通常比人类接触得到的证据更可靠。但是,如果从两个来源都得到证据,而其结果之间却存在矛盾,那么就应评价两个来源的证据的质量和可靠性,以便以个案为基础解决分类问题。通常,人类数据并不是从为了危害分类目的而进行的志愿者对照实验中产生的,而是作为风险评估的一部分产生的,以核实动物实验未见得效应。因此,有关人类皮肤过敏阳性的数据,通常来自病例对照或其他不太严格的研究。因此,应慎重评估人类数据,因为除了物质的内在性质之外,病例频率还反映诸如接触情况、生物利用度、个人体质和所采取的预防措施之类的因素。通常不应使用阴性人类数据来否定动物研究得到的阳性结果。对动物和人类数据,均应结合载体的影响。

5.2.2.4.3 如果上述条件无一满足,那么就不应该将物质划为皮肤致敏物质。但是,下面列出的两种或多种皮肤过敏作用的指标相结合,就有可能会改变分类决策。此类情况应归为个案。

a) 孤立的过敏性接触皮炎病例;

b) 统计力受限制的流行病学研究,例如在没有用合理置信度充分排除偶然性、偏见或混杂因素;

c) 根据现行准则进行的动物试验得到的数据,这些数据并不符合 5.2.2.3 所述的阳性结果的标准,但足够接近认为有效的极限值;

d) 通过非标准方法得到的阳性数据;

e) 通过近似的结构类比法得到的阳性结果。

5.2.2.4.4 免疫性接触性荨麻疹

符合呼吸道致敏物分类标准的物质可能还会导致免疫性接触性荨麻疹。也应判断这些物质是否划为皮肤致敏物质。会导致免疫性接触性荨麻疹但不符合呼吸道致敏物标准的物质,也应判断是否划为皮肤致敏物质。

目前还没有公认的动物模型来识别导致免疫学接触性荨麻疹的物质。因此,分类通常基于人类证据,这些人类证据与皮肤敏化作用的人类证据相类似。

5.3 混合物分类标准

5.3.1 有混合物整体数据时的混合物的分类

在混合物拥有物质标准中所述的、来自人类经验或适当的试验动物研究的可靠、高质量证据时，可根据这些数据的证据权重评估对混合物进行分类。在评估混合物数据时应慎重，所用的剂量不能产生不明确的结果。

5.3.2 无混合物整体数据时的混合物的分类：架桥原则

5.3.2.1 如果对混合物本身没有进行过确定其致敏性试验，但对混合物的单个组分和已做过试验的类似混合物已掌握充分数据，足以适当确定该混合物的危害特性，那么将根据以下议定的架桥原则使用这些数据。这可确保分类过程最大程度地使用现有数据来确定混合物的危害特性，而无需进行动物附加试验。

5.3.2.2 稀释

如果做过试验的混合物用非致敏的稀释剂进行稀释，而且该稀释剂不会影响其他组分的致敏性质，那么经稀释的新混合物可划为与原做过试验的混合物相同的类别。

5.3.2.3 产品批次

混合物已做过一个生产批次的致敏性试验，可以认为实际上与同一制造商生产或在其控制下生产的同一商业产品的另一未经试验的产品批次的致敏性相同，除非有理由认为，未试验的产品批次造成过敏的可能性有显著变化。如果后一种情况发生，那么应进行新的分类。

5.3.2.4 最高致敏类别混合物的浓度

如果做过试验的混合物被划为类别 1 或类别 1A，而经过试验的混合物中属于类别 1 或类别 1A 的组分浓度提高，那么产生的未做过试验的混合物应划为类别 1 或类别 1A，无需另做试验。

5.3.2.5 同一类别的内推法

三种组分完全相同的混合物（A、B 和 C），混合物 A 和混合物 B 经过测试，属同一类，而混合物 C 未经测试，但含有与混合物 A 和混合物 B 相同的毒理学活性组分，且其活性组分的浓度介于混合物 A 和混合物 B 的浓度之间，则可假定混合物 C 与 A 和 B 属同一类。

5.3.2.6 实质上类似的混合物

假定下列情况：

a) 两种混合物：1）A＋B；
2）C＋B；

b) 组分 B 的浓度在两种混合物中基本相同；

c) 混合物 1）中组分 A 的浓度等于混合物 2）中组分 C 的浓度；

d) 组分 B 是致敏物，而组分 A 和 C 不是致敏物；

e) A 和 C 预计不会影响 B 的致敏性。

如果混合物 1）或 2）已经根据试验数据分类，那么另一混合物可以划为相同的危险类别。

5.3.2.7 气溶胶

如果加入的气雾发生剂并不影响混合物喷雾时的致敏性，那么气雾形式的混合物可划为与业已经过试验的非气溶态的混合物相同的危险类别。

5.3.3 拥有所有组分数据或只有部分组分数据时的混合物分类

当至少一种组分已被划为呼吸道或皮肤致敏物，而且其含量等于或高于表 5 所示固体/液体和气体符合的特定端点临界值/浓度极限值时，混合物应划为呼吸道或皮肤致敏物。

表 5 混合物划分为呼吸道或皮肤致敏物的组分临界值/浓度限值

组分划为	混合物分类的临界值/浓度限值		
	呼吸道致敏物类别 1		皮肤致敏物类别 1
	固体/液体	气体	所有物理状态
呼吸道致敏物质类别 1	不小于 0.1%[a]	不小于 0.1%[a]	
	不小于 1.0%	不小于 0.2%	
呼吸道致敏物质类别 1A	不小于 0.1%	不小于 0.1%	
呼吸道致敏物质类别 1B	不小于 1.0%	不小于 0.2%	
皮肤致敏物质类别 1			不小于 0.1%[a]
			不小于 1.0%
皮肤致敏物质类别 1A			不小于 0.1%
皮肤致敏物质类别 1B			不小于 1.0%

[a] 一些主管部门可能要求提供安全技术说明书，见 GB 16483，对含有致敏作用的组分浓度介于 0.1% 与 1% 之间的混合物(或对于气态呼吸道致敏物，在 0.1% 与 0.2% 之间)，要求贴上补充标签。虽然目前的临界值反映了现行制度，但普遍认为，在特殊情况下，也可要求提供低于这一水平的信息。

6 判定逻辑

判定逻辑仅供参考。判定逻辑参见附录 A。特别建议负责分类的人员在使用判定逻辑之前和使用判定逻辑的过程中研究第 5 章。

7 标签

7.1 概述

7.1.1 对于呼吸道或皮肤致敏的危险类别标签，都以指定的象形图、信号词和危险说明的顺序列出。《规章范本》涵盖的危险种类或类别应在标签中列出每个项别的指定相应图形标志。呼吸道或皮肤致敏的标签要素的分配见附录 B。

7.1.2 有关呼吸道或皮肤致敏的分类和标签要素见附录 C。

7.1.3 标签上要求的信息包括危险象形图、信号词、危险说明、防范说明、产品标识符和供应商标识等。

注：对于尚未标准化的其他标签要素，如防范说明也需要包括在标签上。主管部门可能还要求提供额外信息，供应商也可能增加补充信息。

7.2 危险象形图

GHS 规定的危险象形图应使用黑色符号加白色背景，红框要足够宽，以便醒目。

7.3 信号词

信号词指标签上用来表明危险的相对严重程度和提醒读者注意潜在危险的词语。对于呼吸道或皮肤致敏不同危险类别分类采用信号词“危险”和“警告”。对于类别 1、类别 1A 和类别 1B 呼吸道致敏物使用信号词“危险”。对于类别 1、类别 1A 和类别 1B 皮肤致敏物使用信号词“警告”。

7.4 危险说明

危险说明指分配给一个危险种类和类别的短语，用来描述一种化学品的危险性质，在情况合适时还包括其危险程度。呼吸道或皮肤致敏物的危险说明和防范说明见附录 C 和附录 D。

7.5 防范说明

防范说明是一个词语(和/或象形图)，用于描述为尽可能减少或防止由于接触危险产品或者不适当的贮存或搬运危险产品的不良效而建议采取的措施。为达到 GHS 要求，共有 5 类防范说明：一般、预防、应急、贮存和处置。呼吸道或皮肤致敏物不同危险类别的防范说明见附录 D。

7.6 产品标识符

7.6.1 标签上应使用产品标识符，且应与化学品安全技术说明书上使用的产品标识符相一致。如果一种物质或混合物列入《规章范本》，包装上还应使用正确的联合国运输名称。

7.6.2 标签应包括物质的化学名称。对于混合物或合金，在急性毒性、皮肤腐蚀或严重眼损伤、生殖细胞致突变性、致癌性、生殖毒性、皮肤或呼吸道致敏或特异性靶器官毒性出现在标签上时，标签上应当包括可能引起这些危险的所有组分或合金元素的化学组分。主管部门也可要求在标签上列出可能导致混合物或合金危险的所有组分或合金元素的化学名称。

7.7 供应商标识

标签上应提供物质或混合物的生产商或供应商的名称、地址和电话号码。

7.8 标签样例

呼吸道或皮肤致敏标签样例参见附录 E。

附 录 A
（资料性附录）
呼吸道或皮肤致敏物判定逻辑

呼吸道或皮肤致敏物判定逻辑见图 A.1～图 A.2。

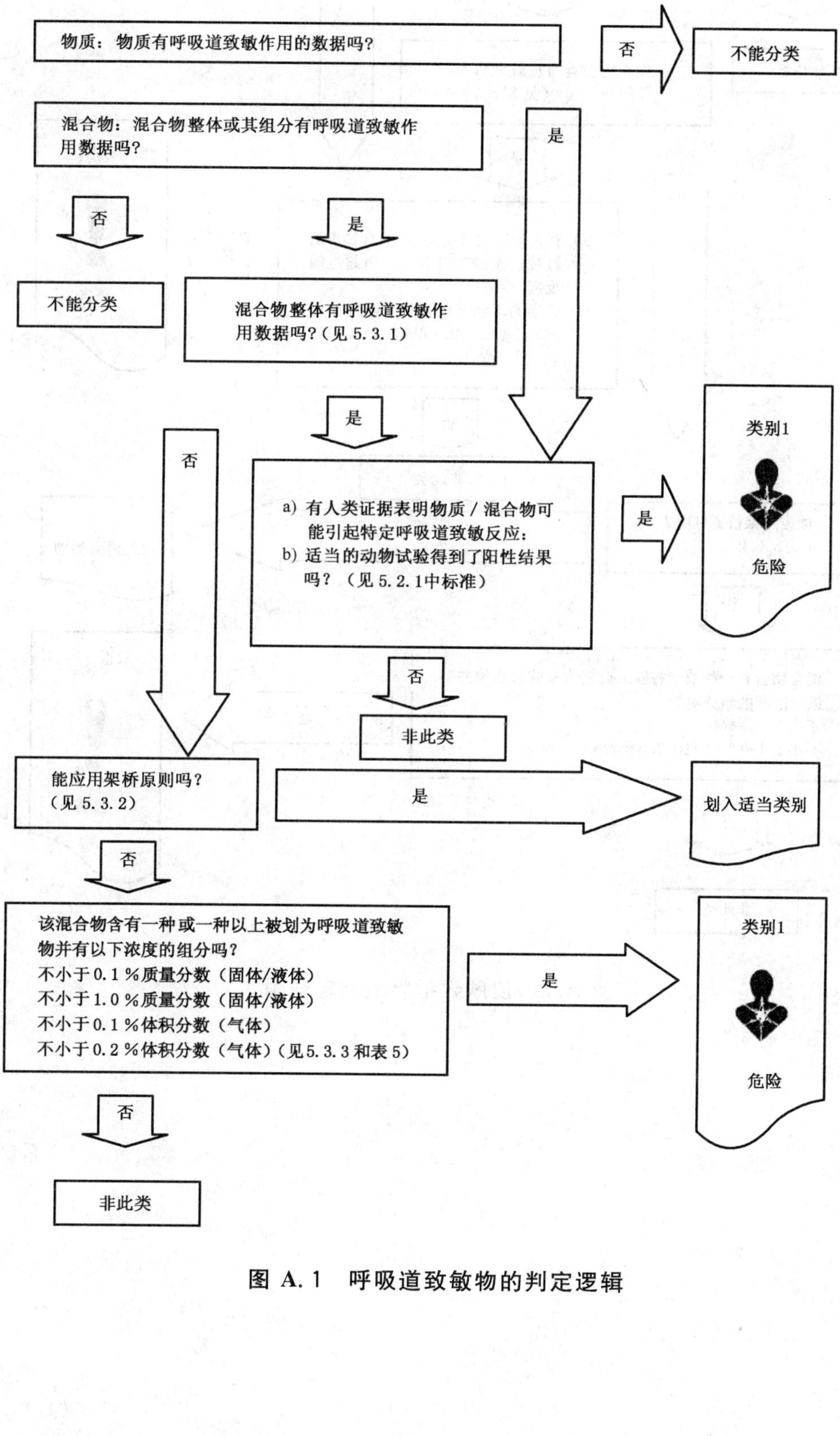

图 A.1 呼吸道致敏物的判定逻辑

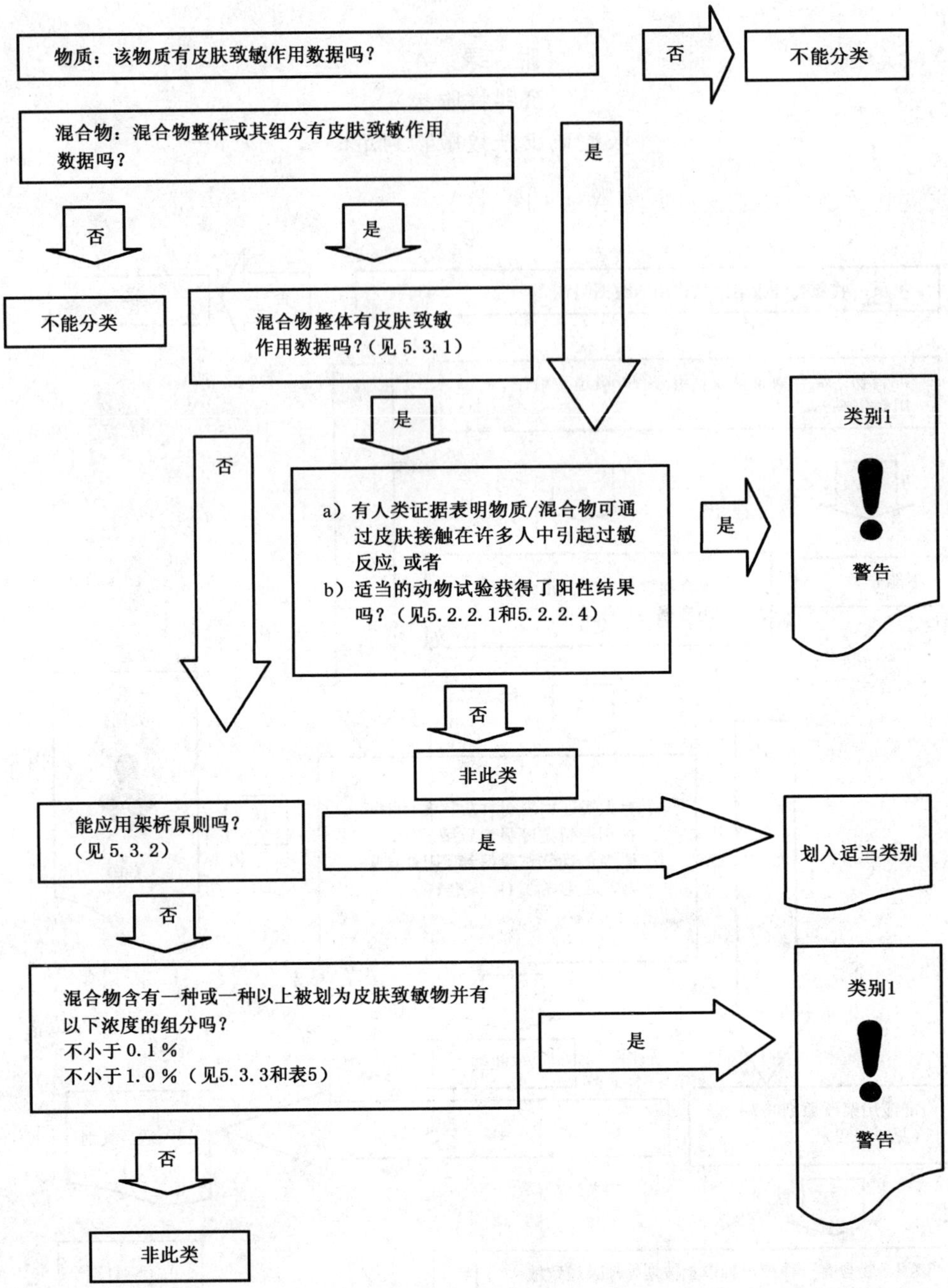

图 A.2 皮肤致敏物的判定逻辑

附 录 B
（规范性附录）
呼吸道或皮肤致敏物的标签要素的分配

呼吸道或皮肤致敏物的标签要素的分配见表B.1～表B.2。

表B.1 呼吸道致敏物的标签要素的分配

类别1	类别1A	类别1B	—	—
 危 险 吸入可能导致过敏或哮喘症状或呼吸困难	 危 险 吸入可能导致过敏或哮喘症状或呼吸困难	 危 险 吸入可能导致过敏或哮喘症状或呼吸困难		
呼吸道致敏物在联合国《规章范本》中未作要求。				

表B.2 皮肤致敏物的标签要素的分配

类别1	类别1A	类别1B	—	—
 警 告 可能导致皮肤过敏反应	 警 告 可能导致皮肤过敏反应	 警 告 可能导致皮肤过敏反应		
皮肤致敏物在联合国《规章范本》中未作要求。				

附 录 C
（规范性附录）
呼吸道或皮肤致敏物的分类标准和标签要素

呼吸道或皮肤致敏物的分类标准和标签要素见表 C.1～表 C.2。

表 C.1 呼吸道致敏物的分类标准和标签要素

危害类别	标 准	标签要素	
1	a) 物质和已试验过的混合物： 1) 如果有人类证据显示物质可导致特定呼吸致敏反应； 2) 如果适当的动物试验取得阳性结果。 b) 如果不拥有混合物整体数据，则适用架桥原则。 c) 架桥原则不适用时，混合物如至少含有一种被划为呼吸道致敏物的组分并有以下浓度，将划为呼吸道致敏物： 1) 固体或液体 不小于 0.1%（质量分数） 不小于 1.0%（质量分数） 2) 气体 不小于 0.1%（体积分数） 不小于 0.2%（体积分数）	图形符号	
		信号词	危险
		危险说明	吸入可能导致过敏或哮喘病症状或呼吸困难
1A（如掌握充分数据和如果主管部门要求）	a) 物质和已试验过的混合物 显示在人类身上有高发生率；或根据动物或其他试验，有可能在人身上发生较高比例的过敏；还应结合反应的严重程度。 b) 如无法得到混合物整体的数据，则使用架桥原则。 c) 如果架桥原则不适用，且如果混合物含有至少一种以下的浓度可被划为类别 1A 的组分，则物质划为呼吸系统致敏物质： 1) 固体或液体：不小于 0.1%（质量分数） 2) 气体：不小于 0.1%（体积分数）	图形符号	
		信号词	危 险
		危险说明	吸入可能导致过敏或哮喘病症状或呼吸困难
1B（如掌握充分数据和如果主管部门要求）	a) 物质和已试验过的混合物 在人类身上显示低到中等程度的发生率；或根据动物或其他试验，有可能在人身上发生低到中等比例的过敏；还应结合反应的严重程度。 b) 如无法得到混合物整体的数据，则使用架桥原则。 c) 如果架桥原则不适用，且如果混合物含有至少一种以下的浓度可被划为类别 1B 的组分，则物质划为呼吸系统致敏物质： 1) 固体或液体：不小于 1%（质量分数） 2) 气体：不小于 0.2%（体积分数）	图形符号	
		信号词	危 险
		危险说明	吸入可能导致过敏或哮喘病症状或呼吸困难

表 C.2　皮肤致敏物的分类标准和标签要素

危害类别	原　　则	警示标签要素	
1	a）物质和已试验过混合物 1）如果有人类证据表明，个别物质可以在相当多的人中通过皮肤接触导致过敏作用； 2）如果适当的动物试验取得阳性结果。 b）在不掌握混合物整体数据的情况下，则适用架桥原则。 c）架桥原则不适用时，混合物如至少含有一种可被划为皮肤致敏物的组分并且有以下浓度，则划为皮肤致敏物： 1）不小于0.1%（固体/液体/气体） 2）不小于1.0%（固体/液体/气体）	图形符号	
		信号词	警告
		危险说明	可能导致皮肤过敏反应
1A（如掌握充分数据和如果主管部门要求）	a）物质和已试验过的混合物 显示在人类中的发生率较高；和/或在动物身上有较大的可能性，可以假定有可能在人类身上产生严重过敏。还应结合反应的严重程度。 b）如无法获得混合物整体的数据，则适用架桥原则。 c）如果架桥原则不适用，且如果混合物含有至少一种浓度不小于0.1%的被划为类别1A的组分，则混合物划为皮肤致敏物。	图形符号	
		信号词	警告
		危险说明	可能导致皮肤过敏反应
1B（如掌握充分数据和如果主管部门要求）	a）物质和已试验过的混合物 人类显示有低度到中度的发生率；和/或对动物有低度到中度的可能性，可以假定有可能致人类过敏。 b）如无法获得混合物整体的数据，则适用架桥原则。 c）如果架桥原则不适用，且如果混合物含有至少一种浓度不小于0.1%的被划为类别1B的组分，则混合物划为皮肤致敏物。	图形符号	
		信号词	警告
		危险说明	可能导致皮肤过敏反应

附　录　D
（资料性附录）
呼吸道或皮肤致敏物的危险说明和防范说明

D.1　概述

D.1.1　本附录为呼吸道或皮肤致敏物提供如何使用符合 GHS 的危险说明和防范说明指导，列出呼吸道或皮肤致敏物的每一危险种类和危险类别的危险说明和防范说明，见 GB 13690。

D.1.2　危险说明的编码

D.1.2.1　危险说明的编码见 GHS 附件 3。

D.1.2.2　每一种危险说明均设定一个专门的字母数字混合代码，由 1 个字母和 3 个数字组成，具体如下：

a）　字母“H”(代表“危险说明”)；

b）　第 1 个数字，代表不同部分编号设定的危险说明所指危险类型，具体如下：

——“2”代表物理危险；

——“3”代表健康危险；

——“4”代表环境危险；

c）　后 2 个数字，对应于物质或者混合物固有属性引起的危险的序列编号，如：爆炸性(代码 200 至 210)、易燃性(代码 220 至 230)，等等。

D.1.2.3　除非另有规定，所有指定的危险说明均应出现在标签上。主管部门可规定危险说明在标签出现的顺序。此外，在组合危险说明提供两种或者以上危险说明时，主管部门可以具体规定，是否将组合危险说明或者相应的单个说明写入标签，或者由制造商/供应商自行决定。

D.1.3　防范说明应连同危险公示要素(象形图、信号词和危险说明)一起标在标签上。附加补充信息，例如使用说明，也可由制造商/供应商和/或主管部门斟酌决定予以补充。

D.1.3.1　防范说明编码见 GHS 附件 3。

D.1.3.2　防范说明的编码

D.1.3.2.1　每一防范说明均设定一个专门的字母数字混合代码，由 1 个字母和 3 个数字组成，具体如下：

a）　字母“P”(代表“防范说明”)；

b）　第 1 个数字，代表防范说明的类型，具体如下：

——“1”代表一般防范说明；

——“2”代表预防防范说明；

——“3”代表应急防范说明；

——“4”代表贮存防范说明；

——“5”代表处置防范说明；

c）　后 2 个数字(对应于防范说明的序列编号)。

D.1.3.2.2　防范说明代码用作参考。防范说明代码不是防范说明条文的一部分，不应用其替代防范说明条文。

D.2 一般防范说明

对被划为危害人类健康或环境的所有物质和混合物应采取一般防范措施。以下一般防范说明在给定的条件下适用于 GHS 标签(见表 D.1)。

表 D.1 一般防范说明

对象	补充信息	编码	一般防范说明
一般公众	标签,补充标签信息	**P101**	**如需就医:请随身携带产品容器或标签。**
		P102	**放在儿童无法触及之处。**
		P103	**使用前请阅读标签。**
生产工人	标签,补充标签信息、安全技术说明书、工作场所标志		无

D.3 呼吸道或皮肤致敏物防范说明

D.3.1 呼吸道或皮肤致敏物防范说明见表 D.2 和表 D.3。

表 D.2 呼吸道致敏物的防范说明

图形符号
健康危害

危险类别	信号词	危险说明
1、1A、1B	危险	H334 吸入可能导致过敏或哮喘病症状或呼吸困难

防范说明			
预　防	反　应	贮　存	处　置
P261 **避免吸入粉尘/烟/气体/烟雾/蒸气/喷雾。** 制造商/供应商或主管部门列明适用的条件。 **P285** **如通风不足,须戴呼吸防护装置。** ……制造商/供应商或主管部门列明设备。 **P270** **使用本产品时不要进食,饮水或吸烟。**	**P304+P341** **如误吸入:如呼吸困难,将受害人转移到空气新鲜处,保持呼吸舒适的休息姿势。** **P342+P311** **如有呼吸系统病症:呼叫解毒中心或医生。**		**P501** **处置内装物/容器……** ……按照地方/区域/国家/国际规章(待规定)。

表 D.3 皮肤致敏物的防范说明

图形符号
健康危害

危险类别	信号词	危险说明
1、1A、1B	警告	H317 可能造成皮肤过敏反应

防范说明			
预防	反应	贮存	处置
P261 **避免吸入粉尘/烟/气体/烟雾/蒸气/喷雾。** 制造商/供应商或主管部门列明适用的条件。 **P272** **受沾染的工作服不得带出工作场地。** **P280** **戴防护手套。** 制造商/供应商或主管部门列明设备类型。	**P302＋P352** **如皮肤沾染：用大量肥皂和流水清洗。** **P333＋P313** **如发生皮肤刺激或皮疹：求医/就诊。** **P321** **具体治疗(见本标签上的……)** ……参看附加急救指示。 ——生产商/供应商或主管部门可酌情列明一种清洗剂。 **P363** **沾染的衣服清洗后方可重新使用。**		**P501** **处置内装物/容器……** ……按照地方/区域/国家/国际规章(待规定)。

附 录 E
（资料性附录）
呼吸道或皮肤致敏物的标签样例

呼吸道或皮肤致敏物的标签样例见图 E.1～图 E.2。

编　码
产品名称

公司名称

街名及号码
国家、省、城市、邮编
电话号码
紧急呼叫电话

使用说明：

装载质量：　　　　批　　号：
毛　　重：　　　　装载日期：
有 效 期：

危 险

吸入可能导致过敏或哮喘病症或呼吸困难

避免吸入粉尘/烟/气体/烟雾/蒸气/喷雾。
如通风不足，须戴呼吸防护装置。

如误吸入：如呼吸困难，将受害人转移到空气新鲜处，保持呼吸舒适的休息姿势。
如有呼吸系统症状：呼叫解毒中心或医生。

处置内装物/容器……
……按照地方/区域/国家/国际规章。

运输象形图
无符号

图 E.1　呼吸道致敏的标签样例

编　码
产品名称

公司名称

街名及号码
国家、省、城市、邮编
电话号码
紧急呼叫电话

使用说明：

装载质量：　　批　号：
毛　重：　　装载日期：
有 效 期：

警 告
可能造成皮肤过敏反应

避免吸入粉尘/烟/气体/烟雾/蒸气/喷雾。
受沾染的工作服不得带出工作场地。
戴防护手套。

如皮肤沾染：用大量肥皂和流水清洗。
如发生皮肤刺激或皮疹：求医/就诊。
沾染的衣服清洗后方可重新使用。

处置内装物/容器……
……按照地方/区域/国家/国际规章。

运输象形图
无符号

图 E.2　皮肤致敏的标签样例

ICS 13.300
A 80

中华人民共和国国家标准

GB 30000.22—2013
代替 GB 20596—2006

化学品分类和标签规范 第22部分:生殖细胞致突变性

Rules for classification and labelling of chemicals—Part 22: Germ cell mutagenicity

2013-10-10 发布

2014-11-01 实施

中华人民共和国国家质量监督检验检疫总局
中国国家标准化管理委员会
发布

前　言

本部分第4章和第6章为强制性的，其余为推荐性的。

GB 30000《化学品分类和标签规范》的预期结构和将代替的国家标准为：

——第1部分：通则（代替GB 13690—2009）；

——第2部分：爆炸物（代替GB 20576—2006）；

——第3部分：易燃气体（代替GB 20577—2006）；

——第4部分：气溶胶（代替GB 20578—2006）；

——第5部分：氧化性气体（代替GB 20579—2006）；

——第6部分：加压气体（代替GB 20580—2006）；

——第7部分：易燃液体（代替GB 20581—2006）；

——第8部分：易燃固体（代替GB 20582—2006）；

——第9部分：自反应物质和混合物（代替GB 20583—2006）；

——第10部分：自燃液体（代替GB 20585—2006）；

——第11部分：自燃固体（代替GB 20586—2006）；

——第12部分：自热物质和混合物（代替GB 20584—2006）；

——第13部分：遇水放出易燃气体的物质和混合物（代替GB 20587—2006）；

——第14部分：氧化性液体（代替GB 20589—2006）；

——第15部分：氧化性固体（代替GB 20590—2006）；

——第16部分：有机过氧化物（代替GB 20591—2006）；

——第17部分：金属腐蚀物（代替GB 20588—2006）；

——第18部分：急性毒性（代替GB 20592—2006）；

——第19部分：皮肤腐蚀/刺激（代替GB 20593—2006）；

——第20部分：严重眼损伤/眼刺激（代替GB 20594—2006）；

——第21部分：呼吸道或皮肤致敏（代替GB 20595—2006）；

——第22部分：生殖细胞致突变性（代替GB 20596—2006）；

——第23部分：致癌性（代替GB 20597—2006）；

——第24部分：生殖毒性（代替GB 20598—2006）；

——第25部分：特异性靶器官毒性　一次接触（代替GB 20599—2006）；

——第26部分：特异性靶器官毒性　反复接触（代替GB 20601—2006）；

——第27部分：吸入危害；

——第28部分：对水生环境的危害（代替GB 20602—2006）；

——第29部分：对臭氧层的危害；

——第30部分：化学品作业场所警示性标志。

本部分为GB 30000的第22部分。

本部分按照GB/T 1.1—2009给出的规则起草。

本部分代替GB 20596—2006《化学品分类、警示标签和警示性说明安全规范　生殖细胞突变性》。

本部分与联合国《全球化学品统一分类和标签制度》（Globally Harmonized System of Classification and Labelling of Chemicals，GHS）（第四修订版）有关技术的内容一致。

本部分与GB 20596—2006相比，主要技术内容变化如下：

——修改了标准名称,中文名称改为“化学品分类和标签规范　第22部分:生殖细胞致突变性”,英文名称修改为“Rules for classification and labelling of chemicals—Part 22: Germ cell mutagenicity”;

——修改了第1章范围内容,将“警示标签”改为“标签”、删除“警示性说明”;

——修改了第2章“规范性引用文件”,将经济合作与发展组织OECD471等11个规范性引用文件用等同采用的国家标准代替并置于资料性附录F中,同时增加GB 13690规范性引用文件;

——增加第3章“术语和定义”的引导语;

——增加条款4.1;

——将原第5章的图1和图2判定流程图以及指导作为资料性附录A,同时原图2中“混合物含有一个或多个分为类别2致突变物的组分且浓度为:不小于0.1%吗?”修改为图A.2中的“混合物含有一种或多种分为类别2致突变物的组分且浓度不小于1.0%吗?”;

——删除了原第7章,按联合国《全球化学品统一分类和标签制度》(第四修订版)将原第7章的表4修改后作为规范性附录B;

——按联合国《全球化学品统一分类和标签制度》(第四修订版)将原第6章、第7章、第8章修改整合成第6章;原表3修改后作为规范性附录C;

——删除了原第8章,将相关的“危险说明”和“防范说明”内容作为资料性附录D;

——增加资料性附录E“生殖细胞致突变性的标签示例”。

本部分由全国危险化学品管理标准化技术委员会(SAC/TC 251)提出并归口。

本部分起草单位:中华人民共和国江苏出入境检验检疫局、中国化工信息中心、国家危险化学品质量监督检验中心、华峰集团有限公司。

本部分主要起草人:王红松、周志荣、徐炎、高翔、张君玺、葛晓军、李肖锋。

本部分所代替标准的历次版本发布情况为:

——GB 20596—2006。

化学品分类和标签规范 第22部分:生殖细胞致突变性

1 范围

GB 30000的本部分规定了具有生殖细胞致突变性的化学品的术语和定义、分类标准、判定逻辑和指导、标签。

本部分适用于具有生殖细胞致突变性的化学品按联合国《全球化学品统一分类和标签制度》(以下简称GHS)分类和标签。

2 规范性引用文件

下列文件对于本文件的应用是必不可少的。凡是注日期的引用文件,仅注日期的版本适用于本文件。凡是不注日期的引用文件,其最新版本(包括所有的修改单)适用于本文件。

GB 30000.23 化学品分类和标签规范 第23部分:致癌性

GB 13690 化学品分类和危险性公示 通则

联合国《全球化学品统一分类和标签制度》(第四修订版)

联合国《关于危险货物运输的建议书 规章范本》(第十七修订版)

3 术语和定义

GB 13690界定的以及下列术语和定义适用于本文件。

3.1

生殖细胞致突变性 germ cell mutagenicity

化学品引起人类生殖细胞发生可遗传给后代的突变。在将物质和混合物划归这一危害类别时,还要注意到体外致突变性/遗传毒性试验和哺乳动物体细胞体内致突变性和遗传毒性试验。在本部分中,多次提到术语致突变、致突变物、突变和遗传毒性。"突变"定义为细胞中遗传物质的数量或结构发生永久性改变。

"突变"一词适用于可能表现在显性的可遗传基因改变和潜在的DNA改性(例如,已知的特定碱基对改变和染色体易位)。"致突变"和"致突变物"两词适用于在细胞和/或有机体群落内引起突变发生率增加的物质。

"遗传毒性的"和"遗传毒性",适用于能改变DNA的结构、信息内容,或分离的物质或过程,包括那些通过干扰正常复制过程造成DNA损伤,或能以非生理方式(暂时)改变了DNA复制的物质或过程。遗传毒性试验结果通常被用作致突变效应的指标。

4 分类标准

4.1 一般原则

生殖细胞致突变性分类和标签的一般原则见GB 13690。

4.2 物质的分类标准

4.2.1 本分类系统规定了两种不同的生殖细胞致突变危险类别，以适应可用的证据权重，具体见表1。

表1 生殖细胞致突变物的分类

类别1：已知引起人类生殖细胞发生可遗传性突变或被认为可能引起人类生殖细胞可遗传突变的物质 类别1A：已知引起人类生殖细胞发生可遗传突变的物质。 判断标准：人类流行病学研究的阳性证据 类别1B：应被认为可能引起人类生殖细胞可遗传突变的物质 判断标准： ——哺乳动物体内可遗传的生殖细胞致突变试验的阳性结果；或 ——哺乳动物体内体细胞致突变性试验的阳性结果，结合一些证据表明该物质具有引起生殖细胞突变的可能。例如，这种支持性证据可来源于体内生殖细胞致突变性/遗传毒性试验，或证明物质或其代谢物有能力与生殖细胞的遗传物质相互作用；或 ——从人类生殖细胞试验显示出致突变效应的阳性结果，而无需证明突变是否遗传给后代，例如，接触该物质的人群精子细胞的非整倍性频率增加。 类别2：由于可能导致人类生殖细胞可遗传性突变而引起人们关注的物质 判断标准： 哺乳动物试验获得阳性证据，和/或有时从一些体外试验中得到阳性证据，这些证据来自： ——哺乳动物体内体细胞致突变性试验；或 ——得到体外致突变性试验的阳性结果支持的其他体内体细胞遗传毒性试验。
注：应将体外哺乳动物致突变性试验得到的阳性结果，和与已知生殖细胞致突变物有化学结构活性关系的化学品划为类别2致突变物。

4.2.2 为了进行分类，需结合接触动物的生殖细胞和/或体细胞的致突变效应和/或遗传毒性效应的试验结果。也可结合体外试验确定的致突变效应和/或遗传毒性效应。

4.2.3 该分类系统建立在危险性基础上，根据物质引起生殖细胞突变的内在能力，对物质进行分类。因此，该分类方案不同于对化学品进行风险评估(定量的)。

4.2.4 人类生殖细胞可遗传效应的分类以实施良好、经充分证明有效的试验为基础，按照有关国家标准进行试验。应利用专家判断对试验结果进行评估，而且分类时应结合所有现有证据。

4.2.5 个别物质的分类需要专家以全部可用的证据权重为基础做出判别。在根据单一的、实施良好的试验资料对物质进行分类时，试验应提供明确清楚的阳性结果。如果出现新的、经充分证明有效的试验，则也可将它们用于要结合的全部证据权重。注意比较试验研究中接触化学品的途径与人群可能的接触途径，看是否存在关联性。

4.3 混合物的分类标准

4.3.1 有混合物整体数据时的混合物分类

混合物的分类应基于混合物各种组分的现有试验数据，使用划分为生殖细胞致突变组分的临界值/浓度极限值进行。可根据该混合物整体的现有数据，以个案为基础对分类进行修正。在此情况下，结合剂量和诸如生殖细胞致突变试验体系的持续时间、观察和分析(例如统计分析、试验灵敏度)之类的其他因素，混合物整体的试验结果应是结论性的。应保留支持分类的适当文档，以便应要求予以提供，作审查之用。

4.3.2 无混合物整体数据时的混合物分类：架桥原则

4.3.2.1 当混合物本身并没有进行过确定其生殖细胞致突变性的试验，但对混合物的各组分和已做过试验的类似混合物都已掌握充分数据，足以确定该混合物的危险特性，则可根据以下议定的架桥原则使用这些数据。这样可确保分类过程最大程度地使用现有数据来确定混合物的危险特性，而无需进行额外的动物试验。

4.3.2.2 稀释：

如果做过试验的混合物用一种预期不会影响其他组分生殖细胞致突变性的稀释剂进行稀释时，则经稀释的新混合物可划为与原做过试验的混合物相同的类别。

4.3.2.3 产品批次：

混合物已做过试验的一个生产批次的生殖细胞致突变性，可认为实际上与同一制造商或在其控制下生产的同一商业产品的另一个未经试验的产品批次的生殖细胞致突变性相同，除非有理由认为，未经试验的产品批次的生殖细胞致突变性有显著变化。如果是后一种情况，则需进行新的分类。

4.3.2.4 实质上类似的混合物：

假定下列情况：

a) 两种混合物：I：A＋B，II：C＋B；

b) 生殖细胞致突变组分 B 的浓度在两种混合物中是相同的；

c) 混合物 I 中组分 A 的浓度等于在混合物 II 中组分 C 的浓度；

d) 已有组分 A 和组分 C 的毒性数据，且这些数据实质上相同，即它们属于相同的危险类别，而且预期不会影响组分 B 的生殖细胞致突变性。

如果混合物 I 或 II 已根据试验结果分类，则另一混合物可以划为相同的危险类别。

4.3.3 拥有混合物的所有组分数据或只有一些组分数据时的混合物分类

当至少一种组分已被分类为类别 1 或类别 2 致突变物，而且其含量大于或等于表 2 中类别 1 和类别 2 的相应临界值/浓度极限值时，则该混合物应被分类为致突变物。

表 2 混合物分类时对划为生殖细胞致突变物的组分临界值/浓度极限值

<table>
<tr><th rowspan="3">组分类别</th><th colspan="3">引起混合物分类的临界值/浓度极限值</th></tr>
<tr><th colspan="2">类别 1 致突变物</th><th rowspan="2">类别 2 致突变物</th></tr>
<tr><th>类别 1A</th><th>类别 1B</th></tr>
<tr><td>类别 1A 致突变物</td><td>≥0.1%</td><td>—</td><td rowspan="2">—</td></tr>
<tr><td>类别 1B 致突变物</td><td>—</td><td>≥0.1%</td></tr>
<tr><td>类别 2 致突变物</td><td>—</td><td>—</td><td>≥1.0%</td></tr>
<tr><td colspan="4">注：表中的临界值/浓度极限值适用于固体和液体（质量分数）以及气体（体积分数）。</td></tr>
</table>

5 判定逻辑和指导

判定逻辑和指导仅供参考。判定逻辑参见附录A。特别建议负责分类的人员在使用判定逻辑前和使用中研究第4章。判定逻辑仅供参考。

6 标签

6.1 概述

6.1.1 对于生殖细胞致突变性的标签，危险类别都以指定的象形图、信号词和危险说明的顺序列出。联合国《关于危险货物运输的建议书 规章范本》(以下简称《规章范本》)涵盖的危险种类或类别应在标签中列出每个类别指定的相应图形标志。生殖细胞致突变性标签要素的分配见附录B。

6.1.2 有关生殖细胞致突变性的分类标准和标签要素见附录C。

6.1.3 标签上要求的信息包括危险象形图、信号词、危险说明、防范说明、产品标识符和供应商标识等。

注：对于尚未标准化的其他标签要素，如防范说明也需要包括在标签上。主管部门可能还要求提供额外信息，供应商也可能增加补充信息。

6.2 危险象形图

危险象形图应使用黑色符号加白色背景，红框要足够宽，以便醒目。

《规章范本》规定的危险象形图、图形标志颜色、数字和最小尺寸见附录B。

6.3 信号词

信号词指标签上用来表明危险相对严重程度和提醒读者注意潜在危险的词语。对于危险类别1生殖细胞致突变性使用信号词“危险”；对于危险类别2生殖细胞致突变性使用信号词“警告”。

6.4 危险说明

危险说明指分配给一个危险种类和类别的短语，用来描述一种化学品的危险性质，在情况合适时还包括其危险程度。生殖细胞致突变性的危险说明见表C.1并参见附录D。

6.5 防范说明

防范说明是一个短语(和/或象形图)，用于描述为尽可能减少或防止由于接触危险产品或者不适当的贮存或搬运危险产品的不良效应建议采取的措施。为达到要求，共有5类防范说明：一般、预防、应急、贮存和处置。生殖细胞致突变性不同危险类别的防范说明参见附录D。

6.6 产品标识符

6.6.1 标签上应使用产品标识符，且应与化学品安全技术说明书上使用的产品标识符相一致。如果一种物质或混合物列入《规章范本》，包装上还应使用正确的联合国运输编号。

6.6.2 标签应包括物质的化学名称。对于混合物或合金，在急性毒性、皮肤腐蚀、严重眼损伤、生殖细胞致突变性、致癌性、生殖毒性、皮肤或呼吸道致敏或特异性靶器官毒性出现在标签上时，标签上应当包括可能引起这些危险的所有组分或合金元素的化学组分。主管部门可要求在标签上列出可能导致混合物或合金危险性的所有组分或合金元素的化学名称。

6.7 供应商标识

标签上应提供物质或混合物的生产商或供应商的名称、地址和电话号码。

6.8 标签的示例

生殖细胞致突变性标签的例子参见附录 E。

附 录 A
（资料性附录）
判定逻辑和指导

A.1 生殖细胞致突变性判定逻辑

按以下判定流程图 A.1、图 A.2 和图 A.3 进行分类。

A.1.1 物质的判定逻辑

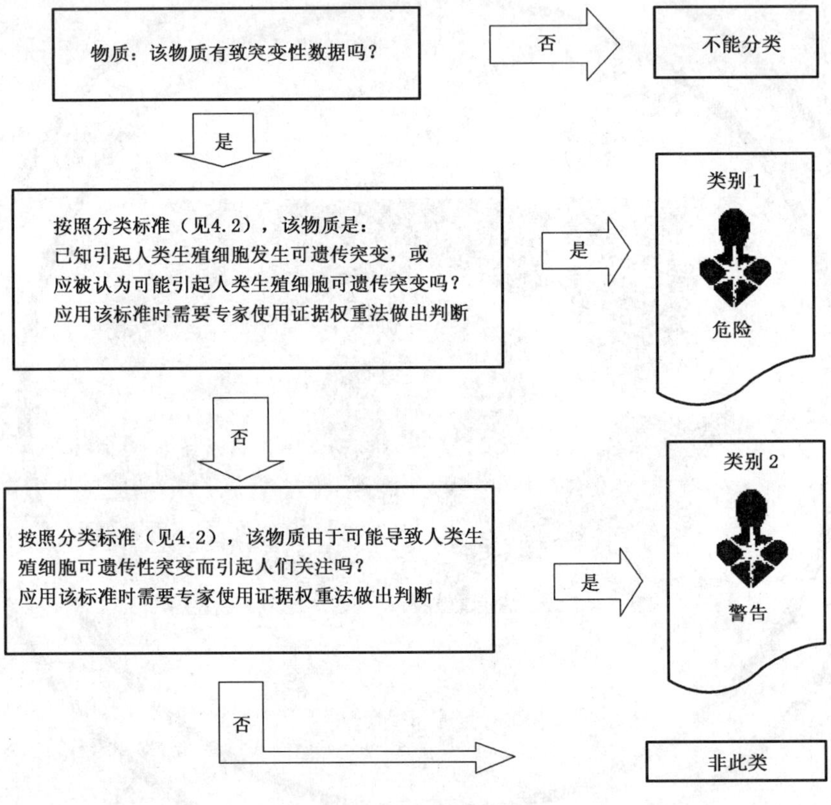

图 A.1 物质的分类流程

A.1.2 混合物的判定逻辑

混合物：混合物的分类应根据混合物各种组分的现有试验数据，使用这些组分的临界值/浓度极限值进行。可以根据混合物整体的现有试验数据或架桥原则，分类时可以根据具体情况进行修正。见以下根据具体情况经过修正做出的分类。进一步的细节见 4.3。

A.1.2.1 根据混合物各组分对混合物的分类

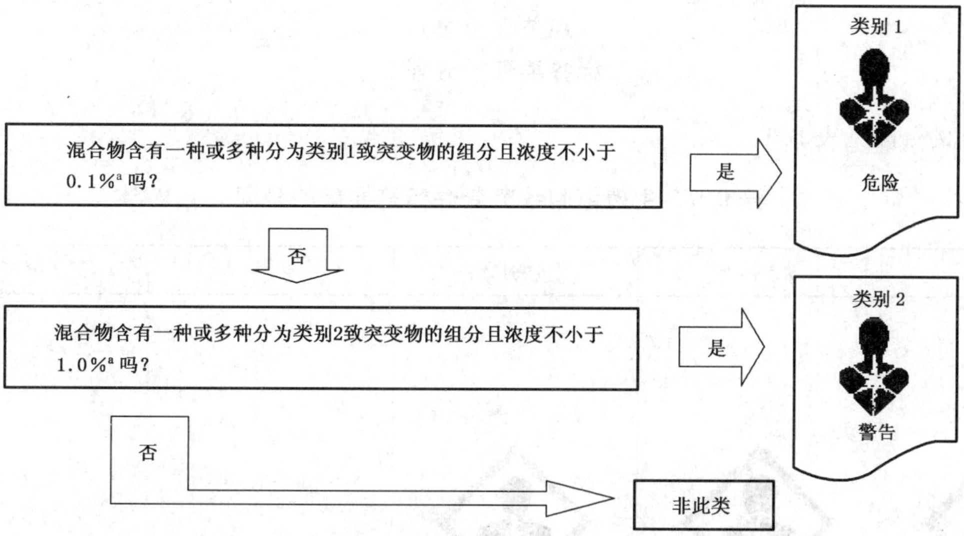

a 对于具体的浓度极限值，可参见 GHS 第 1.3 条中的 1.3.3.2，以及表 2。

图 A.2 根据混合物中各组分对混合物的分类流程

A.1.2.2 根据具体情况做出修正的分类

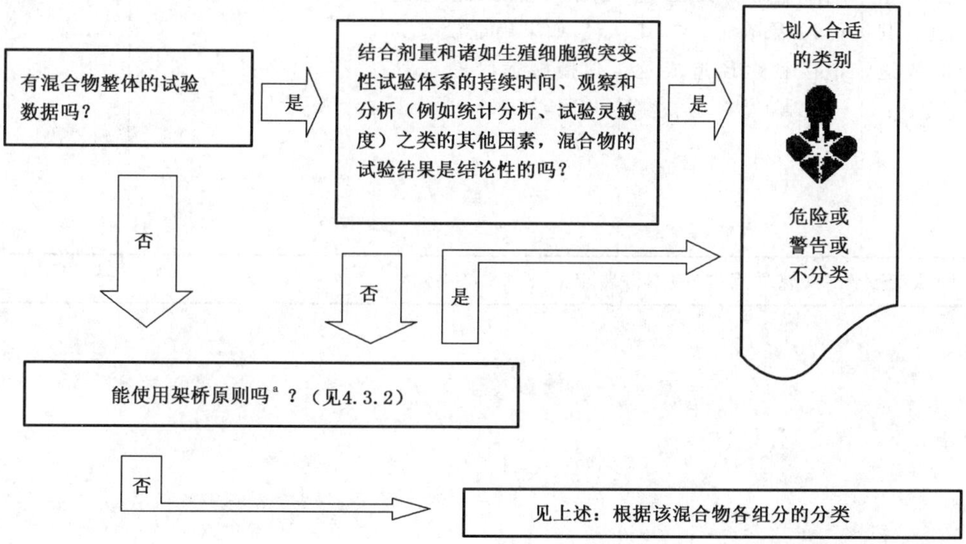

a 如果在应用架桥原则时，使用其他混合物的数据，则该混合物的数据依据 4.3.2 规定应是结论性的。

图 A.3 根据具体情况做出修正的分类流程

A.2 指导

人类日益认识到，人类和动物身上由化学品引发的肿瘤发生过程，包括体细胞原致肿瘤基因和/或肿瘤抑制基因的基因改变。因此，如果证明化学品在哺乳动物体内体细胞和/或生殖细胞中有致突变性质，可能意味着这些化学品有可能分类为致癌物，具体见 GB 30000.23。

附 录 B
（规范性附录）
标签要素的分配

标签要素的分配见表 B.1。

表 B.1 生殖细胞致突变性标签要素的分配

类别 1A	类别 1B	类别 2	—	—
 危 险 可能造成遗传性缺陷（应说明接触途径，如果确证没有其他接触途径造成这一危害）	 危 险 可能造成遗传性缺陷（应说明接触途径，如果确证没有其他接触途径造成这一危害）	 警 告 怀疑可造成遗传性缺陷（应说明接触途径，如果确证没有其他接触途径造成这一危害）		
生殖细胞致突变性在《规章范本》中不做要求。				

附 录 C
（规范性附录）
生殖细胞致突变性的分类标准和标签要素

生殖细胞致突变性的分类标准和标签要素见表 C.1。

表 C.1 生殖细胞致突变性分类标准和标签要素

危害类别	标 准	标签要素	
1 (1A 和 1B)	1. 物质和测试过的混合物(见 4.2)： ——已知引起人类生殖细胞发生可遗传突变，或 ——被认为可能引起人类生殖细胞可遗传突变 2. 如果没有混合物整体数据，使用架桥原则(见 4.3.2) 3. 架桥原则不适用时，混合物如至少含有一种被划为类别 1 的组分，且浓度不小于 0.1%，该混合物将划为类别 1	图形符号	
		信 号 词	危 险
		危险说明	可能造成遗传性缺陷(应说明接触途径，如果确证没有其他接触途径造成这一危害)
2	1. 物质和测试过的混合物(见 4.2)：由于可能导致人类生殖细胞可遗传性突变而引起人们关注 2. 如果没有混合物整体数据，使用架桥原则(见 4.3.2) 3. 架桥原则不适用时，混合物如至少含有一种被划为类别 2 的组分，且浓度不小于 1.0%，该混合物将划为类别 2	图形符号	
		信 号 词	警 告
		危险说明	怀疑可造成遗传性缺陷(应说明接触途径，如果确证没有其他接触途径造成这一危害)

附　录　D
（资料性附录）
生殖细胞致突变性的危险说明和防范说明

D.1　概述

D.1.1　本附录为生殖细胞致突变性化学品提供如何使用符合 GHS 的危险说明和防范说明指导，列出生殖细胞致突变性每一危险种类和危险类别的建议危险说明和防范说明，见 GB 13690。

D.1.2　危险说明的编码：

D.1.2.1　危险说明的编码见 GHS 附件 3。

D.1.2.2　每一种危险说明均设定一个专门的字母数字混合代码，由 1 个字母和 3 个数字组成，具体如下：

a)　字母“H”（代表“危险说明”）；
b)　第 1 个数字，代表不同部分编号设定的危险说明所指危险类型，具体如下：
——“2”代表物理危险；
——“3”代表健康危险；
——“4”代表环境危险；
c)　后 2 个数字，对应于物质或者混合物固有属性引起的危险的序列编号，如：爆炸性（代码 200 至 210）、易燃性（代码 220 至 230），等等。

D.1.2.3　除非另有规定，所有指定的危险说明均应出现在标签上。主管部门可规定危险说明在标签出现的顺序。此外，在组合危险说明提供两种或者以上危险说明时，主管部门可以具体规定，是否将组合危险说明或者相应的单个说明写入标签，或者由制造商/供应商自行决定。

D.1.3　防范说明应连同统一危险公示要素（象形图、信号词和危险说明）一起标在符合要求的标签上。附加补充信息，例如使用说明，也可由制造商/供应商和/或主管部门斟酌决定予以补充。

D.1.3.1　防范说明编码见 GHS 附件 3。

D.1.3.2　防范说明的编码：

D.1.3.2.1　每一防范说明均设定一个专门的字母数字混合代码，由 1 个字母和 3 个数字组成，具体如下：

a)　字母“P”（代表“防范说明”）；
b)　第 1 个数字，代表防范说明的类型，具体如下：
——“1”代表一般防范说明；
——“2”代表预防防范说明；
——“3”代表应急防范说明；
——“4”代表贮存防范说明；
——“5”代表处置防范说明；
c)　后 2 个数字（对应于防范说明的序列编号）。

D.1.3.2.2　防范说明代码用作参考。防范说明代码不是防范说明条文的一部分，不应用其替代防范说明条文。

D.2 一般防范说明

对被划为危害人类健康或环境的所有物质和混合物应采取一般防范措施。以下一般防范说明在给定的条件下适用于GHS标签(见表D.1)。

表D.1 一般防范说明

对象	补充信息	编码	一般防范说明
一般公众	标签,补充标签信息	**P101**	**如需就医:请随身携带产品容器或标签**
		P102	**放在儿童无法触及之处**
		P103	**使用前请阅读标签**
产业工人	标签,补充标签信息、化学品安全技术说明书、工作场所标志		无

D.3 生殖细胞致突变性防范说明

D.3.1 生殖细胞致突变性类别1和类别2的防范说明见表D.2。

表D.2 生殖细胞致突变性类别1和类别2的防范说明

图形符号
健康危害

危险类别	信号词	危险说明
1	危险	H340 可能造成遗传性缺陷
2	警告	H341 怀疑可造成遗传性缺陷

防范说明			
预防	应急	贮存	处置
P201 **在使用前获取特别指示。** **P202** **在读懂所有安全防范措施之前切勿搬动。** **P280** **戴防护手套/穿防护服/戴防护眼罩/戴防护面具。** 制造商/供应商或主管部门列明设备类型。	**P308+P313** **如接触到或有疑虑:求医/就诊。**	**P405** **存放处须加锁。**	**P501** **处置内装物/容器……** ……按照地方/区域/国家/国际规章(待规定)。

附　录　E
（资料性附录）
生殖细胞致突变性的标签示例

生殖细胞致突变性的标签示例见图 E.1 和图 E.2。

编　码

产品名称

公司名称
通讯地址
国家、省、城市、邮编
电话号码
紧急呼叫电话

使用说明：

装载重量：　　批号：
装载日期：　　有效期：

危险
放在儿童伸手不及之处
使用前请读标签
可能造成遗传性缺陷

在使用前获取特别指示。
在读懂所有安全防范措施之前切勿搬动。
戴防护手套/穿防护服/戴防护眼罩/戴防护面具。
制造商/供应商或主管部门列明设备类型。
如接触到或有疑虑：求医/就诊。
存放处须加锁。
处置内装物/容器……
……按照地方/区域/国家/国际规章（待规定）。

运输象形图
无符号
联合国编号
正式运输名称

图 E.1　生殖细胞致突变性类别 1 标签的示例图

编　码

产品名称

警告

放在儿童伸手不及之处

使用前请读标签

怀疑可造成遗传性缺陷

运输象形图

无符号

联合国编号

正式运输名称

公司名称

通讯地址

国家、省、城市、邮编

电话号码

紧急呼叫电话

在使用前获取特别指示。

在读懂所有安全防范措施之前切勿搬动。

戴防护手套/穿防护服/戴防护眼罩/戴防护面具。

制造商/供应商或主管部门列明设备类型。

如接触到或有疑虑：求医/就诊。

存放处须加锁。

处置内装物/容器……

……按照地方/区域/国家/国际规章(待规定)。

使用说明：

装载重量：　　批号：

装载日期：　　有效期：

图 E.2　生殖细胞致突变性类别 2 标签的示例图

附　录　F
（资料性附录）
生殖细胞致突变性相关试验项目和试验标准

F.1　体内可遗传性生殖细胞致突变性试验举例如下：

a）　啮齿类动物显性致死突变试验(GB/T 21610)；

b）　小鼠可遗传易位试验(GB/T 21798)；

c）　小鼠特定座位试验。

F.2　体内体细胞致突变性试验举例如下：

a）　哺乳动物骨髓染色体畸变试验(GB/T 21772)；

b）　小鼠斑点试验(GB/T 21799)；

c）　哺乳动物红细胞微核试验(GB/T 21773)。

F.3　生殖细胞致突变性/生殖毒性试验举例如下：

a）　致突变性试验

　1）　哺乳动物精原细胞染色体畸变试验(GB/T 21751)；

　2）　精子细胞微核试验。

b）　生殖毒性试验

　1）　精原细胞姊妹染色单体交换试验；

　2）　睾丸细胞非程序性 DNA 合成试验(UDS)。

F.4　体细胞生殖毒性试验举例如下：

a）　体内肝细胞非程序性 DNA 合成(UDS)试验(GB/T 21767)；

b）　哺乳动物骨髓姊妹染色单体交换试验(体外试验 GB/T 27820—2011、体内试验 GB/T 27827—2011)。

F.5　体外致突变性试验举例如下：

a）　体外哺乳动物细胞染色体畸变试验(GB/T 21794)；

b）　体外哺乳动物细胞基因突变试验(GB/T 21793)；

c）　细菌回复突变试验(GB/T 21786)。

ICS 13.300
A 80

中华人民共和国国家标准

GB 30000.23—2013
代替 GB 20597—2006

化学品分类和标签规范 第23部分:致癌性

Rules for classification and labelling of chemicals—Part 23:Carcinogenicity

2013-10-10 发布　　2014-11-01 实施

中华人民共和国国家质量监督检验检疫总局
中国国家标准化管理委员会　发布

前　言

本部分第4章、第6章为强制性的，其余为推荐性的。

GB 30000《化学品分类和标签规范》的预期结构和将代替的国家标准为：

——第1部分：通则(代替GB 13690—2009)；

——第2部分：爆炸物(代替GB 20576—2006)；

——第3部分：易燃气体(代替GB 20577—2006)；

——第4部分：气溶胶(代替GB 20578—2006)；

——第5部分：氧化性气体(代替GB 20579—2006)；

——第6部分：加压气体(代替GB 20580—2006)；

——第7部分：易燃液体(代替GB 20581—2006)；

——第8部分：易燃固体(代替GB 20582—2006)；

——第9部分：自反应物质和混合物(代替GB 20583—2006)；

——第10部分：自燃液体(代替GB 20585—2006)；

——第11部分：自燃固体(代替GB 20586—2006)；

——第12部分：自热物质和混合物(代替GB 20584—2006)；

——第13部分：遇水放出易燃气体的物质和混合物(代替GB 20587—2006)；

——第14部分：氧化性液体(代替GB 20589—2006)；

——第15部分：氧化性固体(代替GB 20590—2006)；

——第16部分：有机过氧化物(代替GB 20591—2006)；

——第17部分：金属腐蚀物(代替GB 20588—2006)；

——第18部分：急性毒性(代替GB 20592—2006)；

——第19部分：皮肤腐蚀/刺激(代替GB 20593—2006)；

——第20部分：严重眼损伤/眼刺激(代替GB 20594—2006)；

——第21部分：呼吸道或皮肤致敏(代替GB 20595—2006)；

——第22部分：生殖细胞致突变性(代替GB 20596—2006)；

——第23部分：致癌性(代替GB 20597—2006)；

——第24部分：生殖毒性(代替GB 20598—2006)；

——第25部分：特异性靶器官毒性　一次接触(代替GB 20599—2006)；

——第26部分：特异性靶器官毒性　反复接触(代替GB 20601—2006)；

——第27部分：吸入危害；

——第28部分：对水生环境的危害(代替GB 20602—2006)；

——第29部分：对臭氧层的危害；

——第30部分：化学品作业场所警示性标志。

本部分为GB 30000的第23部分。

本部分按照GB/T 1.1—2009给出的规则起草。

本部分代替GB 20597—2006《化学品分类、警示标签和警示性说明安全规范　致癌性》。

本部分与GB 20597—2006相比，主要技术内容变化如下：

——修改了标准的名称，中文名称修改为“化学品分类和标签规范　第23部分：致癌性”，英文名称为“Rules for classification and labelling of chemicals—Part 23：Carcinogenicity”；

——修改了第1章范围内容，将“警示标签”改为“标签”，删除“警示性说明”；

——修改了第2章“规范性引用文件”，删除原引用文件，同时增加GB 13690和GB/T 16483两个规范性引用文件；

——增加了第3章“术语和定义”的引导语；

——按照第四版GHS修改了表2的格式；

——按照第四版GHS修改了附录A中的部分内容；

——对第5章内容做了结构性调整；

——增加致癌性的标签示例，作为资料性附录E。

本部分与联合国《全球化学品统一分类和标签制度》(Globally Harmonized System of Classification and Labelling of Chemicals,GHS)(第四修订版)有关技术内容一致。

本部分由全国危险化学品管理标准化技术委员会(SAC/TC 251)提出并归口。

本部分起草单位：中华人民共和国天津出入境检验检疫局、中国疾病预防控制中心职业卫生与中毒控制所、中国化工信息中心。

本部分主要起草人：赵琢、杨菁、马军、刘伟、孙俐、葛晓军、梁缙、吴维皑。

本部分所代替标准的历次版本发布情况为：

——GB 20597—2006。

化学品分类和标签规范
第23部分:致癌性

1 范围

GB 30000的本部分规定了具有致癌性的化学品的术语和定义、分类标准、判定逻辑和指导、标签。

本部分适用于具有致癌性的化学品按联合国《全球化学品统一分类和标签制度》(以下简称GHS)分类和标签。

2 规范性引用文件

下列文件对于本文件的应用是必不可少的。凡是注日期的引用文件,仅注日期的版本适用于本文件。凡是不注日期的引用文件,其最新版本(包括所有的修改单)适用于本文件。

GB 13690 化学品分类和危险公示 通则

GB/T 16483 化学品安全技术说明书 内容和项目顺序

联合国《关于危险货物运输的建议书 规章范本》(第十七修订版)

联合国《全球化学品统一分类和标签制度》(第四修订版)

3 术语和定义

GB 13690界定的以及下列术语和定义适用于本文件。

3.1

致癌物 carcinogen

可导致癌症或增加癌症发病率的物质或混合物。在实施良好的动物实验性研究中诱发良性和恶性肿瘤的物质和混合物,也被认为是假定的或可疑的人类致癌物,除非有确凿证据显示肿瘤形成机制与人类无关。将物质或混合物按具有致癌危害分类,是根据物质本身的性质,并不提供使用该物质或混合物可能产生的人类致癌风险高低的信息。

4 分类标准

4.1 一般原则

致癌性分类和标签的一般原则见GB 13690。

4.2 物质分类标准

4.2.1 为了对物质作致癌性分类,应根据证据的充分程度和附加考虑事项(证据权重),将物质划为两个类别之一,见表1。在某些情况下,可能需要进行针对具体途径的分类。

表 1　致癌物危害分类

类别 1	已知或假定的人类致癌物 可根据流行病学和/或动物实验数据将物质划为类别 1。个别物质可进行进一步的分类
类别 1A 类别 1B	已知对人类有致癌可能；对物质的分类主要根据人类证据。假定对人类有致癌可能；对物质的分类主要根据动物证据。 以证据的充分程度以及附加的考虑事项为基础，这样的证据可来自人类研究，即研究确定，人类接触物质和癌症发展之间存在因果关系（已知的人类致癌物）。另外，证据也可来自动物试验，即动物试验以充分的证据证明了动物致癌性（假定的人类致癌物）。此外，在个案基础上，根据显示有限的人类致癌性迹象和有限的实验动物致癌性迹象的研究，可能需要通过科学判断做出假定的人类致癌性决定。 分类：类别 1（A 和 B）致癌物
类别 2	可疑的人类致癌物 可根据人类和/或动物研究得到的证据将物质划为类别 2，但前提是这些证据不能令人信服地将物质划为类别 1。根据证据的充分程度以及附加考虑事项，这样的证据可来自人类研究中有限的致癌性证据，也可来自动物研究中有限的致癌性证据。 分类：类别 2 致癌物

4.2.2　致癌物分类是根据可靠和公认的方法获得的证据做出的，旨在用于具有产生这种毒性效应的内在性质的物质。评估应以所有现有数据、已发表的经同行审查过的研究以及管理机构认可的其他数据为基础。

4.2.3　致癌物分类是一个基于标准的单步骤过程，它包括两个相互联系的判定：对证据充分程度的评估和所有其他相关信息的评价，以便将具有人类致癌可能的物质划入危险类别。

4.2.4　证据的充分程度包括列举人类和动物研究中的肿瘤及其统计学意义。充分的人类证据可证明人类接触与癌症的发展之间的因果关系，而充分的动物证据则表明物质和增加的肿瘤发生率之间的因果关系。接触和癌症之间的正联系可以作为有限的人类证据，但并不能说明它们之间的因果关系。如果数据显示了致癌效应，则可作为有限的动物证据，但这种证据并不充分。本部分使用的“充分”和“有限”两词的意义是按照国际癌症研究机构（IARC）所界定的意义，5.1 对它们做了概述。

4.2.5　附加考虑事项（证据权重）。

4.2.5.1　这些因素要么提高要么降低对人类致癌性的关注程度。对每种因素给予怎样的相对强调，取决于与每种因素有关的证据数量和相关性。降低关注程度所要求的信息比提高关注程度所要求的信息要全面。在以个案方式评估肿瘤的调查结果和其他因素时，应评价附加考虑事项。

4.2.5.2　当评估整体关注程度时，应评价的一些重要的因素有：

——肿瘤类型和背景影响范围；

——多部位反应；

——恶性肿瘤病变进展；

——肿瘤潜伏期缩短。

可能提高或降低关注程度的附加因素包括：

——反应是在单一性别出现还是在两性中都出现；

——反应是在单一物种中出现还是在多个物种中出现；

——与有充分致癌性证据的物质是否有结构相似性；

——接触途径；

——对实验动物和人类之间的吸收、分布、新陈代谢和排泄的比较；

——在试验剂量时，出现过度毒性的混淆效应的可能性；

——作用方式及其与人类的关联性，例如致突变性、刺激增长的细胞毒性、有丝分裂、免疫抑制。

4.2.5.3 致突变性：人们公认，基因活动在整个癌症发展过程中发挥着中心作用。因此，体内致突变活性证据可表明一种物质可能有致癌效应。

4.2.5.4 下面的附加考虑事项可用来将物质划为类别1或类别2。在某些情况下，未进行过致癌性试验的物质可以根据通过结构类比法得到的肿瘤数据以及通过评价其他重要因素（如常见的重要代谢物的形成）得到的大量支持信息划为类别1或类别2，例如联苯胺衍生物染料。

4.2.5.5 分类还应确定物质是否通过特定途径吸收，或者是否只在试验途径的施用位置出现局部肿瘤，而通过其他主要途径进行的适当试验表明没有致癌性。

4.2.5.6 在进行分类时，应确定对物质的物理化学性质、毒物动力学和毒物力学性质的所有了解以及与化学类似物有关的任何现有相关信息，即结构活性关系。

4.2.6 一些主管部门可能需要更大的灵活性，而不是局限于危险分类方案。安全技术说明书(GB/T 16483)信息，可以采纳根据良好科学原理进行的具有统计意义的所有致癌性研究的阳性结果。

4.2.7 化学品的相对危害潜力由其内在效力决定。不同化学品的效力差别很大，评估这些效力差异可能很重要。仍有待开展的工作是审查效力评估的方法。这里使用的致癌效力并不排除风险评估。世界卫生组织/国际化学品安全规划署（WHO/IPCS）关于统一致癌性和致突变性，指出了化学品分类引起的一些科学问题，例如小鼠肝脏肿瘤、过氧化物酶体增生、受体传递反应、只在中毒剂量有致癌性但未证明有致突变性的化学品。因此，需要阐明为解决过去导致分类分歧的这些科学问题所需的原则。一旦这些问题得到解决，那么一些化学致癌物的分类便会有坚实的基础。

4.3 混合物分类标准

4.3.1 拥有混合物整体数据时的混合物分类

混合物的分类应基于现有物的个别组分的现有数据，使用这些组分的临界值/浓度极限值进行。可以根据混合物整体的现有试验数据，以个案为基础对分类进行修正。在加入评估剂量和诸如致癌性试验体系的持续时间、观察和分析（例如统计分析、试验灵敏度）之类的其他因素的情况下，混合物整体的试验结果应是结论性的。应保留支持分类的适当文档，以便应要求予以提供，作审查之用。

4.3.2 不拥有混合物整体数据时的混合物分类：架桥原则

4.3.2.1 如果对混合物本身没有进行过确定其致癌危害的试验，但对混合物的单个组分和已做过试验的类似混合物均已掌握充分数据，足以适当确定该混合物的危险特性，那么将根据以下议定的架桥原则使用这些数据。这可确保分类过程最大程度地使用现有数据来确定混合物的危险特性，而无需对动物进行附加试验。

4.3.2.2 稀释：

如果做过试验的混合物使用估计不会影响其他组分致癌性的稀释剂稀释，那么经稀释的新的混合物可划为与原做过试验的混合物相同的类别。

4.3.2.3 产品批次：

混合物已做过试验的一个生产批次的致癌可能性，实际上与同一制造商生产或在其控制下生产的同一商业产品的另一未经试验的产品批次的致癌可能性相同，除非有理由认为未经试验的产品批次的致癌可能性有显著变化。如果后一种情况发生，那么需要进行新的分类。

4.3.2.4 实质上类似的混合物：

假定下列情况：

a) 两种混合物：Ⅰ：A+B，Ⅱ：C+B；

b) 致癌物组分 B 的浓度在两种混合物中基本相同；

c) 混合物Ⅰ中组分 A 的浓度等于混合物Ⅱ中组分 C 的浓度；

d) 已有 A 和 C 的毒性数据，并且这些数据实质上相同，即它们属于相同的危害类别，而且可能不会影响 B 的致癌性。

如果混合物Ⅰ或Ⅱ已经根据试验结果分类，那么另一混合物可以划分相同的危险类别。

4.3.3 拥有混合物中所有组分的数据或只有一些组分的数据时的混合物分类

当至少有一种组分已经划为致癌物类别 1 或类别 2，而且其浓度等于或高于表 2 所示类别 1 和类别 2 的适当临界值/浓度极限值时，该混合物应划为致癌物。

表 2 分类为致癌物的混合物组分的临界值/浓度极限值

<table>
<tr><th rowspan="3">组分分类</th><th colspan="3">致癌混合物类别及其组分阈值/浓度极限值</th></tr>
<tr><th colspan="2">致癌物类别 1</th><th rowspan="2">致癌物类别 2</th></tr>
<tr><th>类别 1A</th><th>类别 1B</th></tr>
<tr><td>致癌物类别 1A</td><td>≥0.1%</td><td>—</td><td rowspan="2">—</td></tr>
<tr><td>致癌物类别 1B</td><td>—</td><td>≥0.1%</td></tr>
<tr><td rowspan="2">致癌物类别 2</td><td rowspan="2">—</td><td rowspan="2">—</td><td>≥0.1%[a]</td></tr>
<tr><td>≥1.0%[b]</td></tr>
</table>

[a] 如果致癌物类别 2 的组分在混合物中的浓度在 0.1%～1%之间，那么每一个主管部门都会要求在产品的安全技术说明书上提供信息(GB/T 16483)。但是，标签警告属于可选项，当该组分在混合物中的浓度在 1.0%～10%之间时，一些主管部门会选择贴标签，而其他一些主管部门在这种情况下通常不要求贴标签。

[b] 如果类别 2 致癌物组分在混合物中的浓度不小于 1%，那么一般既需要安全技术说明书(GB/T 16483)也需要标签。

5 判定逻辑和指导

判定逻辑和指导仅供参考。判定逻辑参见附录 A。特别建议负责分类的人员在使用判定逻辑之前和使用判定逻辑的过程中研究第 4 章。

5.1 人类致癌性

人类研究中有关致癌性的证据可划入以下类别之一：

a) 充分的致癌性证据：在物质、混合物接触或接触环境与人类癌症之间已经确定了因果关系。也就是说，在能够以合理的置信度排除其中偶然性、偏性和混淆因素的研究中，观察到接触和癌症之间存在正相关。

b) 有限的致癌性证据：在物质、混合物接触或接触环境与癌症之间观察到正相关。其解释为因果关系是可信的，但并不能合理有把握地排除偶然性、偏性和混淆因素。

在一些情况下，以上类别可用于与特定器官或组织的致癌性有关的证据程度的分类。

5.2 实验动物的致癌性

与实验动物的致癌性有关的证据划入以下类别之一：

a) 充分的致癌性证据：在以下情况中确定了物质或混合物与恶性肿瘤发生率或良性和恶性肿瘤适当并发发生率的提高之间存在因果关系：
   1) 两种或两种以上动物；或
   2) 在不同时间或不同实验室或按照不同议定对一种动物进行的两种或两种以上的独立研究中；
b) 作为例外，当恶性肿瘤的发生率、部位、肿瘤类型或发病年龄方面以不同寻常的程度发生时，也可认为对一种动物的单一研究提供了足够的致癌性证据；
c) 有限的致癌性证据：数据显示了致癌效应，但对于做出明确评估却不够充分，原因有：例如
   1) 致癌性证据限于单一实验；或者
   2) 研究的设计、实施或解释是否适当方面存在着尚未解决的问题；或者
   3) 物质或混合物只提供了良性肿瘤或肿瘤潜力不明确的病变的发生率，或者只提高了可能在某些变种中，以高发生率自发出现的某些肿瘤的发生率。

6 标签

6.1 概述

6.1.1 对于致癌性的标签，危险类别都以指定的象形图、信号词和危险说明的顺序列出。联合国《关于危险货物运输的建议书 规章范本》(以下简称《规章范本》)涵盖的危险种类或类别应在标签中列出每个项别的指定相应图形标志。致癌性标签要素的分配见附录B。

6.1.2 有关致癌性的分类标准和标签要素见附录C。

6.1.3 标签上要求的信息包括危险象形图、信号词、危险说明、防范说明、产品标识符和供应商标识等。

注：对于尚未标准化的其他标签要素，如防范说明也需要包括在标签上，主管部门可能还要求提供额外信息，供应商也可能增加补充信息。

6.2 危险象形图

危险象形图应使用黑色符号加白色背景，红框要足够宽，以便醒目。

6.3 信号词

信号词指标签上用来表明危险的相对严重程度和提醒读者注意潜在危险的词语。对于致癌性不同危险类别分类采用信号词“危险”和“警告”。对于致癌物类别1使用信号词“危险”。对于致癌物类别2使用信号词“警告”。

6.4 危险说明

危险说明指分配给一个危险种类和类别的短语，用来描述一种危险产品的危险性质，在情况合适时还包括其危险程度。致癌物的危险说明见附录C并参见附录D。

6.5 防范说明

防范说明是一个词语(和/或象形图)，用于描述为尽可能减少或防止由于接触危险产品或者不适当的贮存或搬运危险产品的不良效应建议采取的措施。共有5类防范说明：一般、预防、应急、贮存和处置。致癌性不同危险类别的防范说明参见附录D。

6.6 产品标识符

6.6.1 标签上应使用产品标识符，且应与化学品安全技术说明书上使用的产品标识符相一致。如果一种物质或混合物列入《规章范本》，包装上还应使用正确的联合国运输名称。

6.6.2 标签应包括物质的化学名称。对于混合物或合金，在急性毒性、皮肤腐蚀或严重眼损伤、生殖细胞致突变性、致癌性、生殖毒性、呼吸道或皮肤致敏或特异性靶器官毒性出现在标签上时，标签上应当包括可能引起这些危险的所有组分或合金元素的化学组分。主管部门也可要求在标签上列出可能导致混合物或合金危险性的所有组分或合金元素的化学名称。

6.7 供应商标识

标签上应提供物质或混合物的生产商或供应商的名称、地址和电话号码。

6.8 标签的示例

致癌性标签的示例参见附录 E。

附 录 A
（资料性附录）
致癌性判定逻辑

致癌性判定逻辑见图 A.1～图 A.3。

图 A.1 物质致癌性判定逻辑

混合物：混合物分类应基于混合物个别组分的现有试验数据，使用这些组分的临界值/浓度极限值进行。可以根据混合物整体的现有试验数据或者架桥原则，以个案为基础对分类进行修正，见图 A.3。

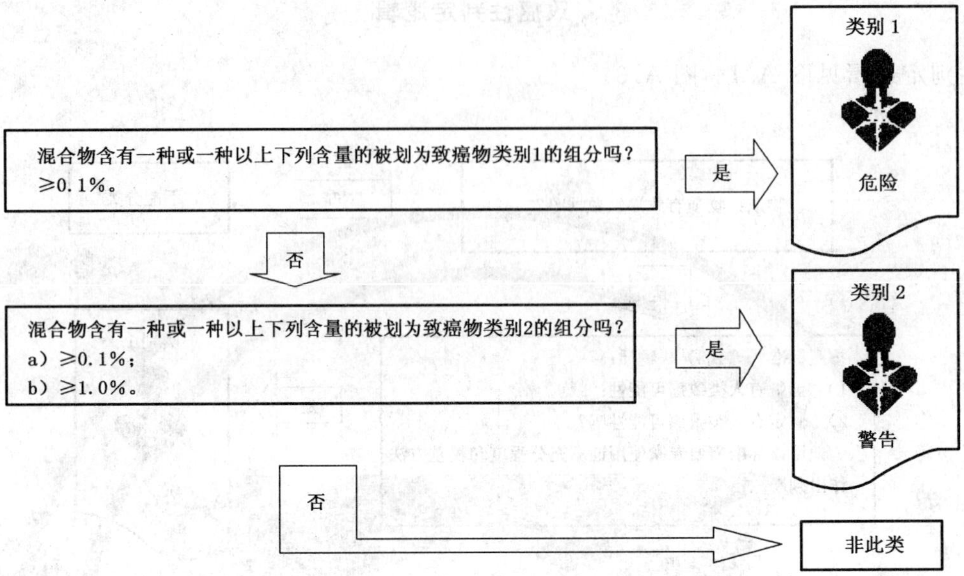

图 A.2 基于混合物个别组分的分类

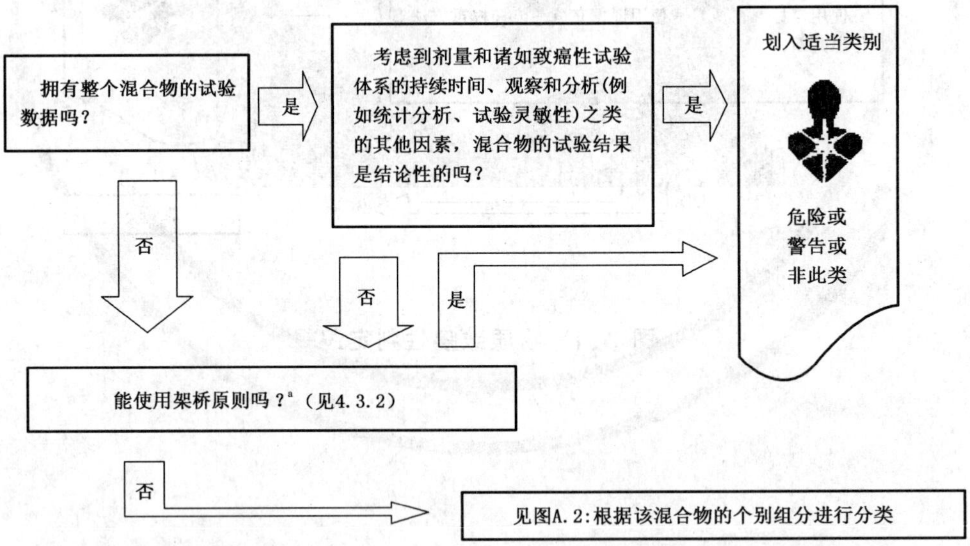

[a] 如果在适用架桥原则时使用另一混合物的数据，依据 4.3.2，该混合物的数据应是结论性的。

图 A.3 以个案为基础的修正

附 录 B
（规范性附录）
致癌性的标签要素的分配

致癌性标签要素的分配见表B.1。

表B.1 致癌性标签要素的分配

类别1A	类别1B	类别2	—	—
 危 险 可能致癌 （如果最终证明没有其他接触途径会产生这一危险，则说明接触途径）	 危 险 可能致癌 （如果最终证明没有其他接触途径会产生这一危险，则说明接触途径）	 警 告 怀疑致癌 （如果最终证明没有其他接触途径会产生这一危险，则说明接触途径）		
致癌性在《规章范本》中未作要求。				

附　录　C
（规范性附录）
致癌性的分类标准和标签要素

致癌性的分类标准和标签要素见表 C.1。

表 C.1　致癌性的分类标准和标签要素

<table>
<tr><th>危害类别</th><th>标　准</th><th colspan="2">标签要素</th></tr>
<tr><td rowspan="3">1(1A 和 1B)</td><td rowspan="3">1. 物质和试验过混合物：
a)　已知对人类有致癌潜力；
b)　假定对人类有致癌潜力。
2. 如果不拥有混合物整体数据，使用架桥原则。
3. 架桥原则不适用时，混合物如至少含有一种被划为类别 1 的组分并且浓度≥0.1%，将划入类别 1</td><td>图形符号</td><td></td></tr>
<tr><td>信号词</td><td>危 险</td></tr>
<tr><td>危险说明</td><td>可能致癌(如果最终证明没有其他接触途径会产生这一危险，则说明其接触途径)</td></tr>
<tr><td rowspan="3">2</td><td rowspan="3">1. 物质和试验过混合物：
可疑的人类致癌物。
2. 如果不拥有混合物整体数据，使用架桥原则。
3. 架桥原则不适用时，混合物如至少含有一种被划为类别 2 的组分并且有以下浓度，将划入类别 2。
a)　≥0.1%(见表 2 注[a])；
b)　≥1.0%(见表 2 注[b])</td><td>图形符号</td><td></td></tr>
<tr><td>信号词</td><td>警 告</td></tr>
<tr><td>危险说明</td><td>怀疑致癌(如果最终证明没有其他接触途径会产生这一危险，则说明其接触途径)</td></tr>
</table>

附 录 D
（资料性附录）
致癌性的危险说明和防范说明

D.1 概述

D.1.1 本附录为致癌物提供如何使用GHS的危险说明和防范说明指导，列出致癌物每一危险种类和危险类别的危险说明和防范说明，见GB 13690。

D.1.2 危险说明的编码：

D.1.2.1 危险说明的编码见GHS附件3。

D.1.2.2 每一种危险说明均设定一个专门的字母数字混合代码，由1个字母和3个数字组成，具体如下：

a) 字母“H”（代表“危险说明”）；

b) 第1个数字，代表不同部分编号设定的危险说明所指危险类型，具体如下：

——“2”代表物理危险；

——“3”代表健康危险；

——“4”代表环境危险；

c) 后2个数字，对应于物质或者混合物固有属性引起的危险的序列编号，如：爆炸性（代码200至210）、易燃性（代码220至230），等等。

D.1.2.3 除非另有规定，所有指定的危险说明均应出现在标签上。主管部门可规定危险说明在标签出现的顺序。此外，在组合危险说明提供两种或者以上危险说明时，主管部门可以具体规定，是否将组合危险说明或者相应的单个说明写入标签，或者由制造商/供应商自行决定。

D.1.3 防范说明应连同统一危险公示要素（象形图、信号词和危险说明）一起标在标签上。附加补充信息，例如使用说明，也可由制造商/供应商和/或主管部门斟酌决定予以补充。

D.1.3.1 防范说明编码见GHS附件3。

D.1.3.2 防范说明的编码：

D.1.3.2.1 每一防范说明均设定一个专门的字母数字混合代码，由1个字母和3个数字组成，具体如下：

a) 字母“P”（代表“防范说明”）；

b) 第1个数字，代表防范说明的类型，具体如下：

——“1”代表一般防范说明；

——“2”代表预防防范说明；

——“3”代表应急防范说明；

——“4”代表贮存防范说明；

——“5”代表处置防范说明；

c) 后2个数字（对应于防范说明的序列编号）。

D.1.3.2.2 防范说明代码用作参考。防范说明代码不是防范说明条文的一部分，不应用其替代防范说明条文。

D.2 一般防范说明

对被划为危害人类健康或环境的所有物质和混合物应采取一般防范措施。以下一般防范说明在给定的条件下适用于 GHS 标签(见表 D.1)。

表 D.1 一般防范说明

对象	补充信息	编码	一般防范说明
一般公众	标签,补充标签信息	**P101**	**如需就医:请随身携带产品容器或标签**
		P102	**放在儿童无法触及之处**
		P103	**使用前请阅读标签**
生产工人	标签,补充标签信息、安全技术说明书、工作场所标志		无

D.3 致癌性的防范说明

致癌性的防范说明见表 D.2。

表 D.2 致癌性的防范说明

图形符号
健康危害

危险类别	信号词	危险说明
1	危险	H350 可能致癌〈……〉
2	警告	H351 怀疑致癌〈……〉
		〈……〉(说明接触途径,如果明确地证明没有其他接触途径产生这一危险)

防范说明			
预防	应急	贮存	处置
P201 **在使用前取得专用说明** **P202** **在读懂所有安全防范措施之前切勿搬动** **P280** **戴防护手套/穿防护服/戴防护眼罩/戴防护面具。** 制造商/供应商或主管部门列明设备类型。	**P308+P313** **如接触到或有疑虑:求医/就诊。**	**P405** **存放处须加锁。**	**P501** **处置内装物/容器……** ……按照地方/区域/国家/国际规章(待规定)。

附 录 E
(资料性附录)
致癌性的标签示例

致癌性的标签示例见图 E.1。

编　码

产品名称

危险
可能致癌

运输象形图:无

公司名称
通讯地址
国家、省(州)、城市、邮编
电话号码
紧急呼叫电话

在使用前获取特别指示。
在读懂所有安全防范措施之前切勿搬动。
使用所需的个人防护设备。

如接触到或有疑虑,求医/就诊。

存放处须加锁。

处置内容物/容器……
……按照地方/区域/国家/国际规章。

使用说明:

装载质量:　　　批号:
毛　　重:　　　有效期:

图 E.1　致癌性的标签示例

参 考 文 献

[1] Cohen, S. M. , J. Klauning, M. E. Meek, R. N. Hill, T. Pastoor, L. Lehman-McKeenman, J. Bucher, D. G. Longfellow, J. Seed, V. Dellarco, P. Fenner-Crisp, and D. Patton. 2004. Evaluating the human relevance of chemically induced animal tumors, Toxicol. Sci. , 78(2):181-186.

[2] Cohen, S. M. , M. E. Mkke, J. E. Klauning, D. E. Patton, P. A. Fenner-Crisp, 2003. The human relevance of information on carcinogenic modes of action:overview. Crit. Rev. Toxicol. 33(6), 581-9.

[3] Mkke, M. E. , J. R. Bucher, S. M. Cohen, V. Dellarco, R. N. Hill, L. Lehman-McKeeman, D. G. Longfellow, T. Pastoor, J. Seed, D. E. Patton. 2003. A framework for human relevance analysis of information on carcinogenic modes of action. Crit. Rev. Toxicol. 33(6), 591-653.

[4] Sonich-Mullin, C. , R. Fielder, J. Wiltse, K. Baetcke, J. Dempsey, P. Fenner-Crisp, D. Grant, M. Hartley, A. Knapp, D. Kroese, I. Mangelsdorf, E. Meek, J. M. Rice, and M. Younes. 2001. The Conceptual Framework for Evaluating a Mode of Action for Chemical Carcinogenesis. Reg. Tox. Pharm. 34, 146-152.

[5] International Programme on Chemical Safety Harmonization Group. 2004 Report of the First Meeting of the Cancer Working Group. World Health Organization. Report IPCS/HSC-CWG-1/04. Geneva

[6] International Agency for Research on Cancer. IARC Monographs on the Evaluation of Carcinogenic Risks to Human. Preambles to volumes. World Health Organization. Lyon, France.

[7] S. M. Cohen, P. A. Fenner-Crisp, and D. E. Patton. 2003. Special Issue:Cancer Modes of Action and Human Relevance. Critical Reviews in Toxicology, R. O. McClellan, ed. , Volume 33/Issue 6. CRC Press.

[8] C. C. Capen, E. Dybing and J. D. Wibourn. 1999. Species differences in Thyroid, Kidney and Urinary Bladder Carcinogenesis. International Agency for Research on Cancer, Scientific Publication No147. ”

ICS 13.300
A 80

中华人民共和国国家标准

GB 30000.24—2013
代替 GB 20598—2006

化学品分类和标签规范 第24部分：生殖毒性

Rules for classification and labelling of chemicals—Part 24: Reproductive toxicity

2013-10-10 发布 2014-11-01 实施

中华人民共和国国家质量监督检验检疫总局
中国国家标准化管理委员会 发布

前　言

本部分第4章和第6章为强制性的，其余为推荐性的。

GB 30000《化学品分类和标签规范》的预期结构和将代替的国家标准为：

——第1部分：通则(代替GB 13690—2009)；
——第2部分：爆炸物(代替GB 20576—2006)；
——第3部分：易燃气体(代替GB 20577—2006)；
——第4部分：气溶胶(代替GB 20578—2006)；
——第5部分：氧化性气体(代替GB 20579—2006)；
——第6部分：加压气体(代替GB 20580—2006)；
——第7部分：易燃液体(代替GB 20581—2006)；
——第8部分：易燃固体(代替GB 20582—2006)；
——第9部分：自反应物质和混合物(代替GB 20583—2006)；
——第10部分：自燃液体(代替GB 20585—2006)；
——第11部分：自燃固体(代替GB 20586—2006)；
——第12部分：自热物质和混合物(代替GB 20584—2006)；
——第13部分：遇水放出易燃气体的物质和混合物(代替GB 20587—2006)；
——第14部分：氧化性液体(代替GB 20589—2006)；
——第15部分：氧化性固体(代替GB 20590—2006)；
——第16部分：有机过氧化物(代替GB 20591—2006)；
——第17部分：金属腐蚀物(代替GB 20588—2006)；
——第18部分：急性毒性(代替GB 20592—2006)；
——第19部分：皮肤腐蚀/刺激(代替GB 20593—2006)；
——第20部分：严重眼损伤/眼刺激(代替GB 20594—2006)；
——第21部分：呼吸道或皮肤致敏(代替GB 20595—2006)；
——第22部分：生殖细胞致突变性(代替GB 20596—2006)；
——第23部分：致癌性(代替GB 20597—2006)；
——第24部分：生殖毒性(代替GB 20598—2006)；
——第25部分：特异性靶器官毒性　一次接触(代替GB 20599—2006)；
——第26部分：特异性靶器官毒性　反复接触(代替GB 20601—2006)；
——第27部分：吸入危害；
——第28部分：对水生环境的危害(代替GB 20602—2006)；
——第29部分：对臭氧层的危害；
——第30部分：化学品作业场所警示性标志。

本部分为GB 30000的第24部分。

本部分按照GB/T 1.1—2009给出的规则起草。

本部分代替GB 20598—2006《化学品分类、警示标签和警示性说明安全规范　生殖毒性》。

本部分与GB 20598—2006相比，主要技术内容变化如下：

——修改了标准名称，中文名称修改为“化学品分类和标签规范　第24部分：生殖毒性”，英文名称修改为“Rules for classification and labelling of chemicals—Part 24：Reproductive toxicity”；

——修改了第1章范围内容,将“警示标签”改为“标签”、删除“警示性说明”;

——修改了第2章“规范性引用文件”,增加了GB 13690规范性引用文件;

——增加了第3章“术语和定义”的引导语;

——增加了条款4.1;

——在表3中增加了关于“影响哺乳或通过哺乳产生影响”附加类别的临界值/浓度极限值;

——将原第5章图1、图2、图3和图4关于判定逻辑的内容作为资料性附录A;

——删除了原第7章,按联合国《全球化学品统一分类和标签制度》(第四修订版)将原第7章的表6修改后作为规范性附录B;

——按联合国《全球化学品统一分类和标签制度》(第四修订版)将原第6章、第7章、第8章修改整合成第6章;原表4和表5修改后作为规范性附录C;

——删除了原第8章,将相关的“危险说明”和“防范说明”内容作为资料性附录D;

——增加了资料性附录E“生殖毒性的标签示例”。

本部分与联合国《全球化学品统一分类和标签制度》(Globally Harmonized System of Classification and Labelling of Chemicals,GHS)(第四修订版)有关技术的内容一致。

本部分由全国危险化学品管理标准化技术委员会(SAC/TC 251)提出并归口。

本部分起草单位:中华人民共和国江苏出入境检验检疫局、中国化工信息中心、国家危险化学品质量监督检验中心、华峰集团有限公司。

本部分主要起草人:刘君峰、商贵芹、吴珂、张敏、张君玺、梁缙、李肖锋。

本部分所代替标准的历次版本发布情况为:

——GB 20598—2006。

化学品分类和标签规范
第24部分：生殖毒性

1 范围

GB 30000的本部分规定了具有生殖毒性的化学品的术语和定义、分类标准、判定逻辑和标签。

本部分适用于具有生殖毒性的化学品按联合国《全球化学品统一分类和标签制度》(以下简称GHS)分类和标签。

2 规范性引用文件

下列文件对于本文件的应用是必不可少的。凡是注日期的引用文件，仅注日期的版本适用于本文件。凡是不注日期的引用文件，其最新版本(包括所有的修改单)适用于本文件。

GB 30000.22—2013 化学品分类和标签规范 第22部分：生殖细胞致突变性

GB 13690 化学品分类和危险性公示 通则

联合国《全球化学品统一分类和标签制度》(第四修订版)

联合国《关于危险货物运输的建议书 规章范本》(第十七修订版)

3 术语和定义

GB 13690界定的以及下列术语和定义适用于本文件。

3.1

生殖毒性 reproductive toxicity

对成年雄性和雌性的性功能和生育能力的有害影响，以及对子代的发育毒性。在进行危险性分类时，对已知遗传学上诱发可遗传到子代的效应会在联合国GHS第3.5条生殖细胞致突变性中作出规定，因为在现行的分类体系中，将这种独特效应按照生殖细胞致突变性危险类别分类更为适合。在本分类体系中，生殖毒性被细分为两个主要方面：对性功能和生育能力的有害影响以及对子代发育的有害影响。有些生殖毒性无法很明确是对性功能和生育能力的有害效应还是对子代发育的有害效应。但是，对于具有此类生殖毒性的化学品，应给予一个通用的危害说明。

注：关于生殖细胞致突变性的具体内容可见GB 30000.22—2013。

3.2

对性功能和生殖能力的有害影响 adverse effects on sexual function and fertility

化学品干扰性功能和生育能力的任何效应，包括(但不限于)对于雌性和雄性生殖系统的改变，对青春期的开始、生殖细胞产生和输送、生殖周期正常状态、性行为、生育能力、分娩、怀孕结果的有害影响，生殖能力的早衰或与生殖系统完整性有关的其他功能的改变。

对哺乳期的有害影响或通过哺乳期产生的有害影响也属于生殖毒性的范围，但出于分类目的，这种效应在本部分中单独列出(见4.2)。这是因为希望能将化学品对哺乳期的有害影响作专门分类，以便将这种影响的危害提供给正在哺乳的母亲。

3.3

对子代发育的有害影响 adverse effects on development of the offspring

从最广泛的意义上来说，发育毒性包括在出生前或出生后干扰胎儿正常发育的任何影响，这种影响的产生是由于受孕前父母一方的接触，或者正在发育之中的后代在出生前或出生后至性成熟之前这一期间的接触。但是,对发育毒性的分类,其主要目的是对孕妇及有生育能力的女性与男性提供危险性警告。因此,对于分类的实用目的而言,发育毒性主要指对怀孕期间的有害影响或由于父母的接触造成的有害影响。这些影响能在生物体生命周期的任何阶段显露出来。发育毒性的主要表现形式包括发育中的生物体死亡、结构畸形、生长改变以及功能缺陷。

4 分类标准

4.1 一般原则

生殖毒性分类和标签的一般原则见 GB 13690。

4.2 物质的分类标准

4.2.1 危险类别

对于生殖毒性分类目的而言,化学物质被分为两个危险类别。对性功能和生育能力的影响和对发育的影响被分别评价。此外,对哺乳期的影响被单独分为一个危险类别,危险类别分类标准见表 1 和表 2。

表 1 生殖毒物的分类标准和类别

类别 1:已知或假定的人类生殖毒物 此类别包括已知对人类性功能和生育能力或发育产生有害影响的物质,或动物研究证据(可能有其他信息作补充)表明其干扰人类生殖的可能性很大的物质。可根据分类证据主要来自人类数据(类别 1A)或来自动物数据(类别 1B),对物质进行进一步的划分。
类别 1A:已知的人类生殖毒物 将物质划为本类别主要根据人类证据。
类别 1B:推测可能的人类生殖毒物 将物质划为本类别主要根据实验动物的数据。动物研究数据应提供明确的证据,表明在没有其他毒性效应的情况下,对性功能和生育能力或对发育有有害影响,或如果与其他毒性效应一起发生,对生殖的有害影响被认为不是其他毒性效应的非特异继发性结果。但是,当存在机械论信息怀疑该影响与人类的相关性时,将其分类至类别 2 也许更合适。
类别 2:可疑的人类生殖毒物 此类别的物质是一些人类或动物试验研究证据(可能有其他信息作补充)表明在没有其他毒性效应的情况下,对性功能和生育能力或发育有有害影响;或如果与其他毒性效应同时发生,但能确定对生殖的有害影响不是其他毒性效应的非特异继发性结果,而且没有充分证据支持分为类别 1。例如,试验研究设计中存在欠缺,导致证据的说服力较差。此时应将其分类于类别 2 可能更合适。

表 2 影响哺乳或通过哺乳产生影响的分类标准和类别

影响哺乳或通过哺乳产生影响 将影响哺乳或通过哺乳产生影响划分为单独的类别。虽然目前许多物质并没有信息显示它们有可能通过哺乳对子代产生有害影响,但是某些物质被妇女吸收后可出现干扰哺乳作用,或该物质(包括代谢物)可能出现在乳汁中,其含量足以影响母乳喂养婴儿的健康,应将这些物质划为此类别,以表明对母乳喂养婴儿造成的影响。这一分类可根据如下情况确定: a) 对该物质的吸收、新陈代谢、分布和排泄研究表明,其在母乳中的浓度可能达到产生潜在毒性作用的水平;和/或 b) 一代或两代动物研究的结果提供明确的证据表明,由于物质能进入母乳中,或对母乳质量存在有害影响而对子代产生了有害效应;和/或 c) 人类证据表明物质对哺乳期婴儿有危害。

4.2.2 分类基础

4.2.2.1 分类是应以所述的标准和对整体证据权重的评估为基础。具有对生殖产生有害影响的内在特定性质的化学品应划为生殖毒物，但是，如果这样的效应只是其他毒性效应的非特异继发性结果产生的，则化学品不应划为此类。

4.2.2.2 在评估对发育中的子代的毒性影响时，应采纳母体毒性的可能影响。

4.2.2.3 如果以人类证据作为第1A类分类的主要依据，应有可靠证据表明物质对人类生殖有着有害影响。用于分类的证据应来自实施良好的流行病学研究，包括进行适当的对照试验、均衡性评估以及适当结合偏见或混淆因素。如果来自人类研究的数据不太精确，应使用动物研究的合适数据作补充，并应划入类别1B中。

4.2.3 证据权重

4.2.3.1 分类为生殖毒物要以整体证据权重的评估为基础。这意味着需同时结合对确定生殖毒性有影响的所有现有信息。这些信息包括人类流行病学研究、人类病例报告和特定生殖研究，以及对动物亚慢性、慢性和特异性研究结果，这些结果应提供相关信息，显示了对生殖和有关内分泌器官的毒性。也可包括与所研究物质化学上相关的物质的评估，特别是在有关该物质的信息十分缺乏时。现有证据的权重会受各种因素的影响，如研究的质量、结果的一致性、效应的性质和严重性、群体间差异的统计显著性水平、受影响终点指标的数量、与人接触途径的相关性和偏倚自由度。应将阳性和阴性结果相结合来评估证据的力度。然而，按照科学原理进行的并且具有统计意义或生物学意义的阳性结果的单次研究可以用作判断分类(见4.2.2.3)。

4.2.3.2 动物和人类的毒物动力学研究、作用部位和作用机制或模式的研究结果可以提供相关信息，这些信息可以减少或增加人们对人类健康危害的关注。如果能够确实证明并清楚识别作用机制或模式与人类无关，或者有非常显著的毒物动力学差异，以致可确定该危险性将不会作用于人类，则对实验动物产生生殖有害影响的物质不应被分类。

4.2.3.3 在一些实验动物生殖毒性研究中，仅观察到毒理学意义上较小或很小的效应，因而不一定可作为分类的依据。例如，精液指标或胎儿自发畸形的微小变化，骨化迟缓、胎儿体重或出生后发育的微小差异。

4.2.3.4 动物研究数据最好应能提供明确的证据，表明在没有其他系统毒性影响的情况下，有特异性生殖毒性。然而，如果子代发育毒性伴随母体的其他有害效应一起出现时，应尽可能结合这些普遍化有害效应的潜在影响进行评估。较可取的方法是首先结合对胚胎/胎儿的有害效应，然后评估母体的毒性，以及可能影响它们的其他因素作为证据权重的一部分。通常，从母体毒性剂量观察到的发育影响不应被自动扣除。只有在因果关系被确定或否定时，才能在个案基础上不结合在母体毒性剂量观察到的发育影响。

4.2.3.5 如果掌握适当的信息，则有必要确定发育毒性是由于特定的母体间接机制还是由于非特异继发性机制而引起的，例如母体紧张和体内平衡破坏。通常，母体毒性的存在不应用来否定发现的胚胎/胎儿影响，除非能明确证明该效应是次要的和非特异性的，尤其是在子代中的有害效应很明显时，例如结构畸形之类的不可逆效应。在某些情况下，有理由认为生殖毒性是由于母体毒性的次要后果并降低了影响，例如，如果该化学品毒性很大可导致母体不能繁殖，不能哺乳子代或者母体严重虚弱或濒死。

4.2.4 母体毒性

4.2.4.1 子代在整个妊娠期和出生早期阶段的发育可能受母体毒性效应的影响，这或者是通过与紧张和母体体内平衡破坏有关的非特异机制，或者是通过特异性母体间接机制。因此，在分析发育结果以便确定发育效应分类时，有必要充分结合母体毒性的可能影响。这是一个复杂的问题，因为在母体毒性与子代发育结果之间存在着不确定因素。在分析发育效应分类标准时，应利用所有现有的研究，采用专家判断和证据权重来确定由母体毒性带来影响的程度。应首先结合对胚胎/胎儿方面的有害影响，然后是母体毒性，以及可能影响这些结果的任何其他因素，用它们作为证据权重，帮助得出分类结论。

4.2.4.2 根据实际的观察，确信母体毒性取决于其严重程度，可能通过非特异继发性机制影响发育，产生各种效应，如胎儿体重下降、骨化延迟，某些物种的一些族系中可能出现回吸和某些畸形效应。然而，数量有限的，对发育影响与通常母体毒性之间关系的调查研究，不能证实物种间存在着一致的能重现的关系。即使是在母体毒性存在的情况下发生的发育效应，也被认为是发育毒性的证据，除非经逐例分析明确证实该发育效应是母体毒性的继发效应。此外，分类时应结合明显对子代毒性影响的情况，例如，结构畸形、胚胎/胎儿死亡、出生后明显的功能缺陷等不可逆效应。

4.2.4.3 对于只与母体毒性一起产生发育毒性的化学品，即使已证实是特异性母体间接机制，也不应自动不考虑分类。在这种情况下，分类至类别 2 比类别 1 更合适。但是，当一种化学品毒性非常大以至于母体死亡或严重虚弱，或母体已经衰弱无法哺乳子代，则就可有理由确定子代的发育毒性只是母体毒性的继发性结果，而不结合子代的发育毒性。如果轻微的发育变化(例如胎儿/仔体重的轻微降低、骨化延迟)是与母体毒性一起出现的，则可能不一定进行分类。

4.2.4.4 评价母体毒性的一些终点指标如下。有关这些终点指标的数据，如果可得，需对数据的统计学或生物学意义和剂量反应关系予以评估。

——母体死亡率：如果母体死亡率增加与受试物质剂量有关，并且可归因于受试物质的系统毒性，则应将所试验母体死亡率比对照组的高视为是母体毒性的证据。母体死亡率大于 10% 被认为是非常大的，并且这种剂量水平的数据没有必要作进一步的评估。

——交配指数(可见精子或阴栓的动物数/用来交配动物总数×100)。

——生育力指数(有受精卵着床的动物数量/已交配的动物总数×100)。

——妊娠时间(如果能够分娩)。

——体重和体重变化：如果母体体重变化和/或校正后的母体体重数据可获得，都应结合其作为母体毒性的评价证据。计算校正的母体体重平均值的变化，即最初和最终体重减去怀孕子宫质量(或胎儿的总质量)，可以说明该变化是母体的还是子宫内的。在兔子试验中，体重的增加可不用作母体毒性的指标，这是因为兔子在怀孕期间体重会正常波动。

——食物和水的消耗(如相关)：观察到受试母体与对照组相比，平均食物或水的消耗量明显减少，可能对评估母体毒性很有用，特别是当试验物质加入到食物或饮用水中时。食物或水消耗量的变化应与母体体重结合起来用于评估，需注意该影响是否是母体毒性，还是仅仅由于食物或水中的受试物影响食欲。

——临床评估(包括临床症状、标志物、血液病学和临床化学研究)：受测母体相对于对照组相比，明显的临床毒性症状发生率的增加可能对评估母体毒性有用。如果此信息用作评估母体毒性的基础，则在研究中应报告临床症状的类型、发生率、程度和持续时间。母体中毒的明显临床症状包括：昏迷、衰竭、活动亢进、正位反射丧失、运动机能失调或呼吸困难。

——尸体检查的数据：发生率增加和/或严重的尸体解剖结果可能是母体毒性的表现。这可能包括整体或微观的病理检查结果或器官质量数据，例如器官绝对质量、器官质量与体重之比或器官质量与大脑质量的比率。当得到受影响器官的有害组织病理学发现支持时，观察到受试母体可疑靶器官与对照组相比平均质量发生显著改变，可被看作母体毒性的证据。

注：交配指数和生育力指数也可能受雄性影响

4.2.5 动物和实验数据

4.2.5.1 可采用一系列的试验方法，包括：发育毒性试验方法、产前和产后毒性试验及一代或二代毒性试验方法。

4.2.5.2 筛选试验所得结果也可用作分类的根据，虽然公认的是该证据的可靠性不如全面研究的结果。

4.2.5.3 在短期或长期反复剂量毒性研究中观察到的被认为可能会损害生殖功能，并且是在没有显著的普遍化毒性的情况下发生的有害效应或变化可用作分类的基础，例如生殖腺中的组织病理学变化。

4.2.5.4 体外试验或非哺乳动物试验以及应用结构-活性关系(SAR)从类似物质得到的证据，都有助于分类。对于所有上述情形，应采用专家判断来评估该数据的充分性。不充分的数据不应用作分类的主要依据。

4.2.5.5 较可取的动物研究是采用与人类可能接触途径相关的合适摄入途径进行。但是，在实践中，生殖毒性研究一般采用经口途径进行，而且在正常情况下，这种研究方法评价物质对生殖系统的危害性是合适的。但是，如果确切证据表明某物质的作用机制或作用方式与人类无关，或者当毒物动力学差异很显著，以至于可以确定该危险性不会在人类中表现出来，则对实验动物产生有害生殖效应的物质不应进行分类。

4.2.5.6 静脉注射或腹腔内注射等施用途径可能使生殖器官接触不实际的高剂量受试物质或引起生殖器官的局部损坏(例如通过刺激)。对使用这些施用途径的研究，在解释时应极其慎重，这些研究本身通常不能成为分类的基础。

4.2.5.7 有关限制剂量的概念有普遍的一致意见，即高于限制剂量所产生的有害影响可被认为超出了引起分类的标准范围。然而，在经济合作与发展组织(OECD)特别工作组内未就有关规定剂量原则作为限制剂量达成共识。某些试验指南规定了限制剂量，有的试验指南则用这样的说明对限制剂量进行限制：如果预期人类可能接触很高的剂量，不会达到充分的接触限值，有必要进行较高剂量的试验。由于物种的毒物动力学差异，在人类比动物模型更敏感的情况下，制定特定的限制剂量可能并不合适。

4.2.5.8 原则上，动物研究中只在很高剂量水平(例如引起衰竭、严重食欲不振、大量死亡的剂量水平)观察到的对生殖的有害效应，正常情况不能引起分类，除非有其他信息表明分类是适当的，例如：人类可能比动物更易受影响的毒物动力学信息。这一方面的研究请参照有关母体毒性部分(4.2.4)的进一步指导。

4.2.5.9 但是，对实际限制剂量的规定将取决于为提供试验结果而采取的试验方法，例如在OECD提出的经口途径的反复接触剂量毒性研究的试验指导中，推荐1 000 mg/kg为最高剂量，即限值剂量，除非预期的人类反应表明需要更高的剂量水平。

4.2.5.10 关于将分类原则中的规定剂量作为限制剂量引入标准的问题，应进一步讨论。

4.3 混合物的分类标准

4.3.1 有混合物整体数据时的混合物分类

混合物的分类应基于混合物各种组分的现有试验数据，使用混合物各组分的临界值/浓度极限值进行。可根据该混合物整体的现有数据，以个案为基础对分类进行修正。在此情况下，结合剂量和诸如生殖试验体系的持续时间、观察和分析(例如统计分析、试验灵敏度)之类的其他因素，混合物整体的试验结果应是结论性的。应保留支持分类的适当文档，以便应要求予以提供，作审查之用。

4.3.2 无混合物整体数据时的混合物分类：架桥原则

4.3.2.1 当混合物本身并没有进行过确定其生殖毒性的试验，但对混合物的各组分和已做过试验的类似混合物都已掌握充分数据，足以确定该混合物的危险特性，则可根据以下议定的架桥原则使用这些数据。这可确保分类过程最大程度地使用现有数据来确定混合物的危险特性，而无需进行额外的动物试验。

4.3.2.2 稀释：

如果做过试验的混合物用一种预期不会影响其他组分生殖毒性的稀释剂进行稀释时，则经稀释的新混合物可划为与原做过试验的混合物相同的类别。

4.3.2.3　产品批次：

混合物已做过试验的一个生产批次的生殖毒性，可认为实际上与同一制造商或在其控制下生产的同一商业产品的另一个未经试验的产品批次的生殖毒性相同，除非有理由认为，未经试验的产品批次的生殖毒性有显著变化。如果是后一种情况，则需进行新的分类。

4.3.2.4　实质上类似的混合物：

假定下列情况：

a)　两种混合物：Ⅰ：A＋B，Ⅱ：C＋B；

b)　有生殖毒性的组分 B 的浓度在两种混合物中相同；

c)　混合物Ⅰ中组分 A 的浓度等于在混合物Ⅱ中组分 C 的浓度；

d)　已有组分 A 和组分 C 的毒性数据，且这些数据实质上相同，即它们属于相同的危险类别，而且预期不会影响组分 B 的生殖毒性。

如果混合物Ⅰ或Ⅱ已根据试验结果分类，则另一混合物可以划为相同的危险类别。

4.3.3　拥有混合物所有组分数据或只有一些组分数据时的混合物分类

4.3.3.1　当至少一种组分已被划为类别 1 或类别 2 生殖毒物，而且其含量大于或等于表 3 中类别 1 和类别 2 的相应临界值/浓度极限值时，则该混合物应被分类为生殖毒物。

表 3　混合物划分为生殖毒物、影响哺乳或通过哺乳产生影响的组分临界值/浓度极限值[e]

<table>
<tr><th rowspan="3">组分分类</th><th colspan="4">引起混合物分类的临界值/浓度极限值</th></tr>
<tr><th colspan="2">类别 1 生殖毒物</th><th rowspan="2">类别 2 生殖毒物</th><th rowspan="2">影响哺乳或通过哺乳产生危害附加类别</th></tr>
<tr><th>类别 1A</th><th>类别 1B</th></tr>
<tr><td rowspan="2">类别 1A
生殖毒物</td><td>≥0.1%[a]</td><td rowspan="2">—</td><td rowspan="2">—</td><td rowspan="2">—</td></tr>
<tr><td>≥0.3%[b]</td></tr>
<tr><td rowspan="2">类别 1B
生殖毒物</td><td rowspan="2">—</td><td>≥0.1%[a]</td><td rowspan="2">—</td><td rowspan="2">—</td></tr>
<tr><td>≥0.3%[b]</td></tr>
<tr><td rowspan="2">类别 2
生殖毒物</td><td rowspan="2">—</td><td rowspan="2">—</td><td>≥0.1%[c]</td><td rowspan="2">—</td></tr>
<tr><td>≥3.0%[d]</td></tr>
<tr><td rowspan="2">影响哺乳或通过哺乳
产生影响附加类别</td><td rowspan="2">—</td><td rowspan="2">—</td><td rowspan="2">—</td><td>≥0.1%[a]</td></tr>
<tr><td>≥0.3%[b]</td></tr>
</table>

[a] 如果在混合物中存在类别 1 生殖毒物、影响哺乳或通过哺乳产生影响的组分，且浓度在 0.1%～0.3%之间，则每个主管部门都会要求此类产品需要提供化学品安全技术说明书。但是，标签是可选择的，有些主管部门要求提供标签，而有些主管部门则不要求。

[b] 如果在混合物中存在类别 1 生殖毒物或影响哺乳或通过哺乳产生影响的组分，且浓度大于等于 0.3%，通常既需要有化学品安全技术说明书，也需要标签。

[c] 如果在混合物中存在类别 2 生殖毒物的组分，且浓度在 0.1%～3.0%之间，则每个主管部门都会要求此类产品需要提供化学品安全技术说明书。但是，标签是可选择的，有些主管部门要求提供标签，而有些主管部门则不要求。

[d] 如果在混合物中存在类别 2 生殖毒物的组分，且浓度大于等于 3.0%，通常既需要有化学品安全技术说明书，也需要标签。

[e] 该折中的分类方案结合了现有各种制度关于危险信息公示之间的差异性。预计受影响的混合物数量会很少；差异将仅限于标签；这种状况将会随时间的推移逐渐形成更为统一的方法。

4.3.3.2 当至少一种组分已被分为影响哺乳或通过哺乳产生影响的附加类别，而且其浓度大于或等于表3中所示影响哺乳或通过哺乳产生影响附加类别的临界值/浓度极限值时，则该混合物应被分为影响哺乳或通过哺乳产生影响附加类别。

5 判定逻辑

判定逻辑仅供参考。判定逻辑参见附录A。特别建议负责分类的人员在使用判定逻辑前和使用中研究第4章。

6 标签

6.1 概述

6.1.1 对于生殖毒性的标签，危险类别都以指定的象形图、信号词和危险说明的顺序列出。联合国《关于危险货物运输的建议书 规章范本》(以下简称《规章范本》)涵盖的危险种类或类别应在标签中列出每个类别指定的相应图形标志。生殖毒性标签要素的分配见附录B。

6.1.2 有关生殖毒性的分类标准和标签要素见附录C。

6.1.3 标签上要求的信息包括危险象形图、信号词、危险说明、防范说明、产品标识符和供应商标识等。

注：对于尚未标准化的其他标签要素，如防范说明也需要包括在标签上。主管部门可能还要求提供额外信息，供应商也可能增加补充信息。

6.2 危险象形图

危险象形图应使用黑色符号加白色背景，红框要足够宽，以便醒目。

《规章范本》规定的危险象形图、图形标志颜色、数字和最小尺寸见附录B。

6.3 信号词

信号词指标签上用来表明危险相对严重程度和提醒读者注意潜在危险的词语。对于危险类别1生殖毒性使用信号词“危险”；对于危险类别2生殖毒性使用信号词“警告”；对于影响哺乳或通过哺乳产生危害的附加类别不使用信号词。

6.4 危险说明

危险说明指分配给一个危险种类和类别的短语，用来描述一种化学品的危险性质，在情况合适时还包括其危险程度。生殖毒性的危险说明见表C.1并参见附录D，影响哺乳或通过哺乳产生危害附加类别的危险说明见附录C并参见附录D。

6.5 防范说明

防范说明是一个短语(和/或象形图)，用于描述为尽可能减少或防止由于接触危险产品或者不适当的贮存或搬运危险产品的不良效应建议采取的措施。为达到要求，共有5类防范说明：一般、预防、应急、贮存和处置。生殖毒性不同危险类别的防范说明参见附录D。

6.6 产品标识符

6.6.1 标签上应使用产品标识符，且应与化学品安全技术说明书上使用的产品标识符相一致。如果一种物质或混合物列入《规章范本》，包装上还应使用正确的联合国运输名称。

6.6.2 标签应包括物质的化学名称。对于混合物或合金，在急性毒性、皮肤腐蚀、严重眼损伤、生殖细胞致突变性、致癌性、生殖毒性、皮肤或呼吸道致敏或特异性靶器官毒性出现在标签上时，标签上应当包括可能引起这些危险的所有组分或合金元素的化学组分。主管部门可要求在标签上列出可能导致混合物或合金危险性的所有组分或合金元素的化学名称。

6.7 供应商标识

标签上应当提供物质或混合物的生产商或供应商的名称、地址和电话号码。

6.8 标签的示例

生殖毒性标签的示例参见附录 E。

附　录　A
（资料性附录）
判定逻辑

A.1　生殖毒性判定逻辑

按以下判定流程图 A.1、图 A.2 和图 A.3 进行分类。

A.1.1　物质的判定逻辑(见图 A.1)

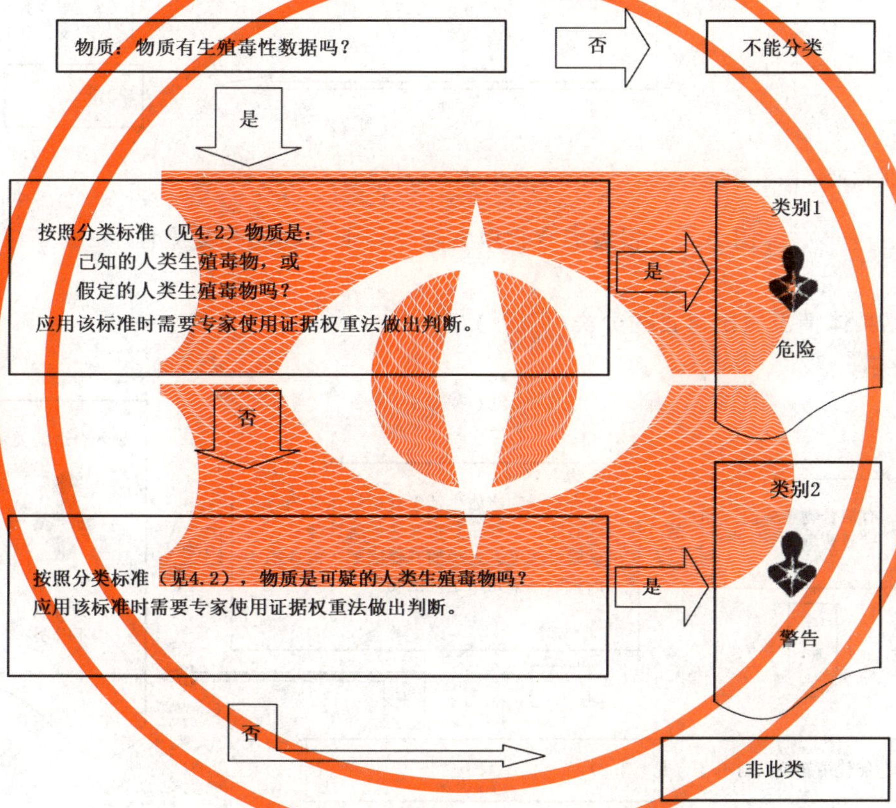

图 A.1　物质的分类流程

A.1.2　混合物的判定逻辑

混合物:混合物的分类应根据混合物各组分的现有试验数据,使用这些组分的临界值/浓度极限值进行。可以根据混合物整体的现有试验数据或架桥原则,分类时可以根据具体情况进行修正。见以下根据具体情况经过修正做出的分类。进一步的细节见 4.3.1～4.3.3。

A.1.2.1 根据混合物中各组分对混合物的分类(见图A.2)

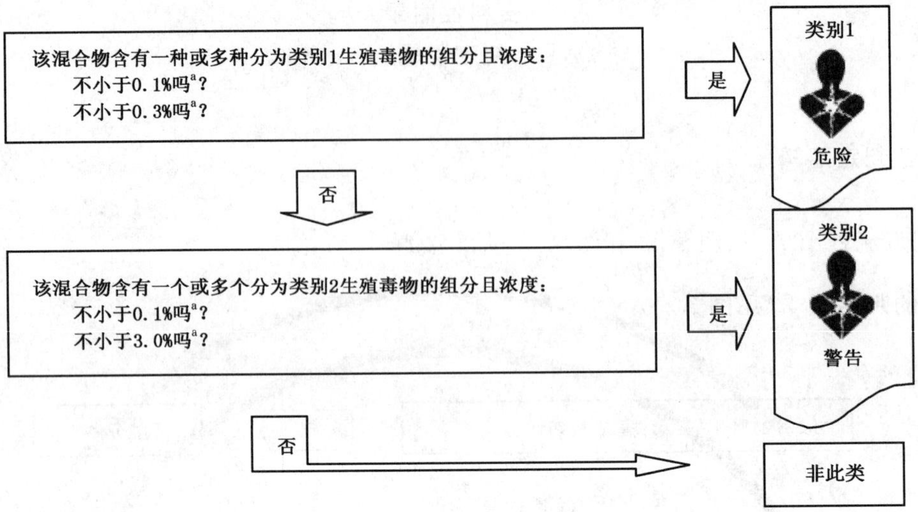

[a] 对于具体的浓度极限值,可参见GHS第1.3条中的1.3.3.2以及表3。

图A.2 根据混合物中各组分对混合物的分类流程

A.1.2.2 根据具体情况做出修正的分类(见图A.3)

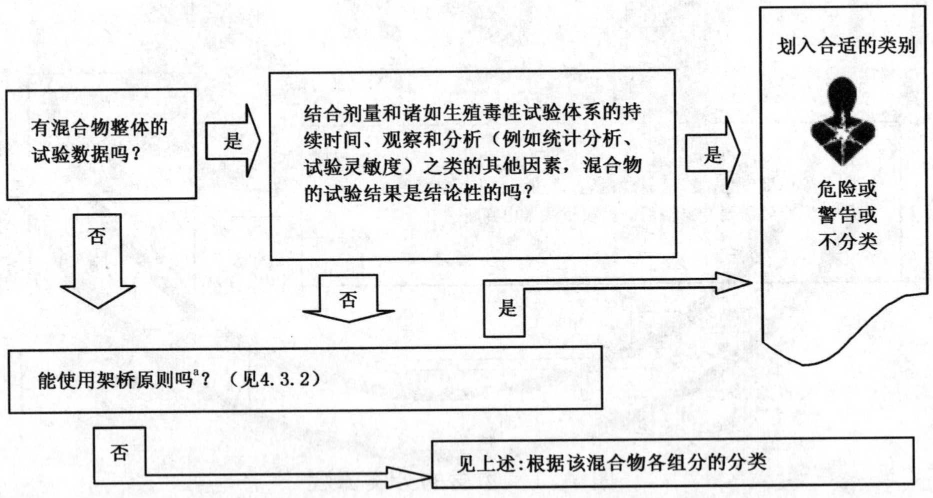

[a] 如果在应用架桥原则时,使用其他混合物的数据,则该混合物的数据依据4.3.2规定应是结论性的。

图A.3 根据具体情况做出修正的分类流程

A.2 影响哺乳或通过哺乳产生影响的判定逻辑

按以下判定流程图A.4和图A.5进行分类。

A.2.1　物质的判定流程(见图 A.4)

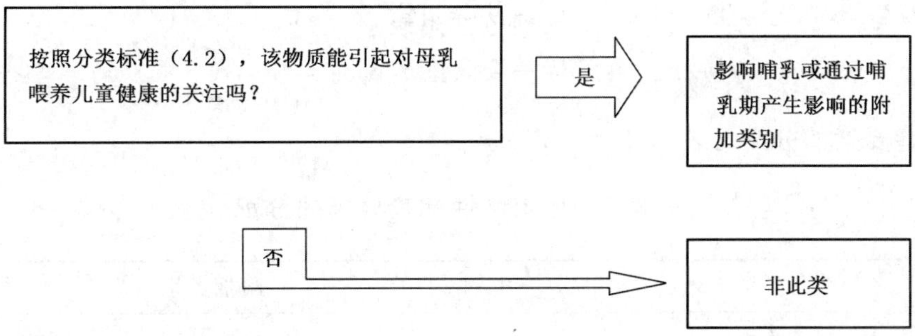

图 A.4　物质的影响哺乳或通过哺乳产生影响的判定流程

A.2.2　混合物的判定流程

混合物:混合物的分类应根据混合物各组分的现有试验数据,使用这些组分的临界值/浓度极限值进行。可以根据混合物整体的现有试验数据或架桥原则,分类时可以根据具体情况进行修正。见下面根据具体情况经过修正做出的分类。进一步的细节见 4.3.1～4.3.3。

A.2.2.1　根据混合物中各组分对混合物分类(见图 A.5)

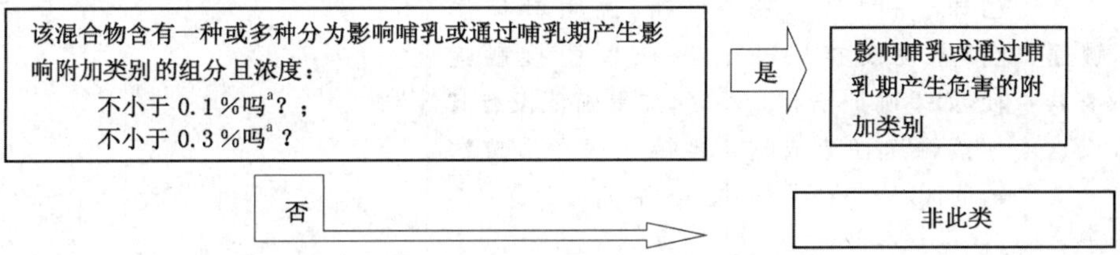

[a] 对于具体的浓度极限值,可参见 GHS 第 1.3 条中的 1.3.3.2 以及表 3。

图 A.5　根据混合物中各组分对混合物的分类

A.2.2.2　根据具体情况做出修正的分类(见图 A.6)

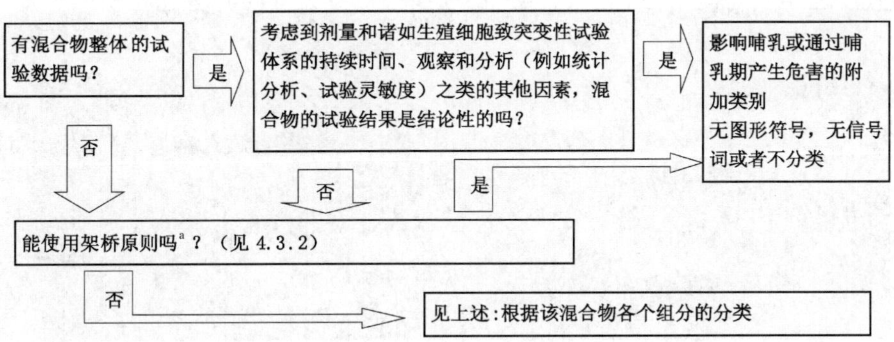

[a] 如果在应用架桥原则中使用其他混合物的数据,则该混合物的数据依据 4.3.2 的规定应是结论性的。

图 A.6　根据具体情况做出修正的分类

附 录 B
（规范性附录）
标签要素的分配

生殖毒性标签要素的分配见表 B.1。

表 B.1 生殖毒性标签要素的分配

类别 1A	类别 1B	类别 2	附加类别	—
 危险 可能对生育能力或胎儿造成伤害（如果已知，说明具体影响；应说明接触途径，如果确证没有其他接触途径造成这一危害）	 危险 可能对生育能力或胎儿造成伤害（如果已知，说明具体影响；应说明接触途径，如果确证没有其他接触途径造成这一危害）	 警告 怀疑对生育能力或胎儿造成伤害（如果已知，说明具体影响；应说明接触途径，如果确证没有其他接触途径造成这一危害）	无象形图 无信号词 可能对母乳喂养的儿童造成伤害	
生殖毒性在《规章范本》中不做要求。				

附 录 C
（规范性附录）
生殖毒性的分类标准和标签要素

C.1 生殖毒性的分类标准和标签要素

生殖毒性的分类标准和标签要素见表 C.1。

表 C.1 生殖毒性的分类标准和标签要素

危害类别	标 准	标签要素	
1 (1A 和 1B)	1. 物质和测试过的混合物(见 4.2 的标准)： ——已知的人类生殖毒物；或 ——假定的人类生殖毒物。 2. 如果没有混合物整体数据，使用架桥原则(见 4.3.2)。 3. 架桥原则不适用时，混合物如至少含有一种被划为类别 1 的组分，且浓度不小于 0.1% 或 0.3%(见表 3)，该混合物将划为类别 1	图形符号	
		信号词	危险
		危险说明	可能对生育能力或胎儿造成伤害(如果已知，说明具体影响；应说明接触途径，如果确证没有其他接触途径造成这一危害)
2	1. 物质和测试过的混合物(见 4.2 的标准)：可疑的人类生殖毒物； 2. 如果没有混合物整体数据，使用架桥原则(见 4.3.2)； 3. 如架桥原则不适用时，混合物如至少含有一种被划为类别 2 的组分，且浓度不小于 0.1% 或 3.0%(见表 3)，该混合物将划为类别 2	图形符号	
		信号词	警 告
		危险说明	怀疑对生育能力或胎儿造成伤害(如果已知，说明具体影响；应说明接触途径，如果确证没有其他接触途径造成这一危害)

C.2 影响哺乳或通过哺乳产生危害的分类标准和标签要素

影响哺乳或通过哺乳产生危害的分类标准和标签要素见表 C.2。

表 C.2 影响哺乳或通过哺乳产生危害的分类标准和标签要素

危害类别	标　准	标签要素	
影响哺乳或通过哺乳产生危害的附加类别	1. 物质和测试过的混合物(见 4.2 的标准):物质或混合物引起人们对母乳喂养儿童健康的关注; 2. 如果没有混合物整体数据,使用架桥原则(见 4.3.2); 3. 如架桥原则不适用时,混合物如至少含有一种被划为该危险类别的组分,且浓度不小于 0.1%或 0.3%(见表 3),该混合物将划为该危险类别	图形符号	无
		信号词	无
		危险说明	可能对母乳喂养的儿童造成伤害

附 录 D
（资料性附录）
生殖毒性的危险说明和防范说明

D.1 概述

D.1.1 本附录为具有生殖毒性化学品提供如何使用符合GHS的危险说明和防范说明指导，列出生殖毒性每一危险种类和危险类别的建议危险说明和防范说明，见GB 13690。

D.1.2 危险说明的编码：

D.1.2.1 危险说明的编码见GHS附件3。

D.1.2.2 每一种危险说明均设定一个专门的字母数字混合代码，由1个字母和3个数字组成，具体如下：

a) 字母“H”（代表“危险说明”）；

b) 第1个数字，代表不同部分编号设定的危险说明所指危险类型，具体如下：

——“2”代表物理危险；

——“3”代表健康危险；

——“4”代表环境危险；

c) 后2个数字，对应于物质或者混合物固有属性引起的危险的序列编号，如：爆炸性（代码200至210）、易燃性（代码220至230），等等。

D.1.2.3 除非另有规定，所有指定的危险说明均应出现在标签上。主管部门可规定危险说明在标签出现的顺序。此外，在组合危险说明提供两种或者以上危险说明时，主管部门可以具体规定，是否将组合危险说明或者相应的单个说明写入标签，或者由制造商/供应商自行决定。

D.1.3 防范说明应连同统一危险公示要素（象形图、信号词和危险说明）一起标在符合要求的标签上。附加补充信息，例如使用说明，也可由制造商/供应商和/或主管部门斟酌决定予以补充。

D.1.3.1 防范说明编码见GHS附件3。

D.1.3.2 防范说明的编码：

D.1.3.2.1 每一防范说明均设定一个专门的字母数字混合代码，由1个字母和3个数字组成，具体如下：

a) 字母“P”（代表“防范说明”）；

b) 第1个数字，代表防范说明的类型，具体如下：

——“1”代表一般防范说明；

——“2”代表预防防范说明；

——“3”代表应急防范说明；

——“4”代表贮存防范说明；

——“5”代表处置防范说明；

c) 后2个数字（对应于防范说明的序列编号）。

D.1.3.2.2 防范说明代码用作参考。防范说明代码不是防范说明条文的一部分，不应用其替代防范说明条文。

D.2　一般防范说明

对被划为危害人类健康或环境的所有物质和混合物应采取一般防范措施。以下一般防范说明在给定的条件下适用于 GHS 标签(见表 D.1)。

表 D.1　一般防范说明

对象	补充信息	编码	一般防范说明
一般公众	标签，补充标签信息	**P101**	**如需就医：请随身携带产品容器或标签**
		P102	**放在儿童无法触及之处**
		P103	**使用前请阅读标签**
产业工人	标签，补充标签信息、化学品安全技术说明书、工作场所标志		无

D.3　生殖毒性防范说明

D.3.1　生殖毒性类别 1 和类别 2 的防范说明见表 D.2。

表 D.2　生殖毒性类别 1 和类别 2 的防范说明

图形符号
健康危害

危险类别	信号词	危险说明
1	危险	H360 可能对生育能力或胎儿造成伤害
2	警告	H361 怀疑对生育能力或胎儿造成伤害

防范说明			
预防	应急	贮存	处置
P201 **在使用前获取特别指示。** **P202** **在读懂所有安全防范措施之前切勿搬动。** **P280** **戴防护手套/穿防护服/戴防护眼罩/戴防护面具。** 制造商/供应商或主管部门列明设备类型。	**P308+P313** **如接触到或有疑虑：求医/就诊。**	**P405** **存放处须加锁。**	**P501** **处置内装物/容器……** ……按照地方/区域/国家/国际规章(待规定)。

D.3.2 影响哺乳或通过哺乳影响附加类别的防范说明见表 D.3。

表 D.3 影响哺乳或通过哺乳影响附加类别的防范说明

图形符号
无图形符号

危险类别	信号词	危险说明
附加类别	无	H362 可能对母乳喂养的儿童造成伤害

防范说明			
预防	应急	贮存	处置
P201 **在使用前获取特别指示。** **P260** **不要吸入粉尘或烟雾。** ——如果使用中会出现可吸入的粉尘或烟雾颗粒。 **P263** **怀孕/哺乳间避免接触。** **P264** **作业后彻底清洗……** ……制造商/供应商或主管部门列明作业后需清洗的身体部位。 **P270** **使用本产品时不要进食、饮水或吸烟。**	**P308+P313** **如接触到或有疑虑：求医/就诊。**		

附　录　E
（资料性附录）
生殖毒性的标签示例

生殖毒性的标签示例见图 E.1～图 E.3。

编　码
产品名称

公司名称
通讯地址
国家、省、城市、邮编
电话号码
紧急呼叫电话

使用说明：

装载质量：　　　　批号：
装载日期：　　　　有效期：

危 险
放在儿童伸手不及之处
使用前请读标签

可能对生育能力或胎儿造成伤害

在使用前获取特别指示。
在读懂所有安全防范措施之前切勿搬动。
戴防护手套/穿防护服/戴防护眼罩/戴防护面具。
制造商/供应商或主管部门列明设备类型。
如接触到或有疑虑：求医/就诊。
存放处须加锁。
处置内装物/容器……
……按照地方/区域/国家/国际规章(待规定)。

运输象形图
无符号

图 E.1　生殖毒性类别 1 的标签示例图

编　码
产品名称

公司名称
通讯地址
国家、省、城市、邮编
电话号码
紧急呼叫电话

使用说明：

装载质量：　　批号：
装载日期：　　有效期：

警 告
放在儿童伸手不及之处
使用前请读标签

怀疑对生育能力或胎儿造成伤害

在使用前获取特别指示。
在读懂所有安全防范措施之前切勿搬动。
戴防护手套/穿防护服/戴防护眼罩/戴防护面具。
制造商/供应商或主管部门列明设备类型。
如接触到或有疑虑：求医/就诊。
存放处须加锁。
处置内装物/容器……
……按照地方/区域/国家/国际规章(待规定)。

运输象形图
无符号

图 E.2　生殖毒性类别 2 的标签示例图

编　码
产品名称

公司名称
通讯地址
国家、省、城市、邮编
电话号码
紧急呼叫电话

使用说明：

装载质量：　　批号：
装载日期：　　有效期：

无符号
无信号词
放在儿童伸手不及之处
使用前请读标签

运输象形图
无符号

可能对母乳喂养的儿童造成伤害

在使用前获取特别指示。
不要吸入粉尘或烟雾。
——如果使用中会出现可吸入的粉尘或烟雾颗粒。
怀孕/哺乳间避免接触。
作业后彻底清洗……
……制造商/供应商或主管部门列明作业后需清洗的身体部位。
如接触到或有疑虑：求医/就诊。
存放处须加锁。
使用本产品时不要进食、饮水或吸烟。
如接触到或有疑虑：求医/就诊。

图 E.3　生殖毒性附加类别的标签示例图

参 考 文 献

[1] GB/T 21607 化学品 一代繁殖毒性试验方法
[2] GB/T 21758 化学品 两代繁殖毒性试验方法
[3] GB/T 21766 化学品 生殖/发育毒性筛选试验方法
[4] GB/T 21771 化学品 重复剂量毒性合并生殖/发育毒性筛选试验方法
[5] 人用药品注册技术要求国际协调会(ICH)指导 S5A,1993
[6] 人用药品注册技术要求国际协调会(ICH)指导 S5B,1995
[7] 经济合作与发展组织(OECD)化学品测试导则 No. 414 致畸试验

ICS 13.300
A 80

中华人民共和国国家标准

GB 30000.25—2013
代替 GB 20599—2006

化学品分类和标签规范　第25部分：特异性靶器官毒性　一次接触

Rules for classification and labelling of chemicals—Part 25: Specific target organ toxicity—Single exposure

2013-10-10 发布　　2014-11-01 实施

中华人民共和国国家质量监督检验检疫总局
中国国家标准化管理委员会　发布

前　言

本部分第5章、第7章为强制性的，其余为推荐性的。

GB 30000《化学品分类和标签规范》的预期结构和将代替的国家标准为：

——第1部分：通则(代替GB 13690—2009)；
——第2部分：爆炸物(代替GB 20576—2006)；
——第3部分：易燃气体(代替GB 20577—2006)；
——第4部分：气溶胶(代替GB 20578—2006)；
——第5部分：氧化性气体(代替GB 20579—2006)；
——第6部分：加压气体(代替GB 20580—2006)；
——第7部分：易燃液体(代替GB 20581—2006)；
——第8部分：易燃固体(代替GB 20582—2006)；
——第9部分：自反应物质和混合物(代替GB 20583—2006)；
——第10部分：自燃液体(代替GB 20585—2006)；
——第11部分：自燃固体(代替GB 20586—2006)；
——第12部分：自热物质和混合物(代替GB 20584—2006)；
——第13部分：遇水放出易燃气体的物质和混合物(代替GB 20587—2006)；
——第14部分：氧化性液体(代替GB 20589—2006)；
——第15部分：氧化性固体(代替GB 20590—2006)；
——第16部分：有机过氧化物(代替GB 20591—2006)；
——第17部分：金属腐蚀物(代替GB 20588—2006)；
——第18部分：急性毒性(代替GB 20592—2006)；
——第19部分：皮肤腐蚀/刺激(代替GB 20593—2006)；
——第20部分：严重眼损伤/眼刺激(代替GB 20594—2006)；
——第21部分：呼吸道或皮肤致敏(代替GB 20595—2006)；
——第22部分：生殖细胞致突变性(代替GB 20596—2006)；
——第23部分：致癌性(代替GB 20597—2006)；
——第24部分：生殖毒性(代替GB 20598—2006)；
——第25部分：特异性靶器官毒性　一次接触(代替GB 20599—2006)；
——第26部分：特异性靶器官毒性　反复接触(代替GB 20601—2006)；
——第27部分：吸入危害；
——第28部分：对水生环境的危害(代替GB 20602—2006)；
——第29部分：对臭氧层的危害；
——第30部分：化学品作业场所警示性标志。

本部分为GB 30000的第25部分。

本部分按照GB/T 1.1—2009给出的规则起草。

本部分代替GB 20599—2006《化学品分类、警示标签和警示性说明安全规范　特异性靶器官系统毒性　一次接触》。

本部分与GB 20599—2006相比，主要技术内容变化如下：

——修改了标准的名称，中文名称修改为“化学品分类和标签规范　第25部分：特异性靶器官毒性　一次接触”,英文名称修改为“Rules for classification and labelling of chemicals—Part 25:Specific target organ toxicity—Single exposure”;

——增加“第3类:暂时性靶器官效应”相关内容;

——修改了第1章范围内容,将“警示标签”改为“标签”、删除“警示性说明”(见第1章);

——增加了第4章“一般说明”;

——修改了“判定逻辑”的部分语句,并将“图1”作为附录A;

——修改了原表5部分内容,作为附录B;

——修改了原表4部分内容,将“名称”修改为“信号词”,“危险性说明”修改为“危险说明”,作为附录C;

——删除了原第8章,将相关的“防范说明”内容作为资料性附录D,并将原第6章、第7章、第8章修改整合成第7章;

——增加特异性靶器官毒性一次接触的标签示例,作为资料性附录E。

本部分由全国危险化学品管理标准化技术委员会(SAC/TC 251)提出并归口。

本部分起草单位:中华人民共和国天津出入境检验检疫局、中国疾病预防控制中心职业卫生与中毒控制所、谱尼测试科技股份有限公司、中国化工信息中心。

本部分主要起草人:李宁涛、柳明、孙书军、赵黎华、蒋雪峰、葛晓军、宋薇、林铮、李朝林、吴维皑。

本部分所代替标准的历次版本发布情况为:

——GB 20599—2006。

化学品分类和标签规范　第25部分：特异性靶器官毒性　一次接触

1　范围

GB 30000的本部分规定了具有一次接触引起的特异性靶器官毒性的化学品的术语和定义、一般说明、分类标准、判定逻辑、标签。

本部分适用于具有一次接触引起的特异性靶器官毒性的化学品按联合国《全球化学品统一分类和标签制度》(以下简称GHS)分类和标签。

2　规范性引用文件

下列文件对于本文件的应用是必不可少的。凡是注日期的引用文件，仅注日期的版本适用于本文件。凡是不注日期的引用文件，其最新版本(包括所有的修改单)适用于本文件。

GB 13690　化学品分类和危险性公示　通则

GB 16483　化学品安全技术说明书　内容和项目顺序

GB 30000.26　化学品分类和标签安全规范　第26部分：特异性靶器官毒性　反复接触

联合国《关于危险货物运输的建议书　规章范本》(第十七修订版)

联合国《全球化学品统一分类和标签制度》(第四修订版)

3　术语和定义

GB 13690界定的以及下列术语和定义适用于本文件。

3.1

特异性靶器官毒性　一次接触　specific target organ toxicity-single exposure

一次接触物质和混合物引起的特异性、非致死性的靶器官毒性作用，包括所有明显的健康效应，可逆的和不可逆的、即时的和迟发的功能损害。

4　一般说明

4.1　分类将物质或混合物划为特异性靶器官毒物，这些物质或混合物可能对接触者的健康产生潜在有害影响。

4.2　分类取决于是否拥有可靠证据，表明一次接触物质或混合物对人类产生了一致的、可识别的毒性效应，或者对实验动物产生了具有毒理学意义的影响组织/器官机能或形态的变化，或者使生物体的生物化学或血液发生严重变化，而且这些变化与人类健康有相关性。人类数据将是这一危险类别的主要证据来源。

4.3　评估不仅要结合单一器官或生物系统中的显著变化，而且还要结合涉及多个器官的严重性较低的普遍变化。

4.4　特异性靶器官毒性可能通过与人类相关的任何途径发生，即主要通过经口、经皮肤或吸入发生。

4.5　对反复接触后特异性靶器官毒性的分类见GB 30000.26。下列其他特定毒性效应，都分别加以评估，因此不包括在本部分内。

——急性毒性；
——皮肤腐蚀/刺激；
——严重眼损伤/眼刺激；
——呼吸道或皮肤致敏；
——致癌性；
——生殖细胞致突变性；
——生殖毒性；
——吸入毒性。

4.6 本部分包括物质类别 1 和类别 2 分类标准、物质类别 3 分类标准和混合物分类标准。见表 1。

5 分类标准

5.1 一般原则

特异性靶器官毒性 一次接触分类和标签的一般原则见 GB 13690。

5.2 物质分类标准

5.2.1 物质类别 1 和类别 2

5.2.1.1 以所有现有证据的权重为基础，使用专家判断，包括使用建议的指导值(见 5.2.1.10)，分别根据即时或延迟效应对物质进行分类。然后，根据观察到效应的本质和严重性，将物质划为类别 1 和类别 2，见表 1。

表 1 一次接触后特异性靶器官毒性的危害分类

类别 1	**对人类产生显著毒性的物质，或者根据实验动物研究得到的证据，可假定在一次接触之后可能对人类产生显著毒性的物质。** 根据以下各项将物质划入类别 1： ——人类病例或流行病学研究得到的可靠和质量良好的证据； ——适当的实验动物研究的观察结果。在试验中，在一般较低的接触浓度下产生了与人类健康有关的显著和/或严重毒性效应。下面提供的指导剂量/浓度值(见 5.2.1.10)可用于证据权重评估的一部分使用
类别 2	**根据实验动物研究的证据，可假定在一次接触之后可能对人类健康产生危害的物质。** 可根据适当的实验动物研究的观察结果将物质划入类别 2，一般在适度的接触浓度下产生了与人类健康相关的显著和/或严重毒性效应。为下面提供了指导剂量/浓度值(见 5.2.1.10)，以帮助进行分类。 在特别情况下，也可使用人类证据将物质划入类别 2(见 5.2.1.10)
类别 3	**暂时性靶器官效应** 有些靶器官效应可能不符合把物质/混合物划入上述类别 1 或类别 2 的标准。这些效应在接触后的短暂时间内有害的改变人类功能，但人类可在一段合理的时间内恢复而不留下显著的组织或功能改变。这一类别仅包括麻醉效应和呼吸道刺激。物质/混合物可按照 5.3.2 中的论述具体地划入具有这些效应的类别
注：对这些类别来说，可以确定主要受已分类物质影响的特异性靶器官/系统，或者可将物质划为一般毒物。确定主要的靶器官/系统并据此进行分类，例如肝毒物、神经毒物。仔细评估数据，而且如果可能，不要包括次生效应，例如肝毒物可能对神经系统或胃肠系统产生次生效应。	

5.2.1.2 应确定分类物质产生危害的相关接触途径。

5.2.1.3 应根据现有所有证据的权衡，包括下面提供的指导，通过专家判断来进行分类。

5.2.1.4 分类以所有现有证据的权重(包括以下提供的指导)为基础，根据专家判断进行。包含人类偶发事件、流行病学和实验动物研究在内的所有数据的证据权重，用来证实有必要分类的特异性靶器官毒性效应。

5.2.1.5 评估的靶器官毒性所需的信息可从人类一次接触中获得，例如，在家中、工作场所或周围环境中的接触，也可从实验动物研究获得。提供这样的信息的大鼠或小鼠标准动物研究是急性毒性研究，此类研究可包括临床观察以及详细的宏观和微观检验，以便确定对靶组织/器官的毒性效应。对其他物种中进行的急性毒性研究的结果也可以提供相关信息。

5.2.1.6 在特殊情况下，根据专家判断，可以将有人类靶器官毒性证据的某些物质划入类别 2：

a) 当人类证据权重不足以证明可将物质划入类别 1；和/或

b) 根据效应的本质和严重性。

在分类中不应参考人类剂量/浓度水平，而且动物研究中的任何现有证据应与类别 2 分类相一致。换言之，如果也有关于化学品的动物数据证明划入类别 1 是合理的，那么该物质应划为类别 1。

5.2.1.7 被认为支持类别 1 和类别 2 的效应

5.2.1.7.1 表明一次接触物质与一致的和可识别的毒性效应存在联系的证据，可对分类给与支持。

5.2.1.7.2 人类经验/偶发事件获得的证据通常局限于有害健康后果的报告，接触情况往往并不确定，而且不会提供能够从实施良好的实验动物研究中获得的科学详细资料。

5.2.1.8 适当的实验动物研究获得的证据可以以临床观察、宏观和微观病理检查的形式提供更详细的细节，而且这往往可以显示出可能不会威胁生命、但可能表明功能损害的危险。因此，在分类过程中应分析所有现有证据以及与人类健康的相关性。下面提供了对人类和/或动物的相关毒性效应的例子：

a) 一次接触产生的病症；

b) 呼吸系统、中枢神经系统或周围神经系统、其他器官或其他器官系统的非暂时性显著机能变化，包括中枢神经系统衰弱迹象和影响特殊感觉(例如，视觉、听觉和嗅觉)；

c) 临床生物化学、血液学和尿分析参数中任何一致的和显著的有害变化；

d) 可能在尸体剖检中注意到和/或随后在微观检查中观察到或证实的显著器官损伤；

e) 有再生能力的重要器官中的多病灶或分散坏死、纤维化或肉芽瘤形成；

f) 潜在可逆性、但提供明确的显著器官机能失调证据的形态变异；

g) 无再生能力的重要器官中明显的细胞死亡的证据(包括细胞退化和细胞数量减少)。

5.2.1.9 被认为不支持类别 1 和类别 2 分类的效应

有可能观察到不能作为分类依据的效应，下面列出了人类和/或动物中的这类效应的例子：

a) 体重增加、食物消耗或水摄入量方面的临床观察结果或微小变化可能有一些毒理学意义，但其本身并不能表明"显著"毒性；

b) 临床生物化学、血液学或尿分析参数的微小变化和/或瞬间效应，但这样的变化或效应令人怀疑，或毒理学意义很小；

c) 器官重量变化，但没有器官机能失调迹象；

d) 被认为没有毒理学相关性的适应反应；

e) 物质引起的特定物种的毒性机制，即含有合理的确定性证明其与人类健康无相关性的毒性机制，不应作为分类根据。

5.2.1.10 用于根据实验动物研究得到的结果帮助类别 1 和类别 2 分类的指导值

5.2.1.10.1 为有助于确定是否应对于一种物质进行分类，以及应在多大程度上分类(类别 1 或类别 2)，提出"指导值"以衡量剂量/浓度，而计量/浓度已被证明可造成显著的健康影响。提出这样的"指导值"的主要理由是所有的化学品在高剂量时都有潜在毒性，因而应有一个合理的剂量/浓度作标准来确认其毒性效应程度。

5.2.1.10.2 在动物研究中，当观察到显示可以分类的显著毒性效应时，与建议指导值相比照，分析观察到这些效应时的试验接触时间和剂量/浓度，可以提供有用信息，帮助评估是否需要分类(因为毒性效应是危险性质的结果，也是试验接触时间和剂量/浓度的结果）。

5.2.1.10.3 适用于急性毒性试验，为业已产生显著的非致死毒性效应的一次接触剂量接触建议的指导值范围，如表2所示。

表2 一次接触剂量的指导值范围[a]

接触途径	单位	指导值(C)范围		
		类别1	类别2	类别3
经口(大鼠)	mg/kg	$C \leqslant 300$	$2\,000 \geqslant C > 300$	指导值不适用[b]
经皮肤(大鼠或兔)	mg/kg	$C \leqslant 1\,000$	$2\,000 \geqslant C > 1\,000$	
吸入气体(大鼠)	mL/(L·4 h)	$C \leqslant 2.5$	$20 \geqslant C > 2.5$	
吸入蒸气(大鼠)	mg/(L·4 h)	$C \leqslant 10$	$20 \geqslant C > 10$	
吸入粉尘/烟/雾(大鼠)	mg/(L·4 h)	$C \leqslant 1.0$	$5.0 \geqslant C > 1.0$	

[a] 本表提及的指导值和范围只用于指导目的，即用作证据权重方法的一部分，帮助作出分类决定。它们不能作为严格的限界值。

[b] 不提供指导值是因为这一分类主要是基于人类数据。动物数据可以包括在证据权重评估中。

5.2.1.10.4 在低于指导值(如小于2 000 mg/kg体重，经口)观察到特定毒性特征是可能的，但是，效应的性质可能导致做出不分类的决定。反过来说，在动物研究中，可能在高于指导值(例如，不小于2 000 mg/kg体重，经口)观察到特定毒性特征，此外，也有来自其他来源(例如其他单次剂量研究，或者人类病例经验)的补充信息支持这样的结论，即鉴于证据权重，进行分类是慎重做法。

5.2.1.11 其他事项

5.2.1.11.1 当只使用动物数据确定物质的性质时(对新物质来说是典型做法，对许多现有物质来说也是如此)，分类过程应参考剂量/浓度指导值，将它们视为有助于证据权重方法的要素之一。

5.2.1.11.2 如果已经掌握充分证实的人类数据，表明特异性靶器官毒性效应可以肯定归因于对物质的一次性接触，即可对该物质进行分类。若人类数据显示阳性，无论可能的剂量如何，均优先于动物数据。因此，当一种物质因为观察到特异性靶器官毒性被认为对人类不相关或不重要而没有分类时，如果随后得到的人类偶发事件数据显示出特异性靶器官毒性效应，那么应对该物质进行分类。

5.2.1.11.3 未进行过特异性靶器官毒性试验的物质可在某些情况下进行分类，分类要酌情以经证明有效的结构活性关系得到的数据和基于专家判断从先前已经分类的结构类似物外推得到的数据为基础，同时作为实质性支持，也要参考其他重要因素，如普通重要代谢产物的形成。

5.2.1.11.4 一些管理制度可能将饱和蒸气浓度作为附加要素，规定特定的健康和安全保护。

5.2.2 物质类别3

5.2.2.1 呼吸道刺激标准

呼吸道刺激划为类别3的标准：

a) 损害功能并有咳嗽、疼痛、窒息和呼吸困难等症状的呼吸道刺激作用(征象是局部红斑、水肿、瘙痒症和/或疼痛)。公认这一评估的主要根据是人类数据。

b) 主观的人类观察可辅以对明显的呼吸道刺激(RTI)的客观测量(例如，电生理反应图、鼻子或支气管肺泡灌洗液中发炎的生物标记)。

c) 观察的人类症状也应当是接触的人群通常会产生的症状，而不是只有呼吸道特别敏感的个人会产生的孤立特异反应。只说“刺激”的含糊报告应当排除。因为这个术语通常用于描述各种各样的感觉,包括气味、令人讨厌的味道、瘙痒感和口渴等,这些都不属于这一分类终端的范围。

d） 目前没有具体涉及呼吸道刺激的有效动物试验,不过,可以从一次和反复吸入毒性试验得到有用的资料。例如,动物研究可以在毒性的临床症状(呼吸困难、鼻炎等)和组织病理学(例如充血、水肿、轻微炎症、黏膜层变厚)方面提供有用的资料,因为这些症状是可逆的而且可能反映上述临床症状的特性。这种动物研究可以用作证据权重评估的一部分。

e） 这一特别分类只有在没有观察到更严重的器官效应包括呼吸系统效应时才使用。

5.2.2.2 麻醉效应标准

麻醉效应划为类别3的标准是:

a） 中枢神经系统机能衰退包括人类麻醉效应,例如昏昏欲睡、昏睡状态、警觉性降低、反射作用丧失、肌肉协调缺失、头晕等包括在内。这些效应的表现形式也可能是严重头痛或恶心,并可导致判断力降低、眩晕、易发怒、疲劳、记忆功能减弱、知觉和肌肉协调迟钝、反应迟钝或困倦。

b） 动物研究观察到的麻醉效应可能包括无力气、缺乏协调纠正反射作用、昏睡状态和运动机能失调。如果这些效应不是暂时性的,那么应当把它们划分为类别1或类别2。

5.3 混合物分类标准

5.3.1 一般原则

混合物可使用与物质标准相同的标准进行分类,或也可按以下所述进行分类。与物质一样,混合物可划为一次接触特异性靶器官毒物、反复接触靶器官毒物,或者两者都是。

5.3.2 有混合物整体数据时的混合物分类

如果如物质标准所述,混合物有来自人类经验或适当的实验动物研究的可靠和质量良好的证据,那么就可通过这些数据的证据权重评估对混合物进行分类。评估混合物数据时,应谨慎小心,剂量、期限、观察或分析不应使结果变得不具有结论性。

5.3.3 无混合物整体数据时的混合物分类:架桥原则

5.3.3.1 数据使用

如果混合物本身并没有进行过确定其特异性靶器官毒性的试验,但对混合物的单个组分和已做过试验的类似混合物均已掌握充分数据,足以适当确定该混合物的危险特性,那么将根据以下议定的架桥原则使用这些数据。这可确保分类过程最大程度地使用现有数据来确定混合物的危险特性,而无需对动物进行附加试验。

5.3.3.2 稀释

如果做过试验的混合物用稀释剂加以稀释,稀释剂的毒性与原始组分中毒性最低的分类相同或比它更低,且估计不会影响其他组分毒性,那么经稀释的新混合物可划为与原做过试验的混合物相同的类别。

5.3.3.3 产品批次

混合物已做过试验的一个生产批次的毒性,可以认为实际上与同一制造商生产的或在其控制下生产的同一商业产品的另一个未经试验的产品批次的毒性相同,除非有理由认为,未经试验的产品批次的毒性有显著改变。如果后一种情况发生,那么需要进行新的分类。

5.3.3.4 高毒性混合物的浓度

如果在经过试验的类别 1 混合物中，一种毒性组分的浓度增加，那么产生的浓度更高的混合物应划为类别 1，无需另做试验。

5.3.3.5 一种毒性类别范围内的内推法

三种组分完全相同的混合物(A、B 和 C)，混合物 A 和混合物 B 经过测试，属同一毒性类别，而混合物 C 未经测试，但含有与混合物 A 和混合物 B 相同的毒素活性组分，但其毒素活性组分的浓度介于混合物 A 与混合物 B 之间，则可假定混合物 C 与 A 和 B 属同一毒性类别。

5.3.3.6 实质上类似的混合物

假定下列情况：

a) 两种混合物：Ⅰ： A+B；Ⅱ： C+B；

b) 组分 B 的浓度在两种混合物中基本相同；

c) 混合物Ⅰ中组分 A 的浓度等于混合物Ⅱ中组分 C 的浓度。

已有 A 和 C 的毒性数据，并且这些数据实质上相同，即它们属于相同的危害类别，而且预计不会影响 B 的毒性。

如果混合物Ⅰ或Ⅱ已经根据试验结果分类，那么另一混合物可以划为相同的毒性类别。

5.3.3.7 气溶胶

如果加入的气雾发生剂并不影响混合物喷射时的毒性，那么气雾形式的混合物可划为与经过试验的非雾化形式的混合物的经口和皮肤毒性相同的危害类别。雾化混合物的吸入毒性分类应单独分析。

5.3.4 拥有混合物的所有组分数据或只有一些组分数据时混合物的分类

5.3.4.1 当特定混合物本身没有可靠的证据或试验数据，而且架桥原则不能用来进行分类，那么该混合物的分类将以组分物质的分类为基础。在这种情况下，当至少一种组分已经划为类别 1 或类别 2 特异性靶器官毒物，而且其含量等于或高于表 3 中分别提及的类别 1 和类别 2 的适当临界值/浓度限值时，该混合物将划为特异性靶器官毒物一次接触(说明具体器官)、特异性靶器官毒物反复接触(说明具体器官)，或者二者都有。

表 3 划分混合物类别 1 和类别 2 的特异性靶器官毒物中组分的临界值或浓度限值

组分分类	混合物分类时组分的临界值/浓度限值	
	类别 1	类别 2
靶器官毒物类别 1	≥1.0%[a]	1.0%～10%[c] 之间(包含 1.0%)
	≥10%[b]	
靶器官毒物类别 2	—	≥1.0%[d]
		≥10%[e]

注：这种折中的分类方案包括分析现有系统中危险公示实践中的差异。预计受影响的混合物数量会很小，差异将限制在标签警告范围内；而且这种情况将日益发展成为更统一的方式。

表 3（续）

组分分类	混合物分类时组分的临界值/浓度限值	
	类别 1	类别 2

[a] 如果混合物的一种组分被划分为特异性靶器官毒物类别 1，而且其浓度在 1.0%～10%之间，那么每一个政府主管部门都会要求在产品的安全技术说明书上提供信息(GB 16483)。但是，标签警告属于可选择项。当该组分在混合物中的浓度在 1.0%～10%之间时，一些政府主管部门会选择贴标签，而其他一些政府主管部门在这种情况下通常不要求贴标签。

[b] 如果混合物的一种组分被划分为特异性靶器官毒物类别 1，而且其浓度≥10%，那么既需要安全技术说明书(GB 16483)也需要标签。

[c] 如果混合物的一种组分被划分为特异性靶器官毒物类别 1，而且其浓度在 1.0%～10%之间，一些主管部门会将该混合物划分为特异性靶器官毒物类别 2，而其他主管部门将不会这样划分。

[d] 如果混合物的一种组分被划分为特异性靶器官毒物类别 2，而且其浓度在 1.0%～10%之间，那么每一个主管部门都会要求在产品的安全技术说明书(GB 16483)上提供信息。但是，标签警告属于可选择项。当该组分在混合物中的浓度在 1.0%～10%之间时，一些主管部门会选择贴标签，而其他一些主管部门在这种情况下通常不要求贴标签。

[e] 如果混合物的一种组分被划分为特异性靶器官毒物类别 2，而且其浓度不小于 10%时，那么既需要安全技术说明书(GB 16483)也需要标签。

5.3.4.2 这些临界值和随后的分类应同样和适当地适用于一次剂量和反复剂量靶器官毒物。

5.3.4.3 混合物应独立地划为一次剂量毒性或反复剂量毒性，或者二者都是。

5.3.4.4 当影响到一个以上器官/系统的毒物混合时，应当谨慎分析增强作用或协同作用，因为某些物质在浓度小于 1%时，如混合物中其他组分已知可增加它的毒性效应，那么可能产生特异性靶器官毒性。

5.3.4.5 在外推含有类别 3 组分的混合物的毒性时应当慎重。建议使用临界值/浓度限值 20%；不过，应当认识到这一临界值/浓度限值可能因类别 3 组分不同而更高或更低，而且某些效应例如呼吸道刺激可能在低于某一浓度时不会发生，而其他效应例如麻醉效应可能在低于 20%这一数值时发生。应当使用专家判断。应根据 5.2 中规定的标准，对呼吸道刺激和麻醉效应单独进行评估。在对这些危险进行分类时，每种组分的作用应认为是相加的，除非有证据表明该效应不是相加的。

6 判定逻辑

判定逻辑仅供参考。判定逻辑参见附录 A。特别建议负责分类的人员在使用判定逻辑之前和使用判定逻辑的过程中研究第 5 章。

7 标签

7.1 概述

7.1.1 对于特异性靶器官毒性一次接触的标签，危险类别都以指定的象形图、信号词和危险说明的顺序列出。联合国《关于危险货物运输的建议书　规章范本》(以下简称《规章范本》)涵盖的危险种类或类别应在 GHS 标签中列出每个项别的指定相应图形标志。特异性靶器官毒性一次接触标签要素的分配见附录 B。

7.1.2 有关特异性靶器官毒性一次接触的分类标准和标签要素见附录 C。

7.1.3 标签上要求的信息包括危险象形图、信号词、危险说明、防范说明、产品标识符和供应商标识等。

注：对于尚未标准化的其他标签要素，如防范说明也需要包括在标签上。政府主管部门可能还要求提供额外信息，供应商也可能增加补充信息。

7.2 危险象形图

危险象形图应使用黑色符号加白色背景，红框要足够宽，以便醒目。

7.3 信号词

信号词指标签上用来表明危险的相对严重程度和提醒读者注意潜在危险的词语。对于特异性靶器官毒性一次接触不同危险类别分类采用信号词“危险”和“警告”。对于特异性靶器官一次接触毒物类别 1 物质使用信号词“危险”。对于类别 2 和类别 3 使用信号词“警告”。

7.4 危险说明

危险说明指分配给一个危险种类和类别的短语，用来描述一种危险产品的危险性质，在情况合适时还包括其危险程度。特异性靶器官毒性一次接触的危险说明见 C.1 并参见附录 D。

7.5 防范说明

防范说明是一个词语（和/或象形图），用于描述为尽可能减少或防止由于接触危险产品或者不适当的贮存或搬运危险产品的不良效应建议采取的措施。为达到 GHS 要求，共有 5 类防范说明：一般、预防、应急、贮存和处置。特异性靶器官毒性一次接触不同危险类别的防范说明参见附录 D。

7.6 产品标识符

7.6.1 标签上应使用产品标识符，且应与化学品安全技术说明书上使用的产品标识符相一致。如果一种物质或混合物列入《规章范本》，包装上还应使用正确的联合国运输名称。

7.6.2 标签应包括物质的化学名称。对于混合物或合金，在急性毒性、皮肤腐蚀或严重眼损伤、生殖细胞致突变性、致癌性、生殖毒性、呼吸道或皮肤致敏、靶器官毒性出现在标签上时，标签上应当包括可能引起这些危险组分或合金元素的化学组分。政府主管部门也可要求在标签上列出可能导致混合物或合金危险性的所有组分或合金元素的化学名称。

7.7 供应商标识

标签上应当提供物质或混合物的生产商或供应商的名称、地址和电话号码。

7.8 标签示例

特异性靶器官毒性一次接触的标签示例参见附录 E。

附 录 A
（资料性附录）
特异性靶器官毒性一次接触的判定逻辑

特异性靶器官毒性一次性接触的判定逻辑见图 A.1。

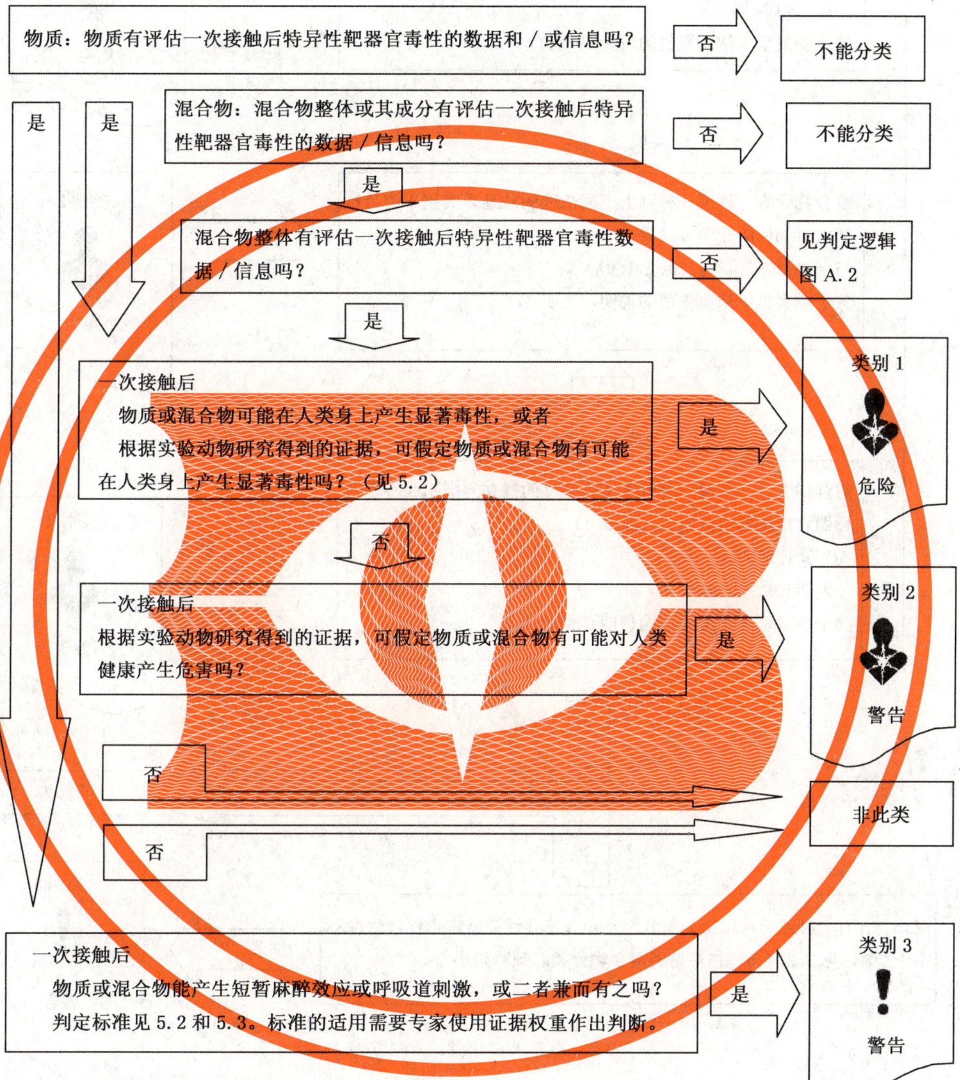

图 A.1 特异性靶器官毒性一次接触的判定逻辑

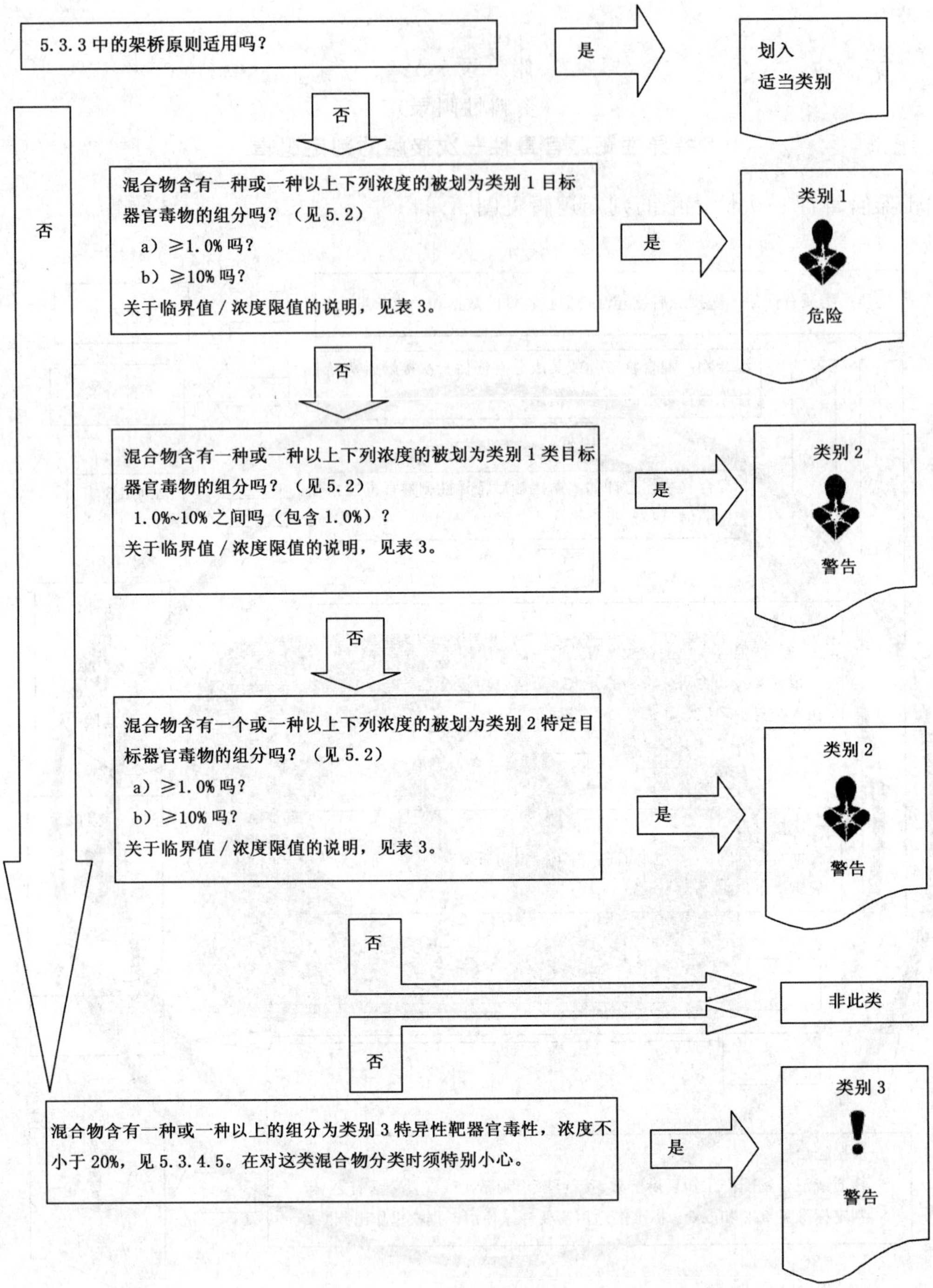
5.3.3 中的架桥原则适用吗？
是
划入
适当类别
否
否
混合物含有一种或一种以上下列浓度的被划为类别 1 目标器官毒物的组分吗？（见 5.2）
a）≥1.0% 吗？
b）≥10% 吗？
关于临界值 / 浓度限值的说明，见表 3。
是
类别 1
危险
否
混合物含有一种或一种以上下列浓度的被划为类别 1 类目标器官毒物的组分吗？（见 5.2）
1.0%~10% 之间吗（包含 1.0%）？
关于临界值 / 浓度限值的说明，见表 3。
是
类别 2
警告
否
混合物含有一个或一种以上下列浓度的被划为类别 2 特定目标器官毒物的组分吗？（见 5.2）
a）≥1.0% 吗？
b）≥10% 吗？
关于临界值 / 浓度限值的说明，见表 3。
是
类别 2
警告
否
非此类
否
混合物含有一种或一种以上的组分为类别 3 特异性靶器官毒性，浓度不小于 20%，见 5.3.4.5。在对这类混合物分类时须特别小心。
是
类别 3
警告

图 A.1（续）

附 录 B
(规范性附录)
特异性靶器官毒性一次接触标签要素的分配

特异性靶器官毒性一次接触标签要素的分配见表 B.1。

表 B.1 特异性靶器官毒性一次接触标签要素的分配

类别 1	类别 2	类别 3	—	—
 危险 **对器官造成损害**(或说明已知的所有受影响器官)(如果已明确地证明没有其他接触途径引起这一危险,则说明接触途径)	 警告 **可能对器官造成损害**(或说明已知的所有受影响器官)(如果已明确地证明没有其他接触途径引起这一危险,则说明接触途径)	 警告 (呼吸道刺激) **可能引起呼吸道刺激** 或 (麻醉效应) **可能引起昏昏欲睡或眩晕**		
在联合国《规章范本》中未作要求。				

附 录 C

（规范性附录）

特异性靶器官毒性一次接触分类标准和标签要素

特异性靶器官毒性一次接触分类标准和标签要素见表C.1。

表C.1 特异性靶器官毒性一次接触分类标准和标签要素

<table>
<tr><th>危险类别</th><th>标　准</th><th colspan="2">标签要素</th></tr>
<tr><td rowspan="3">1</td><td rowspan="3">1. 物质和已试验过的混合物
可靠证据表明物质或混合物(包括架桥原则)对人类或动物的特定器官或系统具有有害影响。可使用表2的类别1中的指导值作为证据权重评估的一部分。可指明受影响特定器官/系统的名称。
2. 如果不拥有混合物整体数据,使用架桥原则。
3. 架桥原则不适用时,混合物如至少含有一种被划为类别1的组分并且有如下浓度:
a) ≥1.0%;
b) ≥10%</td><td>图形符号</td><td></td></tr>
<tr><td>信号词</td><td>危险</td></tr>
<tr><td>危险说明</td><td>对器官造成损害(或说明已知的所有受影响器官)(说明已明确地证明没有其他接触途径引起这一危险,则说明接触途径)</td></tr>
<tr><td rowspan="3">2</td><td rowspan="3">1. 物质和试验过混合物
来自动物试验或人类的证据表明物质或混合物(包括架桥原则)对特定器官或系统具有有害影响,同时参考证据权重评估和表2的类别2中的指导值。可指明受影响的特定器官/系统的名称。
2. 如果不拥有混合物整体数据,使用架桥原则。
3. 架桥原则不适用时,混合物在以下情况下划入类别2:
a) 至少含有一种被划为类别1的组分并且浓度介于1.0%～10.0%之间(包含1.0%);或
b) 至少含有一种被划为类别2的组分并且有以下浓度:
≥1.0%;
≥10%</td><td>图形符号</td><td></td></tr>
<tr><td>信号词</td><td>警告</td></tr>
<tr><td>危险说明</td><td>可能对器官造成损害(或说明已知的所有受影响器官)(说明已明确地证明没有其他接触途径引起这一危险,则说明接触途径)</td></tr>
<tr><td rowspan="3">3</td><td rowspan="3">1. 呼吸道刺激
有证据表明物质或混合物对人类呼吸道有暂时性刺激效应;或
2. 麻醉效应
来自动物研究和人类的证据表明物质或混合物具有暂时性麻醉效应</td><td>图形符号</td><td></td></tr>
<tr><td>信号词</td><td>警告</td></tr>
<tr><td>危险说明</td><td>(呼吸道刺激)
可能引起呼吸道刺激
或者
(麻醉效应)
可能引起昏昏欲睡或眩晕</td></tr>
</table>

附　录　D
（资料性附录）
特异性靶器官毒性一次接触的危险说明和防范说明

D.1　概述

D.1.1　本附录为特异性靶器官毒性一次接触提供如何使用GHS的危险说明和防范说明指导，列出特异性靶器官毒性一次接触每一危险种类和危险类别的危险说明和防范说明，见GB 13690。

D.1.2　危险说明的编码

D.1.2.1　危险说明的编码见GHS附件3。

D.1.2.2　每一种危险说明均设定一个专门的字母数字混合代码，由1个字母和3个数字组成，具体如下：

a)　字母“H”(代表“危险说明”)；

b)　第1个数字，代表不同部分编号设定的危险说明所指危险类型，具体如下：

——“2”代表物理危险；

——“3”代表健康危险；

——“4”代表环境危险；

c)　后2个数字，对应于物质或者混合物固有属性引起的危险的序列编号，如：爆炸性(代码200至210)、易燃性(代码220至230)，等等。

D.1.2.3　除非另有规定，所有指定的危险说明均应出现在标签上。主管部门可规定危险说明在标签出现的顺序。此外，在组合危险说明提供两种或者以上危险说明时，主管部门可以具体规定，是否将组合危险说明或者相应的单个说明写入标签，或者由制造商/供应商自行决定。

D.1.3　防范说明应连同统一危险公示要素(象形图、信号词和危险说明)一起标在标签上。附加补充信息，例如使用说明，也可由制造商/供应商和/或政府主管部门斟酌决定予以补充。

D.1.3.1　防范说明的编码见GHS附件3。

D.1.3.2　防范说明的编码

D.1.3.2.1　每一防范说明均设定一个专门的字母数字混合代码，由1个字母和3个数字组成，具体如下：

a)　字母“P”(代表“防范说明”)；

b)　第1个数字，代表防范说明的类型，具体如下：

——“1”代表一般防范说明；

——“2”代表预防防范说明；

——“3”代表应急防范说明；

——“4”代表贮存防范说明；

——“5”代表处置防范说明；

c)　后2个数字(对应于防范说明的序列编号)。

D.1.3.2.2　防范说明代码用作参考。防范说明代码不是防范说明条文的一部分，不应用其替代防范说明条文。

D.2 一般防范说明

对被划为危害人类健康或环境的所有物质和混合物应采取一般防范措施。以下一般防范说明在给定的条件下适用于GHS标签(见表D.1)。

表D.1 一般防范说明

对象	补充信息	编码	一般防范说明
一般公众	标签,补充标签信息	**P101**	**如需就医:请随身携带产品容器或标签。**
		P102	**放在儿童无法触及之处。**
		P103	**使用前请阅读标签。**
生产工人	标签,补充标签信息、安全技术说明书、工作场所标志		无

D.3 特异性靶器官毒性一次接触的防范说明

特异性靶器官毒性一次接触的防范说明见表D.2、表D.3和表D.4。

表D.2 特异性靶器官毒性一次接触类别1的防范说明

图形符号
健康危害

危险类别	**信号词**	**危险说明**
1	危险	H370 会损害器官〈……〉、《……》 〈……〉(或者说明已知的所有受影响器官) 《……》(如果明确地证明没有其他接触途径产生这一危险,则说明接触途径)

防范说明			
预防	应急	贮存	处置
P260 **不要吸入粉尘/烟/气体/烟雾/蒸气/喷雾。** 制造商/供应商或政府主管部门列明适用的条件。 **P264** **作用后彻底清洗……。** ……制造商/供应商或政府主管部门列明作业后需清洗的身体部位。 **P270** **使用本产品时不要进食、饮水或吸烟。**	**P308+P311** **如接触到:呼叫解毒中心或医生。** **P321** **具体治疗(见本标签上的……)** ……参看附加急救指示。 ——如需要立即采取措施。	**P405** **存放处须加锁。**	**P501** **处置内装物/容器……** ……按照地方/区域/国家/国际规章(待规定)。

表 D.3 特异性靶器官毒性一次接触类别 2 的防范说明

图形符号 健康危害

危险类别	信号词	危险说明
2	警告	H371 可能损害器官〈……〉、《……》、 〈……〉(或者说明已知的所有受影响器官) 《……》(如果明确地证明没有其他接触途径产生这一危险,则说明接触途径)

防范说明			
预防	应急	贮存	处置
P260 **不要吸入粉尘/烟/气体/烟雾/蒸气/喷雾。** 制造商/供应商或政府主管部门列明适用的条件。 **P264** **作用后彻底清洗……。** ……制造商/供应商或政府主管部门列明作业后需清洗的身体部位。 **P270** **使用本产品时不要进食、饮水或吸烟。**	**P308+P311** **如接触到或感觉不适:呼叫解毒中心或医生。**	**P405** **存放处须加锁。**	**P501** **处置内装物/容器……** ……按照地方/区域/国家/国际规章(待规定)。

表 D.4 特异性靶器官毒性一次接触类别 3 的防范说明

图形符号 感叹号

危险类别	信号词	危险说明
3	警告	H335 可能造成呼吸道刺激;或 H336 可能造成昏昏欲睡或眩晕

防范说明			
预防	应急	贮存	处置
P260 **不要吸入粉尘/烟/气体/烟雾/蒸气/喷雾。** 制造商/供应商或政府主管部门列明适用的条件。 **P271** **只能在室外或通风良好之处使用。**	**P304+P340** **如误吸入:将受害人转移到空气新鲜处,保持呼吸舒适的休息姿势。** **P312** **如感觉不适,呼叫解毒中心或医生。**	**P403+ P233** **存放在通风良好的地方。** **保持容器密闭。** ——如果产品极易挥发,可造成周围空气危险。 **P405** **存放处须加锁。**	**P501** **处置内装物/容器……** ……按照地方/区域/国家/国际规章(待规定)。

附 录 E
（资料性附录）
特异性靶器官毒性一次接触的标签示例

特异性靶器官毒性一次接触的标签示例见图 E.1～图 E.3。

编　码

产品名称

运输象形图:无

危 险

会损害器官

公司名称
通讯地址
国家、省、城市、邮编
电话号码
紧急呼叫电话

（或者说明已知的所有受影响器官）
（如果明确地证明没有其他接触途径产生这一危险，则说明接触途径）
不要吸入粉尘/烟/气体/烟雾/蒸汽/喷雾
作业后彻底清洗

使用说明：

使用本产品时不要进食、饮水或吸烟

装载质量：　批号：
毛　重：　装载日期：
有效期：

如接触到：呼叫解毒中心或医生

存放处须加锁

处置内装物/容器按照地方/区域/国家/国际规章

图 E.1　特异性靶器官毒性一次接触类别 1 的标签示例

编　码

产品名称

警 告

可能损害器官

运输象形图:无

公司名称
通讯地址
国家、省、城市、邮编
电话号码
紧急呼叫电话

使用说明:

装载质量:　　批号:
毛　　重:　　装载日期:
有效期:

(或者说明已知的所有受影响器官)
(如果明确地证明没有其他接触途径产生这一危险,则说明接触途径)
不要吸入粉尘/烟/气体/烟雾/蒸汽/喷雾
作业后彻底清洗
使用本产品时不要进食、饮水或吸烟

如接触到或感觉不适:呼叫解毒中心或医生

存放处须加锁

处置内装物/容器按照地方/区域/国家/国际规章

图 E.2　特异性靶器官毒性一次接触类别 2 的标签示例

编　码

产品名称

运输象形图:无

警 告

可能造成呼吸道刺激;或

可能造成昏昏欲睡和眩晕

公司名称

通讯地址

国家、省、城市、邮编

电话号码

紧急呼叫电话

避免吸入粉尘/烟/气体/烟雾/蒸汽/喷雾

只能在室外或通风良好之处使用

使用说明:

如误吸入:将受害人转移到空气新鲜处,保持呼吸舒适的休息姿势

如感觉不适:呼叫解毒中心或医生

装载质量:　　批号:

毛　　重:　　装载日期:

有效期:

存放在通风良好的地方。保持容器密闭

存放处须加锁

处置内装物/容器按照地方/区域/国家/国际规章

图 E.3　特异性靶器官毒性一次接触类别 3 的标签示例

ICS 13.300
A 80

中华人民共和国国家标准

GB 30000.26—2013
代替 GB 20601—2006

化学品分类和标签规范　第 26 部分：特异性靶器官毒性　反复接触

Rules for classification and labelling of chemicals—Part 26: Specific target organ toxicity—Repeated exposure

2013-10-10 发布　　2014-11-01 实施

中华人民共和国国家质量监督检验检疫总局
中国国家标准化管理委员会　发布

前　言

本部分第5章、第7章为强制性的，其余为推荐性的。

GB 30000《化学品分类和标签规范》的预期结构和将代替的国家标准为：

——第1部分：通则（代替 GB 13690—2009）；

——第2部分：爆炸物（代替 GB 20576—2006）；

——第3部分：易燃气体（代替 GB 20577—2006）；

——第4部分：气溶胶（代替 GB 20578—2006）；

——第5部分：氧化性气体（代替 GB 20579—2006）；

——第6部分：加压气体（代替 GB 20580—2006）；

——第7部分：易燃液体（代替 GB 20581—2006）；

——第8部分：易燃固体（代替 GB 20582—2006）；

——第9部分：自反应物质和混合物（代替 GB 20583—2006）；

——第10部分：自燃液体（代替 GB 20585—2006）；

——第11部分：自燃固体（代替 GB 20586—2006）；

——第12部分：自热物质和混合物（代替 GB 20584—2006）；

——第13部分：遇水放出易燃气体的物质和混合物（代替 GB 20587—2006）；

——第14部分：氧化性液体（代替 GB 20589—2006）；

——第15部分：氧化性固体（代替 GB 20590—2006）；

——第16部分：有机过氧化物（代替 GB 20591—2006）；

——第17部分：金属腐蚀物（代替 GB 20588—2006）；

——第18部分：急性毒性（代替 GB 20592—2006）；

——第19部分：皮肤腐蚀/刺激（代替 GB 20593—2006）；

——第20部分：严重眼损伤/眼刺激（代替 GB 20594—2006）；

——第21部分：呼吸道或皮肤致敏（代替 GB 20595—2006）；

——第22部分：生殖细胞致突变性（代替 GB 20596—2006）；

——第23部分：致癌性（代替 GB 20597—2006）；

——第24部分：生殖毒性（代替 GB 20598—2006）；

——第25部分：特异性靶器官毒性 一次接触（代替 GB 20599—2006）；

——第26部分：特异性靶器官毒性 反复接触（代替 GB 20601—2006）；

——第27部分：吸入危害；

——第28部分：对水生环境的危害（代替 GB 20602—2006）；

——第29部分：对臭氧层的危害；

——第30部分：化学品作业场所警示性标志；

本部分为 GB 30000 的第26部分。

本部分按照 GB/T 1.1—2009 给出的规则起草。

本部分代替 GB 20601—2006《化学品分类、警示标签和警示性说明安全规范　特异性靶器官系统毒性　反复接触》。

本部分与 GB 20601—2006 相比，主要技术内容变化如下：

——修改了标准的名称，中文名称修改为"化学品分类和标签规范　第26部分：特异性靶器官毒性反复接触”,英文名称修改为“Rules for classification and labelling of chemicals—Part 26: Specific target organ toxicity—Repeated exposure”;

——修改了第1章范围内容,将“警示标签”改为“标签”、删除“警示性说明”;

——增加了第4章“一般说明”;

——修改了“判定逻辑”的部分语句,并将“图1”作为附录A;

——修改了原表6部分内容,作为附录B;

——修改了原表5部分内容,将“名称”修改为“信号词”,“危险性说明”修改为“危险说明”;并一起作为附录C;

——删除了原第8章,将相关的“防范说明”内容作为资料性附录D,并将原第6章、第7章、第8章修改整合成第7章;

——增加特异性靶器官毒性反复接触的标签示例,作为资料性附录E。

本部分与联合国《全球化学品统一分类和标签制度》(Globally Harmonized System of Classification and Labelling of Chemicals,GHS)(第四修订版)的有关技术内容一致。

本部分由全国危险化学品管理标准化技术委员会(SAC/TC 251)提出并归口。

本部分起草单位:中华人民共和国天津出入境检验检疫局、中国疾病预防控制中心职业卫生与中毒控制所、谱尼测试科技股份有限公司、中国化工信息中心。

本部分主要起草人:李晶、王华、张彬、于燕燕、柳明、林铮、宋薇、吴维皑、葛晓军、梁缙。

本部分所代替标准的历次版本发布情况为:

——GB 20601—2006。

化学品分类和标签规范　第26部分：特异性靶器官毒性　反复接触

1　范围

GB 30000的本部分规定了具有反复接触引起的特异性靶器官毒性的化学品的术语和定义、一般说明、分类标准、判定逻辑、标签。

本部分适用于具有反复接触引起的特异性靶器官毒性的化学品按联合国《全球化学品统一分类和标签制度》(以下简称GHS)分类和标签。

2　规范性引用文件

下列文件对于本文件的应用是必不可少的。凡是注日期的引用文件,仅注日期的版本适用于本文件。凡是不注日期的引用文件,其最新版本(包括所有的修改单)适用于本文件。

GB 13690　化学品分类和危险性公示　通则

GB 16483　化学品安全技术说明书　内容和项目顺序

GB 30000.25　化学品分类和标签安全规范　第25部分:特异性靶器官毒性　一次接触

联合国《关于危险货物运输的建议书　规章范本》(第十七修订版)

联合国《全球化学品统一分类和标签制度》(第四修订版)

3　术语和定义

GB 13690界定的以及下列术语和定义适用于本文件。

3.1

特异性靶器官毒性　反复接触　specific target organ toxicity-repeat exposure

反复接触物质和混合物引起的特异性、非致死性的靶器官毒性作用,包括所有明显的健康效应,可逆的和不可逆的、即时的和迟发的功能损害。

4　一般说明

4.1　所做的分类可确定物质或混合物具有特异性靶器官毒性,这类物质或混合物可能对接触者的健康产生潜在有害影响。

4.2　分类取决于是否拥有可靠证据,表明反复接触物质或混合物对人类产生了一致的、可识别的毒性效应,或者对实验动物产生了具有毒理学意义的影响组织/器官机能或形态的显著变化,或者使生物体的生物化学或血液学发生严重变化,而且这些变化与人体健康有相关性。人体数据将是这一危险类别的主要证据来源。

4.3　评估不仅要结合单一器官或生物系统中的显著变化,而且还要结合涉及多个器官的严重性较低的一般变化。

4.4 特异性靶器官毒物可能通过与人类有相关性的任何途径发生,即主要通过经口、经皮肤或吸入发生。

4.5 一次接触的特异性靶器官系统毒性见 GB 30000.25。其他特定毒性效应,例如急性毒性、严重眼损伤/眼刺激和皮肤腐蚀/刺激,呼吸或皮肤敏化作用、致癌性、生殖细胞致突变性、生殖毒性和吸入毒性,都分别加以评估,因此不包括在本部分之内。

5 分类标准

5.1 一般原则

特异性靶器官毒性 反复接触分类和标签的一般原则见 GB 13690。

5.2 物质分类标准

5.2.1 以所有现有证据的权重为基础,使用专家判断,包括使用接触持续时间和产生效应的剂量/浓度的建议指导值(见 5.2.9),将物质划为特异性靶器官毒物,并根据观察到的效应的本质和严重性,将物质划为两种类别之一,见表 1。

表 1 反复接触后的特异性靶器官毒性的分类标准

类别 1	对人类产生显著毒性的物质,或根据实验动物研究得到的证据,可假定在反复接触后有可能对人类产生显著毒性的物质。 根据下面各项将物质划入类别 1: ——人类病例或流行病学研究得到的可靠和质量良好的证据; ——适当的实验动物研究的观察结果。在试验中,在一般较低的接触浓度下产生了与人类健康有相关性的显著和/或严重毒性效应。下面提供的指导剂量/浓度值(见 5.2.9)可作为证据权重评估的一部分使用。
类别 2	根据实验动物研究的证据,可假定在反复接触之后有可能危害人类健康的物质。 可根据适当的实验动物研究的观察结果将物质划为类别 2。在试验中,一般在适度的接触浓度下产生了与人类健康有相关性的显著和/或严重毒性效应。下面提供了指导剂量/浓度值(见 5.2.9),以帮助进行分类。 在特殊情况下,也可使用人类证据将物质划为类别 2(见 5.2.9)。
[a] 对这两种类别来说,可以确定主要受已分类物质影响的特异性靶器官,或者可将物质划为一般毒物。确定主要的毒性靶器官(系统)并据此进行分类,例如肝毒物、神经毒物。仔细评估数据,而且如果可能,不要包括次生效应,例如肝毒物可能对神经系统或肠胃系统产生次生效应。	

5.2.2 应确定分类物质产生危害的相关接触途径。

5.2.3 分类以现有所有证据的权重(包括以下提供的指导)为基础,根据专家判断进行。

5.2.4 包括人类偶发事件、流行病学和实验动物研究在内的所有数据的证据权重,用来证实有必要分类的特定靶器官毒性效应。为此,可利用多年来收集的大量工业毒理学数据。评估应以所有现有数据、已发表的经同行审查过的研究以及管理机构认可的其他数据为基础。应根据全部现有数据进行评估,包括发表的研究资料和管理机构采纳的额外数据。

5.2.5 评估特异性器官毒性所需信息可从人类反复接触中获得，例如在家中、工作场所或周围环境中的接触，或者从实验动物研究中获得。提供这样的信息的大鼠或小鼠标准动物研究是 28 d、90 d 或终生研究（最多 2 年），这样的研究包括血液学、临床化学以及详细的宏观和微观检验，以便确定对靶组织/器官的毒性效应。在其他物种中进行的反复剂量研究获得的数据也可以使用。其他长期接触研究，例如致癌性、神经毒性或生殖毒性研究，也可提供用于分类评估特异性靶器官毒性的证据。

5.2.6 在特殊情况下，根据专家判断，可以将有人类特异性靶器官毒性证据的某些物质划入类别 2：

a) 当人类证据权重不足以证明可将物质划入类别 1 时；和/或

b) 根据效应的本质和严重性。

在分类中不应参考人类剂量/浓度水平，而且动物研究中的任何现有证据应与类别 2 分类相一致。换言之，如果也有关于物质的动物数据证明划入类别 1 是合理的，那么该物质应划为类别 1。

5.2.7 被认为支持分类的效应

5.2.7.1 表明反复接触物质与一致的和可识别的毒性效应存在联系的可靠证据，可对分类予以支持。

5.2.7.2 人类经验/偶发事件获得的证据通常局限于有害健康后果的报告，接触情况往往并不确定，而且可能不会提供能够从实施良好的实验动物研究中获得的详细科学资料。

5.2.7.3 适当的实验动物研究获得的可以以临床观察、血液学、临床化学、宏观和微观病理检查的形式提供更详细的细节，而且这往往可以显示出可能不会威胁生命、但可能表明机能损伤的危险。因此，在分类过程中应参考所有现有证据以及与人类健康的相关性。下面提供了对人类和/或动物的相关毒性效应的示例：

a) 反复或长期接触产生的病症或死亡。甚至较低剂量/浓度的反复接触，由于物质或其代谢物的生物累积，或者由于反复接触使中毒剂量超过解毒过程，也可能造成病症或死亡。

b) 中枢神经系统或周围神经系统或其他器官系统中的显著机能变化，包括中枢神经系统衰弱迹象和影响特殊感觉（例如视觉、听觉和嗅觉）。

c) 临床生物化学、血液学和尿分析参数中任何一致的和显著的有害变化。

d) 可能在尸体解剖注意到和/或随后在微观检查中观察到或证实的显著器官损伤。

e) 有再生能力的重要器官的多病灶或分散坏死，纤维化或肉芽瘤形成。

f) 潜在可逆、但提供明确的显著器官机能失调证据的形态变异（如肝脏中严重的脂肪变性）。

g) 无再生能力的重要器官中明显的细胞死亡的证据（包括细胞退化和细胞数量减少）。

5.2.8 不支持分类的效应

有可能观察到不能作为分类依据的效应，下面列出了人类和/或动物中的这类效应的示例：

a) 体重增加、食物消耗或水摄入量方面的临床观察结果或微小变化可能有一些毒理学意义，但其本身并不能表明“显著”毒性；

b) 临床生物化学、血液学或尿分析参数的微小变化和/或瞬间效应，但这样的变化或效应令人怀疑，或毒理学意义很小；

c) 器官质量变化，但没有器官机能失调迹象；

d) 没有毒理学相关性的适应反应；

e) 物质引起的特定物种的毒性机制，即含有合理的确定性证明其与人类健康无相关性的毒性机制，不应作为分类根据。

5.2.9 用于根据实验动物研究得到的结果帮助分类的指导值

5.2.9.1 在实验动物研究中，如果仅依赖对效应的观察，而不参考试验接触时间和剂量/浓度，即疏忽了毒理学一个基本概念，亦即所有物质都有潜在毒性，而决定毒性的是剂量/浓度和接触时间。在大部分实验动物研究中,试验准则使用上限剂量值。

5.2.9.2　为有助于确定是否应对于一种物质进行分类,以及应在多大范围上分类(类别1和类别2),提出了剂量/浓度“指导值”,以参考已表明产生显著健康影响的剂量/浓度。提出这样的“指导值”的主要理由是所有的化学品在高剂量时都有潜在毒性,因而应有一个合理的剂量/浓度作标准来确认其毒性效应程度。另外,反复剂量的实验动物研究旨在使用最高剂量产生毒性,以优化试验目标,所以,大部分研究将至少在这种最高剂量下显示一些毒性效应。因此,要确定的不仅是产生了什么效应,而且效应是在什么剂量/浓度产生的以及这些与人类的相关性如何。

5.2.9.3　在动物研究中,当观察到显示可以分类的显著毒性效应时,与建议指导值相比照,参考观察到这些效应时的试验接触时间和剂量/浓度,可以提供有用信息,帮助评估是否需要分类(因为毒性效应是危险性质的结果,也是试验接触时间和剂量/浓度的结果)。

5.2.9.4　是否分类的最后决定可能受小于或等于剂量/浓度指导值时观察到显著毒性效应的影响。

5.2.9.5　所建议的指导值基本上是指标准大鼠90 d毒性研究中观察到的效应。可以它们为基础,外推时间更长或更短的毒性研究的等价指导值,使用类似于Haber吸入规则的剂量/接触时间外推法,该规则的基本点是,有效剂量与接触浓度和接触时间成正比。评估应以个案为基础进行;例如,对于28 d的研究,下面的指导值可乘3。

5.2.9.6　对类别1分类来说,在90 d反复剂量实验动物研究中观察到显著毒性效应,并且在等于或小于表2所示的(建议)指导值观察到发生该效应,将证明分类的正确性。

表2　用于帮助类别1分类的指导值

接触途径	单　位	指导值(C)范围
经口(大鼠)	mg/(kg·d)	$C\leqslant 10$
经皮肤(大鼠或兔)	mg/(kg·d)	$C\leqslant 20$
吸入气体(大鼠)	(mL/L)/(6 h/d)	$C\leqslant 0.05$
吸入蒸气(大鼠)	(mg/L)/(6 h/d)	$C\leqslant 0.2$
吸入粉尘/烟/雾(大鼠)	(mg/L)/(6 h/d)	$C\leqslant 0.02$

5.2.9.7　对类别2分类而言,在90 d反复剂量实验动物研究中观察到显著毒性效应,并且在表3所示的(建议)指导值范围内观察到发生该效应时,将证明分类的正确性:

表3　用于帮助类别2分类的指导值

接触途径	单　位	指导值(C)范围
经口(大鼠)	mg/(kg·d)	$10<C\leqslant 100$
经皮肤(大鼠或兔)	mg/(kg·d)	$20<C\leqslant 200$
吸入气体(大鼠)	(mL/L)/(6 h/d)	$0.05<C\leqslant 0.25$
吸入蒸气(大鼠)	(mg/L)/(6 h/d)	$0.2<C\leqslant 1.0$
吸入粉尘/烟/雾(大鼠)	(mg/L)/(6 h/d)	$0.02<C\leqslant 0.2$

5.2.9.8 在5.2.9.6和5.2.9.7提及的指导值和范围仅用于指导目的，即用作证据权重方法的一部分，帮助做出分类决定。它们不用作严格的限界值。

5.2.9.9 在反复接触动物研究中，在低于指导值的剂量/浓度[例如，小于100 mg/(kg·d)，经口]观察到特定毒性特征是可能的，但是，效应的性质(例如只在已知易受肾毒性效应影响的特定品系雄性大鼠中观察到肾毒性)可能导致做出不分类的决定。反过来说，在动物研究中，可能在高于指导值[例如，不小于100 mg/(kg·d)，经口途径]观察到特定毒性特征，此外，也有来自其他来源(例如其他长期服用研究，或者人群病例经验)的补充信息支持这样的结论，即鉴于证据权重，进行分类是慎重做法。

5.2.10 其他事项

5.2.10.1 当只使用动物数据确定物质的性质时(对新物质来说是典型做法，对许多现有物质来说也是如此)，分类过程应参考剂量/浓度指导值，将它们视为有助于证据权重方法的要素之一。

5.2.10.2 如果已有经过充分证实的人类数据表明特异性靶器官毒性效应可以可靠的归因于反复接触或长期接触物质，那么可对该物质进行分类。无论可能的剂量如何，阳性人类数据要优先于动物数据。因此，当一种物质因为在等于或低于动物试验的建议剂量/浓度指导值时没有观察到特异性靶器官毒性而没有分类时，如果随后的人类偶发事件数据显示出特异性靶器官毒性效应，那么应对该物质进行分类。

5.2.10.3 未进行过特异性靶器官毒性试验的物质可在某些情况下进行分类，分类要酌情以经证明有效的结构活性关系得到的数据和基于专家判断从先前已经分类的结构类似物外推得到的数据为基础，同时作为实质性支持，也要参考其他重要因素，如普通重要代谢产物的形成。

5.2.10.4 可将饱和蒸气浓度作为附加要素，规定特定的健康和安全保护。

5.3 混合物分类标准

5.3.1 一般原则

混合物可使用与物质标准相同的标准进行分类，或也可按本条以下条款进行分类。与物质一样，混合物可划为特异性靶器官毒物一次接触、靶器官毒物反复接触，或者两者都是。

5.3.2 有混合物整体数据时的混合物分类

如果如物质标准所述，混合物有来自人类经验或适当的实验动物研究的可靠和质量良好的证据，那么就可通过这些数据的证据权重评估对混合物进行分类。评估混合物数据时，应谨慎小心，剂量、期限、观察或分析不应使结果变得不具有结论性。

5.3.3 无混合物整体数据时的混合物分类：架桥原则

5.3.3.1 数据使用

如果混合物本身并没有进行过确定其特异性靶器官毒性的试验，但对混合物的单个组分和已做过试验的类似混合物均已掌握充分数据，足以适当的确定该混合物的危险特性，那么将根据以下议定的架桥原则使用这些数据。这可确保分类过程最大程度地使用现有数据来确定混合物的危险特性，而无需对动物进行附加试验。

5.3.3.2 稀释

如果做过试验的混合物用稀释剂加以稀释，稀释剂的毒性与原始成分中毒性最低的分类相同或比它更低，且估计不会影响其他组分毒性，那么经稀释的新混合物可划为与原做过试验的混合物相同的类别。

5.3.3.3 产品批次

混合物已做过试验的一个生产批次的毒性,可以认为实际上与同一制造商生产的或在其控制下生产的同一商业产品的另一个未经试验的产品批次的毒性相同,除非有理由认为,未经试验的产品批次的毒性有显著改变。如果后一种情况发生,那么需要进行新的分类。

5.3.3.4 高毒性混合物的浓度

如果在经过试验的类别 1 混合物中,一种毒性组分的浓度增加,那么产生的浓度更高的混合物应划为类别 1,无需另做试验。

5.3.3.5 一种毒性类别范围内的内推法

三种成分完全相同的混合物(A、B 和 C),混合物 A 和混合物 B 经过测试,属同一毒性类别,而混合物 C 未经测试,但含有与混合物 A 和混合物 B 相同的毒素活性组分,但其毒素活性组分的浓度介于混合物 A 与混合物 B 之间,则可假定混合物 C 与 A 和 B 属同一毒性类别。

5.3.3.6 实质上类似的混合物

假定下列情况:

a) 两种混合物:Ⅰ:A+B;Ⅱ:C+B;

b) 组分 B 的浓度在两种混合物中基本相同;

c) 混合物Ⅰ中组分 A 的浓度等于混合物Ⅱ中组分 C 的浓度;

已有 A 和 C 的毒性数据,并且这些数据实质上相同,即它们属于相同的危害类别,而且预计不会影响 B 的毒性。如果混合物 1)或 2)已经根据试验结果分类,那么另一混合物可以划为相同的毒性类别。

5.3.3.7 气溶胶

如果加入的气雾发生剂并不影响混合物喷射时的毒性,那么气雾形式的混合物可划为与经过试验的非雾化形式的混合物的经口和皮肤毒性相同的危害类别。雾化混合物的吸入毒性分类应单独分析。

5.3.4 拥有混合物的所有组分数据或只有一些组分数据时的混合物分类

5.3.4.1 当特定混合物本身没有可靠的证据或试验数据,而且架桥原则不能用来进行分类,那么该混合物的分类将以组分物质的分类为基础。在这种情况下,当至少一种组分已经划为类别 1 或类别 2 特异性靶器官毒物,而且其含量等于或高于表 4 中分别提及的类别 1 和类别 2 的适当临界值/浓度极限值时,该混合物将划为一次接触特异性靶器官毒物(说明具体器官)、反复接触特异性靶器官毒物(说明具体器官),或者二者都有。

表 4 引起混合物分类的划为特异性靶器官毒物的混合物组分临界值/浓度限值

组分分类	混合物分类时组分的临界值/浓度限值	
	类别 1	类别 2
靶器官毒物类别 1	≥1.0%[a]	—
	≥10%[b]	1.0%～10%[c] 之间(包含 1.0%)
靶器官毒物类别 2	—	≥1.0%[d]
		≥10%[e]

注：这种折中的分类方案包括分析现有系统中危险公示实践中的差异。预计受影响的混合物数量会很小，差异将限制在标签警告范围内；而且这种情况将日益发展成为更统一的方式。

[a] 如果混合物的一种组分被划分为特异性靶器官毒物类别 1，而且其浓度在 1.0%～10%之间，那么每一个主管部门都会要求在产品的安全技术说明书上提供信息(GB 16483)。但是，标签警告属于可选择项。当该组分在混合物中的浓度在 1.0%～10%之间时，一些主管部门会选择贴标签，而其他一些主管部门在这种情况下通常不要求贴标签。

[b] 如果混合物的一种组分被划分为特异性靶器官毒物类别 1，而且其浓度≥10%，那么一般既需要安全技术说明书(GB 16483)也需要标签。

[c] 如果混合物的一种组分被划分为特异性靶器官毒物类别 1，而且其浓度在 1.0%～10%之间，一些主管部门会将该混合物划为第 2 类靶器官毒物，而其他主管部门将不会这样划分。

[d] 如果混合物的一种组分被划分为特异性靶器官毒物类别 2，而且其浓度在 1.0%～10%之间，那么每一个主管部门都会要求在产品的安全技术说明书(GB 16483)上提供信息。但是，标签警告属于可选择项。当该组分在混合物中的浓度在 1.0%～10%之间时，一些主管部门会选择贴标签，而其他一些主管部门在这种情况下通常不要求贴标签。

[e] 如果混合物的一种组分被划分为特异性靶器官毒物类别 2，而且其浓度≥10%时，那么既需要安全技术说明书(GB 16483)也需要标签。

5.3.4.2 这些临界值和随后的分类应同样和适当地适用于一次剂量和反复剂量靶器官毒物。

5.3.4.3 混合物应独立地划为一次剂量毒性或反复剂量毒性，或者二者都是。

5.3.4.4 当影响到一个以上器官系统的毒物混合时，应当谨慎分析增强作用或协同作用，因为某些物质在浓度小于 1%时，如混合物中其他组分已知可增加它的毒性效应，那么可能产生特异性靶器官毒性。

6 判定逻辑

判定逻辑仅供参考。判定逻辑参见附录 A。特别建议负责分类的人员在使用判定逻辑之前和使用判定逻辑的过程中研究第 5 章。

7 标签

7.1 概述

7.1.1 对于特异性靶器官毒性反复接触的标签，危险类别都以指定的象形图、信号词和危险说明的顺序列出。联合国《关于危险货物运输的建议书 规章范本》(以下简称《规章范本》)，涵盖的危险种类或类别应在标签中列出每个项别的指定相应图形符号。特异性靶器官毒性反复接触标签要素的分配见附录 B。

7.1.2 有关特异性靶器官毒性反复接触分类标准和标签要素见附录 C。

7.1.3 标签上要求的信息包括危险象形图、信号词、危险说明、防范说明、产品标识符和供应商标识等。

注：对于尚未标准化的其他标签要素，如防范说明也需要包括在标签上。主管部门可能还要求提供额外信息，供应商也可能增加补充信息。

7.2 危险象形图

危险象形图应使用黑色符号加白色背景，红框要足够宽，以便醒目。

7.3 信号词

信号词指标签上用来表明危险相对严重程度和提醒读者注意潜在危险的词语。对于特异性靶器官毒性反复接触不同危险类别分类采用信号词“危险”和“警告”。对于特异性靶器官毒性物质反复接触类别 1 使用信号词“危险”。对于特异性靶器官毒性物质反复接触类别 2 使用信号词“警告”。

7.4 危险说明

危险说明指分配给一个危险种类和类别的短语，用来描述一种危险产品的危险性质，在情况合适时还包括其危险程度。特异性靶器官毒性反复接触危险说明见表 C.1 并参见附录 D。

7.5 防范说明

防范说明是一个词语(和/或象形图)，用于描述为尽可能减少或防止由于接触危险产品或者不适当的贮存或搬运危险产品的不良效应建议采取的措施。共有 5 类防范说明：一般、预防、应急、贮存和处置。特异性靶器官毒性反复接触不同危险类别的防范说明参见附录 D。

7.6 产品标识符

7.6.1 标签上应使用产品标识符，且应与化学品安全技术说明书上使用的产品标识符相一致。如果一种物质或混合物列入《规章范本》，包装上还应使用正确的联合国运输名称。

7.6.2 标签应包括物质的化学名称。对于混合物或合金，在急性毒性、皮肤腐蚀或严重眼损伤、生殖细胞致突变性、致癌性、生殖毒性、皮肤或呼吸敏化作用或目标器官系统毒性出现在标签上时，标签上应当包括可能引起这些危险的所有组分或合金元素的化学组分。主管部门也可要求在标签上列出可能导致混合物或合金危险性的所有组分或合金元素的化学名称。

7.7 供应商标识

标签上应当提供物质或混合物的生产商或供应商的名称、地址和电话号码。

7.8 标签示例

特异性靶器官毒性反复接触标签示例参见附录 E。

附 录 A
（资料性附录）
特异性靶器官毒性反复接触的判定逻辑

特异性靶器官毒性反复接触的判定逻辑见图 A.1。

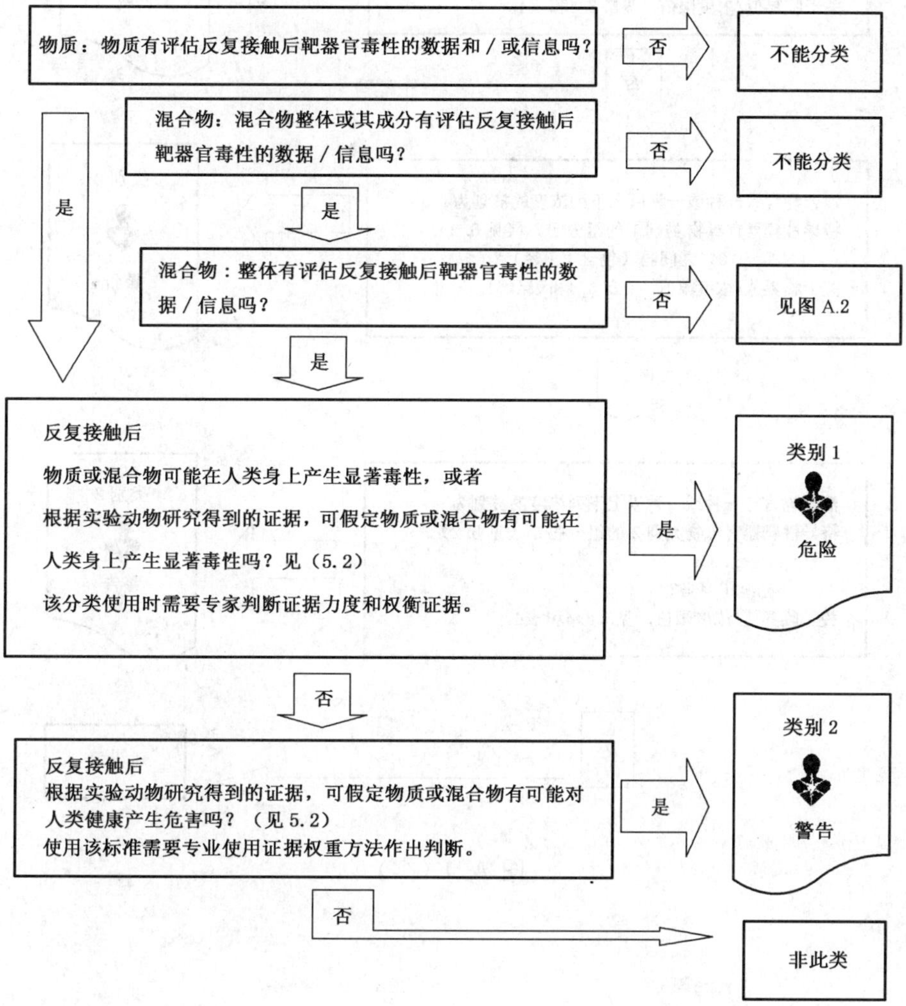

图 A.1 特异性靶器官毒性反复接触的判定逻辑

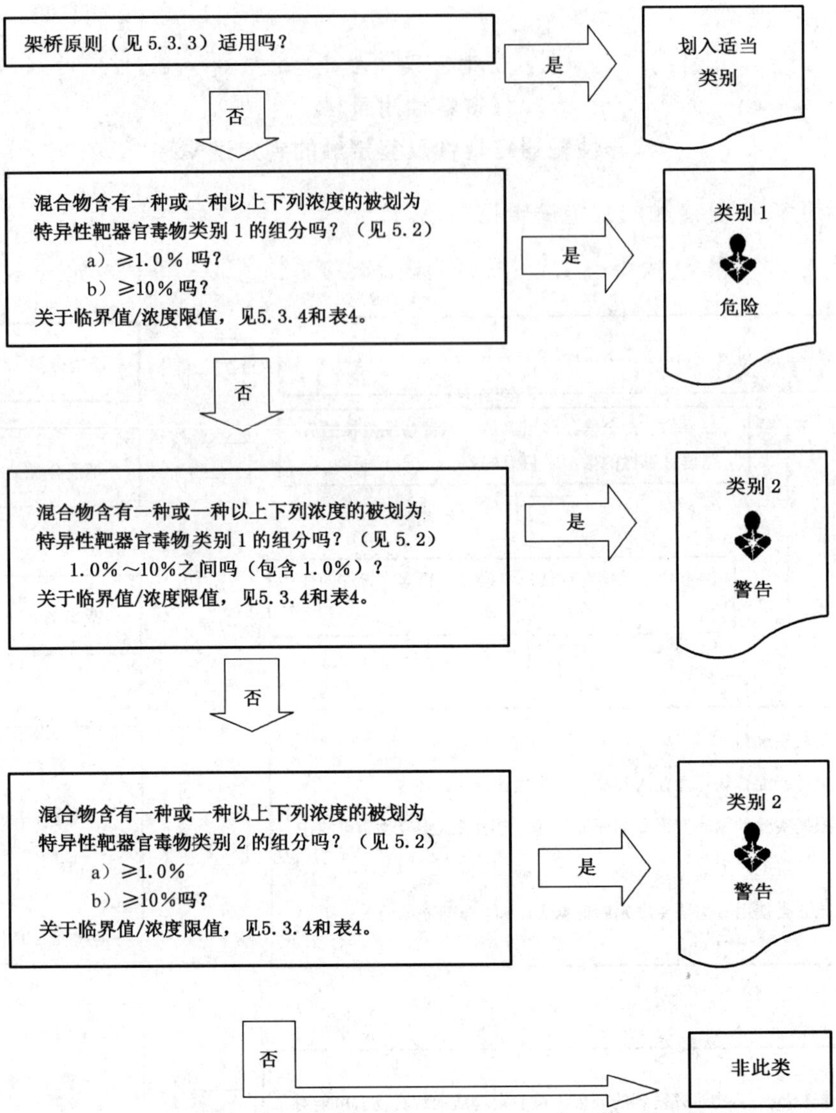
架桥原则（见 5.3.3）适用吗？
是
划入适当类别
否
混合物含有一种或一种以上下列浓度的被划为特异性靶器官毒物类别 1 的组分吗？（见 5.2）
a）≥1.0％ 吗？
b）≥10％ 吗？
关于临界值/浓度限值，见5.3.4和表4。
是
类别 1
危险
否
混合物含有一种或一种以上下列浓度的被划为特异性靶器官毒物类别 1 的组分吗？（见 5.2）
1.0％～10％之间吗（包含 1.0％）？
关于临界值/浓度限值，见5.3.4和表4。
是
类别 2
警告
否
混合物含有一种或一种以上下列浓度的被划为特异性靶器官毒物类别 2 的组分吗？（见 5.2）
a）≥1.0％
b）≥10％吗？
关于临界值/浓度限值，见5.3.4和表4。
是
类别 2
警告
否
非此类

图 A.1（续）

附 录 B
（规范性附录）
特异性靶器官毒性反复接触标签要素的分配

特异性靶器官毒性反复接触标签要素的分配见表B.1。

表B.1 特异性靶器官毒性反复接触标签要素的分配

类别1	类别2	—	—	—
 危险 长时间或反复接触 （如果已明确地证明没有其他接触途径引起这一危害，则说明接触途径）对器官造成损伤（说明已知的所有受影响器官）	 警告 长时间或反复接触 （如果已明确地证明没有其他接触途径引起这一危害，则说明接触途径）可能对器官造成损伤（说明已知的所有受影响器官）			
特异性靶器官毒性反复接触在《规章范本》中不要求。				

附　录　C
（规范性附录）
特异性靶器官毒性反复接触分类标准和标签要素

特异性靶器官毒性反复接触分类标准和标签要素见表C.1。

表C.1　特异性靶器官毒性反复接触分类标准和标签要素

危害类别	标　　准	标签要素	
1	1. 物质或已试验过的混合物 可靠证据表明物质或混合物(包括架桥原则)对人类或动物的特定器官或系统具有有害影响。可使用表2的类别1中的指导值作为证据权重评估的一部分。可指明特定器官/系统的名称。 2. 如果不拥有混合物整体数据,使用架桥原则。 3. 架桥原则不适用时,混合物在以下情况下划入类别1: 至少含有一种被划为类别1的组分并且有以下浓度: a)　≥1.0%; b)　≥10%。	图形符号	
		信号词	危　险
		危险说明	长期或反复接触(如果最终证明没有其他接触途径会产生这一危害,说明接触途径)会对器官造成伤害(说明已知的所有受影响器官)
2	1. 物质和已试验过的混合物 来自动物试验或人类的证据表明物质或混合物(包括架桥原则)对特定器官或系统具有有害影响,同时参考证据权重评估和表2的类别2中的指导值。可指明特定器官/系统的名称。 2. 如果不拥有混合物整体数据,使用架桥原则。 3. 架桥原则不适用时,混合物在以下情况下划入类别2: a)　至少含有一种被划为类别1的组分并浓度在1.0%~10.0%之间(包括1.0%); b)　至少含有一种被划为类别2的组分并且有以下浓度: ≥1.0%; ≥10%。	图形符号	
		信号词	警　告
		危险说明	长期或反复接触(如果最终证明没有其他接触途径会产生这一危害,则说明接触途径)可能对器官造成伤害(说明已知的所有受影响器官)

附　录　D
(资料性附录)
特异性靶器官毒性反复接触的危险说明和防范说明

D.1　概述

D.1.1　本附录为特异性靶器官毒性反复接触提供如何使用GHS的危险说明和防范说明指导,列出特异性靶器官毒性反复接触每一危险种类和危险类别的建议危险说明和防范说明,见GB 13690。

D.1.2　危险说明的编码

D.1.2.1　危险说明的编码见GHS附件3。

D.1.2.2　每一种危险说明均设定一个专门的字母数字混合代码,由1个字母和3个数字组成,具体如下:

a)　字母"H"(代表"危险说明");

b)　第1个数字,代表不同部分编号设定的危险说明所指危险类型,具体如下:
——"2"代表物理危险;
——"3"代表健康危险;
——"4"代表环境危险;

c)　后2个数字,对应于物质或者混合物固有属性引起的危险的序列编号,如:爆炸性(代码200至210)、易燃性(代码220至230),等等。

D.1.2.3　除非另有规定,所有指定的危险说明均应出现在标签上。主管部门可规定危险说明在标签出现的顺序。此外,在组合危险说明提供两种或者以上危险说明时,主管部门可以具体规定,是否将组合危险说明或者相应的单个说明写入标签,或者由制造商/供应商自行决定。

D.1.3　防范说明应连同统一危险公示要素(象形图、信号词和危险说明)一起标在标签上。附加补充信息,例如使用说明,也可由制造商/供应商和/或主管部门斟酌决定予以补充。

D.1.3.1　防范说明的编码见GHS附件3。

D.1.3.2　防范说明的编码

D.1.3.2.1　每一防范说明均设定一个专门的字母数字混合代码,由1个字母和3个数字组成,具体如下:

a)　字母"P"(代表"防范说明");

b)　第1个数字,代表防范说明的类型,具体如下:
——"1"代表一般防范说明;
——"2"代表预防防范说明;
——"3"代表应急防范说明;
——"4"代表贮存防范说明;
——"5"代表处置防范说明;

c)　后2个数字(对应于防范说明的序列编号)。

D.1.3.2.2　防范说明代码用作参考。防范说明代码不是防范说明条文的一部分,不应用其替代防范说明条文。

D.2 一般防范说明

对被划为危害人类健康或环境的所有物质和混合物应采取一般防范措施。以下一般防范说明在给定的条件下适用于GHS标签(见表D.1)。

表D.1 一般防范说明

对象	补充信息	编码	一般防范说明
一般公众	标签,补充标签信息	P101	如需就医:请随身携带产品容器或标签。
		P102	放在儿童无法触及之处。
		P103	使用前请阅读标签。
生产工人	标签,补充标签信息、安全技术说明书、工作场所标志		无

D.3 特异性靶器官毒性反复接触的防范说明

特异性靶器官毒性反复接触的防范说明见表D.2和表D.3。

表D.2 特异性靶器官毒性反复接触类别1的防范说明

图形符号
健康危害

危险类别	信号词	危险说明
1	危险	H372 长期或反复接触《……》会对器官造成损害〈……〉 〈……〉(说明已知的所有受影响器官) 《……》(如果明确地证明没有其他接触途径产生这一危险,说明接触途径)

防范说明			
预　　防	应　　急	贮　　存	处　　置
P260 不要吸入粉尘/烟/气体/烟雾/蒸气/喷雾。 制造商/供应商或政府主管部门列明适用的条件。 P264 作用后彻底清洗……。 ……制造商/供应商或政府主管部门列明作业后需清洗的身体部位。 P270 使用本产品时不要进食、饮水或吸烟。	P314 如感觉不适,求医/就诊。		P501 处置内装物/容器…… ……按照地方/区域/国家/国际规章(待规定)。

表 D.3　特异性靶器官毒性反复接触类别 2 的防范说明

图形符号
健康危害

危险类别	信号词	危险说明
2	警告	H373 长期或反复接触《……》可能损害器官〈……〉 〈……〉(或者说明已知的所有受影响器官) 《……》(如果明确地证明没有其他接触途径产生这一危险，说明接触途径)

防范说明			
预　　防	应　　急	贮　　存	处　　置
P260 **不要吸入粉尘/烟/气体/烟雾/蒸气/烟雾。** 制造商/供应商或政府主管部门列明适用的条件。	P314 **如感觉不适，求医/就诊。**		P501 **处置内装物/容器……** ……按照地方/区域/国家/国际规章(待规定)。

附 录 E
（资料性附录）
特异性靶器官毒性反复接触的标签示例

特异性靶器官毒性反复接触的标签示例见图 E.1～图 E.2。

运输象形图：无

编　码

产品名称

危　险

长期反复接触……会对器官造成损害……
（说明已知受损器官）
（如果明确的证明没有其他接触途径产生这一危害，则说明接触途径）

不要吸入粉尘/烟/气体/烟雾/蒸气/喷雾
作业后彻底清洗……
使用本产品时不要进食、饮水或吸烟

如感觉不适，求医/就诊

处置内装物/容器按照地方/区域/国家/国际规章

公司名称
通讯地址
国家、省、城市、邮编
电话号码
紧急呼叫电话

使用说明：

装载质量：　　批号：
毛　　重：　　装载日期：
有效期：

图 E.1　特异性靶器官毒性反复接触类别 1 标签示例

运输象形图:无

危　险

长期反复接触……可能损害器官……

（说明已知受损器官）

（如果明确的证明没有其他接触途径产生这一危害，则说明接触途径）

不要吸入粉尘/烟/气体/烟雾/蒸气/喷雾

如感觉不适，求医/就诊

处置内装物/容器按照地方/区域/国家/国际规章

编　码

产品名称

公司名称

通讯地址

国家、省、城市、邮编

电话号码

紧急呼叫电话

使用说明：

装载质量：　　　　批号：

毛　　重：　　　　装载日期：

有效期：

图 E.2　特异性靶器官毒性反复接触类别 2 标签示例

ICS 13.300
A 80

中华人民共和国国家标准

GB 30000.27—2013

化学品分类和标签规范 第27部分：吸入危害

Rules for classification and labelling of chemicals—Part 27: Aspiration hazard

2013-10-10 发布 2014-11-01 实施

中华人民共和国国家质量监督检验检疫总局
中国国家标准化管理委员会 发布

前　言

本部分的第4章和第6章为强制性的，其余为推荐性的。

GB 30000《化学品分类和标签规范》的预期结构和将代替的国家标准为：

——第1部分：通则（代替GB 13690—2009）；
——第2部分：爆炸物（代替GB 20576—2006）；
——第3部分：易燃气体（代替GB 20577—2006）；
——第4部分：气溶胶（代替GB 20578—2006）；
——第5部分：氧化性气体（代替GB 20579—2006）；
——第6部分：加压气体（代替GB 20580—2006）；
——第7部分：易燃液体（代替GB 20581—2006）；
——第8部分：易燃固体（代替GB 20582—2006）；
——第9部分：自反应物质和混合物（代替GB 20583—2006）；
——第10部分：自燃液体（代替GB 20585—2006）；
——第11部分：自燃固体（代替GB 20586—2006）；
——第12部分：自热物质和混合物（代替GB 20584—2006）；
——第13部分：遇水放出易燃气体的物质和混合物（代替GB 20587—2006）；
——第14部分：氧化性液体（代替GB 20589—2006）；
——第15部分：氧化性固体（代替GB 20590—2006）；
——第16部分：有机过氧化物（代替GB 20591—2006）；
——第17部分：金属腐蚀物（代替GB 20588—2006）；
——第18部分：急性毒性（代替GB 20592—2006）；
——第19部分：皮肤腐蚀/刺激（代替GB 20593—2006）；
——第20部分：严重眼损伤/眼刺激（代替GB 20594—2006）；
——第21部分：呼吸道或皮肤致敏（代替GB 20595—2006）；
——第22部分：生殖细胞致突变性（代替GB 20596—2006）；
——第23部分：致癌性（代替GB 20597—2006）；
——第24部分：生殖毒性（代替GB 20598—2006）；
——第25部分：特异性靶器官毒性 一次接触（代替GB 20599—2006）；
——第26部分：特异性靶器官毒性 反复接触（代替GB 20601—2006）；
——第27部分：吸入危害；
——第28部分：对水生环境的危害（代替GB 20602—2006）；
——第29部分：对臭氧层的危害；
——第30部分：化学品作业场所警示性标志。

本部分为GB 30000的第27部分。

本部分按照GB/T 1.1—2009给出的规则起草。

本部分与联合国《全球化学品统一分类和标签制度》（Globally Harmonized System of Classification and Labelling of Chemicals，GHS）（第四修订版）有关的技术内容一致。

本部分由全国危险化学品管理标准化技术委员会（SAC/TC 251）提出并归口。

本部分起草单位：中华人民共和国山东出入境检验检疫局、中国疾病预防控制中心职业卫生与中毒控制所。

本部分主要起草人：张少岩、黄红花、林铮、耿向阳、宋振乾、车礼东、万敏、吴维皑。

化学品分类和标签规范
第27部分：吸入危害

1 范围

GB 30000的本部分规定了具有吸入危害的化学品的术语和定义、分类标准、判定逻辑和标签。

本部分适用于具有吸入危害的化学品按联合国《全球化学品统一分类和标签制度》(以下简称GHS)分类和标签。

2 规范性引用文件

下列文件对于本文件的应用是必不可少的。凡是注日期的引用文件，仅注日期的版本适用于本文件。凡是不注日期的引用文件，其最新版本(包括所有的修改单)适用于本文件。

GB 13690 化学品分类和危险性公示 通则

联合国《全球化学品统一分类和标签制度》(GHS)(第四修订版)

联合国《关于危险货物运输的建议书 规章范本》(第十七修订版)

3 术语和定义

GB 13690界定的以及下列术语和定义适用于本文件。

3.1

吸入 aspiration

特指液态或固态化学品通过口腔或鼻腔直接进入或者因呕吐间接进入气管和下呼吸系统。

4 分类标准

4.1 吸入危害分类和标签的一般原则

吸入危害分类和标签的一般原则见GB 13690。

4.2 注意事项

吸入危害的一般和具体注意事项见附录A。

4.3 物质分类标准

吸入毒性的危险类别见表1。

表1 吸入毒性的危险类别

类别	标准
类别1： 已知引起人类吸入毒性危险的化学品或者被看作会引起人类吸入毒性危险的化学品	物质被划入类别1： a) 根据可靠的优质人类证据[a]；或 b) 如果是烃类并且在40 ℃测量的运动黏度不大于20.5 mm^2/s

表 1（续）

类别	标准
类别 2： 因假定它们会引起人类吸入毒性危险而令人担心的化学品	根据现有的动物研究以及专家考虑到表面张力、水溶性、沸点和挥发性做出的判断，在 40 ℃测量的运动黏度不大于 14 mm^2/s 的物质，被划入类别 1 的物质除外[b]
[a] 划入类别 1 的物质例子是某些烃类、松脂油和松木油。 [b] 在这些条件下，有些主管当局可能会考虑将下列物质划入这一类别：至少有 3 个但不超过 13 个碳原子的正伯醇、异丁醇和有不超过 13 个碳原子的酮类。	

4.4 混合物分类标准

4.4.1 掌握混合物整体数据时的混合物分类

混合物根据可靠优质的人类证据划入类别 1。

4.4.2 不掌握混合物整体数据时的混合物分类：架桥原则

4.4.2.1 如果混合物本身没有进行过确定其吸入毒性的试验，但对混合物的单个组分和已做过试验的类似混合物均已掌握充分数据，足以适当确定该混合物的危险特性，那么将根据以下议定的架桥原则使用这些数据。这可确保分类过程最大程度地使用现有数据来确定混合物的危险特性，而无需对动物进行附加试验。

4.4.2.2 稀释

如果做过试验的混合物用不具有吸入毒性危险的稀释剂稀释，而且该稀释剂不会影响其他组分或混合物的吸入毒性，那么经稀释的新混合物可划为与原做过试验的混合物相同的类别。不过，吸入毒性物质的浓度不应当降到低于 10％。

4.4.2.3 产品批次

混合物已做过试验的一个生产批次的吸入毒性，可以认为实际上与同一制造商生产的或在其控制下生产的同一商业产品的另一个未经试验的产品批次的毒性相同，除非有理由认为，未经试验的产品批次的毒性有显著变化。如果后一种情况发生，那么需要进行新的分类。

4.4.2.4 类别 1 混合物的浓度

如果经过试验的混合物划为类别 1，而该混合物中属于类别 1 的组分浓度增加，则新生成的混合物应划为类别 1，无须另做试验。

4.4.2.5 一种毒性类别范围内的内推法

三种组分完全相同的混合物（A、B 和 C），混合物 A 和混合物 B 经过测试，属同一毒性类别，而混合物 C 未经测试，但含有与混合物 A 和混合物 B 相同的毒理学活性组分，但其毒理学活性组分的浓度介于混合物 A 和混合物 B 的浓度之间，则可假定混合物 C 与 A 和 B 属同一毒性类别。

4.4.2.6 实质上类似的混合物

假设以下情况：

a) 两种混合物：

1) A＋B；

2) C＋B。

b) 组分 B 的浓度在两种混合物中基本相同。

c) 混合物 1)中组分 A 的浓度等于混合物 2)中组分 C 的浓度。

d) A 和 C 的吸入毒性实质上相同，即它们属于相同的危害类别，而且预计不会影响 B 的毒性；如果混合物 1)或 2)已经根据表 1 中的标准分类，那么另一混合物可以划为相同的危害类别。

4.4.3 掌握混合物的所有组分数据或只有一些组分数据时的混合物分类

4.4.3.1 类别 1

4.4.3.1.1 混合物如总共含有不小于 10%被划为类别 1 的一种或多种组分，并且在 40 ℃测量的运动黏度不大于 20.5 mm^2/s，将划为类别 1。

4.4.3.1.2 如果混合物隔成两层或更多层，其中一层含有不小于 10%被划为类别 1 的一种或数种组分，并且在 40 ℃测量的运动黏度不大于 20.5 mm^2/s，那么整个混合物将被划为类别 1。

4.4.3.2 类别 2

4.4.3.2.1 混合物如总共含有不小于 10%被划为类别 2 的一种或多种组分，并且在 40 ℃测量的运动黏度不大于 14 mm^2/s，将划为类别 2。

4.4.3.2.2 在将混合物划为这一类别时，使用专家根据表面张力、水溶性、沸点和挥发性所做出的判断极为重要，特别是在类别 2 物质与水混合的情况。

4.4.3.2.3 如果混合物隔成两层或更多层，其中一层含有不小于 10%被划为类别 2 的一种或数种组分，并且在 40 ℃测量的运动黏度不大于 14 mm^2/s，那么整个混合物将被划为类别 2。

5 判定逻辑

判定逻辑仅供参考。判定逻辑参见附录 B。特别建议负责分类的人员在使用判定逻辑时研究本部分第 4 章。

6 标签

6.1 概述

6.1.1 对于吸入危害的标签，危险类别都以指定的象形图、信号词和危险说明的顺序列出。联合国《关于危险货物运输的建议书 规章范本》(第十七修订版)(以下简称《规章范本》)涵盖的危险种类或类别应在标签中列出每个类别的指定相应图形标志。吸入危害标签要素的分配见附录 C。

6.1.2 有关吸入危害的分类和标签见附录 D。

6.1.3 对于尚未标准化的其他标签要素，如防范说明也需要包括在标签上。主管部门可能还要求提供额外信息，供应商也可能增加补充信息。标签上要求的信息包括危险象形图、信号词、危险说明、防范说明、产品标识符和供应商标识等。

6.2 危险象形图

危险象形图应使用黑色图形符号加白色背景，红框要足够宽，以便醒目。

6.3 信号词

信号词指标签上用来表明危险的相对严重程度和提醒读者注意潜在危险的词语。对于吸入危害类别 1 使用信号词“危险”。对于吸入危害类别 2 使用信号词“警告”。

6.4 危险说明

危险说明指分配给一个危险种类和类别的短语，用来描述一种危险产品的危险性质，在情况合适时还包括其危险程度。吸入毒性的危险说明见表D.1并参见附录E。

6.5 防范说明

防范说明是一个词语（和/或象形图），用于描述为尽可能减少或防止由于接触危险产品或者不适当的贮存或搬运危险产品的不良效应建议采取的措施。为了达到要求，共有5类防范说明：一般、预防、应急、贮存和处置。吸入危害防范说明参见附录E。

6.6 产品标识符

6.6.1 标签上应使用产品标识符，且应与化学品安全技术说明书上使用的产品标识符相一致。如果一种物质或混合物列入《规章范本》，包装上还应使用正确的联合国运输名称。

6.6.2 标签应包括物质的化学名称。主管部门也可要求在标签上列出可能导致混合物或合金危险的所有组分或合金元素的化学名称。

6.7 供应商标识

标签上应当提供物质或混合物的生产商或供应商的名称、地址和电话号码。

6.8 标签的示例

吸入危害标签的例子参见附录F。

附　录　A
（规范性附录）
吸入危害的一般和具体注意事项

A.1　一般注意事项

A.1.1　本部分的目的是提供一种物质或混合物的分类方法，这些物质和混合物可能对人类构成吸入毒性危险。

A.1.2　吸入毒性包括各种严重急性效应，如化学性肺炎、不同程度的肺损伤和吸入致死等。

A.1.3　吸入开始是在吸气的瞬间，在吸一口气所需的时间内，引起效应的物质停留在咽喉部位的上呼吸道和上消化道交界处时。

A.1.4　物质和混合物的吸入可能在吞咽后呕吐时发生。这可能影响到标签，特别是由于急毒性，可能需考虑建议在吞咽后诱导呕吐。不过，如果物质和混合物也呈现吸入毒性危险，诱导呕吐的建议可能需要加以修改。

A.2　具体注意事项

A.2.1　查阅有关化学品吸入的医学文献后发现，有些烃类（石油蒸馏物）和某些烃类氯化物已证明对人类具有吸入危害。伯醇和酮类只有在动物研究中呈现吸入危害。

A.2.2　虽然一种确定动物吸入危害的方法已在使用，但还没有标准化。动物试验证据的阳性结果，只能用作可能有人类吸入危害的指导。在评估动物吸入毒性数据时应慎重。

A.2.3　分类标准以运动黏度作基准。式（A.1）用于动力黏度和运动黏度之间的换算：

$$\frac{\text{动力黏度}/(\mathrm{mPa\cdot s})}{\text{密度}/(\mathrm{g/cm^3})}=\text{运动黏度}/(\mathrm{mm^2/s}) \quad \cdots\cdots\cdots\cdots\cdots\cdots(\text{A.1})$$

A.2.4　虽然3.1中“吸入”的定义包括固体进入呼吸系统，但按表1中b）对类别1或类别2所作的分类，将只适用于液态物质和混合物。

A.2.5　气溶胶和烟雾产品通常分布在密封容器、扳机式和按钮式喷雾器等容器内。这些产品分类的关键是，是否有一团液体在喷嘴内形成，然后可能被吸出。如果从密封容器喷出的烟雾产品是细微的，那么可能不会有一团液体形成。另一方面，如果封闭容器是以气流形式喷出产品，那么可能有一团液体形成然后被吸出。一般来说，扳机式和按钮式喷雾器喷出的烟雾是粗粒的，因此可能有一团液体形成然后被吸出。如果按钮式装置可能被拆除因而内装物可能被吞咽，那么就应当对产品进行分类。

附　录　B
（资料性附录）
吸入危害判定逻辑

图 B.1 和图 B.2 分别给出了吸入危害的判定逻辑。

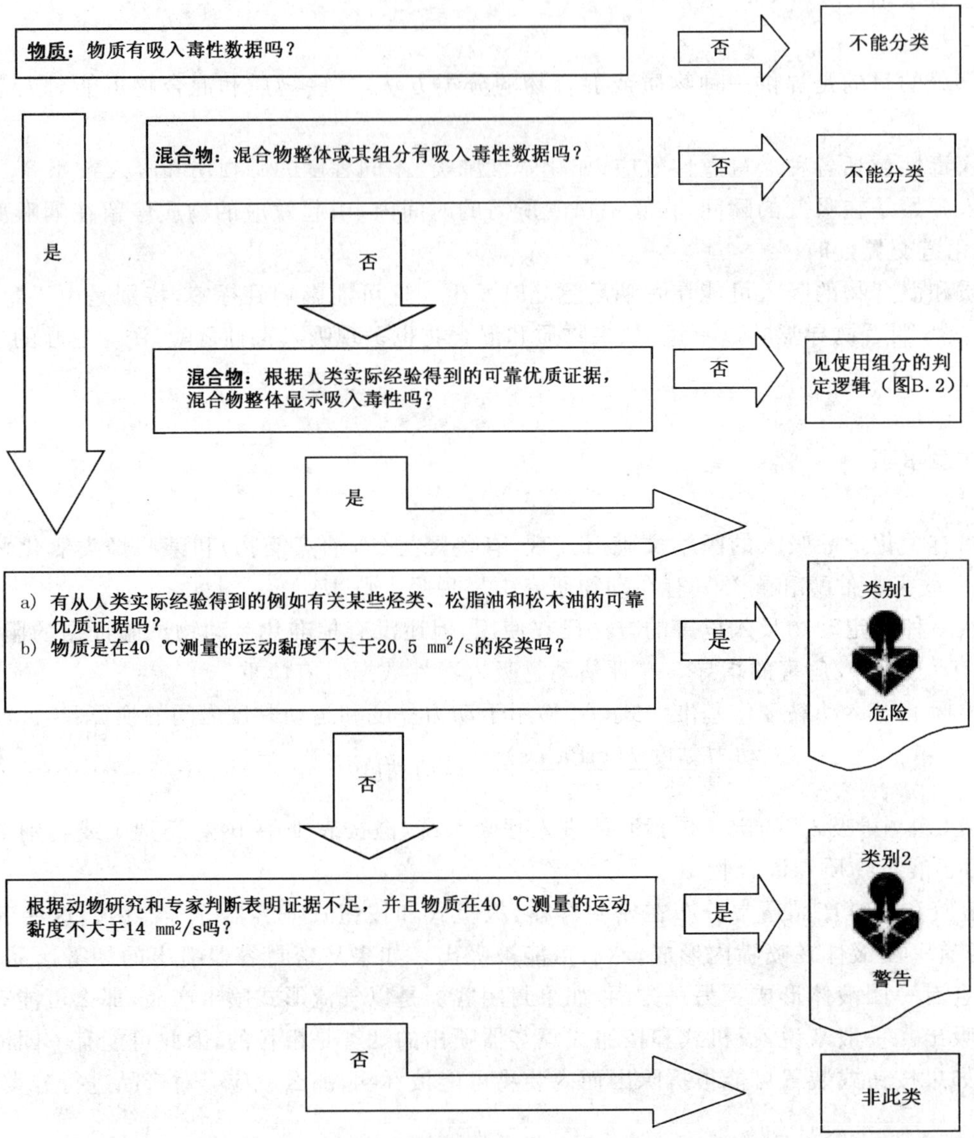

图 B.1　吸入危害判定逻辑

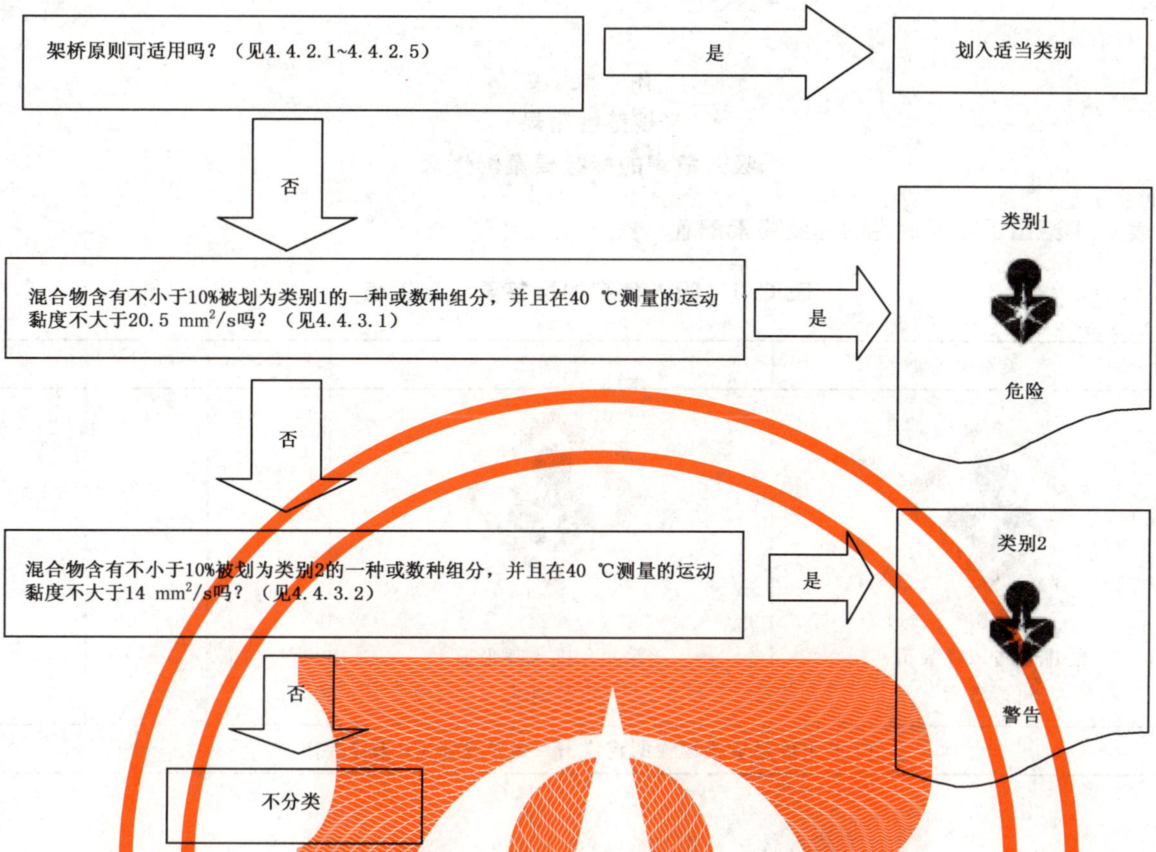

图 B.2 使用组分的吸入危害判定逻辑

附 录 C

（规范性附录）

吸入危害的标签要素配置表

表C.1给出了吸入危害的标签要素配置。

表C.1 吸入危害的标签要素配置表

类别1	类别2	—	—	—
 危险 吞咽及进入呼吸道 可能致命	 警告 吞咽及进入呼吸道 可能有害			
在《关于危险货物运输的建议书 规章范本》中未作要求。				

附 录 D
(规范性附录)
吸入危害分类和标签

表D.1列出了吸入危害的分类和标签。

表D.1 吸入危害分类和标签

<table>
<tr><th>危害类别</th><th>标准</th><th colspan="2">危险公示要素</th></tr>
<tr><td rowspan="3">1</td><td rowspan="3">1. 物质和做过试验的混合物:
a) 从实际经验得到的,可靠、优质的人类证据表明,具有人类吸入毒性,其中包括化学性肺炎、不同程度的肺损伤,或吸入致命;
b) 在40 ℃测量的运动黏度不大于20.5 mm^2/s的烃类。
2. 如果不掌握混合物整体数据,使用架桥原则(见4.4.2)。
3. 如果架桥原则不适用,混合物在以下情况下划入类别1:
a) 至少含有一种被划为类别1的组分,浓度不小于10%,在40 ℃测得的运动黏度不大于20.5 mm^2/s;或
b) 隔成两层或多层的混合物,如至少有一层含有一种被划入类别1的组分,浓度不小于10%,在40 ℃测得的运动黏度不大于20.5 mm^2/s</td><td>图形符号</td><td></td></tr>
<tr><td>信号词</td><td>危险</td></tr>
<tr><td>危险说明</td><td>吞咽及进入
呼吸道
可能致命</td></tr>
<tr><td rowspan="3">2</td><td rowspan="3">1. 物质和做过试验的混合物:
除划为类别1的物质和混合物外,根据动物研究和专家判断认为会引起人类吸入毒性的物质和混合物,在40 ℃测量的运动黏度不大于14 mm^2/s。
2. 如果不掌握混合物整体数据,使用架桥原则(见4.4.2)。
3. 如果架桥原则不适用,混合物在以下情况下划入类别2:
a) 至少含有一种划为类别2的组分,其浓度不小于10%,在40 ℃测量的运动黏度不大于14 mm^2/s;或
b) 隔成两层或多层的混合物,如至少一层含有一种划为类别2的组分,浓度不小于10%,在40 ℃测量的运动黏度不大于14 mm^2/s</td><td>图形符号</td><td></td></tr>
<tr><td>信号词</td><td>警告</td></tr>
<tr><td>危险说明</td><td>吞咽及进入
呼吸道
可能有害</td></tr>
</table>

附 录 E
（资料性附录）
吸入危害的危险说明和防范说明

E.1 概述

E.1.1 本附录为具有吸入危害的化学品如何使用符合GHS的危险说明和防范说明提供指导，列出具有吸入危害的化学品的每一危险种类和危险类别的建议防范说明，见GB 13690。

E.1.2 危险说明的编码：

E.1.2.1 危险说明的编码见GHS附件3。

E.1.2.2 每一种危险说明均设定一个专门的字母数字混合代码，由1个字母和3个数字组成，具体如下：

a) 字母“H”（代表“危险说明”）。

b) 第1个数字，代表不同部分编号设定的危险说明所指危险类型，具体如下：

——“2”代表物理危险；

——“3”代表健康危害；

——“4”代表环境危害。

c) 后2个数字，对应于物质或者混合物固有属性引起的危险的序列编号，如：爆炸性（代码200至210）、易燃性（代码220至230），等等。

E.1.2.3 除非另有规定，所有指定的危险说明均应出现在标签上。主管部门可规定危险说明在标签出现的顺序。此外，在组合危险说明提供两种或者以上危险说明时，主管部门可以具体规定，是否将组合危险说明或者相应的单个说明写入标签，或者由制造商/供应商自行决定。

E.1.3 防范说明应连同统一的危险公示要素（象形图、信号词和危险说明）一起标在符合要求的标签上。附加补充信息，例如使用说明，也可由制造商/供应商和/或主管部门斟酌决定予以补充。

E.1.3.1 防范说明编码见GHS附件3。

E.1.3.2 防范说明的编码

E.1.3.2.1 每一防范说明均设定一个专门的字母数字混合代码，由1个字母和3个数字组成，具体如下：

a) 字母“P”（代表“防范说明”）。

b) 第1个数字，代表防范说明的类型，具体如下：

——“1”代表一般防范说明；

——“2”代表预防防范说明；

——“3”代表应急防范说明；

——“4”代表贮存防范说明；

——“5”代表处置防范说明。

c) 后2个数字（对应于防范说明的序列编号）。

E.1.3.2.2 防范说明代码用作参考。防范说明代码不是防范说明条文的一部分，不应用其替代防范说明条文。

E.2 一般防范说明

对被划为危害人类健康或环境的所有物质和混合物应采取一般防范措施。以下一般防范说明在给定的条件下适用于GHS标签(见表E.1)。

表E.1 一般防范说明

对象	补充信息	编码	一般防范说明
一般公众	标签,补充标签信息	**P101**	**如需就医:请随身携带产品容器或标签**
		P102	**儿童不得接触**
		P103	**使用前请阅读标签**
生产工人	标签,补充标签信息、安全技术说明书、工作场所标志		无

E.3 吸入毒性的危险说明

吸入毒性的危险说明包括:

——H304 吞咽及进入呼吸道可能致命;

——H305 吞咽及进入呼吸道可能有害。

E.4 吸入危害防范说明

吸入危害防范说明见表E.2。

表 E.2 吸入危害防范说明

			图形符号 健康危害
危害类别	信号词	危险说明	
1	危险	H304 吞咽及进入呼吸道可能致命	
2	警告	H305 吞咽及进入呼吸道可能有害	

防范说明			
预防	应急	贮存	处置
	P301+P310 **如误吞咽:立即呼叫解毒中心/医生/……** ……制造商/供应商或主管当局具体规定适当的急疹机构/人员。 P331 **不得诱导呕吐**	P405 **存放处须加锁**	P501 **处置内装物/容器……** ……按照地方/区域/国家/国际规章(待规定)

附　录　F
（资料性附录）
吸入危害标签的例子

编　码
产品名称

公司名称

街名及号码

国家、省、市、邮编

电话号码

紧急呼叫电话
使用说明：

载重量：　　　　毛重：
有效期：　　　　批号：
装载日期：

危　险
儿童不得接触
使用前请读标签

吞咽并进入呼吸道可能致命。

如误吞咽：立即呼叫解毒中心或医生。不得诱导呕吐。

存放处须加锁。

按照相关规定处置内装物和容器。

ICS 13.300
A 80

中华人民共和国国家标准

GB 30000.28—2013
代替 GB 20602—2006

化学品分类和标签规范
第28部分:对水生环境的危害

Rules for classification and labelling of chemicals—
Part 28:Hazardous to the aquatic environment

2013-10-10 发布

2014-11-01 实施

中华人民共和国国家质量监督检验检疫总局
中国国家标准化管理委员会 发布

前　言

本部分的第4章、第6章为强制性的，其余为推荐性的。

GB 30000《化学品分类和标签规范》的预期结构和将代替的国家标准为：

——第1部分：通则（代替 GB 13690—2009）；

——第2部分：爆炸物（代替 GB 20576—2006）；

——第3部分：易燃气体（代替 GB 20577—2006）；

——第4部分：气溶胶（代替 GB 20578—2006）；

——第5部分：氧化性气体（代替 GB 20579—2006）；

——第6部分：加压气体（代替 GB 20580—2006）；

——第7部分：易燃液体（代替 GB 20581—2006）；

——第8部分：易燃固体（代替 GB 20582—2006）；

——第9部分：自反应物质和混合物（代替 GB 20583—2006）；

——第10部分：自燃液体（代替 GB 20585—2006）；

——第11部分：自燃固体（代替 GB 20586—2006）；

——第12部分：自热物质和混合物（代替 GB 20584—2006）；

——第13部分：遇水放出易燃气体的物质和混合物（代替 GB 20587—2006）；

——第14部分：氧化性液体（代替 GB 20589—2006）；

——第15部分：氧化性固体（代替 GB 20590—2006）；

——第16部分：有机过氧化物（代替 GB 20591—2006）；

——第17部分：金属腐蚀物（代替 GB 20588—2006）；

——第18部分：急性毒性（代替 GB 20592—2006）；

——第19部分：皮肤腐蚀/刺激（代替 GB 20593—2006）；

——第20部分：严重眼损伤/眼刺激（代替 GB 20594—2006）；

——第21部分：呼吸道或皮肤致敏（代替 GB 20595—2006）；

——第22部分：生殖细胞致突变性（代替 GB 20596—2006）；

——第23部分：致癌性（代替 GB 20597—2006）；

——第24部分：生殖毒性（代替 GB 20598—2006）；

——第25部分：特异性靶器官毒性　一次接触（代替 GB 20599—2006）；

——第26部分：特异性靶器官毒性　反复接触（代替 GB 20601—2006）；

——第27部分：吸入危害；

——第28部分：对水生环境的危害（代替 GB 20602—2006）；

——第29部分：对臭氧层的危害；

——第30部分：化学品作业场所警示性标志；

本部分为 GB 30000 的第28部分。

本部分按照 GB/T 1.1—2009 给出的规则起草。

本部分代替 GB 20602—2006，《化学品分类、警示标签和警示性说明安全规范　对水生环境的危害》。

本部分与联合国《全球化学品统一分类和标签制度》（Globally Harmonized System of Classification and Labelling of Chemicals，GHS）（第四修订版）有关的技术内容一致。

本部分与GB 20602—2006相比，主要技术内容变化如下：

——修改了标准名称，中文名称修改为“化学品分类和标签规范　第28部分：对水生环境的危害”，英文名称为“Rules for classification and labelling of chemicals—Part 28：Hazardous to the aquatic environment”；

——修改了第1章范围内容，将“警示标签”改为“标签”，删除“警示性说明”；

——将原标准中的《化学品分类及标记全球协调制度》修改为《全球化学品统一分类和标签制度》；

——将第2章规范性引用文件中已转化的OECD准则更改为对应国家标准；

——增加了第3章“术语和定义”的引导语；

——修改了部分术语和定义的表述，并将“生物浓度”改为“生物富集”；

——增加了“急性(短期)危害”和“长期危害”的定义；

——删除了“LD_{50}”，加入了“EC_x”符号；

——删除了缩略语“OECD”和“W. S.”；

——将原标准中3.4～3.8内容调整至4.1；

——调整了第4章“分类标准”中的部分条目顺序；

——修改了表1表头内容，将“分类”修改为“分类标准”；

——增加了“图1长期危害水生环境的物质分类程序”；

——在“有混合物的所有组分数据或只有一些组分数据时的混合物分类”中增加了“水生慢性毒性”的加和公式；

——修改了“判定逻辑”的部分语句，并将判定逻辑流程图作为附录A。

——修改了原标准中的“类别和标签要素的配置”部分内容，在本部分中以资料性附录的形式列入附录B中；

——修改了原标准中的“分类与标签汇总表”部分内容，将“名称”修改为“信号词”，“危险性说明”修改为“危险说明”，并一起作为规范性附录C；

——删除了原第8章全部内容，修改为“危险说明和防范说明”的相关内容，将相关内容作为资料性附录D，并将原第6章、第7章、第8章整合成第6章；

——增加了附录E“危害水生环境的标签示例”。

本部分由全国危险化学品管理标准化技术委员会(SAC/TC 251)提出并归口。

本部分起草单位：中华人民共和国山东出入境检验检疫局、环境保护部化学品登记中心、中国化工信息中心。

本部分主要起草人：张少岩、卢玲、冯真真、毛岩、卢健、葛海虹、陶强、于相毅、于晓、读刚、葛晓军。

化学品分类和标签规范 第28部分:对水生环境的危害

1 范围

GB 30000 的本部分规定了具有对水生环境危害的化学品的术语和定义、分类标准、判定逻辑和标签。

本部分适用于具有对水生环境危害的化学品按联合国《全球化学品统一分类和标签制度》(第四修订版)(以下简称 GHS)分类和标签。

2 规范性引用文件

下列文件对于本文件的应用是必不可少的。凡是注日期的引用文件,仅注日期的版本适用于本文件。凡是不注日期的引用文件,其最新版本(包括所有的修改单)适用于本文件。

GB 13690 化学品分类和危险性公示 通则

GB/T 21800 化学品 生物富集 流水式鱼类试验

GB/T 21801 化学品 快速生物降解性 呼吸计量法试验

GB/T 21802 化学品 快速生物降解性 改进的 MITI 试验(I)

GB/T 21803 化学品 快速生物降解性 DOC 消减试验

GB/T 21805 化学品 藻类生长抑制试验

GB/T 21815.1 化学品 海水中的生物降解性 摇瓶法试验

GB/T 21828 化学品 大型溞繁殖试验

GB/T 21830 化学品 溞类急性活动抑制试验

GB/T 21831 化学品 快速生物降解性:密闭瓶法试验

GB/T 21852 化学品 分配系数(正辛醇-水)高效液相色谱法试验

GB/T 21853 化学品 分配系数(正辛醇-水)摇瓶法试验

GB/T 21854 化学品 鱼类早期生活阶段毒性试验

GB/T 21856 化学品 快速生物降解性 二氧化碳产生试验

GB/T 21857 化学品 快速生物降解性 改进的 OECD 筛选试验

GB/T 21858 化学品 生物富集 半静态式鱼类试验

GB/T 27850 化学品 快速生物降解性 通则

GB/T 27861 化学品 鱼类急性毒性试验

联合国《全球化学品统一分类和标签制度》(GHS)(第四修订版)

联合国《关于危险货物运输的建议书 规章范本》(第十七修订版)

3 术语和定义、缩略语、符号

3.1 术语和定义

GB 13690 界定的以及下列术语和定义适用于本文件。

3.1.1

急性水生毒性　acute aquatic toxicity

可对在水中短时间接触该物质的生物体造成伤害，是物质本身的性质。

3.1.2

急性(短期)危害　acute (short-term) hazard

化学品的急毒性对在水中短时间暴露的水生生物造成的危害。

3.1.3

可利用性　availability

物质成为可溶解或分解物种的程度。金属可利用性，则指金属(M)化合物中的金属离子部分可以从化合物(分子)的其余部分分解出来的程度。

3.1.4

生物利用率　bioavailability;biological availability

物质被生物吸收并在生物体内一个区域分布的程度。

3.1.5

生物蓄积　bioaccumulation

物质经由所有接触途径(即空气、水、沉淀物/泥土和食物)被生物体吸收、转化和排出的净结果。

3.1.6

生物富集　bioconcentration

物质经由水传播接触被生物体吸收、转化和排出的净结果。

3.1.7

慢性水生毒性　chronic aquatic toxicity

可对在水中接触该物质的生物体造成有害影响，接触时间根据生物体的生命周期确定，是物质本身的性质。

3.1.8

复杂混合物　complex mixtures

多组分物质　multi-component substances

复杂物质　complex substances

由不同溶解度和物理化学性质的单个物质复杂混合而成的混合物。大部分情况下，它们可以描述为具有特定碳链长度/置换度数目范围的同系物质。

3.1.9

降解　degradation

有机分子分解为更小的分子，并最后分解为二氧化碳、水和盐类。

3.1.10

长期危害　long-term hazard

化学品的慢毒性对在水中长期暴露的水生生物造成的危害。

3.1.11

无显见效果浓度　no observed effect concentration;NOEC

试验浓度刚好低于产生在统计上有效的有害影响的最低测得浓度。NOEC 不产生在统计上有效的应受管制的有害影响。

3.2 缩略语

下列缩略语适用于本文件。

BCF:生物富集系数(Bioconcentration Factor)

BOD:生化需氧量(Biochemical Oxygen Demand)

COD:化学需氧量(Chemical Oxygen Demand)

QSAR/QSARs:定量结构活性关系(Quantitative Structure-activity Relationship/Quantitative Structure-activity Relationships)

3.3 符号

下列符号适用于本文件。

EC_x:x%效应浓度。

EC_{50}:半数效应浓度。

ErC_{50}:基于生长率下降的 EC_{50}。

LC_{50}:半数致死浓度。

$L(E)C_{50}$:LC_{50}或 EC_{50}。

4 分类标准

4.1 基本要素

4.1.1 用于本部分的基本要素

用于本部分的基本要素有:

——急性水生毒性;

——慢性水生毒性;

——可能或实际形成生物体内富集;

——有机化合物的(生物或非生物的)降解。

4.1.2 数据使用原则

优先使用根据国际统一的试验方法得到的数据,也可使用国家等效试验方法得到的数据。通常,淡水和海洋物种的毒性数据可认为是等效数据,它们应遵循良好实验室(GLP)的各项原则产生,且使用经合组织试验准则或等效试验准则得出。如果不能得到这样的数据,则应使用可利用的质量最好的数据进行分类。

4.1.3 急性水生毒性

急性水生毒性一般使用鱼类 96 h LC_{50}(GB/T 27861 或等效试验准则)、甲壳纲 48 h EC_{50}(GB/T 21830 或等效试验准则)和/或藻类 72 h 或 96 h EC_{50}(GB/T 21805 或等效试验准则)确定。这些物种被认为可以代表所有水生生物,如果试验方法合适,也可考虑其他种类生物(如浮萍)的数据。

4.1.4 慢性水生毒性

使用 NOEC 或其他等效的 EC_x 数据,根据 GB/T 21854(鱼类早期生活阶段毒性试验)、GB/T 21828

(大型溞繁殖试验)和GB/T 21805(藻类生长抑制试验)产生的数据是可接受的。也可使用其他经证明有效的和得到国际公认的试验数据。

4.1.5 **生物富集潜力**

生物富集潜力通常用正辛醇/水分配系数确定,通常采用GB/T 21853或GB/T 21852确定的lg K_{ow}。但如果可以获取试验确定的生物富集系数(BCF),则应优先使用生物富集系数(BCF)。生物富集系数应根据GB/T 21800或GB/T 21858确定。

4.1.6 **快速降解性**

4.1.6.1 环境降解可能是生物性的,也可能是非生物性的(例如水解),见4.2.10.3。快速生物降解可按快速生物降解性试验(GB/T 21801~21803、GB/T 21831、GB/T 21856~21857,GB/T 27850)定义。这些试验中的通过水平可作为大部分环境中的快速降解指标。由于这些试验都是淡水试验,因而也应包括使用更适合海洋环境的GB/T 21815.1的结果。如果没有这些数据,BOD(5 d)/COD的比率不小于0.5也可作为快速降解指标。

4.1.6.2 诸如水解之类的非生物降解、非生物和生物的初级降解、非水介质中的降解,以及环境中已证实的快速降解都可以在定义快速降解性时加以考虑,见GHS附件9的相关规定。

4.2 **物质的分类标准**

4.2.1 物质分类标准由三个急性分类类别和四个慢性分类类别组成(GHS的核心部分是由三个急性分类类别和三个慢性分类类别组成的,见表1)。急性和慢性类别单独使用。将物质划为急性1至3类的标准,仅以急性毒性数据(EC_{50}或LC_{50})为基础。将物质划为慢性1至3类的分类标准,采用分级方法,第一步是看现有的有关慢性毒性的资料是否可作长期危害分类。如果没有充分的慢性毒性分类数据,则下一步需结合两种类型的信息,即急性毒性信息和环境归趋数据(降解性和生物富集数据)。

4.2.2 慢性4分类,即"安全网"分类,供在现有数据不允许根据正式标准进行分类,但仍有一些理由令人担忧时使用。对于没有证实毒性的水溶性很差的物质来说,如果物质不能快速降解,且有生物富集潜力,那么就可进行分类。对于这种不易溶解物质来说,由于较低的接触水平和生物体潜在的缓慢摄取,在短期试验中可能无法对毒性做出充分的评估。如果证实物质无需作长期水生危害的分类,也就排除了进行分类的必要。

4.2.3 急性毒性明显低于1 mg/L或慢性毒性明显低于0.1 mg/L(如不能快速降解)和0.01 mg/L(如能快速降解)的物质,作为混合物的组分,即使在低浓度下仍可增加混合物的毒性,在采用加和法时,应给以更高的权重。

4.2.4 物质的分类

4.2.4.1 危害水生环境物质的分类标准

危害水生环境物质的分类标准见表1。

表 1　危害水生环境物质的分类标准[a]

<table>
<tr><td colspan="2" rowspan="3">a) 急性(短期)水生危害</td><td>类别 1[b]
96 h LC_{50}(鱼类)≤1 mg/L 和/或
48 h EC_{50}(甲壳纲动物)≤1 mg/L 和/或
72 或 96 h ErC_{50}(藻类或其他水生植物)≤1 mg/L[c]
一些管理制度可能将急性类别 1 进行细分,包括更低的幅度 $L(E)C_{50}$≤0.1 mg/L</td></tr>
<tr><td>类别 2
96 h LC_{50}(鱼类)>1 mg/L 且≤10 mg/L 和/或
48 h EC_{50}(甲壳纲动物)>1 mg/L 且≤10 mg/L 和/或
72 或 96 h ErC_{50}(藻类或其他水生植物)>1 mg/L 且≤10 mg/L[c]</td></tr>
<tr><td>类别 3
96 h LC_{50}(鱼类)>10 mg/L 且≤100 mg/L 和/或
48 h EC_{50}(甲壳纲动物)>10 mg/L 且≤100 mg/L 和/或
72 h 或 96 h ErC_{50}(藻类或其他水生植物)>10 mg/L 且≤100 mg/L[c]
一些管理制度可能通过引入另一个类别,将这一范围扩展到 $L(E)C_{50}$>100 mg/L</td></tr>
<tr><td rowspan="5">b) 长期水生危害(见图 1)</td><td rowspan="2">(一)不能快速降解物质[d],已掌握充分的慢性毒性资料</td><td>类别 1[b]
慢毒 NOEC 或 EC_x(鱼类)≤0.1 mg/L 和/或
慢毒 NOEC 或 EC_x(甲壳纲动物)≤0.1 mg/L 和/或
慢毒 NOEC 或 EC_x(藻类或其他水生植物)≤0.1 mg/L</td></tr>
<tr><td>类别 2
慢毒 NOEC 或 EC_x(鱼类)≤1 mg/L 和/或
慢毒 NOEC 或 EC_x(甲壳纲动物)≤1 mg/L 和/或
慢毒 NOEC 或 EC_x(藻类或其他水生植物)≤1 mg/L</td></tr>
<tr><td rowspan="3">(二)可快速降解的物质,已掌握充分的慢性毒性资料</td><td>类别 1[b]
慢毒 NOEC 或 EC_x(鱼类)≤0.01 mg/L 和/或
慢毒 NOEC 或 EC_x(甲壳纲动物)≤0.01 mg/L 和/或
慢毒 NOEC 或 EC_x(藻类或其他水生植物)≤0.01 mg/L</td></tr>
<tr><td>类别 2
慢毒 NOEC 或 EC_x(鱼类)≤0.1 mg/L 和/或
慢毒 NOEC 或 EC_x(甲壳纲动物)≤0.1 mg/L 和/或
慢毒 NOEC 或 EC_x(藻类或其他水生植物)≤0.1 mg/L</td></tr>
<tr><td>类别 3
慢毒 NOEC 或 EC_x(鱼类)≤1 mg/L 和/或
慢毒 NOEC 或 EC_x(甲壳纲动物)≤1 mg/L 和/或
慢毒 NOEC 或 EC_x(藻类或其他水生植物)≤1 mg/L</td></tr>
</table>

表 1（续）

b）长期水生危害（见图 1）	（三）尚未掌握充分慢性毒性资料的物质	类别 1[b] 96 h LC_{50}（鱼类）≤1 mg/L 和/或 48 h EC_{50}（甲壳纲动物）≤1 mg/L 和/或 72 h 或 96 h ErC_{50}（藻类或其他水生植物）≤1 mg/L[c] 且该物质不能快速降解，和/或试验确定的 BCF≥500（在无试验结果的情况下，$\lg K_{ow}$≥4）[d,e]
		类别 2 96 h LC_{50}（鱼类）＞1 mg/L 且≤10 mg/L 和/或 48 h EC_{50}（甲壳纲动物）＞1 mg/L 且≤10 mg/L 和/或 72 h 或 96 h ErC_{50}（藻类或其他水生植物）＞1 mg/L 且≤10 mg/L[c] 且该物质不能快速降解，和/或试验确定的 BCF≥500（在无试验结果的情况下，$\lg K_{ow}$≥4）[d,e]
		类别 3 96 h LC_{50}（鱼类）＞10 mg/L 且≤100 mg/L 和/或 48 h EC_{50}（甲壳纲动物）＞10 mg/L 且≤100 mg/L 和/或 72 h 或 96 h ErC_{50}（藻类或其他水生植物）＞10 mg/L 且≤100 mg/L[c] 且该物质不能快速降解，和/或试验确定的 BCF≥500（在无试验结果的情况下，$\lg K_{ow}$≥4）[d,e]
c）“安全网”分类		慢性类别 4 对于不易溶解的物质，如在水溶性水平之下没有显示急性毒性，而且不能快速降解、$\lg K_{ow}$≥4（表现出生物富集潜力），将划为本类别，除非有其他科学证据表明不需要分类。这种证据包括经试验确定的 BCF＞500，或者慢性毒性 NOECs＞1 mg/L，或者在环境中快速降解

[a] 鱼类、甲壳纲和藻类等生物作为替代物种进行试验，试验包括一系列的营养水平和门类，而且试验方法高度标准化。也可以使用其他生物数据，但需是等效的物种和试验终点指标。

[b] 在对物质做急性类别 1 和/或慢性类别 1 分类时，应同时注明供加和法使用的适当的放大系数（*M* 系数，见表 5）。

[c] 如果藻类毒性 ErC_{50}［＝EC_{50}（生长率）］下降到次敏感物种的 100 倍水平之下，而且导致仅以该效应为基础的分类，那么要考虑这种毒性是否代表着对水生植物的毒性。如果能证明不是如此，那么应使用专业判断来确定是否应进行分类。分类应以 ErC_{50} 为基础。在未规定 EC_{50} 基准，而且没有记录 ErC_{50} 的情况下，分类应以可得的最低 EC_{50} 为基础。

[d] 判定不能快速降解的依据，是物质本身不具备生物降解能力，或有其他证据证明不能快速降解。在不掌握有意义的降解性数据的情况下，不论是试验确定的还是估计的数据，物质均应视为不能快速降解。

[e] 生物富集潜力以试验得到的 BCF≥500 为基础，或者，如果没有该数值，以 $\lg K_{ow}$≥4 为基础，但前提是 $\lg K_{ow}$ 是物质生物富集潜力的适当描述指标。BCF 测定值优先于 $\lg K_{ow}$ 值，$\lg K_{ow}$ 测定值优先于估计值。

4.2.4.2 危害水生环境的物质的分类方案

根据表 1 所列标准分类的物质，可划为“危害水生环境”类别，物质分类程序见图 1。这些原则详细说明了分类类别。

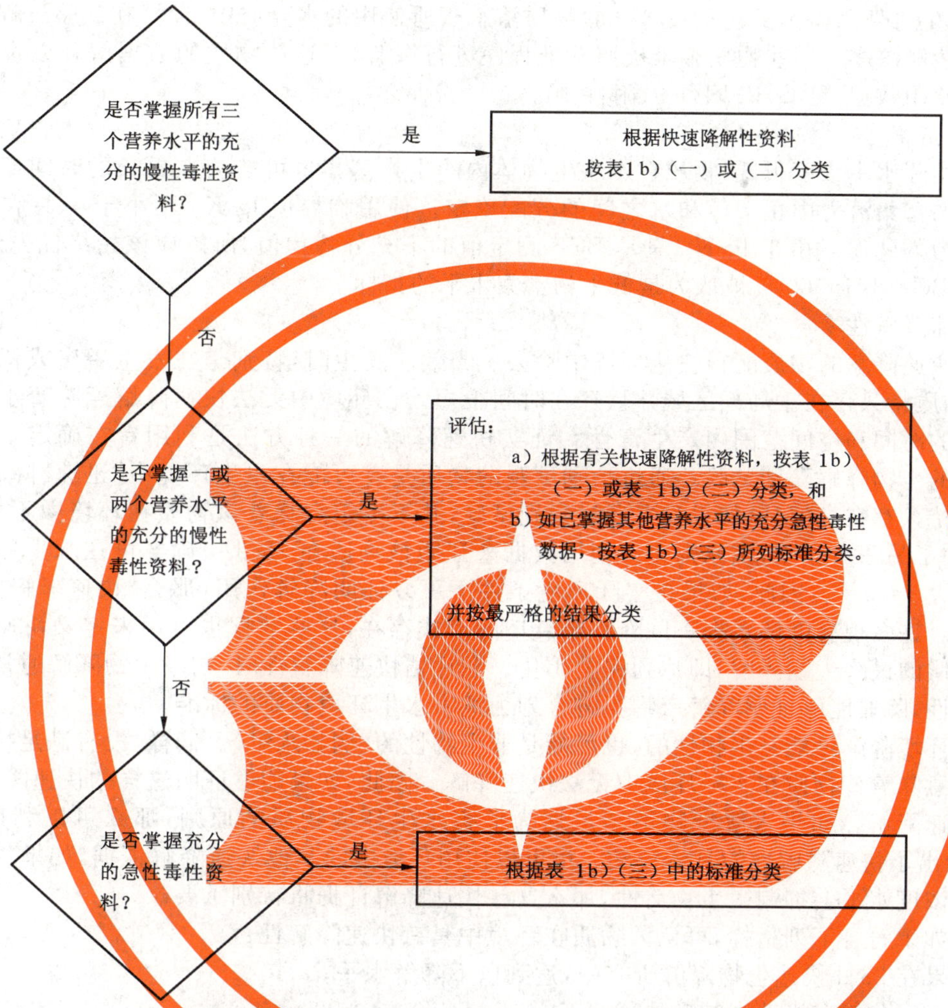

图 1 长期危害水生环境的物质分类程序

4.2.5 分类制度的确认：对水生生物体的核心固有危害表现为物质的急性和慢性毒性，可在急性危害和长期危害之间加以区分，因此，针对这两种性质确定了不同危险类别，它们代表已确定的危险水平的等级。已掌握的不同营养水平之间和之内的毒性值，通常取其最低者，用来确定适当的危险类别。但是，在某些情况下可能要使用证据权重方法。

4.2.6 急性毒性是确定短期危害的关键性质：一种物质的大量运输可能由于意外事件或严重溢出而引起短期危害。因此，制定了 $L(E)C_{50}$ 值最大为 100 mg/L 的危险类别。

4.2.7 对于包装物质，主要危险由慢性毒性确定，尽管 $L(E)C_{50}$ 不大于 1 mg/L 的急性毒性也被认为是危险的。正常使用和处置之后，水生环境中的物质含量达到 1 mg/L 被认为是可能的。毒性数值高于此数值时，急性毒性本身不能说明在更长时间内引起效应的低浓度而引起的主要危害。因此，许多危险类别的定义依据的是慢性水生毒性水平。但是，许多物质没有慢性毒性数据，应使用已知的急性毒性数据与缺少快速降解性的固有性质和/或生物富集潜力相结合，确认是否将物质划为长期危害类别。如果掌握的慢性毒性数据显示 NOECs 大于水溶性或大于 1 mg/L，即表明不需要做长期危害类别 1～类别 3 的划分。同样，对于 $L(E)C_{50}$ 大于 100 mg/L 的物质则认为毒性不够，不必进行分类。

4.2.8 水生毒性

4.2.8.1 鱼类、甲壳纲和藻类等生物体作为替代物种进行试验，试验包括一系列的营养水平和门类，而且试验方法高度标准化。当然,其他生物数据也可以使用,但前提是它们是等效的物种和试验终点指标。藻类生长抑制试验是慢性试验,但 EC_{50} 被当作急性数值用于分类。这种 EC_{50} 一般应当以生长率抑制为基础。如果只有基于生物量减少的 EC_{50},或者没有指明报告的是哪个 EC_{50},那么这一数值可以相同方式使用。

4.2.8.2 水生毒性试验本身包括在将试验物质溶解于所使用的水介质中,以及在试验过程中保持稳定的生物有效接触浓度。一些物质很难按照标准程序进行试验,对这些物质的数据解释以及在适用分类标准时如何使用数据,见 GHS 附件 9、附件 10。

4.2.9 生物富集

即使在实际水中浓度很低,物质在水生生物体内的生物富集也可能会在更长的时间期限内产生毒性效应。生物富集潜力由正辛醇和水之间的分配确定。使用临界值 lg K_{ow} 不小于 4,旨在确定有实际生物富集潜力的物质。由于 lg K_{ow} 只是 BCF 测定值的不充分替代值,所以应该始终优先使用 BCF 测定值。鱼类 BCF 小于 500 可被认为是低生物富集水平的指标。

4.2.10 快速降解性

4.2.10.1 快速降解的物质能很快从环境中除去。当效应发生时,特别是在发生溢出或意外事件的情况下,这些物质将只存在于局部区域并且存在时间很短。在环境中无法快速降解意味着水中的物质有可能在广泛的时间和空间范围内产生毒性。证实快速降解的一种方法是利用旨在确定一种物质是否"易于降解"的生物降解甄别试验。通过甄别试验的物质是有可能在水生环境中"迅速"降解的物质,因此可能不会持久存在。但是,如果没有通过甄别试验,并不一定意味着该物质在环境中不能快速降解。因此,又增加了另一个原则,该原则允许使用数据来证明该物质在 28 d 中确实可在水生环境中生物或非生物降解大于 70%。因此,如果在实际环境条件下可以证明降解作用,那么"快速降解性"的定义便得到了满足。许多现有降解数据都以降解半衰期的形式存在,这些数据也可用来定义快速降解。一些试验测量物质的最终生物降解,即达到完全矿化。在评估快速降解性时,初级生物降解通常不能用来确定快速降解性,除非能够证明降解产物不符合划为危害水生环境物质的标准。

4.2.10.2 环境降解可能是生物性的,也可能是非生物性的(例如水解)。同样,没有满足快速生物降解性指标并不意味着该物质在实际环境中无法快速降解。因此,如果能够证明这样的快速降解,则应认为该物质可快速降解。如果水解产物不满足划为危害水生环境物质的原则,那么可以利用水解作用。4.2.10.3 给出了快速降解性的具体定义。也可以使用环境中的其他快速降解证据,如果物质在标准试验中使用的浓度水平会抑制微生物活性,那么这些快速降解证据将特别重要。

4.2.10.3 如果符合下列指标,可认为物质在环境中具有快速降解性:

a) 如果在 28 d 快速生物降解研究中,达到以下降解水平;
——以分解有机碳为基础的试验:70%;
——以氧耗尽或二氧化碳生成为基础的试验:理论最大值 60%。
这些生物降解水平应在降解开始之后 10 d 之内(称为"10 d-窗口期")实现,降解的起始点是 10%的物质已经降解时,除非确定物质是由结构类似的组分构成的复杂的、多组分的物质。在此情况下,以及当有充分理由时,可以放弃 10 d-窗口期的要求,适用 28 d 的通过水平,见 GHS 附件 9。

b) 在只有 BOD 和 COD 数据的情况下,如果 BOD(5 d)/COD 的比率不小于 0.5 时;或者

c) 如果其他令人信服的科学证据证明物质可在 28 d 内在水生环境中降解(生物和/或非生物),到大于 70%的水平。

4.2.11 无机化合物和金属

4.2.11.1 无机化合物和金属的分类标准和要求见 GHS 附件 9。

4.2.11.2 不易溶解的无机化合物和金属可能在水生环境中产生急性或慢性毒性,这取决于生物可利用的无机态的固有毒性和这种形态可能进入溶液的比率和数量,见 GHS 附件 10。

4.2.12 定量结构活性关系(QSARs)的使用

最好使用试验得到的试验数据,如果没有试验数据,那么可在分类过程中使用有效的水生毒性定量结构活性关系(QSARs)和 lg K_{ow}。但仅限于用于其作用方式和适用性都有良好表征的化学品。可以使用有效的 QSARs,且无需对议定标准进行修改。在"安全网"范围内,可靠的计算毒性和 lg K_{ow} 值应

该很有价值。预测快速生物降解的 QSARs 尚不够准确，不能用来预测快速降解。

4.2.13　物质分类标准简图

危害水生环境的物质分类图解见表 2。

表 2　危害水生环境的物质分类图解

分类类别			
急性危害[a]	长期危害[b]		
	掌握充分的慢性毒性资料		没有掌握充分的慢性毒性资料[a]
	不能快速降解物质[c]	可快速降解物质[c]	
类别：急性 1 $L(E)C_{50} \leqslant 1.00$	类别：慢性 1 NOEC 或 $EC_x \leqslant 0.1$	类别：慢性 1 NOEC 或 $EC_x \leqslant 0.01$	类别：慢性 1 $L(E)C_{50} \leqslant 1.00$ 且缺少快速降解能力，和/或 BCF≥500，或如没有该数值，lg $K_{ow} \geqslant 4$
类别：急性 2 $1.00 < L(E)C_{50} \leqslant 10.0$	类别：慢性 2 0.1<NOEC 或 $EC_x \leqslant 1$	类别：慢性 2 0.01<NOEC 或 $EC_x \leqslant 0.1$	类别：慢性 2 $1.00 < L(E)C_{50} \leqslant 10.0$ 且缺少快速降解能力，和/或 BCF≥500，或如没有该数值，lg $K_{ow} \geqslant 4$
类别：急性 3 $10.0 < L(E)C_{50} \leqslant 100$		类别：慢性 3 0.1<NOEC 或 $EC_x \leqslant 1$	类别：慢性 3 $10.0 < L(E)C_{50} \leqslant 100$ 且缺少快速降解能力，和/或 BCF≥500，或如没有该数值，lg $K_{ow} \geqslant 4$
	类别：慢性 4[d] 示例[e]： 没有准确的毒性数值且不能快速降解，和 BCF≥500，或如没有该数值， lg $K_{ow} \geqslant 4$，除非 NOECs>1 mg/L		

[a] 以鱼类、甲壳纲动物，和/或藻类或其他水生植物的 $L(E)C_{50}$ 数值（单位 mg/L）为基础的急性毒性范围[或者如果没有试验数据，以定量结构活性关系（QSAR）估计值为基础]。

[b] 物质按不同的慢性毒性分类，除非掌握所有三个营养水平的充分的慢性毒性数据，在水溶性以上或 1 mg/L。["充分"系指数据充分包含相关的终点。一般而言，这意味着测定的试验数据，但为了避免不必要的试验，可在具体情况下使用估计数据，如(Q)SAR，或在明显的情况下，依靠专家的判断]。

[c] 慢性毒性范围以鱼类或甲壳纲动物的 NOEC 或等效的 EC_x 数值（单位 mg/L），或其他公认的慢性毒性标准为基础。

[d] 本部分还引入了"安全网"分类（称为慢性 4 类），供在现有数据不允许根据正式标准进行分类，但仍有一些理由让人担忧时使用。

[e] 本类适用于不易溶解物质，在水溶解度下没有显示急性毒性，既不能快速降解，又表现出生物富集潜力，除非能够证明无需对该物质作水生长期危害的分类。

4.3 混合物的分类标准

4.3.1 混合物分类制度覆盖了用于物质的所有分类类别，即急性类别1～类别3和慢性类别1～类别4。为利用所有现有数据对混合物的水生环境危害进行分类，进行了以下假设，并在分类时适当使用：混合物的“相关组分”是指作为急性类别1和/或慢性类别1分类的组分，质量分数以等于或大于0.1%的浓度存在的相关组分，或等于和/或大于1%的其他组分，除非另外假定(如在高毒性组分的情况下)，以低于0.1%存在的组分仍可对混合物水生环境危害的分类产生重要影响。

4.3.2 水生环境危害分类方法是分层的，并且取决于混合物本身及其组分的现有信息类型。分层方法的要素包括：以试验过的混合物为基础的分类；以架桥原则为基础的分类；使用“已归类组分加和”和/或“加和性公式”。图2概括了混合物急性和慢性水生环境危害的分层分类方法。

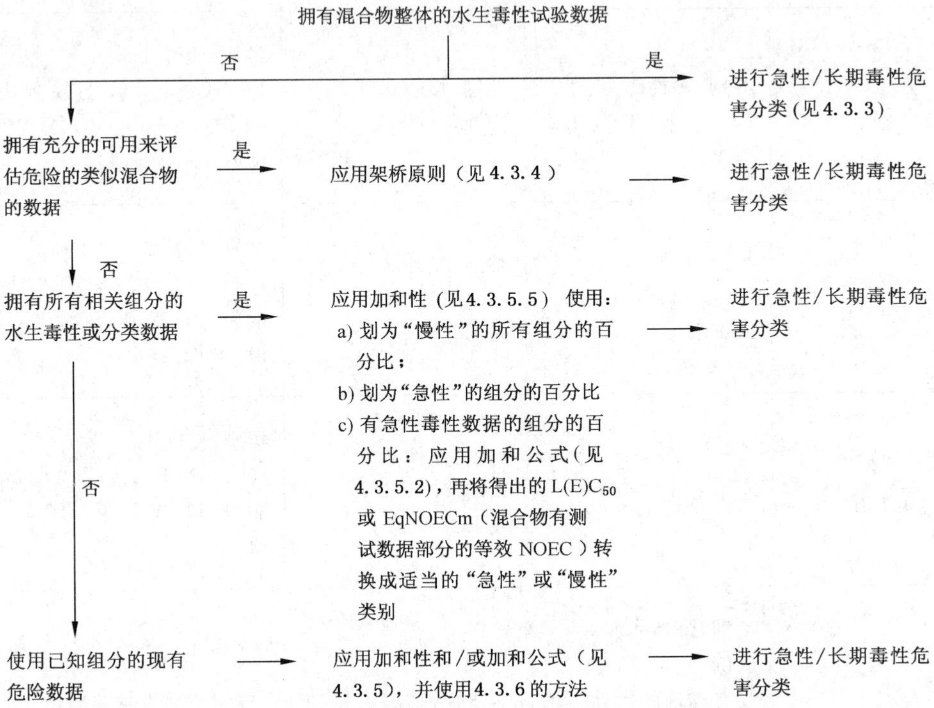

图2 混合物急性和慢性水生环境危害的分层分类方法

4.3.3 掌握混合物整体毒性数据的情况下对混合物的分类

4.3.3.1 在已对混合物整体进行试验确定其水生毒性的情况下，应按照对物质分类的标准对混合物进行分类。分类通常根据鱼类、甲壳纲动物和藻类的数据。在没有充分的混合物整体的急性或慢性数据的情况下，应使用“架桥原则”或“加和法”(见4.3.4和4.3.5和第5章)。

4.3.3.2 对混合物的长期危害进行分类，需要更多的有关降解性的资料，在有些情况下还需要在生物体内富集的数据。如果没有混合物整体的降解性和生物富集数据，通常不对混合物进行整体降解性和生物体富集试验，因为这些试验通常难以判断，且只对单一物质有意义。

4.3.3.3 急性毒性类别1、类别2和类别3的分类

a) 当掌握混合物整体的充分的急性毒性试验数据(LC_{50}或EC_{50})，显示$L(E)C_{50}$不大于100 mg/L时，根据表1a)，混合物划为急性毒性类别1、类别2或类别3；

b) 当掌握混合物整体的充分的急性毒性试验数据($LC_{50}(s)$或$EC_{50}(s)$)，显示$L(E)C_{50}(s)$大于100 mg/L或高于其溶解度时，无需作急性毒性危害分类。

4.3.3.4　慢性毒性类别1、类别2和类别3的分类

a)　当掌握混合物整体的充分的慢性毒性试验数据(EC_x 或 NOEC)，显示测试的混合物 EC_x 或 NOEC 不大于 1 mg/L 时：

　1)　如果掌握的资料可得出结论，混合物的所有主要组分均可快速降解，则根据表1b)(二)(可快速降解)，混合物划为慢性毒性类别1、类别2和类别3；

　2)　在所有其他情况下，根据表1b)(一)(不能快速降解)，划为慢性毒性类别1或类别2；

b)　当掌握混合物整体的充分的慢性毒性试验数据(EC_x 或 NOEC)，显示测试的混合物的 EC_x 或 NOEC 大于 1 mg/L 或高于其溶解度时，无需作长期危害分类，除非仍有理由需要关注。

4.3.3.5　慢性毒性类别4的分类：如果仍有理由需要关注，根据表1c)，混合物划为慢性毒性类别4(“安全网”分类)。

4.3.4　不掌握混合物整体数据时的混合物分类：架桥原则

4.3.4.1　数据的使用如果混合物本身并没有进行过确定其水生环境危害的试验，但它的各个组分和做过试验的类似混合物有充分数据，足以确定该混合物的危害特性，可以根据以下架桥原则使用这些数据，以确保分类过程最大程度地使用现有数据，而无需进行更多的动物试验。

4.3.4.2　稀释

如果一种新的混合物是通过稀释另一种已经过测试的混合物或物质而形成的，使用的稀释剂的水生危害分类相当于或低于毒性最低的原始组分，且预料不会影响其他组分的水生危害，则所形成混合物的分类应与测试过的原混合物或物质相当。或者采用4.3.5中的加和法或加和公式进行分类。

4.3.4.3　产品批次

一个经过测试的混合物生产批次，其水生危害的分类可假定在本质上与同一制造商生产的或在其控制下生产的同一商品的另一未经测试的产品批次相当，除非有理由认为存在重要差异，以致未经测试的产品批次的水生危害分类发生改变。如果后一种情况发生，则需要重新进行分类。

4.3.4.4　划为最严重分类类别(慢性毒性类别1和急性毒性类别1)的混合物的浓度

如果一种混合物被划为慢性毒性类别1和/或急性毒性类别1，而且该混合物中划为慢性毒性类别1和/或急性毒性类别1的组分被进一步浓缩且未经测试，则提高浓度后的混合物应划为与原先经过测试的混合物相同的分类，无需再进行试验。

4.3.4.5　一种毒性类别内的内推法

三种组分完全相同的混合物(A、B和C)，混合物A和混合物B经过测试，属同一毒性类别，而混合物C未经测试，但含有与混合物A和混合物B相同的毒性组分，且毒性组分浓度介于混合物A和混合物B中毒性组分浓度之间，则混合物C应与A和B属同一类别。

4.3.4.6　实质上类似的混合物

假定下列情况：

a)　两种混合物：

　1)　A+B；

　2)　C+B。

b)　组分B的浓度在两种混合物中基本相同。

c)　混合物1)中组分A的浓度等于混合物2)中组分C的浓度。

d)　已经掌握A和C的水生危害数据并且两者相同，即它们属于同一危害类别，并预料不会影响B的水生毒性。

如果已根据测试数据对混合物1)或2)进行了分类，则另一混合物可归入同一危害类别

4.3.5　掌握混合物的所有组分毒性数据或只掌握一些组分毒性数据时混合物的分类

4.3.5.1　混合物的分类以其已分类组分浓度的加和为基础。划为“急性”或“慢性”的组分的百分比直接用于加和性中。加和性详见4.3.5.5。

4.3.5.2 混合物可能是由两种已经分类的组分(如急性类别1、类别2、类别3和/或慢性类别1、类别2、类别3、类别4)和已经掌握足够毒性试验数据的组分结合而成的。当已经掌握混合物中一种以上组分的充分毒性数据时,可根据毒性数据的性质,使用加和公式(1)或(2)计算这些组分的综合毒性。

(a) 根据急性水生毒性:

$$\frac{\sum C_i}{\mathrm{L(E)C_{50m}}} = \sum_n \frac{C_i}{\mathrm{L(E)C_{50\mathit{i}}}} \quad \cdots\cdots(1)$$

式中:

C_i ——混合物中有试验数据的组分 i 的浓度(质量分数),%;

$\mathrm{L(E)C_{50\mathit{i}}}$ ——混合物中有试验数据的组分 i 的 LC_{50} 或 EC_{50},单位为毫克每升(mg/L);

n ——混合物中有试验数据的组分数目,i 为 $1\sim n$;

$\mathrm{L(E)C_{50m}}$ ——混合物中有试验数据组分的综合 $\mathrm{L(E)C_{50}}$。

计算出来的毒性结果,可用来划定混合物中该部分组分的急性毒性危害类别,然后再将其用于加和法中确定混合物整体的急性水生危害类别。

b) 根据慢性水生毒性:

$$\frac{\sum C_i + \sum C_j}{\mathrm{EqNOEC_m}} = \sum_{n_1} \frac{C_i}{\mathrm{NOEC}_i} + \sum_{n_2} \frac{C_j}{0.1 \times \mathrm{NOEC}_j} \quad \cdots\cdots(2)$$

式中:

C_i ——混合物中有试验数据的组分 i 的浓度(质量分数),可快速降解的组分,%;

C_j ——混合物中有试验数据的组分 j 的浓度(质量分数),不能快速降解的组分,%;

NOEC_i ——混合物中有试验数据的组分 i 的 NOEC(或其他公认的慢性毒性测量值),可快速降解组分,单位为毫克每升(mg/L);

NOEC_j ——混合物中有试验数据的组分 j 的 NOEC(或其他公认的慢性毒性测量值),不可快速降解组分,单位为毫克每升(mg/L);

n_1 ——混合物中有试验数据的可快速降解的组分数目,i 为 $1\sim n_1$;

n_2 ——混合物中有试验数据的不能快速降解的组分数目,j 为 $1\sim n_2$;

$\mathrm{EqNOEC_m}$ ——混合物有试验数据组分的等效 NOEC,单位为毫克每升(mg/L)。

等效毒性表明不能快速降解的物质分类更加"严格",比可快速降解物质高出一个危害类别。

计算出来的等效毒性将根据可快速降解物质的标准[表1b)(二)],用来划定混合物该部分组分的长期危害类别,然后再将其用于加和法中确定混合物整体的长期水生危害类别。

4.3.5.3 在对混合物的部分组分使用加和公式时,计算混合物中该部分组分的毒性,最好使用每种组分对同一分类群(如鱼类、甲壳纲动物或藻类)的毒性值,然后取用得到的最高毒性(最低值)(如取用三个类群中最敏感的一群)。但在无法得到每种组分对相同分类群的毒性数据时,选定每种组分的毒性值,应使用与选定物质分类选定毒性值相同的方法,即取用(最敏感的测试生物体)较高的毒性。然后用计算出来急性毒性和慢性毒性值对这一部分混合物进行分类,采用与物质分类相同的标准,将之划为急性毒性类别1、类别2或类别3,和/或慢性毒性类别1、类别2或类别3。

4.3.5.4 如果混合物用一种以上的方法进行分类,则应使用得到较保守结果的方法。

4.3.5.5 加和性

4.3.5.5.1 基本原理

4.3.5.5.1.1 就从急性类别1/慢性类别1到急性类别3/慢性类别3的物质分类类别而言,从一个类别到另一个类别的基本毒性标准相差10倍。因此,划入高毒性范围类别的组分可能对混合物划入较低的毒性范围的类别做出贡献。因此,这些分类类别的计算需要同时考虑划为急性类别1/慢性类别1到急性类别3/慢性类别3的所有组分的贡献。

4.3.5.5.1.2 当混合物含有划为急性毒性类别 1 或慢性毒性类别 1 的组分时，应特别注意，这类组分即使其急性毒性明显低于 1 mg/L，和/或慢性毒性明显低于 0.1 mg/L(如不能快速降解)和 0.01 mg/L(如能快速降解)，且即使在低浓度下，仍可增加混合物的毒性。农药的活性组分通常有这样高的水生毒性，但诸如有机金属化合物之类的一些其他物质也有这样高的水生毒性。在这些情况下，使用正常的临界值/浓度极限值可能会导致混合物“类别下降”。因此，按 4.3.5.5.5 中所规定的，对高毒性组分，应当使用放大系数(M 系数，见表 5)。

4.3.5.5.2 分类程序

一般来说，混合物严重性较高的类别优先于严重性较低的类别，例如，慢性类别 1 优先于慢性类别 2。因此，如果分类结果是慢性类别 1，那么分类程序就已经完成。比慢性类别 1 更严重的类别是不可能的，因此不需要进行进一步的分类。

4.3.5.5.3 急性类别 1、类别 2 和类别 3 的分类

4.3.5.5.3.1 首先，确认所有划为急性类别 1 的组分。如果这些组分的浓度(%)加和不小于 25%，则混合物划为急性类别 1，且分类过程完成。

4.3.5.5.3.2 如果混合物没有划为急性类别 1，可将混合物划为急性类别 2。如果所有急性类别 1 组分的浓度(%)之和乘以 10，再加上所有划为急性类别 2 的组分的浓度(%)总和不小于 25%，则该混合物划为急性类别 2，且分类过程完成。

4.3.5.5.3.3 如果混合物没有划为急性类别 1 或急性类别 2，可将混合物划为急性类别 3。如果所有划为急性类别 1 组分的浓度(%)之和乘以 100，加上所有划为急性类别 2 组分的浓度(%)之和乘以 10，再加上所有划为急性类别 3 组分的浓度(%)之和不小于 25%，则混合物划为急性类别 3。

4.3.5.5.3.4 表 3 归纳了根据已分类组分的浓度之和，对混合物进行急性危害分类的方法。

表 3 根据已分类组分的浓度之和对混合物的急性危害分类

已分类组分的浓度(%)之和		混合物分类
急性类别 1×M[a]	≥25%	急性类别 1
(M×10×急性类别 1)+急性类别 2	≥25%	急性类别 2
(M×100×急性类别 1)+(10×急性类别 2)+急性类别 3	≥25%	急性类别 3

[a] 有关 M 系数的解释，见 4.3.5.5.5。

4.3.5.5.4 慢性类别 1、类别 2、类别 3 和类别 4 的分类

4.3.5.5.4.1 首先，确认所有划为慢性类别 1 的组分。如果这些组分的浓度(%)之和不小于 25%，则混合物划为慢性类别 1，且分类过程完成。

4.3.5.5.4.2 如果混合物没有划为慢性类别 1，可将混合物划为慢性类别 2。如果所有划为慢性类别 1 组分的浓度(%)之和乘以 10，加上所有划为慢性类别 2 组分的浓度(%)之和不小于 25%，则该混合物划为慢性类别 2，且分类过程完成。

4.3.5.5.4.3 如果混合物没有划为慢性类别 1 或慢性类别 2，可将混合物划为慢性类别 3。如果所有划为慢性类别 1 组分的浓度(%)之和乘以 100，加上所有划为慢性类别 2 组分的浓度(%)之和乘以 10，再加上所有划为慢性类别 3 的组分的浓度(%)之和不小于 25%，则该混合物划为慢性类别 3。

4.3.5.5.4.4 如果混合物仍然没有划为慢性类别 1、类别 2 或类别 3，可将混合物划为慢性类别 4。如果划为慢性类别 1、类别 2、类别 3 和类别 4 组分的浓度(%)之和不小于 25%，则混合物划为慢性类别 4。

4.3.5.5.4.5 表 4 归纳了根据已分类组分的浓度之和，对混合物进行长期危害分类的方法。

表 4　根据已分类组分的浓度之和对混合物的慢性危害分类

已分类组分的浓度(%)之和		混合物分类
慢性类别 1×M[a]	≥25%	慢性类别 1
(M×10×慢性类别 1)+慢性类别 2	≥25%	慢性类别 2
(M×100×慢性类别 1)+(10×慢性类别 2)+慢性类别 3	≥25%	慢性类别 3
慢性类别 1+慢性类别 2+慢性类别 3+慢性类别 4	≥25%	慢性类别 4
[a] 有关 M 系数的解释,见 4.3.5.5.5。		

4.3.5.5.5　有高毒性组分的混合物

急性类别 1 或慢性类别 1 的组分,在急性毒性远低于 1 mg/L,和/或慢性毒性远低于 0.1 mg/L(如不能快速降解)和 0.01 mg/L(如可快速降解)的情况下,仍可能影响混合物的毒性,因此在使用加和法时应给予更高的权重。当混合物含有急性类别 1 或慢性类别 1 的组分时,应使用 4.3.5.5.3 和 4.3.5.5.4 中所述分层方法,使用一个加权和数,用急性类别 1 和慢性类别 1 组分的浓度乘以一个系数,而不是仅仅将百分比相加。这意味着表 3 左栏中"急性类别 1"的浓度和表 4 左栏中"慢性类别 1"的浓度乘以适当的系数。对这些组分使用的系数,以毒性数值来确定,表 5 对此进行了归纳。因此,为了对含有急性类别 1/慢性类别 1 组分的混合物分类,分类人员需要知道 M 系数的数值,才能使用加和法。或者,如掌握混合物中所有高毒性组分的毒性数据,而且有令人信服的证据表明,所有其他组分,包括那些没有具体急性毒性和/或慢性毒性数据的组分都是低毒或无毒的,且不会明显增加混合物的环境危害,也可以使用加和公式(见 4.3.5.2)。

表 5　混合物高毒性组分的 M 系数

急性毒性 $L(E)C_{50}$ 值	M 系数	慢性毒性 NOEC 值	M 系数	
			不能快速降解组分	可快速降解组分
$0.1<L(E)C_{50}\leqslant 1$	1	$0.01<NOEC\leqslant 0.1$	1	—
$0.01<L(E)C_{50}\leqslant 0.1$	10	$0.001<NOEC\leqslant 0.01$	10	1
$0.001<L(E)C_{50}\leqslant 0.01$	100	$0.000\,1<NOEC\leqslant 0.001$	100	10
$0.000\,1<L(E)C_{50}\leqslant 0.001$	1 000	$0.000\,01<NOEC\leqslant 0.000\,1$	1 000	100
$0.000\,01<L(E)C_{50}\leqslant 0.000\,1$	10 000	$0.000\,001<NOEC\leqslant 0.000\,01$	10 000	1 000
(继续以系数 10 为间隔)		(继续以系数 10 为间隔)		

4.3.6　组分没有任何可用信息的混合物分类

如果一种或多种相关组分没有可用的急性和/或慢性水生毒性信息,可断定该混合物不能划为明确的危害类别。这种情况下,应只根据已知组分对混合物进行分类,并另外注明:"混合物的 x%是对水生环境危害未知的组分"。

5　判定逻辑

判定逻辑仅供参考。判定逻辑参见附录 A。建议负责分类的人员在使用判定逻辑之前和使用中研究第 4 章。

5.1 急性(短期)水生危害分类

急性(短期)水生危害分类的判定逻辑见A.1,其中物质的判定逻辑见图A.1,混合物的判定逻辑见图A.2。

5.2 长期水生危害分类

长期水生危害分类的判定逻辑见A.2,其中物质的判定逻辑见图A.4,混合物的判定逻辑见图A.5。

6 标签

6.1 概述

6.1.1 对于危害水生环境的标签,危险类别都以指定的象形图、信号词和危险说明的顺序列出。联合国《关于危险货物运输的建议书 规章范本》(第十七修订版)(以下简称《规章范本》)涵盖的危险种类或类别应在标签中列出每个类别的指定相应图形标志。危害水生环境标签要素的分配见附录B。

6.1.2 有关危害水生环境分类和标签见附录C。

6.1.3 标签上要求的信息包括危险象形图、信号词、危险说明、防范说明、产品标识符和供应商标识等。

注:对于尚未标准化的其他标签要素,如防范说明也需要包括在标签上。主管部门可能还要求提供额外信息,供应商也可能增加补充信息。

6.2 危险象形图

危险象形图应使用黑色图形符号加白色背景,红框要足够宽,以便醒目。

《规章范本》规定的危险象形图、图形标志颜色、数字和最小尺寸见附录C。

6.3 信号词

信号词指标签上用来表明危险的相对严重程度和提醒读者注意潜在危险的单词。对于急性水生危害类别1,使用信号词"警告"。对于急性水生危害类别2和类别3不使用信号词,对于慢性水生危害类别1,使用信号词"警告"。对于慢性水生危害类别2、类别3、类别4不使用信号词。

6.4 危险说明

危险说明指分配给一个危险种类和类别的短语,用来描述一种危险产品的危险性质,在情况合适时还包括其危险程度。对水生环境的危害的危险说明见表C.1和表C.2并参见附录D。

6.5 防范说明

防范说明是一个词语(和/或象形图),用于描述为尽可能减少或防止由于接触危险产品或者不适当的贮存或搬运危险产品的不良效应建议采取的措施。为达到要求,共有5类防范说明:一般、预防、应急、贮存和处置。不同类别的水生环境危害用的防范说明参见附录D。

6.6 产品标识符

6.6.1 标签上应使用产品标识符,且应与化学品安全技术说明书上使用的产品标识符相一致。如果一种物质或混合物列入《规章范本》,包装上还应使用正确的联合国运输名称。

6.6.2 标签应包括物质的化学名称。主管部门也可要求在标签上列出可能导致混合物或合金危险的所有组分或合金元素的化学名称。

6.7 供应商标识

标签上应当提供物质或混合物的生产商或供应商的名称、地址和电话号码。

6.8 标签的示例

危害水生环境标签的例子参见附录 E。

附 录 A
（资料性附录）
危害水生环境判定逻辑

A.1 急性（短期）水生危害分类的判定逻辑

图 A.1、图 A.2 和图 A.3 分别给出了急性水生危害的判定逻辑。

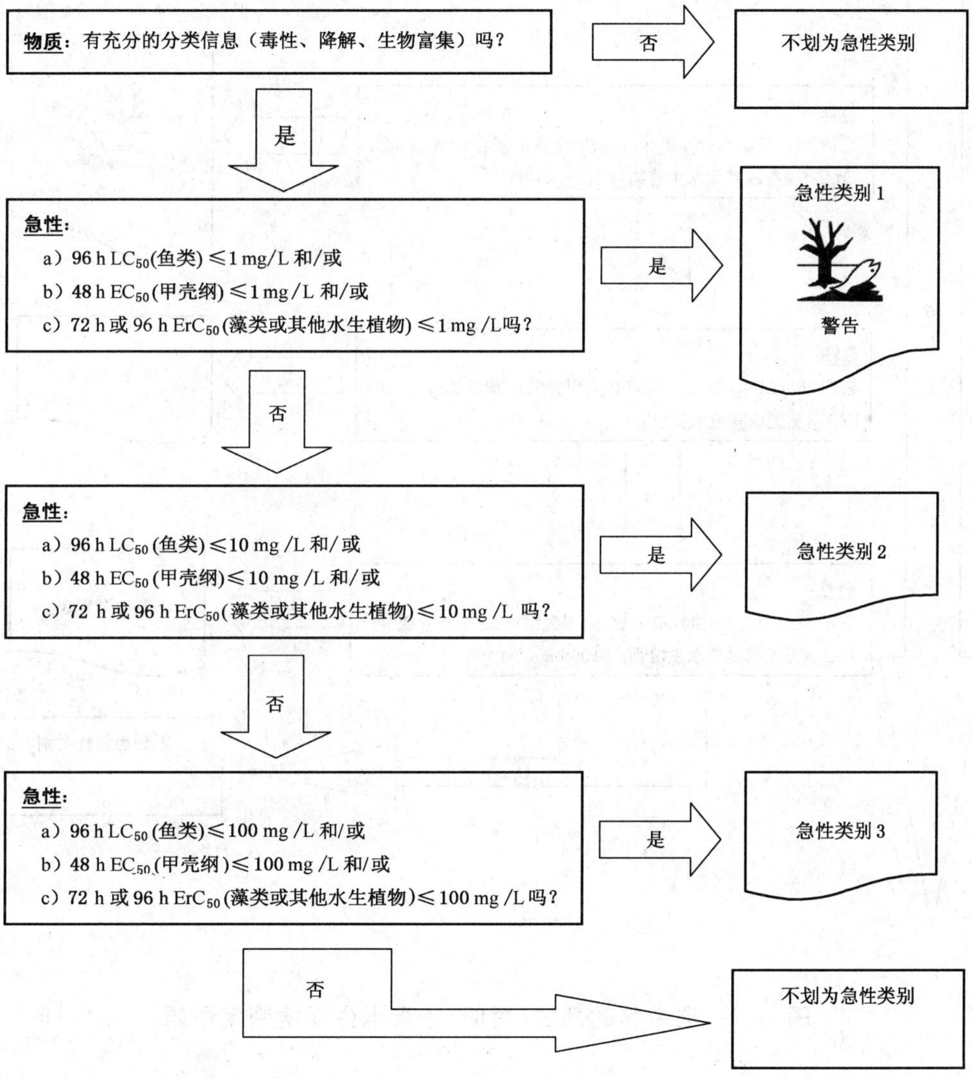

图 A.1 物质的急性（短期）水生危害判定逻辑

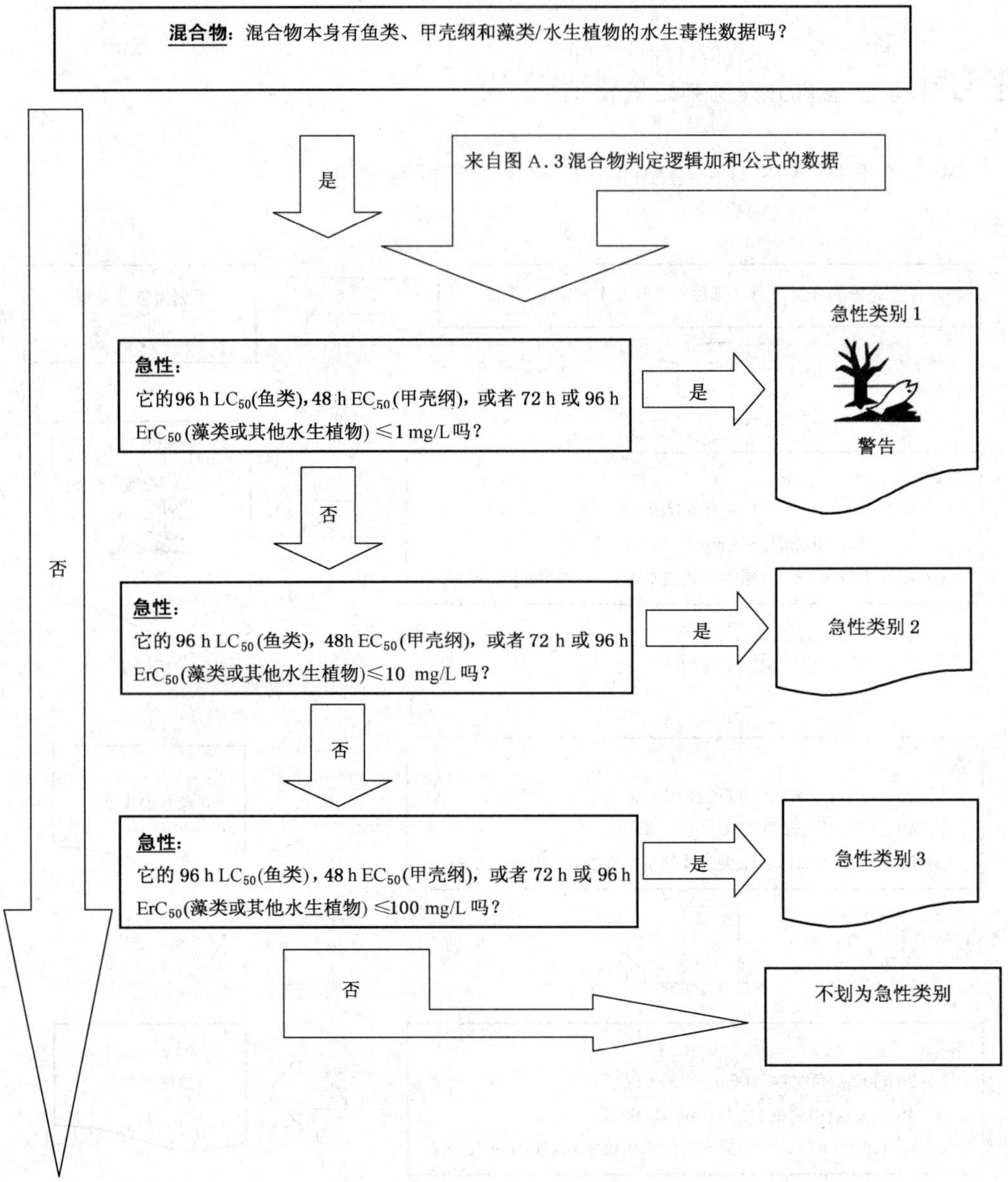

图 A.2 混合物的急性(短期)危害水生环境判定逻辑

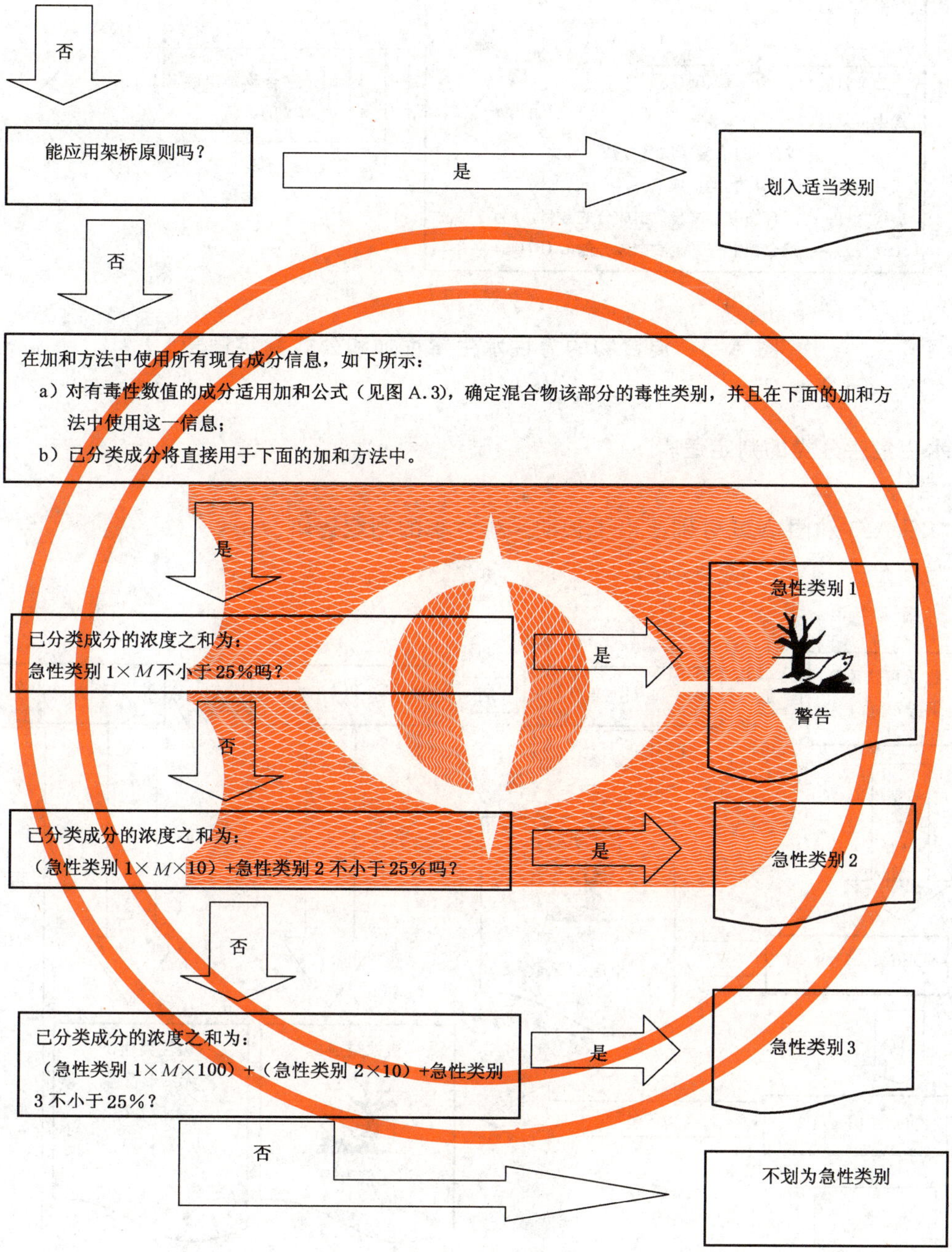
否
能应用架桥原则吗？
是
划入适当类别
否
在加和方法中使用所有现有成分信息，如下所示：
a）对有毒性数值的成分适用加和公式（见图 A.3），确定混合物该部分的毒性类别，并且在下面的加和方法中使用这一信息；
b）已分类成分将直接用于下面的加和方法中。
是
已分类成分的浓度之和为：
急性类别 1×M 不小于 25%吗？
是
急性类别 1
警告
否
已分类成分的浓度之和为：
（急性类别 1×M×10）+急性类别 2 不小于 25%吗？
是
急性类别 2
否
已分类成分的浓度之和为：
（急性类别 1×M×100）+（急性类别 2×10）+急性类别 3 不小于 25%？
是
急性类别 3
否
不划为急性类别

图 A.2（续）

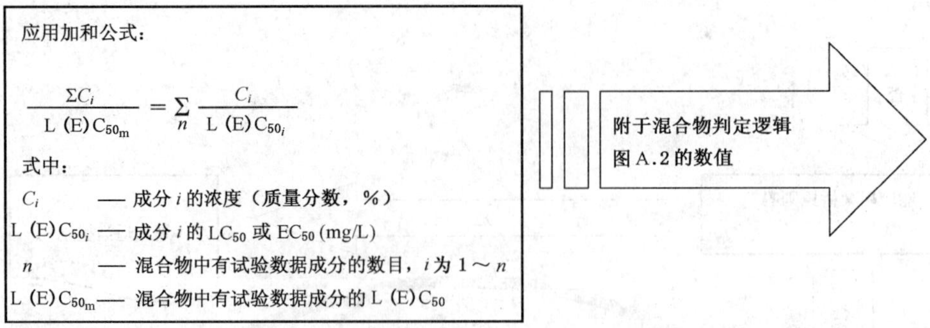

图 A.3　混合物的急性水生毒性加和公式判定逻辑

A.2　长期水生危害分类的判定逻辑

图 A.4、图 A.5 和图 A.6 分别给出了长期水生危害的判定逻辑。

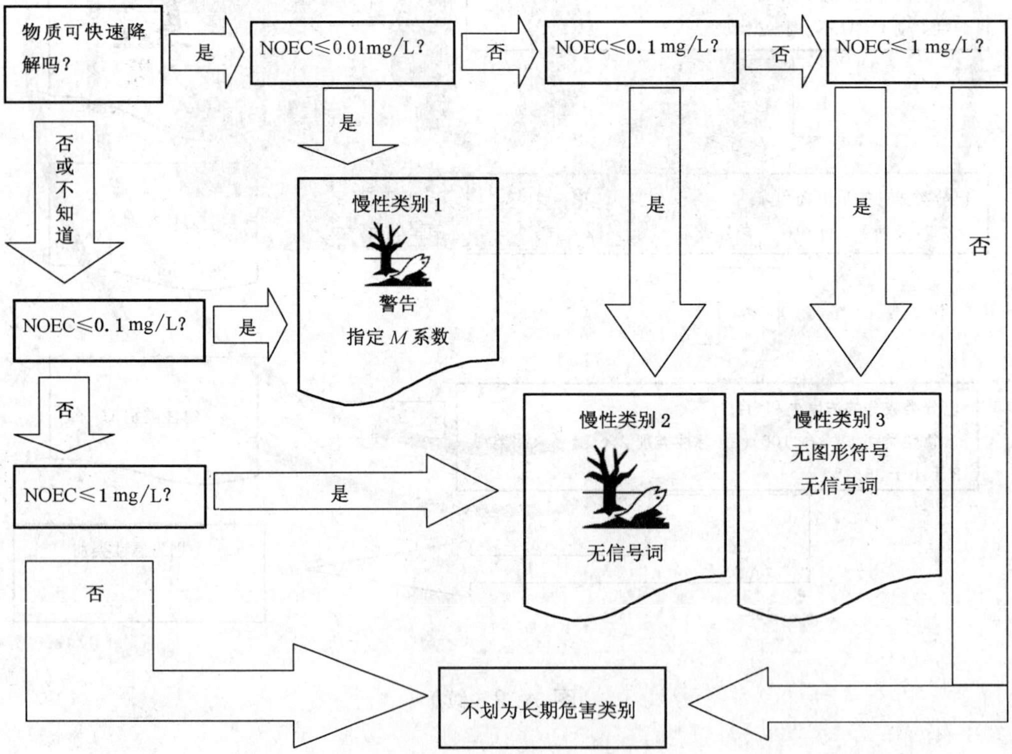

图 A.4　物质的长期水生危害判定逻辑(掌握所有三个营养水平的长期水生毒性数据)

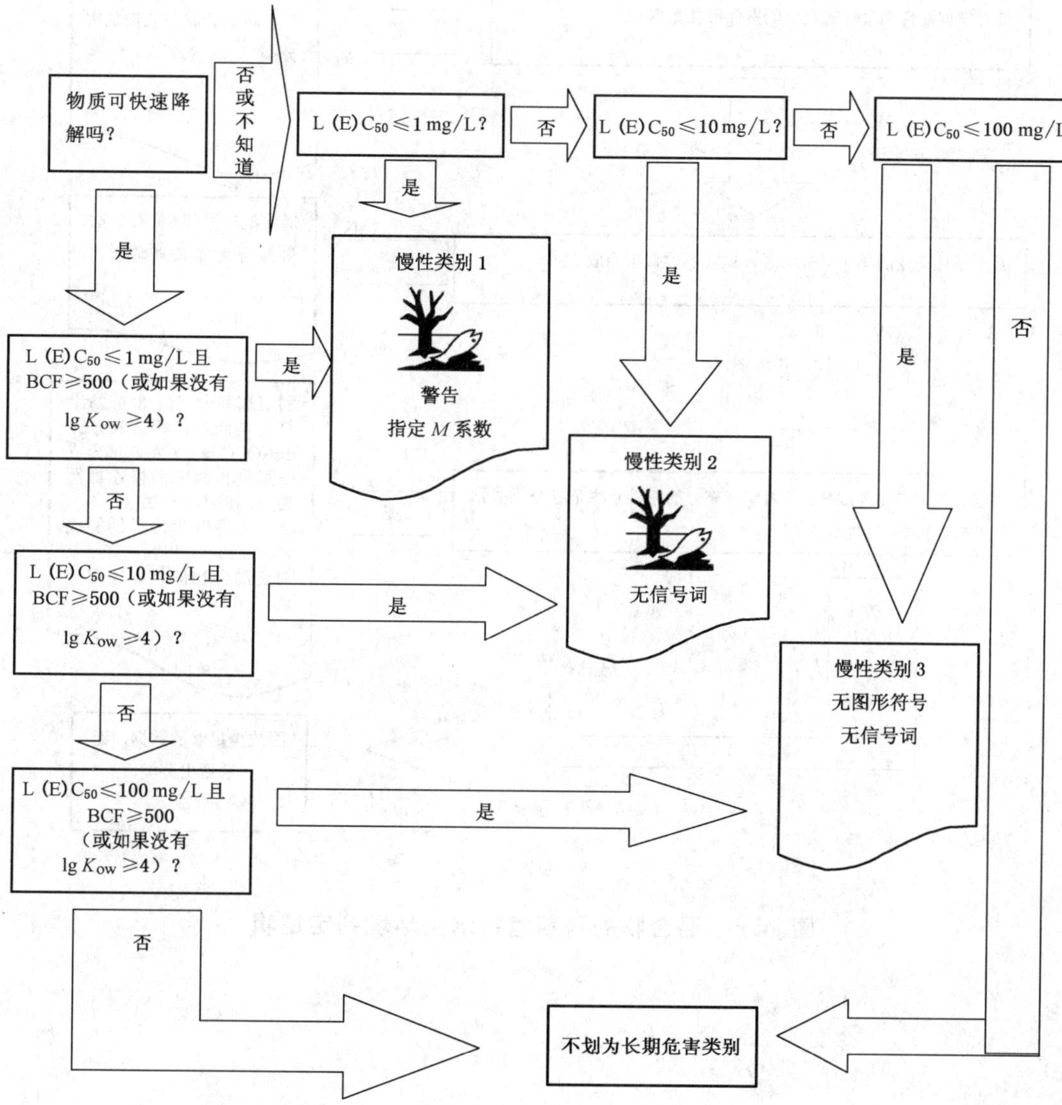

图 A.5 物质的长期水生危害判定逻辑(所有三个营养水平的长期水生毒性数据都无法得到)

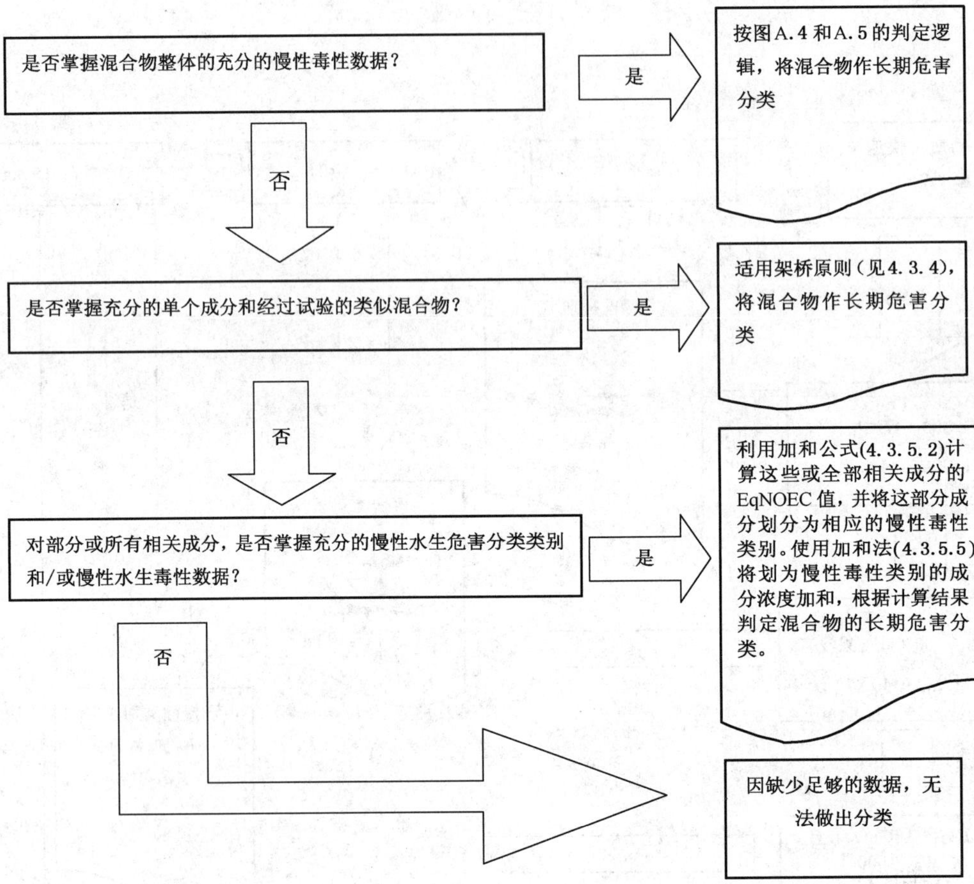

图 A.6　混合物的长期危害水生环境判定逻辑

附　录　B
（规范性附录）
危害水生环境标签要素的分配

B.1　危害水生环境——急性危险类别标签要素的分配见表B.1。

表B.1　危害水生环境——急性危险类别标签要素的分配

<table>
<tr><th>类别1</th><th>类别2</th><th>类别3</th><th>—</th><th>备　　注</th></tr>
<tr><td>
警告
对水生生物毒性极大</td><td>无象形图
无信号词
对水生生物有毒</td><td>无象形图
无信号词
对水生生物有害</td><td></td><td rowspan="2">对于类别1，根据联合国《规章范本》，如物质具有列入《规章范本》的任何其他危险，无须加贴象形图。
如果不具有其他危险（即《规章范本》第9类中的联合国编号3077和3082），则在联合国《规章范本》第9类的标签之外，还应加贴此象形图作为标记</td></tr>
<tr><td></td><td colspan="2">联合国《规章范本》中未作要求</td><td></td></tr>
</table>

B.2　危害水生环境——长期危险类别标签要素的分配见表B.2。

表B.2　危害水生环境——长期危险类别标签要素的分配

<table>
<tr><th>类别1</th><th>类别2</th><th>类别3</th><th>类别4</th><th>说　　明</th></tr>
<tr><td>
警告
对水生生物毒性极大并具有长期持续影响</td><td>
无信号词
对水生生物有毒并具有长期持续影响</td><td>无象形图
无信号词
对水生生物有害并具有长期持续影响</td><td>无象形图
无信号词
可能对水生生物造成长期持续有害影响</td><td rowspan="2">对于类别1和类别2，如物质带有列入《规章范本》的任何其他危险，则根据《规章范本》无须加贴象形图。
如果不带有其他危险（如《规章范本》第9类中的联合国编号3077和3082），则在联合国《规章范本》第9类的标签之外，还应加贴此象形图以为标记</td></tr>
<tr><td></td><td></td><td colspan="2">《规章范本》中未作要求</td></tr>
</table>

附　录　C
（规范性附录）
危害水生环境分类标准和标签要素

C.1　危害水生环境——急性危害分类和标签见表 C.1。

表 C.1　危害水生环境——急性危害分类和标签

<table>
<tr><th>危险类别</th><th>分　　类</th><th colspan="2">标签要素</th></tr>
<tr><td rowspan="3">1</td><td rowspan="3">1. 物质和试验过的混合物：
$L(E)C_{50} \leqslant 1$ mg/L
其中，$L(E)C_{50}$ 为 96 h LC_{50}（鱼类），48 h EC_{50}（甲壳纲），或者 72 h 或 96 h ErC_{50}（藻类或其他水生植物）。
2. 如果没有混合物整体数据，则使用架桥原则（见 4.3.4）。
3. 如果架桥原则不适用，则
a) 对于含有已分类组分的混合物，使用加和性并在以下情况下划入急性类别 1：
[急性类别 1 组分浓度之和]×M 系数不小于 25%
b) 对于含有试验组分的混合物，使用加和公式并在以下情况下划入急性类别 1：
$L(E)C_{50} \leqslant 1$ mg/L
c) 对于已归类组分和试验过组分的混合物，结合使用加和公式和加和性并在以下情况下划入急性类别 1：
[急性类别 1 组分浓度之和]×M 不小于 25%
4. 对于其中一种或多种相关组分没有可利用信息的混合物，利用现有可得信息进行分类并注明：混合物的 x% 由对水生环境危害未知的组分组成</td><td>图形符号</td><td></td></tr>
<tr><td>信号词</td><td>警　告</td></tr>
<tr><td>危险
说明</td><td>对水生生物
毒性极大</td></tr>
<tr><td rowspan="3">2</td><td rowspan="3">1. 物质和试验混合物：
1 mg/L<$L(E)C_{50} \leqslant 10$ mg/L
其中 $L(E)C_{50}$ 为鱼类 96 h LC_{50}、甲壳纲 48 h EC_{50} 或藻类或水生植物 72 h 或 96 h ErC_{50}。
2. 如果没有混合物整体数据可利用，则使用架桥原则（见 4.3.4）。
3. 如果架桥原则不适用，则
a) 对于含有已分类组分的混合物：
使用加和法，并在以下情况下划入急性类别 2：
[急性类别 1 组分浓度之和]×M 系数×10+[急性类别 2 组分浓度之和]不小于 25%
b) 对于含有试验组分的混合物：
使用加和性公式并在以下情况下划入急性类别 2：
1 mg/L<$L(E)C_{50} \leqslant 10$ mg/L
c) 对于兼有已分类组分和试验过组分的混合物：
结合加和公式和加和法计算并在以下情况下划入急性类别 2：
[急性类别 1 组分浓度之和]×M 系数×10+[急性类别 2 组分浓度之和]不小于 25%
4. 对于其中一种或多种相关组分没有可利用信息的混合物，利用现有可得信息进行分类并注明：混合物的 x% 由对水生环境危害未知的组分组成</td><td>图形符号</td><td>无图形符号</td></tr>
<tr><td>信号词</td><td>无</td></tr>
<tr><td>危险
说明</td><td>对水生
生物有毒</td></tr>
</table>

表 C.1（续）

<table>
<tr><th>危险类别</th><th>分　类</th><th colspan="2">标签要素</th></tr>
<tr><td rowspan="3">3</td><td rowspan="3">1. 物质和试验过的混合物：
10 mg/L＜L(E)C_{50}≤100 mg/L
其中 L(E)C_{50} 为鱼类 96 h LC_{50}、甲壳纲 48 h EC_{50} 或水生植物 72 h 或 96 h ErC_{50}。
2. 如果没有混合物整体数据可利用，则使用架桥原则(见 4.3.4)
3. 如果架桥原则不适用，则：
a) 对于含有已分类组分的混合物：
使用加和法，并在以下情况下划入急性类别 3：
[急性类别 1 组分浓度之和]×M 系数×100＋[急性类别 2 组分浓度之和]×10＋[急性类别 3 浓度之和]不小于 25%
b) 对于含有试验组分的混合物：
使用加和性公式并在以下情况下划入急性类别 3：
10 mg/L＜L(E)C_{50}≤100 mg/L
c) 对于兼有已分类组分和试验过组分的混合物：
结合加和性公式和加和法计算并在以下情况下划入急性类别 3：
[急性类别 1 组分浓度之和]×M 系数×100＋[急性类别 2 组分浓度之和]×10＋[急性类别 3 组分浓度之和]不小于 25%
4. 对于其中一种或多种相关组分没有可利用信息的混合物，利用现有可得信息进行分类并注明：混合物的 x% 由对水生环境危害未知的组分组成</td><td>图形符号</td><td>无图形符号</td></tr>
<tr><td>信号词</td><td>无</td></tr>
<tr><td>危险
说明</td><td>对水生
生物有害</td></tr>
</table>

C.2　危害水生环境——长期危害分类标准和标签要素见表 C.2。

表 C.2　危害水生环境——长期危害分类标准和标签要素

<table>
<tr><th>危险类别</th><th>分　类</th><th colspan="2">标签要素</th></tr>
<tr><td rowspan="3">1</td><td rowspan="3">1. 可快速降解的物质：
a) (NOEC)≤0.01mg/L；或如果没有
b) L(E)C_{50} ≤1 mg/L 和 BCF≥500(或如果没有，lg K_{ow}≥4)
2. 不能快速降解的物质：
a) (NOEC)≤0.1 mg/L；或如果没有
b) L(E)C_{50}≤1 mg/L
3. 如果没有混合物整体数据，使用架桥原则。
4. 如果架桥原则不适用，在以下情况下划入慢性类别 1：
[慢性类别 1 组分浓度之和]×M 不小于 25%
式中 M 为放大系数(见 4.3.5.5.5)。
5. 对于其中一种或多种相关组分没有可利用信息的混合物，利用现有可得信息进行分类并注明：混合物的 x% 由对水生环境危害未知的组分组成</td><td>图形符号</td><td></td></tr>
<tr><td>信号词</td><td>警　告</td></tr>
<tr><td>危险
说明</td><td>对水生毒性极大并具有长期持续影响</td></tr>
</table>

表 C.2（续）

危险类别	分　类	标签要素	
2	1. 可快速降解的物质： a) 0.01≤(NOEC)≤0.1 mg/L；或如果没有 b) 1 mg/L< L(E)C_{50}≤10 mg/L 和 BCF≥500(或如果没有 lg K_{ow}≥4) 2. 不能快速降解的物质： a) 0.1≤(NOEC)≤1 mg/L；或如果没有 b) 1 mg/L< L(E)C_{50}≤10 mg/L 3. 如果没有混合物整体数据，使用架桥原则。 4. 如果架桥原则不适用，在以下情况下划入慢性类别 2：[(慢性类别 1 组分浓度之和×M 系数×10)+(慢性类别 2 组分浓度之和)]不小于 25% 5. 对于其中一种或多种相关组分没有可利用信息的混合物，利用现有可得信息进行分类并注明：混合物的 x% 由对水生环境危害未知的组分组成	图形符号	
		信号词	无
		危险说明	对水生生物有毒并具有长期持续影响
3	1. 可快速降解的物质： a) 0.1≤(NOEC)≤1 mg/L；或如果没有 b) 10 mg/L< L(E)C_{50}≤100 mg/L 和 BCF≥500(或如果没有 lg K_{ow}≥4) 2. 不能快速降解的物质：10 mg/L< L(E)C_{50}≤100 mg/L 3. 如果没有混合物整体数据，使用架桥原则。 4. 如果架桥原则不适用，在以下情况下划入慢性类别 3：[(慢性类别 1 组分浓度之和×M 系数×100)+(慢性类别 2 组分浓度之和×10)+(慢性类别 3 组分浓度之和)]不小于 25% 5. 对于其中一种或多种相关组分没有可利用信息的混合物，利用现有可得信息进行分类并注明：混合物的 x% 由对水生环境危害未知的组分组成	图形符号	无图形符号
		信号词	无
		危险说明	对水生生物有害并具有长期持续影响
4	1. 物质和试验过的混合物： a) 对于不易溶解并且在水溶性水平之下没有观察到急性毒性 b) 缺乏快速降解潜力且有生物富集潜力(BCF≥500，如果没有，lg K_{ow}≥4)；除非慢性 $NOEC_S$>1 mg/L。 2. 如果没有混合物整体数据，使用架桥原则。 3. 如果架桥原则不适用，在以下情况下划入慢性类别 4：[(慢性类别 1 组分浓度之和)+(慢性类别 2 组分浓度之和)+(慢性类别 3 组分浓度之和)+(慢性类别 4 组分浓度之和)]不小于 25% 4. 对于其中一种或多种相关组分没有可利用信息的混合物，利用现有可得信息进行分类并注明：混合物的 x% 由对水生环境危害未知的组分组成	图形符号	无
		信号词	无
		危险说明	可能对水生生物造成长期持续有害影响

附 录 D
（资料性附录）
危害水生环境的危险说明和防范说明

D.1 概述

D.1.1 本附录为危害水生环境提供如何使用符合 GHS 的危险说明和防范说明指导，列出危害水生环境每一危害类别的建议危险说明和防范说明，见 GB 13690。

D.1.2 危险说明的编码

D.1.2.1 危险说明的编码见 GHS 附件 3。

D.1.2.2 每一种危险说明均设定一个专门的字母数字混合代码，由 1 个字母和 3 个数字组成，具体如下：

a) 字母"H"(代表"危险说明")；

b) 第 1 个数字，代表不同部分编号设定的危险说明所指危险类型，具体如下：

——"2"代表物理危险；

——"3"代表健康危害；

——"4"代表环境危害；

c) 后 2 个数字，对应于物质或者混合物固有属性引起的危险的序列编号，如：爆炸性(代码 200 至 210)、易燃性(代码 220 至 230)，等等。

D.1.2.3 除非另有规定，所有指定的危险说明均应出现在标签上。主管部门可规定危险说明在标签出现的顺序。此外，在组合危险说明提供两种或者以上危险说明时，主管部门可以具体规定，是否将组合危险说明或者相应的单个说明写入标签，或者由制造商/供应商自行决定。

D.1.3 防范说明应连同统一的危险公示要素(象形图、信号词和危险说明)一起标在符合要求的标签上。附加补充信息，例如使用说明，也可由制造商/供应商和/或主管部门斟酌决定予以补充。

D.1.3.1 防范说明编码见 GHS 附件 3。

D.1.3.2 防范说明的编码

D.1.3.2.1 每一防范说明均设定一个专门的字母数字混合代码，由 1 个字母和 3 个数字组成，具体如下：

a) 字母"P"(代表"防范说明")。

b) 第 1 个数字，代表防范说明的类型，具体如下：

——"1"代表一般防范说明；

——"2"代表预防防范说明；

——"3"代表应急防范说明；

——"4"代表贮存防范说明；

——"5"代表处置防范说明；

c) 后 2 个数字(对应于防范说明的序列编号)。

D.1.3.2.2 防范说明代码用作参考。防范说明代码不是防范说明条文的一部分，不应用其替代防范说明条文。

D.2 一般防范说明

对被划为危害人类健康或环境的所有物质和混合物应采取一般防范措施。以下一般防范说明在给定的条件下适用于 GHS 标签(见表 D.1)。

表 D.1 一般防范说明

对象	补充信息	编码	一般防范说明
一般公众	标签,补充标签信息	**P101**	**如需就医:随手携带产品容器或标签**
		P102	**儿童不得接触**
		P103	**使用前请阅读标签**
生产工人	标签,补充标签信息、安全技术说明书、工作场所标志		无

D.3 危害水生环境防范说明

危害水生环境的防范说明见表 D.2 和表 D.3。

表 D.2 危害水生环境——急性危险

危险类别	信号词	危险说明	图形符号 环境
1	警告	H400 对水生生物毒性极大	

防范说明			
预防	反应	贮存	处置
P273 **避免释放到环境中。** ——如非其预定用途。	P391 **收集溢出物**		P501 **处置内装物/容器……。** ……按照地方/区域/国家/国际规章(待规定)。

危险类别	信号词	危险说明	图形符号 无
2	无信号词	H400 对水生生物有毒	
3	无信号词	H402 对水生生物有害	

防范说明			
预防	反应	贮存	处置
P273 **避免释放到环境中。** ——如非其预定用途。			P501 **处置内装物/容器……。** ……按照地方/区域/国家/国际规章(待规定)。

表 D.3　危害水生环境——长期危害

危险类别	信号词	危险说明	图形符号 环境
1	警告	H400 对水生生物毒性极大并具有长期持续影响	
2	无信号词	H411 对水生生物有毒并具有长期持续影响	

防范说明			
预　防	反　应	贮　存	处　置
P273 **避免释放到环境中。** ——如非其预定用途。	P391 **收集溢出物**		P501 **处置内装物/容器……。** ……按照地方/区域/国家/国际规章(待规定)。

危险类别	信号词	危险说明	图形符号 无
3	无信号词	H412 对水生生物有害并具有长期持续影响	
4	无信号词	H413 可能对水生生物造成长期持续有害影响	

防范说明			
预　防	反　应	贮　存	处　置
P273 **避免释放到环境中。** ——如非其预定用途。			P501 **处置内装物/容器……。** ……按照地方/区域/国家/国际规章(待规定)。

附 录 E
（资料性附录）
危害水生环境的标签示例

危害水生环境的标签示例见图 E.1～图 E.4。

编　码：
产品名称：

公司名称

街名及号码
国家、省、市、邮编
电话号码
紧急呼叫电话

使用说明：

警 告
儿童不得接触
使用前请阅读标签

对水生生物毒性极大。

避免释放到环境中。
收集溢出物。
按照相关规定处置内装物和容器。

载重量：　　　　毛重：
有效期：　　　　批号：
装载日期：

图 E.1　危害水生环境——急性危害类别 1 标签

编　码：

产品名称：

公司名称

街名及号码
国家、省、市、邮编
电话号码
紧急呼叫电话

使用说明：

儿童不得接触
使用前请阅读标签

对水生生物有毒。

避免释放到环境中。

按照相关规定处置内装物和容器。

载重量：　　　　毛重：
有效期：　　　　批号：
装载日期：

图 E.2　危害水生环境——急性危害类别 2 标签

编　码：

产品名称：

公司名称

街名及号码
国家、省、市、邮编
电话号码
紧急呼叫电话

使用说明：

载重量：　　　　毛重：
有效期：　　　　批号：
装载日期：

警　告

儿童不得接触

使用前请阅读标签

对水生生物毒性极大并具有长期持续影响。

避免释放到环境中。
收集溢出物。
按照相关规定处置内装物和容器。

图 E.3　危害水生环境——长期危害类别 1 标签

编　码：

产品名称：

儿童不得接触
使用前请阅读标签

公司名称

街名及号码
国家、省、市、邮编
电话号码
紧急呼叫电话

对水生生物有害并具有长期持续影响。

避免释放到环境中。

按照相关规定处置内装物和容器。

使用说明：

载重量：　　毛重：
有效期：　　批号：
装载日期：

图 E.4　危害水生环境——长期危害类别 3 标签

ICS 13.300
A 80

中华人民共和国国家标准

GB 30000.29—2013

化学品分类和标签规范 第29部分:对臭氧层的危害

Rules for classification and labelling of chemicals—Part 29:Hazardous to the ozone layer

2013-10-10 发布

2014-11-01 实施

中华人民共和国国家质量监督检验检疫总局
中国国家标准化管理委员会 发布

前　言

本部分的第4章、第6章为强制性的，其余为推荐性的。

GB 30000《化学品分类和标签规范》的预期结构和将代替的国家标准为：

——第1部分：通则(代替GB 13690—2009)；
——第2部分：爆炸物(代替GB 20576—2006)；
——第3部分：易燃气体(代替GB 20577—2006)；
——第4部分：气溶胶(代替GB 20578—2006)；
——第5部分：氧化性气体(代替GB 20579—2006)；
——第6部分：加压气体(代替GB 20580—2006)；
——第7部分：易燃液体(代替GB 20581—2006)；
——第8部分：易燃固体(代替GB 20582—2006)；
——第9部分：自反应物质和混合物(代替GB 20583—2006)；
——第10部分：自燃液体(代替GB 20585—2006)；
——第11部分：自燃固体(代替GB 20586—2006)；
——第12部分：自热物质和混合物(代替GB 20584—2006)；
——第13部分：遇水放出易燃气体的物质和混合物(代替GB 20587—2006)；
——第14部分：氧化性液体(代替GB 20589—2006)；
——第15部分：氧化性固体(代替GB 20590—2006)；
——第16部分：有机过氧化物(代替GB 20591—2006)；
——第17部分：金属腐蚀物(代替GB 20588—2006)；
——第18部分：急性毒性(代替GB 20592—2006)；
——第19部分：皮肤腐蚀/刺激(代替GB 20593—2006)；
——第20部分：严重眼损伤/眼刺激(代替GB 20594—2006)；
——第21部分：呼吸道或皮肤致敏(代替GB 20595—2006)；
——第22部分：生殖细胞致突变性(代替GB 20596—2006)；
——第23部分：致癌性(代替GB 20597—2006)；
——第24部分：生殖毒性(代替GB 20598—2006)；
——第25部分：特异性靶器官毒性 一次接触(代替GB 20599—2006)；
——第26部分：特异性靶器官毒性 反复接触(代替GB 20601—2006)；
——第27部分：吸入危害；
——第28部分：对水生环境的危害(代替GB 20602—2006)；
——第29部分：对臭氧层的危害；
——第30部分：化学品作业场所警示性标志。

本部分为GB 30000的第29部分。

本部分按照GB/T 1.1—2009给出的规则起草。

本部分与联合国《全球化学品统一分类和标签制度》(Globally Harmonized System of Classification and Labelling of Chemicals，GHS)(第四修订版)有关技术内容一致。

本部分由全国危险化学品管理标准化技术委员会(SAC/TC 251)提出并归口。

本部分起草单位:中华人民共和国山东出入境检验检疫局、环境保护部化学品登记中心、中国化工信息中心。

本部分主要起草人:耿向阳、卢玲、车礼东、毛岩、于晓、葛海虹、黄红花、读刚、冯真真、卢健、梁缙。

化学品分类和标签规范 第29部分:对臭氧层的危害

1 范围

GB 30000 的本部分规定了对臭氧层具有危害的化学品的术语和定义、分类标准、判定逻辑和标签。

本部分适用于对臭氧层具有危害的化学品按联合国《全球化学品统一分类和标签制度》(以下简称GHS)分类和标签。

本部分不适用于含有危害臭氧层物质的设备、物品和电器(如电冰箱或空调设备等)。

2 规范性引用文件

下列文件对于本文件的应用是必不可少的。凡是注日期的引用文件,仅注日期的版本适用于本文件。凡是不注日期的引用文件,其最新版本(包括所有的修改单)适用于本文件。

GB 13690 化学品分类和危险性公示 通则

联合国《全球化学品统一分类和标签制度》(第四修订版)

联合国《关于危险货物运输的建议书 规章范本》(第十七修订版)

缔约方国际公约《关于消耗臭氧层物质的蒙特利尔议定书》

3 术语和定义

GB 13690 界定的以及下列术语和定义适用于本文件。

3.1

臭氧消耗潜能值 ozone depleting potential;ODP

某种化合物的差量排放相对于同等质量的三氯氟甲烷而言,对整个臭氧层的综合扰动的比值。

4 分类标准

物质和混合物按表1划为类别1。

表1 划分危害臭氧层的物质和混合物标准

类别	标准
1	《关于消耗臭氧层物质的蒙特利尔议定书》(以下简称《蒙特利尔议定书》)附件中列出的任何受管制物质;或 任何混合物至少含有一种浓度不小于0.1%的被列入《蒙特利尔议定书》附件(见附录A)的组分

5 判定逻辑

判定逻辑仅供参考。判定逻辑参见附录B。特别建议负责分类的人员在使用判定逻辑前和使用中研究第 4 章。

6 标签

6.1 概述

6.1.1 对于危害臭氧层的标签，危险类别都以指定的象形图、信号词和危险说明的顺序列出。联合国《关于危险货物运输的建议书 规章范本》(以下简称《规章范本》)涵盖的危险种类或类别应在标签中列出每个类别的指定相应图形标志。危害臭氧层标签要素的分配见附录 C。

6.1.2 有关危害臭氧层物质和混合物分类标准和标签要素见附录 D。

6.1.3 标签上要求的信息包括危险象形图、信号词、危险说明、防范说明、产品标识符和供应商标识等。

6.2 危险象形图

危险象形图应使用黑色图形符号加白色背景，红框要足够宽，以便醒目。

6.3 信号词

信号词指标签上用来表明危险的相对严重程度和提醒读者注意潜在危险的词语。GHS 使用的信号词是“危险”和“警告”。危害臭氧层仅使用信号词“警告”。

6.4 危险说明

危险说明指分配给一个危险种类和类别的短语，用来描述一种危险产品的危险性质，在情况合适时还包括其危险程度。危害臭氧层危险说明和防范说明见表 D.1 和参见附录 E。

6.5 防范说明

防范说明是一个词语(和/或象形图)，用于描述为尽可能减少或防止由于接触危险产品或者不适当的贮存或搬运危险产品的不良效应建议采取的措施。为达到要求，共有 5 类防范说明：一般、预防、应急、贮存和处置。危害臭氧层防范说明参见附录 E。

6.6 产品标识符

6.6.1 标签上应使用产品标识符，且应与化学品安全技术说明书上使用的产品标识符相一致。如果一种物质或混合物列入《规章范本》，包装上还应使用正确的联合国运输名称。

6.6.2 标签应包括物质的化学名称。主管部门也可要求在标签上列出可能导致混合物危险的所有组分的化学名称。

6.7 供应商标识

标签上应当提供物质或混合物的生产商或供应商的名称、地址和电话号码。

6.8 标签的示例

危害臭氧层标签的示例参见附录 F。

附 录 A
（规范性附录）
《蒙特利尔议定书》附件及规定的受控制物质

A.1 《蒙特利尔议定书》附件 A 见表 A.1。

表 A.1 《蒙特利尔议定书》附件 A

类别	化学式	物质代码	消耗臭氧潜能值(ODP 值)[a]
第一类	$CFCl_3$	CFC-11	1.0
	CF_2Cl_2	CFC-12	1.0
	$C_2F_3Cl_3$	CFC-113	0.8
	$C_2F_4Cl_2$	CFC-114	1.0
	C_2F_5Cl	CFC-115	0.6
第二类	CF_2BrCl	halon-1211	3.0
	CF_3Br	halon-1301	10.0
	$C_2F_4Br_2$	halon-2402	6.0
[a] 这些消耗臭氧潜能值是根据现有知识的估计数，将对其进行定期审查和修改。			

A.2 《蒙特利尔议定书》附件 B 见表 A.2。

表 A.2 《蒙特利尔议定书》附件 B

类别	化学式	物质代码	消耗臭氧潜能值(ODP 值)[a]
第一类	CF_3Cl	CFC-13	1.0
	C_2FCl_5	CFC-111	1.0
	$C_2F_2Cl_4$	CFC-112	1.0
	C_3FCl_7	CFC-211	1.0
	$C_3F_2Cl_6$	CFC-212	1.0
	$C_3F_3Cl_5$	CFC-213	1.0
	$C_3F_4Cl_4$	CFC-214	1.0
	$C_3F_5Cl_3$	CFC-215	1.0
	$C_3F_6Cl_2$	CFC-216	1.0
	C_3F_7Cl	CFC-217	1.0
第二类	CCl_4	四氯化碳	1.1
第三类	$C_2H_3Cl_3$	1,1,1-三氯乙烷[b]	0.1

[a] 这些消耗臭氧潜能值是根据现有知识的估计数,将对其进行定期审查和修改。

[b] 非 1,1,2-三氯乙烷。

A.3 《蒙特利尔议定书》附件 C 见表 A.3。

表 A.3 《蒙特利尔议定书》附件 C

类别	化学式	物质代码	异构体数量	消耗臭氧潜能值(ODP 值)[a]
	$CHFCl_2$	HCFC-21[4]	1	0.04
	CHF_2Cl	HCFC-22[4]	1	0.055
	CH_2FCl	HCFC-31	1	0.02
	C_2HFCl_4	HCFC-121	2	0.01～0.04
	$C_2HF_2Cl_3$	HCFC-122	3	0.02～0.08
	$C_2HF_3Cl_2$	HCFC-123	3	0.02～0.06
	$CHCl_2CF_3$	HCFC-123[4]	—	0.02
	C_2HF_4Cl	HCFC-124	2	0.02～0.04
	$CHFClCF_3$	HCFC-124[4]	—	0.022
	$C_2H_2FCl_3$	HCFC-131	3	0.007～0.05
	$C_2H_2F_2Cl_2$	HCFC-132	4	0.008～0.05
	$C_2H_2F_3Cl$	HCFC-133	3	0.02～0.06
	$C_2H_3FCl_2$	HCFC-141	3	0.005～0.07
	CH_3CFCl_2	HCFC-141b[4]	—	0.11
	$C_2H_3F_2Cl$	HCFC-142	3	0.008～0.07
	CH_3CF_2Cl	HCFC-142b[4]	—	0.065
第一类	C_2H_4FCl	HCFC-151	2	0.003～0.005
	C_3HFCl_6	HCFC-221	5	0.015～0.07
	$C_3HF_2Cl_5$	HCFC-222	9	0.01～0.09
	$C_3HF_3Cl_4$	HCFC-223	12	0.01～0.08
	$C_3HF_4Cl_3$	HCFC-224	12	0.01～0.09
	$C_3HF_5Cl_2$	HCFC-225	9	0.02～0.07
	$CF_3CF_2CHCl_2$	HCFC-225ca[4]	—	0.025
	CF_2ClCF_2CHClF	HCFC-225cb[4]	—	0.033
	C_3HF_6Cl	HCFC-226	5	0.02～0.10
	$C_3H_2FCl_5$	HCFC-231	9	0.05～0.09
	$C_3H_2F_2Cl_4$	HCFC-232	16	0.008～0.10
	$C_3H_2F_3Cl_3$	HCFC-233	18	0.007～0.23
	$C_3H_2F_4Cl_2$	HCFC-234	16	0.01～0.28
	$C_3H_2F_5Cl$	HCFC-235	9	0.03～0.52
	$C_3H_3FCl_4$	HCFC-241	12	0.004～0.09
	$C_3H_3F_2Cl_3$	HCFC-242	18	0.005～0.13
	$C_3H_3F_3Cl_2$	HCFC-243	18	0.007～0.12

表 A.3（续）

类别	化学式	物质代码	异构体数量	消耗臭氧潜能值(ODP值)[a]
第一类	$C_3H_3F_4Cl$	HCFC-244	12	0.009～0.14
	$C_3H_4FCl_3$	HCFC-251	12	0.001～0.01
	$C_3H_4F_2Cl_2$	HCFC-252	16	0.005～0.04
	$C_3H_4F_3Cl$	HCFC-253	12	0.003～0.03
	$C_3H_5FCl_2$	HCFC-261	9	0.002～0.02
	$C_3H_5F_2Cl$	HCFC-262	9	0.002～0.02
	C_3H_6FCl	HCFC-271	5	0.001～0.03
第二类	$CHFBr_2$		1	1.00
	CHF_2Br	HBFC-22B1	1	0.74
	CH_2FBr		1	0.73
	C_2HFBr_4		2	0.3～0.8
	$C_2HF_2Br_3$		3	0.5～1.8
	$C_2HF_3Br_2$		3	0.4～1.6
	C_2HF_4Br		2	0.7～1.2
	$C_2H_2FBr_3$		3	0.1～1.1
	$C_2H_2F_2Br_2$		4	0.2～1.5
	$C_2H_2F_3Br$		3	0.7～1.6
	$C_2H_3FBr_2$		3	0.1～1.7
	$C_2H_3F_2Br$		3	0.2～1.1
	C_2H_4FBr		2	0.07～0.1
	C_3HFBr_6		5	0.3～1.5
	$C_3HF_2Br_5$		9	0.2～1.9
	$C_3HF_3Br_4$		12	0.3～1.8
	$C_3HF_4Br_3$		12	0.5～2.2
	$C_3HF_5Br_2$		9	0.9～2.0
	C_3HF_6Br		5	0.7～3.3
	$C_3H_2FBr_5$		9	0.1～1.9
	$C_3H_2F_2Br_4$		16	0.2～2.1
	$C_3H_2F_3Br_3$		18	0.2～5.6
	$C_3H_2F_4Br_2$		16	0.3～7.5
	$C_3H_2F_5Br$		8	0.9～1.4
	$C_3H_3FBr_4$		12	0.08～1.9
	$C_3H_3F_2Br_3$		18	0.1～3.1
	$C_3H_3F_3Br_2$		18	0.1～2.5

表 A.3(续)

类别	化学式	物质代码	异构体数量	消耗臭氧潜能值(ODP值)[a]
第二类	$C_3H_3F_4Br$		12	0.3～4.4
	$C_3H_4FBr_3$		12	0.03～0.3
	$C_3H_4F_2Br_2$		16	0.1～1.0
	$C_3H_4F_3Br$		12	0.07～0.8
	$C_3H_5FBr_2$		9	0.04～0.4
	$C_3H_5F_2Br$		9	0.07～0.8
	C_3H_6FBr		5	0.02～0.7
第三类	CH_2BrCl	溴氯甲烷	1	0.12
[a] 这些消耗臭氧潜能值是根据现有知识的估计数,将对其进行定期审查和修改。				

A.4 《蒙特利尔议定书》附件E见表A.4。

表 A.4 《蒙特利尔议定书》附件E

类别	化学式	物质代码	消耗臭氧潜能值(ODP值)[a]
第一类	CH_3Br	一溴甲烷	0.7
[a] 这些消耗臭氧潜能值是根据现有知识的估计数,将对其进行定期审查和修改。			

附 录 B
（资料性附录）
危害臭氧层的判定逻辑

危害臭氧层的判定逻辑见图 B.1。

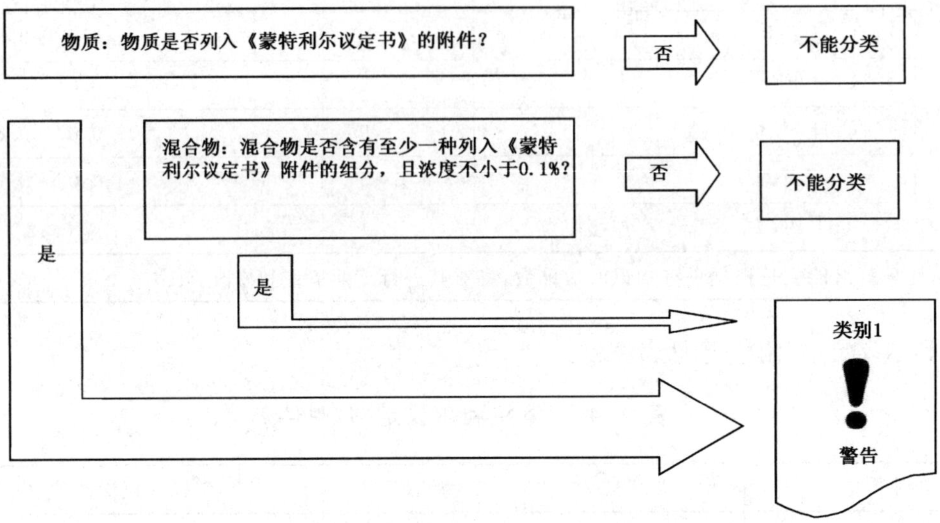

图 B.1 危害臭氧层物质和混合物的判定逻辑

附　录　C
（规范性附录）
危害臭氧层标签要素的分配

危害臭氧层标签要素的分配见表C.1。

表C.1　危害臭氧层标签要素的分配

类别1	—	—	—	—
 警告 破坏高层大气中的臭氧，危害公共健康和环境				
联合国《关于危险货物运输的建议书　规章范本》中未作要求。				

附 录 D
（规范性附录）
危害臭氧层的分类标准和标签要素

危害臭氧层的分类标准和标签要素见表D.1。

表D.1 危害臭氧层的分类标准和标签要素

<table>
<tr><th>危险类别</th><th>标　　准</th><th colspan="2">标签要素</th></tr>
<tr><td rowspan="3">1</td><td rowspan="3">1. 物质
《蒙特利尔议定书》附件中列出的任何受管制物质；
2. 混合物
任何混合物至少含有一种浓度不小于0.1%的被列入《蒙特利尔议定书》附件的组分</td><td>图形符号</td><td></td></tr>
<tr><td>信号词</td><td>警告</td></tr>
<tr><td>危险说明</td><td>破坏高层大气中的臭氧，危害公共健康和环境</td></tr>
</table>

附　录　E
（资料性附录）
危害臭氧层的危险说明和防范说明

E.1　概述

E.1.1　本附录为具有对臭氧层危害的化学品如何使用符合GHS的危险说明和防范说明提供指导，列出具有对臭氧层危害的化学品的每一危害类别的建议危险说明和防范说明，见GB 13690。

E.1.2　危险说明的编码：

E.1.2.1　危险说明的编码见GHS附件3。

E.1.2.2　每一种危险说明均设定一个专门的字母数字混合代码，由1个字母和3个数字组成，具体如下：

a)　字母“H”（代表“危险说明”）；

b)　第1个数字，代表不同部分编号设定的危险说明所指危险类型，具体如下：
——“2”代表物理危险；
——“3”代表健康危害；
——“4”代表环境危害；

c)　后2个数字，对应于物质或者混合物固有属性引起的危险的序列编号，如：爆炸性（代码200至210）、易燃性（代码220至230），等等。

E.1.2.3　除非另有规定，所有指定的危险说明均应出现在标签上。主管部门可规定危险说明在标签出现的顺序。此外，在组合危险说明提供两种或者以上危险说明时，主管部门可以具体规定，是否将组合危险说明或者相应的单个说明写入标签，或者由制造商/供应商自行决定。

E.1.3　防范说明应连同统一的危险公示要素（象形图、信号词和危险说明）一起标在符合要求的标签上。附加补充信息，例如使用说明，也可由制造商/供应商和/或主管部门斟酌决定予以补充。

E.1.3.1　防范说明编码见GHS附件3。

E.1.3.2　防范说明的编码：

E.1.3.2.1　每一防范说明均设定一个专门的字母数字混合代码，由1个字母和3个数字组成，具体如下：

a)　字母“P”（代表“防范说明”）；

b)　第1个数字，代表防范说明的类型，具体如下：
——“1”代表一般防范说明；
——“2”代表预防防范说明；
——“3”代表应急防范说明；
——“4”代表贮存防范说明；
——“5”代表处置防范说明；

c)　后2个数字（对应于防范说明的序列编号）。

E.1.3.2.2　防范说明代码用作参考。防范说明代码不是防范说明条文的一部分，不应用其替代防范说明条文。

E.2 一般防范说明

对被划为危害人类健康或环境的所有物质和混合物应采取一般防范措施。以下一般防范说明在给定的条件下适用于 GHS 标签(见表 E.1)。

表 E.1 一般防范说明

对象	补充信息	编码	一般防范说明
一般公众	标签,补充标签信息	**P101**	**如需就医:请随身携带产品容器或标签**
		P102	**儿童不得接触**
		P103	**使用前请阅读标签**
生产工人	标签,补充标签信息、安全技术说明书、工作场所标志		无

E.3 危害臭氧层的防范说明

危害臭氧层物质的防范说明见表 E.2。

表 E.2 危害臭氧层的防范说明

危险类别	信号词	危险说明	图形符号 惊叹号
1	警告	**H420** 破坏高层大气中的臭氧,危害公共健康和环境	

防范说明			
预防	应急	贮存	处置
			P502 **有关回收和循环使用的资料,请征询制造商/供应商**

附 录 F
（资料性附录）
危害臭氧层的标签示例

编 码
产品名称

公司名称：

街名及号码：

国家、省、市、邮编：

电话号码：

紧急呼叫电话：
使用说明：

载重量： 毛重：
有效期： 批号：
装载日期：

警 告
儿童不得接触
使用前请阅读标签

破坏高层大气中的臭氧，危害公共健康和环境。

有关回收和循环使用的资料，请征询制造商/供应商。